Totalsynthese des Marinen Makrolids Palmerolid A

Julia Sünner

Totalsynthese des Marinen Makrolids Palmerolid A

Zugang zu einem Naturstoff mit pharmakologisch vielversprechendem Wirkprofil

RESEARCH

Julia Sünner
Neustadt an der Weinstraße, Deutschland

Vollständiger Abdruck der unter Anleitung von Professor Dr. Martin E. Maier am Institut für Organische Chemie, Fakultät für Chemie und Pharmazie der Eberhard Karls Universität Tübingen angefertigten Dissertation.

ISBN 978-3-8348-2542-1 ISBN 978-3-8348-2543-8 (eBook)
DOI 10.1007/978-3-8348-2543-8

Die Deutsche Nationalbibliothek verzeichnet diese Publikation in der Deutschen Nationalbibliografie; detaillierte bibliografische Daten sind im Internet über http://dnb.d-nb.de abrufbar.

Springer Spektrum

Gedruckt auf säurefreiem und chlorfrei gebleichtem Papier

Springer Spektrum ist eine Marke von Springer DE. Springer DE ist Teil der Fachverlagsgruppe Springer Science+Business Media
www.springer-spektrum.de

Meinen Eltern

Danksagungen

An dieser Stelle möchte ich mich bei all jenen bedanken, die zum erfolgreichen Abschluss dieser Doktorarbeit beigetragen haben.

Insbesondere möchte ich mich bei Herrn Professor Dr. Martin E. Maier bedanken für die Bereitstellung dieses interessanten und aktuellen Themas, die hervorragenden Arbeitsbedingungen und die guten Ratschläge und Lösungsvorschläge bei Problemen und Fragen, die während der Durchführung dieser Arbeit aufgetreten sind.

Herrn Graeme Nicholson, Tim Nicholson und Frau Dorothee Wistuba danke ich für die zahlreichen GC/MS- und MS-Messungen.

Ein herzliches Dankeschön gilt Frau Maria Munari für die Aufarbeitung der Lösungsmittel und die uneingeschränkte Hilfe beim Klären von Fragen rund um Chemikalien und Chemikalienentsorgung.

Vielen Dank auch an Claudia Braun, die mir im Rahmen dieser Arbeit zahlreiche Zwischenstufen nachgezogen hat.

Ich danke meinen Arbeitskollegen und -kolleginnen für die geduldigen Erklärungen und Tipps beim Bedienen sämtlicher Geräte und beim synthetischen Arbeiten. Vielen Dank an Euch alle für die gute Zusammenarbeit, die Unterstützung im Laboralltag und die zahlreichen Diskussionen.

Sanja Locher und Thomas Sünner danke ich für den Rückhalt, den sie mir während der gesamten Studienzeit gegeben haben und für das Interesse und die Diskussionsbereitschaft, die sie zu allen mich beschäftigenden Themen gezeigt haben.

Mein größter Dank gilt meiner Familie für die moralische und finanzielle Unterstützung während meiner gesamten Ausbildung.

Julia Sünner

Inhaltsverzeichnis

Abkürzungsverzeichnis

Ac	Acetyl
ADH	asymmetrische Dihydroxylierung
AD-mix-β	Mischung aus $(DHQD)_2PHAL$, $K_2OsO_2(OH)_4$, $K_3Fe(CN)_6$ und K_2CO_3
ADP	Adenosindiphosphat
et al.	lat. „und andere“
ATP	Adenosintriphosphat
9-BBN	9-Borabicyclo[3.3.1]nonan
Bn	Benzyl
Bu	Butyl
Bz	Benzoyl
n-BuLi	*n*-Butyllithium
°C	Grad Celsius
c	Konzentration
CBS	Corey-Bakshi-Shibata (Reduktion)
COSY	Correlation Spectroscopy
CD	circular dichroism (dt. Zirkulardichroismus)
Cp	Cyclopentadienyl
CPBA	Chloroperoxybenzoesäure
CSA	Camphersulfonsäure
δ	Chemische Verschiebung in [ppm] (NMR)
d	Dublett (NMR)
dba	Dibenzylidenaceton
DC	Dünnschicht–Chromatographie
DCC	N,N'-Dicyclohexylcarbodiimid
DCE	Dichlorethan
DCM	Dichlormethan
DDQ	2,3–Dichlor–5,6–dicyano–1,4–benzochinon
de	Diastereomeren-Überschuss
DEAD	Diethylazodicarboxylat
DEPT	Distortionless Enhancement by Polarization Transfer
$(DHQ)_2PHAL$	1,4-Bis(dihydrochinolinyl)phtalazin
$(DHQD)_2PHAL$	1,4-Bis(dihydrochinolinyl)phtalazin
DIBAL-H	Diisobutylaluminiumhydrid
DIAD	Diisopropylazodicarboxylat
DIPEA	Diisopropylethylamin
DIPT	D-(−)-Diisopropyltartrat
DMAP	4-Dimethylaminopyridin
DMF	*N,N*–Dimethylformamid

DMP	Dess–Martin–Periodinan
DMSO	Dimethylsulfoxid
dppf	1,1'-Bis(diphenylphosphino)ferrocen
E	trans (entgegen)
EDCCl	1-Ethyl-3-[3-dimethylaminopropyl]carbodiimide Hydrochlorid
ee	Enantiomeren–Überschuss
EI	Elektronenstoß–Ionisation
equiv	molare Äquivalente
Et	Ethyl
EtOAc	Ethylacetat
Et_2O	Diethylether
FT–IR	Fourier Transform Infrared Spectroscopy
g	Gramm
GC	Gaschromatographie
ges.	gesättigt
HPLC	Hochleistungsflüssigkeitschromatographie
HRMS	hochauflösende Massenspektrometrie
HWE	Horner-Wadsworth-Emmons
Hz	Hertz
IBX	2-Iodoxybenzoesäure
IR	Infrarot
IUPAC	international union of pure and applied chemistry
J	Kopplungskonstante
kPa	kilo Pascal (Druck)
LAH	Lithiumaluminiumhydrid
LC	Flüssigkeitschromatographie (liquid chromatography)
LDA	Lithiumdiisopropylamid
LiHMDS	Lithiumhexamethyldisilazid
m	Multiplett (NMR)
Me	Methyl
MEM	Methoxyethoxymethyl
MeOH	Methanol
mg	Milligramm
μg	Mikrogramm
min	Minuten
MOM	Methoxymethyl
MS	Molsieb
MTPA	Methoxytrifluormethylphenylessigsäure
m/z	Masse zu Ladungs-Verhältnis (MS)
NBS	N-Bromsuccinimid
nM	nanomolar

NMO	N-Methylmorpholin-N-oxid
NMP	N-Methyl-2-pyrrolidon
NMR	Kernmagnetische Resonanz-Spektroskopie
N,N'-DMED	Dimethylethylendiamin
PCC	Pyridiniumchlorochromat
PE	Petrolether (Siedebereich 40 bis 60°C)
PG	Schutzgruppe (protecting group)
Ph	Phenyl
PhMe	Toluol
PMB	*para*-Methoxybenzyl
ppm	parts per million
PPTS	Pyridinium-*para*-toluolsulfonat
*p*TSA	*p*-Toluolsulfonsäure
Pr	Propyl
PS 086	[(85-88%)Methyl-(12-15 %)phenylpolysiloxan]
Pyr	Pyridin
q	Quartett (NMR)
R	Alkylrest
R_f	Retentionsfaktor (DC)
Red-Al	Natriumbis(2-methoxyethoxy)aluminiumhydrid
RT	Raumtemperatur (ca. 23°C)
s	Singulett (NMR)
Sdp.	Siedepunkt
t	Triplett (NMR)
TBAF	Tetrabutylammoniumfluorid
TBDMS	*tert*–Butyldimethylsilyl
TBDPS	*tert*–Butyldiphenylsilyl
TBS	*tert*–Butyldimethylsilyl
TEMPO	2,2,6,6-Tetramethylpiperidin-1-oxyl
TES	Triethylsilyl
THF	Tetrahydrofuran
TIPS	Triisopropylsilyl
TfO	Trifluormethansulfonat
TMS	Trimethylsilyl
Ts	*para*-Toluolsulfonat
UV	Ultraviolett
Z	cis (zusammen)

1 Einleitung

Das Leben auf der Erde ist vor ungefähr 3,5 Milliarden Jahren im Meer entstanden und hat erst viel später den Weg auf das Land gefunden. Seit dieser Trennung haben marine und terrestrische Lebensformen jeweils eine eigene Entwicklung durchlaufen und sich ihrer jeweiligen Umgebung angepasst; einmal vom Wasser und den darin gelösten Salzen und Gasen geprägt und einmal vom Wassermangel und der umgebenden Atmosphäre bestimmt.[1] Die Evolution hat im Laufe dieser Zeit durch natürliche Selektion die verschiedensten chemischen Substanzen hervorgebracht, die von Organismen unter anderem zur Abwehr von Angreifern eingesetzt werden. Dabei handelt es sich oft um Stoffe, die organische Materie zersetzen oder das Zellwachstum auf unterschiedliche Art und Weise verlangsamen oder sogar gänzlich stoppen.

Diese Vielfalt an verschiedenen Substanzen nutzt der Mensch schon seit Jahrtausenden als natürliche Quelle zur Gewinnung zahlloser Wirkstoffe und Heilmittel. Angesichts des anhaltenden Mangels an geeigneten Arzneimitteln bei vielen Krankheiten und zunehmenden Resistenzentwicklungen bestimmter Krankheitserreger besteht seitens der pharmazeutischen und biochemischen Industrie ein großer, wachsender Bedarf an neuen Wirkstoffen. Deshalb wird die Suche nach interessanten Leitstrukturen in der Natur immer weiter intensiviert.

Dabei hat man sich zunächst hauptsächlich auf die leichter zugänglichen Landpflanzen konzentriert. Deshalb stammt ein Großteil der heute bekannten Naturstoffe aus der terrestrischen Flora und weniger als die Hälfte aus marinen Quellen. Wenn man jedoch bedenkt, dass ca. 70% der Erdoberfläche von Ozeanen bedeckt ist und nur ein Bruchteil davon bisher nach Naturstoffen durchsucht wurde, wird verständlich, welches noch nicht entdeckte Potential sich in den zahllosen Meeresorganismen verbirgt.

Es ist mittlerweile unumstritten, dass der marine Lebensraum eine Fülle an neuen Strukturen bietet, was an zahlreichen, erst in jüngster Zeit isolierten Substanzen belegt werden kann.[2] Dazu zählt auch das, die Grundlage für diese Arbeit darstellende, komplexe, marine Makrolid Palmerolid A (**1**).

Zellbiologische Untersuchungen ergaben für Palmerolid A (**1**), dass es durch Inhibierung der V-ATPase nicht nur sehr potent, sondern auch selektiv bestimmte, meist cancerogene Zelllinien angreift und letztlich abtötet.

Palmerolid A (**1**) wurde von Bill J. Baker et *al.* aus einem in antarktischen Gewässern beheimateten Manteltierchen (*synoicum adareanum*) isoliert und unter anderem spektroskopisch untersucht. Im Jahre 2006 wurden seine Ergebnisse erstmals publiziert und die Struktur **1*** als die vermeintlich richtige, absolute Struktur dieses Naturstoffes postuliert.[3]

Durch Arbeiten von J. K. De Brabander et *al.*[4] und K. C. Nicolaou et *al.*[5] stellte sich später heraus, dass die Konstitution des Moleküls wie publiziert zwar stimmt, die absolute Stereochemie von Palmerolid A (**1**) an C7, C10 und C11 jedoch korrigiert werden muss

(**Abbildung 1**). Statt einer (*R*)-Konfiguration, wie zunächst angenommen, liegt an diesen drei chiralen Zentren des Naturstoffes eine (*S*)-Konfiguration vor.

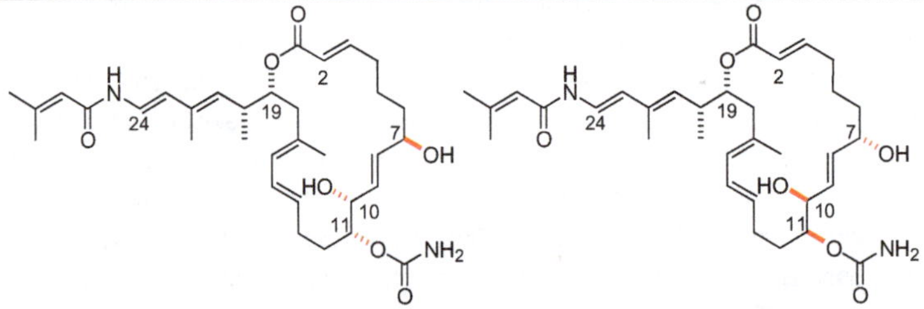

Abbildung 1: Ursprünglich vorgeschlagene **1*** und korrigierte Struktur von Palmerolid A (**1**)

Die Gewinnung von Substanzen aus marinen Quellen ist in kleinem Maßstab möglich; sie sind jedoch meist schwer zugänglich und nur in geringen Mengen verfügbar. Stellt sich durch erste Versuche heraus, dass eine aus einem Organismus isolierte Substanz pharmakologisches Potential besitzt, wird eine größere Menge des Wirkstoffes benötigt, um umfassendere Untersuchungen mit ihm durchführen zu können. Eine von Chemikern entwickelte Totalsynthese stellt oft eine sehr flexible und brauchbare Alternative zu anderen Zugangsmöglichkeiten wie z.B. dem Züchten der Organismen in Tanks dar. Durch eine geschickt gewählte Synthesestrategie soll nicht nur der natürlich vorkommende Wirkstoff zugänglich gemacht werden, sondern auch eine ganze Reihe von Derivaten und Analoga, die hinsichtlich ihrer pharmakologischen Eigenschaften ebenfalls untersucht werden können. Oft besitzen einige von ihnen im Vergleich zur Leitstruktur günstigere pharmakologisch wichtige Eigenschaften wie ein breiteres Wirkspektrum, geringere Toxizität, bessere Selektivität oder eine höhere Affinität zum Zielmolekül.

Im Rahmen dieser Doktorarbeit sollte eine solche Totalsynthese für den Naturstoff Palmerolid A (**1**) entwickelt und realisiert werden.

2 Allgemeiner Teil

2.1 Pharmakologische und biologische Grundlagen

2.1.1 Krebs und Krebsbekämpfung

Etwa jeder vierte Mensch stirbt in den Industrieländern heutzutage an einem bösartigen (malignen) Tumor. Damit ist Krebs zu einer der häufigsten Todesursachen geworden, und die Zahl der Neuerkrankungen nimmt ständig zu. Trotz der Fortschritte auf diagnostischem und therapeutischem Gebiet liegt die Heilungschance für die am häufigsten auftretenden Tumorarten selten über 20%. Eine der aggressivsten Krebserkrankungen ist nach heutigem Erkenntnisstand der schwarze Hautkrebs, das Melanom. Darunter versteht man einen bösartigen (malignen) Tumor, der von den Melanozyten, den pigmentbildenden Zellen der Haut, ausgeht und sich bereits in sehr frühem Krankheitsstadium auf andere Organe ausbreitet. Seit den achtziger Jahren hat sich die Anzahl an Neuerkrankungen allein in Deutschland mit mehr als 150 000 Betroffenen verdreifacht.[6]

Kennzeichnend für maligne Tumore ist ein unkontrolliertes, metastasierendes (Bildung von Tochtergeschwülsten an anderen Stellen des Organismus) Wachstum, das an Gewebsgrenzen nicht innehält, sondern Organe und Gefäße infiltriert und dadurch zerstört.

Das physiologische Überleben einer Zellpopulation hängt vom Gleichgewicht zwischen Zellteilung und programmiertem Zelltod (Apoptose) ab. Im Rahmen einer Tumorerkrankung ist dieses Gleichgewicht gestört und führt zu einer unkontrollierten Erhöhung der Zellzahl. Das kann zum einen an der Zunahme der Zellzahl durch Funktionsstörung im Zellzyklus, d.h. erhöhter Zellteilungsrate im Vergleich zur Apoptose liegen, oder zum anderen an einer Störung der Apoptose und damit einem ungenügenden Absterben nicht mehr benötigter oder geschädigter Zellen.

Ein Krebstumor kann mit Hilfe therapeutischer Maßnahmen vernichtet oder in seinem Wachstum gehemmt werden. Eine Rückbildung der Tumorzellen in gesundes Zellgewebe lässt sich bislang nicht erzielen. Die heutigen Möglichkeiten zur Behandlung umfassen eine operative Entfernung des Tumors, sofern er an einem bestimmten Ort im Organismus lokalisiert ist und kein lebensnotwendiges Organ komplett entfernt werden müsste, seine Bestrahlung oder eine geeignete Chemotherapie.[7]

Sämtliche Chemotherapeutika (Zytostatika) wirken bevorzugt auf proliferierende Zellen und erfassen dadurch hauptsächlich sich gerade teilende Tumorzellen, haben jedoch auch unerwünschte Nebenwirkungen auf sich schnell regenerierendes Gewebe wie das Knochenmark und Haarzellen. Zytostatika stellen eine sehr gute Therapiemöglichkeit bei delokalisierten Tumoren dar, da sie nach oraler Einnahme und Resorption im Magen oder Darm durch die Blutbahn Zugang zu verschiedensten Geweben im gesamten Organismus haben.

Man unterscheidet je nach Wirkungsweise verschiedene Klassen von Zytostatika. Sehr große Bedeutung kommt den sogenannten Alkylantien zu, die durch Alkylierung von Nukleinsäuren die DNA von Zellen verändern und dadurch ihre Replikation beeinträchtigen. Zu ihnen zählen z. B. verschiedene Stickstoff-Lost Derivate wie Cyclophosphamid, Mechlorethamin oder Chlorambucil, Alkylsulfonate wie Busulfan und Nitrosoharnstoffverbindungen wie z. B. Lomustin oder Nimustin.[8]

Andere, in der herkömmlichen Krebstherapie weit verbreitete und häufig eingesetzte Substanzen sind die sogenannten Mitosehemmstoffe. Fast alle Vertreter dieser Substanzklasse sind Polyketide, die während der Mitose-Phase des Zellzyklus in die Zellteilung eingreifen und auf unterschiedliche Art und Weise den Aufbau eines funktionsfähigen Spindelapparats verhindern.

Um das körpereigene Immunsystem zu unterstützen werden oft gleichzeitig mit den Zytostatika Zytokine verabreicht, die als Botenstoffe die Wechselwirkung zwischen Körperzellen beeinflussen und damit z. B. eine Erhöhung der Produktion an Leukozyten, den körpereigenen Abwehrzellen, vermitteln.[9]

Eine wesentliche Einschränkung in der Chemotherapie rufen häufig vorkommende Zytostatikaresistenzen hervor. Darunter versteht man eine Unempfindlichkeit der Krebszellen gegenüber der Therapie mit bestimmten Medikamenten, für die verschiedene Ursachen in Betracht gezogen werden können. Im Einzelnen sind sie aber noch nicht vollständig geklärt.[10]

Aufgrund dieser, gegen herkömmliche Chemotherapeutika häufig auftretenden Resitenzen und zur Verbesserung der Behandlungsmöglichkeiten wird immer weiter nach neuen, potenteren Substanzen zum Einsatz in der Krebstherapie gesucht. Dabei hofft man insbesondere, neue Substanzen zu finden, deren Wirkmechanismen sich von den bisher bekannten und eingesetzten Chemotherapeutika unterscheiden. Auf ein solches neues Präparat könnten bisher resistente Zellen sensibel reagieren und der Tumor würde entsprechend angegriffen werden.

So wurde im Laufe der letzten Jahre eine Reihe von Naturstoffen identifiziert, die aus pharmakologischer Sicht sehr vielversprechend scheint. Ihr charakteristischer Wirkmechanismus stellt einen neuen Ansatzpunkt in der Krebstherapie dar und beruht auf der Hemmung der als vakuolen ATPase (V-ATPase) bezeichneten Protonenpumpe.[11]

Im Jahre 2005 gelang es Bill J. Baker et *al.* Palmerolid A (**1**), ein 20-gliedriges, marines Makrolid, aus dem in der Antarktis beheimateten Manteltierchen (*synoicum adareanum*) zu isolieren.

Erste Tests an verschiedenen Zelllinien deuten darauf hin, dass auch diese Verbindung durch Hemmung der V-ATPase bestimmte Tumorzelltypen sogar selektiv angreift, während andere Zelllinien unberührt bleiben.[4] Dieses sehr interessante und bisher einzigartige Wirkprofil, einhergehend mit der Tatsache, dass der Zugang zu Palmerolid A (**1**) aufgrund seines natürlichen Vorkommens im Naturschutzgebiet des antarktischen Palmer-Archipels sehr beschränkt ist, hat uns dazu veranlasst, eine Totalsynthese für diesen hochpotenten Naturstoff zu entwickeln.

In den folgenden Kapiteln soll nun kurz auf die zellbiologischen Grundlagen eingegangen werden, die zum Verständnis der Funktionsweise der V-ATPase unerlässlich sind. Ausserdem soll verdeutlicht werden, warum sich durch die Inhibierung dieser Protonenpumpe möglicherweise ein neuer Ansatzpunkt in der Therapie von bestimmten Krebserkrankungen bietet.

2.1.2 Grundlagen der Zellbiologie – Aufbau und Funktion der V-ATPase

Jede Zelle besitzt eine Membran, die sie umschließt und von ihrer Umgebung abgrenzt. Um die Funktion der Zelle zu gewährleisten muss durch diese Plasmamembran ein kontrollierter Austausch von Ionen und Molekülen zwischen dem Inneren (Cytosol) der Zelle und ihrer äußeren Umgebung (extrazelluläres Medium) möglich sein. Da dieser Austausch häufig entgegen eines Potentials verläuft, müssen spezielle Proteine in der Membran lokalisiert sein, die diese Transportprozesse energetisieren. Wird die Energie für einen solchen Transportprozess direkt durch Hydrolyse von ATP gewonnen, so spricht man von primären Transportprozessen. Bei den für den primären Transport zuständigen Proteinen handelt es sich um Ionentransport-ATPasen. Zu ihnen zählt neben den sogenannten P- und F-ATPasen auch die für diese Arbeit interessante V-ATPase (die Bezeichnung V- leitet sich von der erstmaligen Beschreibung des Proteins in der Vakuolenmembran der Hefe ab). Sie ist ein transmembranes Protein, das in Lysosomen, zentralen Vakuolen, synaptischen Vesikeln, einer Vielzahl eukaryotischer Endomembranen und Plasmamembranen, besonders von Epithelzellen verschiedener Organe, beobachtet wird. Vieles, was bisher über die Struktur und Funktionsweise der V-ATPase bekannt ist, beruht auf ihrer Homologie zur F-ATPase und wurde von ihrem Mechanismus abgeleitet.[12]

Die V-ATPase stellt eine heteromultimere Protonenpumpe dar, die sich aus zwei funktionellen Domänen mit jeweils mehreren Untereinheiten zusammensetzt. Die periphäre V_1-Domäne besteht aus acht Untereinheiten und ist für die Hydrolyse von ATP verantwortlich, während die membranständige V_0-Domäne, aufgebaut aus sechs Untereinheiten, den Ionenkanal umschließt und damit für den Protonentransport zuständig ist. Die Domänen V_1 und V_0 sind mechanisch durch den sogenannten „Rotor" miteinander gekoppelt.

Im Gegensatz zur F-ATPase, die durch einen Protonenfluss entlang eines elektrochemischen Potentialgefälles Energie gewinnt, um ATP zu synthetisieren, nutzt die V-ATPase die durch Hydrolyse von ATP gewonnene Energie, um Protonen aktiv entgegen eines elektrochemischen Potentialgefälles zu pumpen. Sie wandelt also elektrochemische Energie in mechanische Energie um, um den aktiven Transport von Protonen zu ermöglichen.

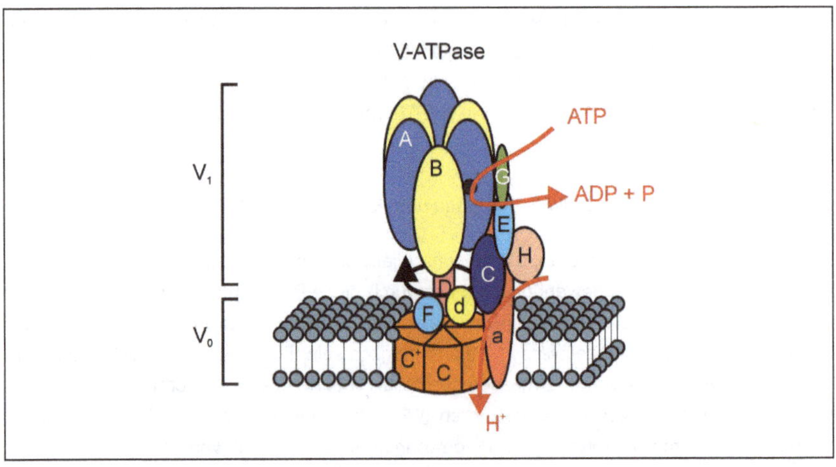

Abbildung 2: Schematische Darstellung der V-ATPase (nach [13])

Die V-ATPase wird, analog zu der ihr verwandten F-ATPase, auch als Motorenzym bezeichnet. Durch Hydrolyse von ATP an der katalytischen Nukleotidbindungsstelle der Untereinheiten A und B der V_1 Domäne wird die nötige Energie bereitgestellt, um nach Konformationsänderung dieser Untereinheiten den Rotorabschnitt D und F in Drehung zu versetzen. Dieser wiederum überträgt seine motorische Kraft auf die V_0 Domäne des Proteins, indem die Rotoruntereinheit d und schließlich die ringförmig angeordnete Einheit c aus Proteolipiden in Rotation gebracht werden. Dabei verschiebt sich der Komplex c relativ zu der starren Anordnung aus „Gerüsteinheiten" (H, C, E und a), die die beiden Domänen miteinander verbinden (**Abbildung 2**). Durch diese kleine Positionsänderung wird ein Ionenkanal freigelegt, in den Protonen vom Cytosol gelangen und an die proteolipidischen Glutamatreste binden. Durch die in Uhrzeigersinn gerichtete Drehbewegung des Komplexes c gelangen die Glutamatsäurereste schließlich ladungsfrei durch die hydrophobe Lipidschicht der Membran. Ein Argininrest, der an der Untereinheit a lokalisiert ist, bewirkt letztlich die Deprotonierung des Glutamats und das Proton wird an der luminalen Seite der Membran freigesetzt. Auf diese Weise wird also durch die V-ATPase Energie durch Hydrolyse von ATP gewonnen, um den Rotor des Motorenzyms anzutreiben. Der rotierende Proteolipidring c ermöglicht dann formal gesehen das Wandern von Protonen vom Cytoplasma über die Plasmamembran in den extrazellulären Raum der Zelle.[14][15]

2.1.3 Ansatzpunkte zur Krebsbekämpfung: Die V-ATPase als Angriffsziel zur Tumorbekämpfung

Nach bisherigem biomedizinischem Kenntnisstand wird angenommen, dass ein erniedrigter pH-Wert in unmittelbarer Umgebung einer Zelle eine Schlüsselrolle bei der Zelldifferenzierung einnimmt und dadurch für die Entwicklung, das Fortschreiten und die Ausbreitung eines Tumors von großer Bedeutung ist. Außerdem hat man herausgefunden, dass ein Zusammenhang zwischen Acidität des Zellgewebes und der Resistenz dieser Zellen gegenüber verschiedenen Chemotherapeutika besteht.[16]

In Krebsgewebe wurde ein gegenüber gesundem Gewebe drastisch reduzierter pH-Wert im extrazellulären Raum beobachtet. Man nimmt an, dass dieser erniedrigte Wert dafür verantwortlich ist, dass ein Großteil an gesundem Zellgewebe abstirbt, da es in der Regel unter diesen sauren Bedingungen nicht überlebensfähig ist. Maligne Tumorzellen hingegen weisen eine erhöhte Säuretoleranz auf. Diese bösartigen Krebszellen können das gesunde Gewebe leicht infiltrieren, da der Untergang von gesunder, extrazellulärer Matrix bei kleinem pH-Wert begünstigt wird. Außerdem ist bekannt, dass metastasierende Tumorzellen lysosomale Enzyme freisetzen, die in dieser sauren Umgebung bevorzugt arbeiten und das Wachstum des Tumorgewebes ihrerseits begünstigen.[17] Die Ausbreitung des malignen Gewebes wird damit erleichtert und der Tumor kann schließlich metastasieren. Um diesen Teufelskreis zu durchbrechen wird seit mehreren Jahren nach den Ursachen für den gegenüber gesunden Zellen signifikant niedrigeren pH-Wert im Extrazellulärraum malignen Gewebes gesucht.

Da Tumorgewebe oft schlecht durchblutet ist, weisen maligne Zellen einen zum Großteil anaeroben Metabolismus mit erhöhter Lactatsäureproduktion auf, was zu einer Ansäuerung des extrazellulären Raums beitragen könnte. Auch weitere Umstellungen im Metabolismus der Zellen, hervorgerufen durch unkontrolliertes Zellwachstum und Hypoxie, werden als Teilursache für einen niedrigen pH-Wert in Betracht gezogen. Das Hauptaugenmerk liegt jedoch auf der Tatsache, dass man in der Zellmembran von malignen Zellen eine charakteristische Anreicherung von bestimmten Ionentransportproteinen, insbesondere der V-ATPase, findet. Wie bereits unter 2.1.2 beschrieben pumpt die V-ATPase aktiv Protonen aus dem Cytosol der Zelle ins Lumen bzw. den Extrazellulärraum. Dadurch bleibt bei gesunden Zellen der intrazelluläre pH-Wert neutral, während sich die extrazelluläre Matrix leicht ansäuert. Wird dieser Prozess nun durch eine ungewöhnlich hohe Dichte an V-ATPase in der Membran gestört, sinkt der extrazelluläre pH-Wert stärker ab, während er im Inneren ansteigt.

Aufgrund dieser Erkenntnis sieht man in der Inhibierung der V-ATPase einen neuen Ansatzpunkt für die Krebstherapie. Der Einsatz von Substanzen, die in die Mechanismen, welche für die pH-Wert Regulation einer Zelle verantwortlich sind, eingreifen, scheint eine interessante und neue Möglichkeit zu sein, zum einen dem Tumorwachstum und seiner Ausbreitung entgegenzuwirken und zum anderen bisher resistente Zellen für herkömmliche Chemotherapeutika zu sensibilisieren.[18]

2.1.4 V-ATPase hemmende Substanzen

Inhibitoren für bestimmte Enzyme werden schon seit vielen Jahren erfolgreich eingesetzt, um Proteine zu charakterisieren, die zur Entstehung von Krankheiten beitragen oder ihren Verlauf negativ beeinflussen. Die Charakterisierung solcher Proteine ist oft ein erster Schritt in der Entwicklung von neuen Arzneimitteln, da zunächst geklärt werden muss, an welcher Stelle im Organismus ein potentieller Wirkstoff angreifen soll. Aufgrund der bereits vorgestellten Forschungsergebnisse, die die Ursache und den Verlauf verschiedener Krebserkrankungen betreffen, gibt es einen möglichen neuen Therapieansatz, der darauf beruht, V-ATPase Inhibitoren direkt als Wirkstoff einzusetzen.[19] Bei den ältesten, bekannten V-ATPase Inhibitoren (**Abbildung 3**) handelt es sich um die bereits in den frühen achtziger Jahren beschriebenen klassischen Hemmstoffe Bafilomycin[20] (**2-A**) und Concanamycin[21] (**2-B**), die unter anderem zur Struktur-Aktivitätsaufklärung am Enzym erfolgreich eingesetzt wurden.[22] Im Laufe der letzten zehn Jahre wurden weitere V-ATPase Inhibitoren entdeckt, darunter z. B. das Makrolacton Archazolid (**2-C**), das bei routinemäßigen Screenings eine hohe Aktivität gegenüber einer Vielzahl maligner Zelltypen aufwies.[23] Mit späteren Versuchen wurde belegt, dass Archazolid (**2-C**) die gleiche Bindungstelle an der V_0 Domäne der V-ATPase besetzt wie die zuerst genannten Inhibitoren.[24]

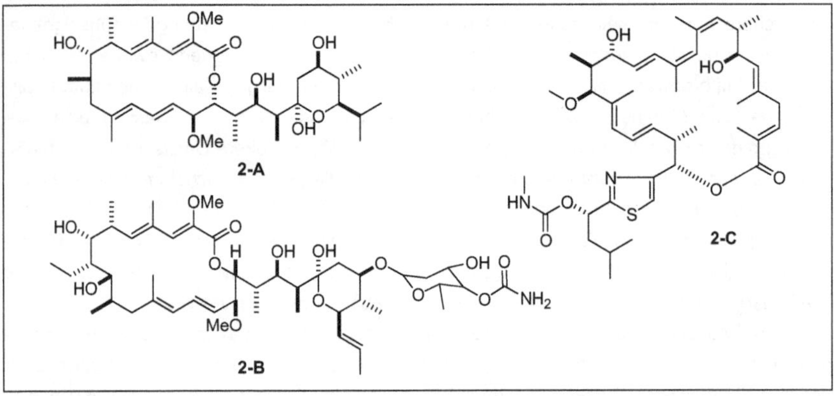

Abbildung 3: Strukturen von Bafilomycin A1 (**2-A**), Concanamycin A (**2-B**) und Archazolid A (**2-C**)

Ende der neunziger Jahre entdeckte man eine neue Klasse von Verbindungen, die wegen ihrer strukturellen Ähnlichkeiten unter dem Begriff der Benzolacton-Enamide zusammengefasst werden. Dazu gehören z. B. die Salicylihalamide, die Lobatamide, Oximidine und Apicularene (**Abbildung 4**), die alle die V-ATPase im nanomolaren Konzentrationsbereich inhibieren.[25]

Die Benzolacton-Enamide unterscheiden sich jedoch in wichtiger Weise von den zuerst genannten Substanzen wie Bafilomycin (**2-A**) und Concanamycin (**2-B**), da sie zwischen Enzymen verschiedener Spezies differenzieren. Sie zeigen hohe Aktivität gegenüber der V-ATPase verschiedener Membranzellen humanen Ursprungs, haben jedoch keinen Einfluss auf Zellen aus diversen Pilzen.

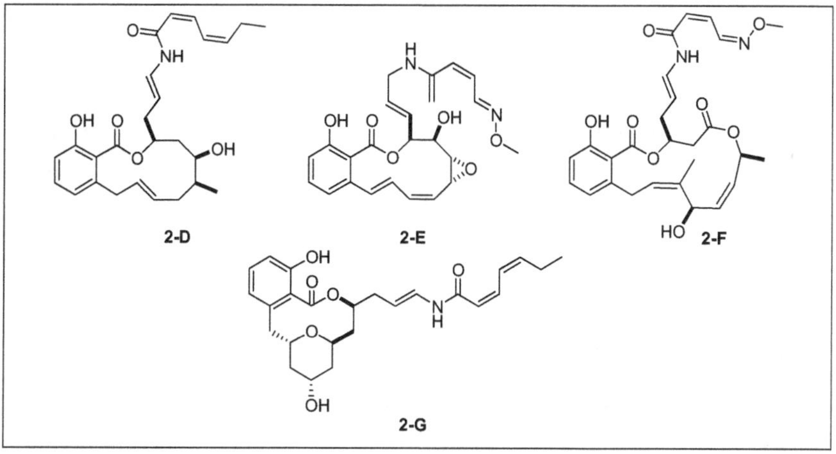

Abbildung 4: Strukturen von Salicylihalamid A (**2-D**), Oximidin I (**2-E**), Lobatamid A (**2-F**) und Apicularen A (**2-G**)

Neben diesen Naturstoffen, die alle entweder aus marinen Organismen oder Bakterien isoliert wurden, kennt man heute auch einige synthetisch dargestellte, „kleinere, einfachere“ Strukturen, die die V-ATPase erfolgreich inhibieren. Ihr bekanntester Vertreter ist das Indolyl 0[26] (**2-H**) (**Abbildung 5**).

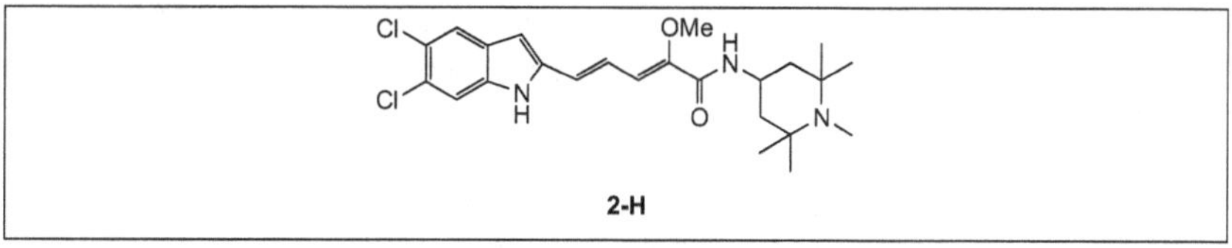

Abbildung 5: Struktur von Indolyl 0 (**2-H**)

In vitro Tests zeigen sowohl für die genannten Naturstoffe als auch für die synthetische Substanz ein sehr hohes, pharmakologisches Potential. Limitierend für ihren Einsatz in klinischen Tests ist jedoch ihr ebenfalls sehr toxisches Verhalten gegenüber gesunden Zellen.

Das im Jahre 2006 erstmals publizierte marine Makrolid Palmerolid A (**1**), das während dieser Doktorarbeit totalsynthetisch dargestellt wurde, zeigt in ersten Tests dagegen neben einem hohen Inhibitionspotential gegenüber der V-ATPase, insbesondere in Melanomazellen, eine signifikant kleinere Auswirkung auf verschiedene andere Zelllinien,[27] was im Hinblick auf weiterführende in vivo und spätere klinische Untersuchungen einen großen Vorteil darstellen könnte.

2.1.5 *Palmerolid A - Vorkommen und biologische Aktivität*

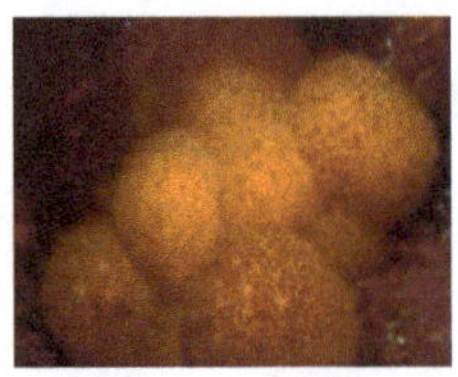

Abbildung 6: ***synoicum adareanum***

Das marine Ökosystem der Antarktis wird seit Millionen Jahren durch die Polarfront nach Norden begrenzt und stellt dadurch einen isolierten, einzigartigen Lebensraum für zahllose Organismen dar. Um die reichhaltige Fauna an diesem sehr speziellen, durch Kälte geprägten Ort zu erforschen, wurde 1968 die amerikanische Forschungsstation auf der zu der Inselgruppe des Palmer-Archipels gehörenden Anvers-Insel gebaut. Sie befindet sich nördlich des südlichen Polarkreises und wurde nach Nathaniel B. Palmer, der als erster Amerikaner die Antarktis betrat, Palmer-Station genannt. Der Großteil der wissenschaftlichen Forschung, die dort betrieben wird, betrifft die Meeresbiologie.[28] In den seichten Gewässern rund um die Anvers-Insel ist z. B. das Manteltierchen *synoicum adareanum* (**Abbildung 6**) beheimatet, das schon seit 1902 bekannt ist und in jüngster Zeit von Forschern der Palmer Station wiederentdeckt, identifiziert und schließlich von B. J. Baker et *al.* untersucht wurde. Dabei ist man auf einen bis zu diesem Zeitpunkt unbekannten Naturstoff, Palmerolid A (**1**), gestoßen. Wie bei vielen neuen, interessant erscheinenden Substanzen üblich, wurden neben der Strukturaufklärung auch zellbiologische Untersuchungen mit dieser Verbindung durchgeführt.

Palmerolid A (**1**) wurde unter anderem an 60 ausgewählten Zelllinien getestet, die vom National Cancer Institute zusammengestellt wurden. In dieser Versuchsreihe zeigte sich für Palmerolid A (**1**) eine sehr hohe cytotoxische Aktivität gegenüber Melanomazellen und eine mäßige cytostatische Aktivität gegenüber leukämischen Zellen, Nerven-, Brust-, Darm- und Nierenkrebszellen, während bei vielen anderen getesteten Zelllinien kein Effekt durch Palmerolid A (**1**) zu beobachten war. Die Selektivität gegenüber den Melanomazellen mit einem LC_{50}-Wert von 18 nM deutet auf eine um drei Größenordnungen höhere Aktivität gegenüber den schwarzen Hautkrebszellen als gegenüber vielen anderen getesteten Zelllinien hin.[3] Zusammenfassend ergibt sich aus dieser ersten Versuchsreihe ein, den bisher bekannten V-ATPase-Hemmstoffen ähnliches Aktivitätsprofil. In späteren biologischen Tests an Rinderhirnzellen konnte bewiesen werden, dass es sich bei Palmerolid A (**1**) tatsächlich um einen potenten Inhibitor der vakuolen ATPase handelt (LC_{50}-Wert = 2 nM).[29] Mit verschiedenen Palmerolid A Analoga wurden später weiterführende biologische Untersuchungen gemacht, um Hinweise auf die Struktur-Aktivitätsbeziehung zu bekommen. Dabei stellte sich heraus, dass die Enamid-Einheit an der Seitenkette des Moleküls von entscheidender Bedeutung für seine biologische Aktivität zu sein scheint. Während das Norcarbamat-Analogon lediglich eine um das fünffach geringere Aktivität im Vergleich zum Naturstoff aufweist, liegt die Aktivität aller getesteten Verbindungen, bei denen die Enamid-Einheit durch einen anderen Rest ersetzt wurde, bei > 10 nM. Durch Anbinden eines aromatischen Rests an die intakte Enamid-Einheit im Molekül konnte dagegen sogar eine Steigerung der cytotoxischen Aktivität um das Zehnfache erreicht werden.[30] Mit Hilfe solcher Ergebnisse erhält man Hinweise, wie eine neue, möglichst noch potentere oder, durch einfachere Struktur leichter zugängliche, trotzdem aktive Substanz aussehen könnte.

Sein außergewöhnliches Aktivitätsprofil und die Tatsache, dass Palmerolid A (**1**) aufgrund seines natürlichen Vorkommens nur in sehr limitierter Menge zur Verfügung steht, hat unser Interesse an diesem Naturstoff geweckt. Im Rahmen dieser Doktorarbeit wurde eine Totalsynthese für Palmerolid A (**1**) entwickelt und praktisch durchgeführt, auf die nun in den folgenden Kapiteln näher eingegangen werden soll.

2.2. Totalsynthesen von Palmerolid A

Nachdem im Jahre 2006 erstmals von dem Naturstoff Palmerolid A (**1**) berichtet und die vermeintliche Struktur aufgeklärt wurde, erschienen 2007 zunächst von der Arbeitsgruppe J. K. De Brabander et *al.*[4] und wenig später von K. C. Nicolaou et *al.*[5] die ersten beiden Totalsynthesen zu diesem Naturstoff. Sie haben beide die postulierte Struktur **1*** totalsynthetisch hergestellt und anhand von spektroskopischen Daten unabhängig voneinander festgestellt, dass sie nicht identisch mit der Struktur des Naturstoffes ist. J. K. De Brabander et *al.* konnten durch Vergleiche der CD-Spektren des Naturstoffes und einer synthetisierten, diastereoisomeren Verbindung Rückschlüsse auf die absolute Konfiguration des Naturstoffes ziehen und postulierten einen Strukturvorschlag von Palmerolid A (**1**), der von Nicolaou et *al.* aufgegriffen und schließlich durch seine Synthese bewiesen werden konnte. Gegen Ende des Jahres 2009 wurde eine weitere Totalsynthese dieses Naturstoffes von der Arbeitsgruppe D. G. Hall et *al.* publiziert,[31] so dass bisher, unsere mit eingeschlossen, neben diversen Publikationen zu einzelnen Fragmenten,[32] vier verschiedene Totalsynthesen für Palmerolid A (**1**) bekannt sind. Kürzlich wurde außerdem von der Arbeitsgruppe um K. P. Kaliappan eine formale Totalsynthese von Palmerolid A (**1**) vorgestellt.[33] Im Folgenden soll ein kurzer Überblick über einige dieser bereits publizierten Arbeiten gegeben werden, bevor detailliert auf unseren Syntheseweg eingegangen wird.

Die Nummerierung einzelner Atome innerhalb der in diesem und den darauf folgenden Kapiteln 3 und 4 dargestellten Moleküle weicht von den IUPAC-Regeln ab. Zur besseren Übersicht orientiert sie sich an der Nummerierung der Atome im Naturstoff Palmerolid A (**1**).

2.2.1 Totalsynthese nach J. K. De Brabander et al.[4]

In dieser Synthese wird das Molekül in die Hauptfragmente **2-1**, **2-2** und **2-3** zerlegt (**Abbildung 7**). Sie werden durch eine Kreuzkupplungsreaktion und eine Veresterung miteinander verbunden und anschließend durch eine intramolekulare Wittig-Horner-Emmons-Olefinierung cyclisiert. Das N-Acyldienamid in der Seitenkette wird durch eine Curtius-Umlagerung mit anschließendem Abfangen des Isocyanats durch 2-Methyl-1-propenylmagnesiumbromid[34] etabliert.

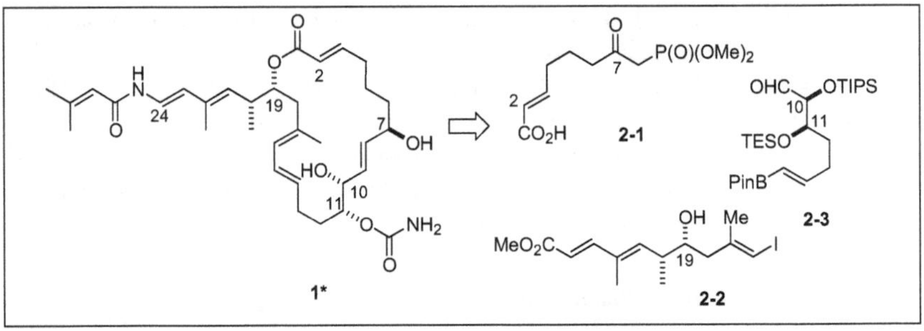

Abbildung 7: Retrosynthetische Analyse nach J. K. De Brabander et *al.*

Zur Darstellung von Fragment **2-2** werden ausgehend von Verbindung **2-4** zunächst die Stereozentren an C19 und C20 durch eine vinyloge Mukaiyama-Aldol-Reaktion mit dem Aldehyd **2-5**[35] etabliert. Nach einer Mitsunobu-Inversion erhält man die gewünschte *syn* Konfiguration **2-7**. Das Auxiliar und der Benzoatrest werden in einem Schritt abgespalten und der entstehende Aldehyd wird zu seinem homologen Ester **2-2** umgesetzt (**Schema 1**).

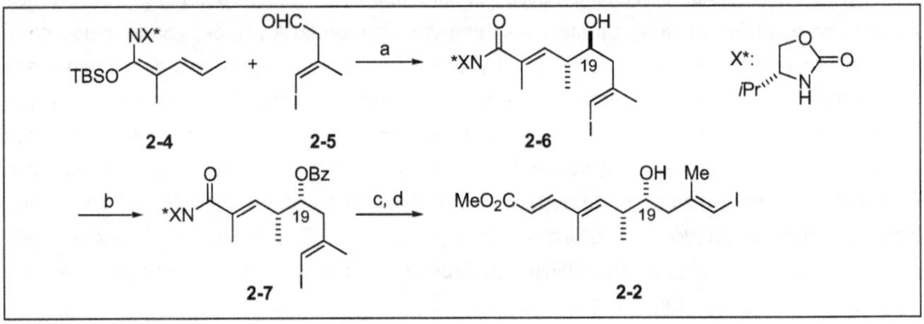

Schema 1: Darstellung des Fragments **2-2**

Reaktionsbedingungen: (a) $TiCl_4$, CH_2Cl_2, −78°C (80%); (b) $PhCO_2H$, DEAD, PPh_3, 0°C (66%); (c) DIBAL-H, CH_2Cl_2, −78°C (93%); (d) Ph_3PCHCO_2Me, Benzol, 80°C (97%).

Als Ausgangssubstanz zur Synthese von Fragment **2-3** dient *D*-Arabitol. Nach einer Acetalisierung und oxidativen Spaltung des α-Diols erhält man den Aldehyd **2-8**,[36] der, silylgeschützt, in einer Wittig-Reaktion zum Alken **2-9** umgesetzt wird. Anschließende Hydrierung, gefolgt von der Silylschützung beider Alkoholfunktionen und Ester-Reduktion führt zu Aldehyd **2-10**. Kondensation mit Pinacoldichloromethylboronat[37] unter Takai-Bedingungen liefert das zur Kreuzkupplung benötigte Vinylboran **2-11** (**Schema 2**).

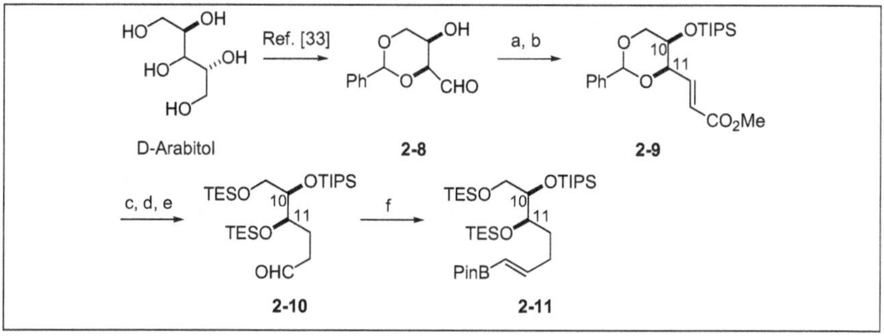

Schema 2: Darstellung des Fragments **2-11**

Reaktionsbedingungen: (a) Ph_3PCHCO_2Me, Toluol, Rückfluss (99%); (b) TIPSOTf, 2,6-Lutidin, CH_2Cl_2, 0°C; (c) Pd/C, H_2, EtOAc, RT (95%, 2 Stufen); (d) TESCl, Imidazol, DMF, RT (93%); (e) DIBAL-H, CH_2Cl_2, −78°C (93%); (f) Pinacoldichloromethylboronat, $CrCl_2$, LiI, THF, RT (84%).

Dieses wird in einer Suzuki-Kreuzkupplung mit Fragment **2-2** zum Dien **2-12** umgesetzt.

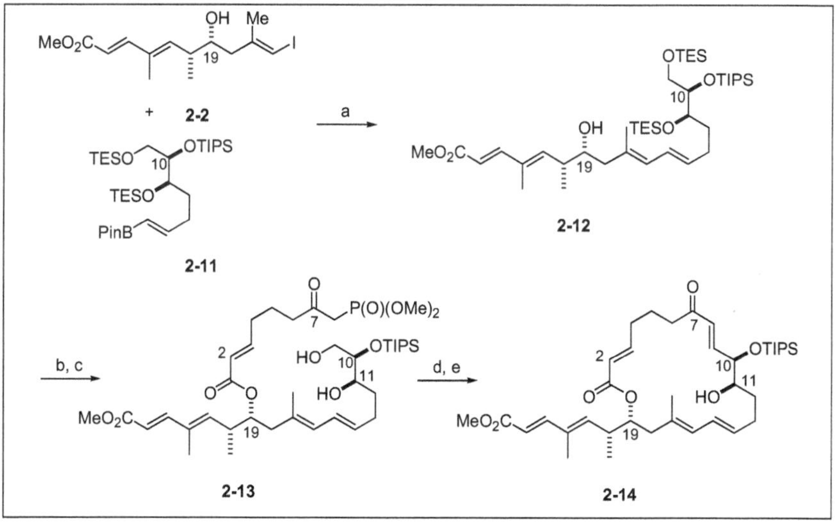

Schema 3: Verknüpfung der Fragmente **2-1**, **2-2** und **2-11**

Reaktionsbedingungen: (a) cat. $Pd(PPh_3)_4$, Tl_2CO_3, THF/H_2O, RT (79%); (b) **2-1**, 2,4,6-Cl_3BzCl, Et_3N, DMAP, Toluol, RT (69%); (c) PPTS, MeOH, 0°C (95%); (d) $PhI(OAc)_2$, TEMPO, CH_2Cl_2/H_2O, RT; (e) K_2CO_3, 18-crown-6, Toluol, 60°C (70%, 2 Stufen).

Nach Veresterung mit Fragment **2-1**, dargestellt aus δ-Valerolacton,[38] und anschließender TES-Entschützung erhält man Verbindung **2-13**, die selektiv an der primären Hydroxylfunktion zum Aldehyd oxidiert und schließlich durch eine Horner-Wadsworth-Emmons-Reaktion zum Makrolacton **2-14** cyclisiert wird (**Schema 3**).

Silylierung, stereoselektive CBS-Reduktion und Schützung liefert das Grundgerüst **2-15**. Die Seitenkette wird nach Verseifung der Ester-Funktion über das Azid durch eine Curtius-Umlagerung etabliert, indem 2-Methyl-1-propenylmagnesiumbromid an das entstehende Isocyanat addiert wird (**2-16**). Nach selektiver TMS-Entschützung wird das Carbamat eingeführt und man erhält durch Abspalten der übrigen Silylschutzgruppen die zunächst postulierte Struktur **1*** (**Schema 4**).

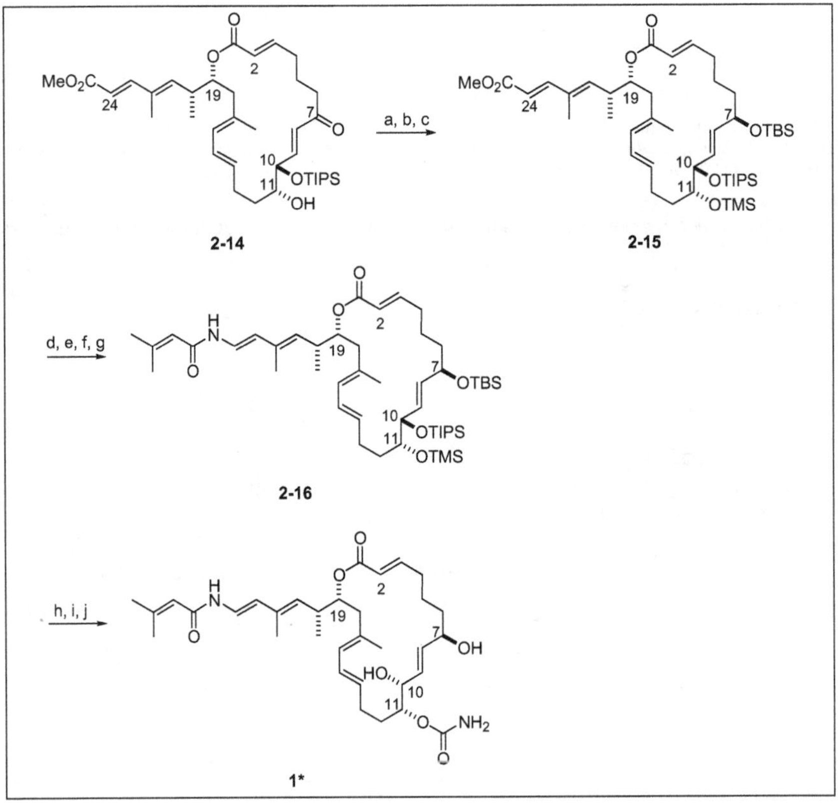

MeO2C 24 19 2 7 O 10 11 OTIPS OH **2-14** a, b, c → MeO2C 24 19 2 7 OTBS 10 11 OTIPS OTMS **2-15**

d, e, f, g → H N O 19 2 7 OTBS 10 11 OTIPS OTMS **2-16**

h, i, j → H N O 19 2 7 OH HO 10 11 O NH2 O **1***

Schema 4: Etablierung der Enamid-Seitenkette

Reaktionsbedingungen: (a) TMSCl, Et_3N, cat. DMAP, CH_2Cl_2, RT (91%); (b) (*S*)-CBS, BH_3, THF, −40°C (99%); (c) TBSOTf, 2,6-Lutidin, CH_2Cl_2, −78°C (94%); (d) $(Bu_3Sn)_2O$, Toluol, 80°C (81%); (e) $(PhO)_2P(O)N_3$, Et_3N, Benzol, RT (92%); (f) Benzol, Rückfluss; (g) 2-Methyl-1-propenylmagnesiumbromid, −78°C (76%, 2 Stufen); (h) HF·Pyr, Pyridin, THF, RT (95%); (i) $Cl_3CC(O)NCO$, CH_2Cl_2, 0°C; Al_2O_3, RT (95%); (j) TBAF, THF, 0°C (41%).

Beim Vergleich der NMR-Spektren der synthetisierten Substanz mit denen des Naturstoffes zeigte sich unmittelbar, dass die dargestellte, postulierte Struktur **1*** von Palmerolid A (**1**) nicht mit der des Naturstoffes übereinstimmt. Nach wiederholter Analyse sämtlicher spektroskopischer Daten, die von dem Naturstoff bisher vorlagen, entschieden sich J. K. De Brabander et *al.*, die Stereozentren an C19 und C20 zu invertieren und synthetisierten nach dem oben beschriebenen Reaktionsweg das zu **1*** diastereomere Molekül *ent*-**1**.

Obwohl sowohl die NMR-Daten, als auch die Eigenschaften in der HPLC und Dünnschichtchromatographie dieser Substanz mit denen des Naturstoffes übereinstimmten, zeigte das CD-Spektrum im Vergleich zum Naturstoffspektrum einen spiegelbildlichen Verlauf. Daraus konnte auf die tatsächliche, bisher jedoch noch nicht synthetisierte Struktur **1** des Naturstoffes geschlossen werden, die dem Enantiomer der Verbindung *ent*-**1** entspricht.

2.2.2 Totalsynthese nach K. C. Nicolaou et al.[5]

K. C. Nicolaou et *al.* synthetisierten als erste Forschungsgruppe die berichtigte, tatsächliche Struktur des Naturstoffes Palmerolid A (**1**). Im Gegensatz zu J. K. De Brabander et *al.* sehen sie in ihrer Totalsynthese eine Metathese als Ringschlussreaktion zum Makrolactongerüst vor. In der retrosynthetischen Analyse wird das Molekül auch in drei Hauptfragmente **2-17**, **2-18** und **2-19**, die zunächst ebenfalls durch eine Kreuzkupplungsreaktion und dann durch eine Yamaguchi-Veresterung miteinander verknüpft werden sollen, geteilt (**Abbildung 8**). Der Ringschluss erfolgt hier durch eine Ringschlussmetathese. Die Seitenkette, insbesondere die Enamid-Einheit wird zum Schluss durch eine Enamid-Kupplung etabliert.

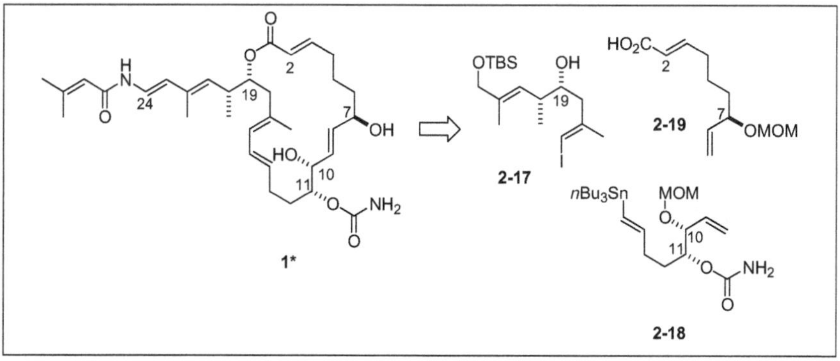

Abbildung 8: Retrosynthetische Analyse nach K. C. Nicolaou et *al.*

Um das Vinyliodid **2-17** zu erhalten geht man zunächst von dem Imid **2-20** aus, das in einer Aldol-Reaktion[39] mit dem entsprechenden Vinyliodidaldehyd (4-Iodo-3-methyl-but-3-enal)[40] reagiert und anschließend zu der geschützten Verbindung **2-21** umgesetzt wird. Nach reduktiver Abspaltung des Auxiliars erhält man durch Oxidation des Alkohols einen

Aldehyd, der in einer Wittig-Reaktion zu dem homologen Ethylester **2-22** umgesetzt wird. Reduktion der Esterfunktion und eine Entschützungs- Schützungssequenz liefert schließlich Fragment **2-17** in guter Ausbeute (**Schema 5**).

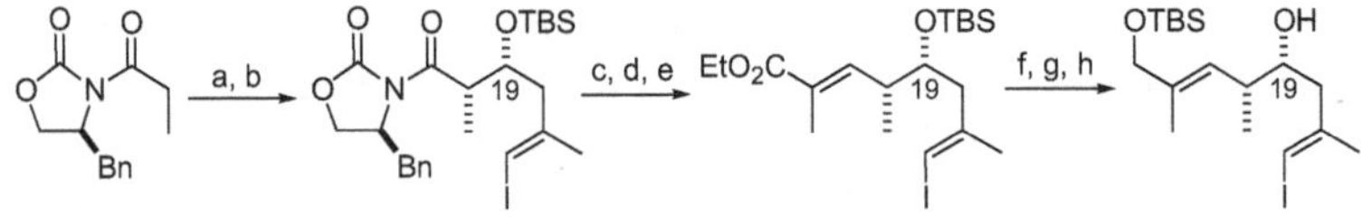

Schema 5: Darstellung des Fragments **2-17**

Reaktionsbedingungen: (a) 4-Iodo-3-methylbut-3-enal, *n*-Bu_2BOTf, Et_3N, CH_2Cl_2, −78°C (46%, 95% *de*); (b) TBSOTf, DIPEA, CH_2Cl_2, 0°C (86%); (c) $NaBH_4$, THF/H_2O, 0°C → RT (66%); (d) DMP, $NaHCO_3$, CH_2Cl_2, RT; (e) PPh_3=C(Me)CO_2Et, CH_2Cl_2, RT (56%, 2 Stufen); (f) DIBAL-H, CH_2Cl_2, −78°C (80%); (g) TBAF, THF, Rückfluss (85%); (h) TBSCl, Et_3N, DMAP, CH_2Cl_2, RT (92%).

Als Ausgangssubstanz zur Darstellung von Fragment **2-18** dient der Aldehyd **2-23**, der in 2 Stufen aus 4-Pentin-1-ol hergestellt werden kann.[41] Er wird mit dem Boranderivat **2-24**[42] umgesetzt und man erhält nach Desilylierung der Dreifachbindung das Hydroxyacetylen **2-25**. Einführung des Carbamats (**2-26**)[43] und anschließende Hydrostannylierung liefern das Stannan **2-18**, das für die Kreuzkupplung benötigt wird (**Schema 6**).

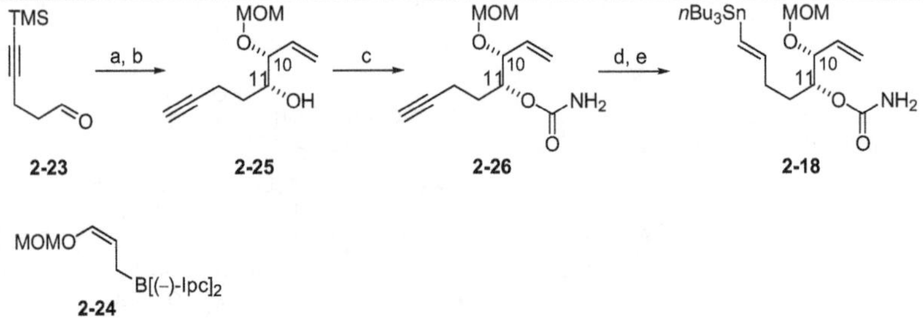

Schema 6: Darstellung des Fragments **2-18**

Reaktionsbedingungen: (a) **2-24**, THF, −78°C → RT; (b) K_2CO_3, MeOH, RT (74%, 2 Stufen); (c) 1) Trichloroacetylisocyanat, CH_2Cl_2, 23°C, 2) K_2CO_3, MeOH, RT (99%); (d) NBS, $AgNO_3$, Aceton, RT (81%); (e) $Pd(dba)_2$, PPh_3, *n*-Bu_3SnH, THF, RT (77%).

Der zur Yamaguchi-Veresterung fehlende Säurebaustein **2-19** wird aus dem TBS-geschützten Hexen-1-ol (**2-27**) erhalten, indem zunächst die Doppelbindung nach Jacobsen et *al.*[44] enantioselektiv epoxidiert wird. Öffnung des Epoxids und eine anschließende Schützungs-Entschützungssequenz liefert Hydroxyalken **2-29**, aus dem schließlich nach Oxidation,

Wittig-Reaktion und Verseifung des entstehenden Esters die Carbonsäure **2-19** erhalten wird (**Schema 7**).

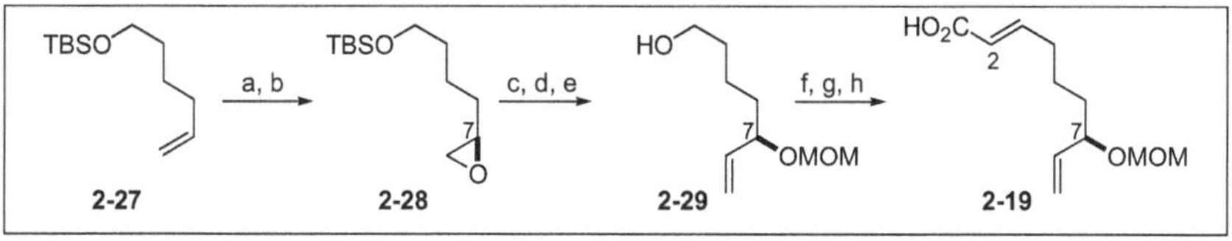

TBSO 2-27 a, b TBSO 7 O 2-28 c, d, e HO 7 OMOM 2-29 f, g, h HO_2C 2 7 OMOM 2-19

Schema 7: Darstellung des Fragments **2-19**

Reaktionsbedingungen: (a) *m*CPBA, CH_2Cl_2, 0°C → RT (90%); (b) (*R*,*R*)-*N*,*N'*-Bis(3,5-di-*tert*-butylsalicyliden)-1,2-cyclohexandiamincobalt(II), AcOH, H_2O, CH_2Cl_2, 0°C→ RT (47%); (c) $Me_3S^+I^-$, *n*-BuLi, THF, −30°C → RT (90%); (d) MOMCl, DIPEA, CH_2Cl_2, RT (85%); (e) TBAF, THF, RT (95%); (f) DMP, $NaHCO_3$, CH_2Cl_2, RT (95%); (g) $Ph_3P{=}CHCO_2Me$, CH_2Cl_2, RT (90%); (h) KOH, Dioxan/H_2O, RT (85%).

Zunächst werden die beiden Fragmente **2-17** und **2-18** in einer Stille-Kreuzkupplung[45] miteinander verbunden (**2-30**). Der Säurebaustein **2-19** wird anschließend in einer Yamaguchi-Veresterung[46] angehängt und man erhält nach Silylentschützung und anschließender Oxidation Verbindung **2-31**. Das Vinyliodid wird durch eine Takai-Olefinierung[47] etabliert. Der Ringschluss soll hier durch eine Ringschlussmetathese[48] erfolgen. Überraschenderweise erhält man mit dem MOM-geschützten Vinyliodid als Edukt für die Ringschlussreaktion kein gewünschtes Produkt. Deshalb werden die beiden MOM-Ether vorher gespalten. Das ungeschützte Diol kann anschließend ohne Probleme und in guter Ausbeute in Gegenwart des Grubbs II Katalysators in das Makrolacton **2-32** überführt werden. (Interessanterweise hat man bei späteren Metathesereaktionen zur Darstellung von Derivaten des Naturstoffes festgestellt, dass das Vorhandensein zumindest einer der beiden allylischen Hydroxylfunktionen essentiell ist, um den Makrozyklus in gewünschter Art und Weise zu schließen.[30]) Zum Schluss wird die Enamid-Einheit an der Seitenkette durch eine kupferkatalysierte Kupplung nach Buchwald et *al.*[49] mit dem Säureamid **2-33** eingeführt und man erhält die gewünschte Zielstruktur **1*** (**Schema 8**).

Auch K. C. Nicolaou et *al.* stellten unabhängig von J. K. De Brabander et *al.* anhand der spektroskopischen Daten Unstimmigkeiten im Vergleich der Struktur **1*** mit der des Naturstoffes fest und auch sie entschieden sich zunächst zur Synthese des Diastereomers *ent*-**1**. Als J. K. De Brabander et *al.* schließlich ihre Ergebnisse publizierten und auf die tatsächliche Struktur von Palmerolid A (**1**) schließen konnten, wurde diese von K. C. Nicolaou et *al.* aufgegriffen und erstmals synthetisiert. Durch Übereinstimmung sämtlicher spektroskopischer Daten einschließlich der CD-Spektren und Drehwerte der synthetisierten Substanz und dem natürlich vorkommenden Palmerolid A (**1**) erwies sich der verbesserte Strukturvorschlag **1** als richtig.

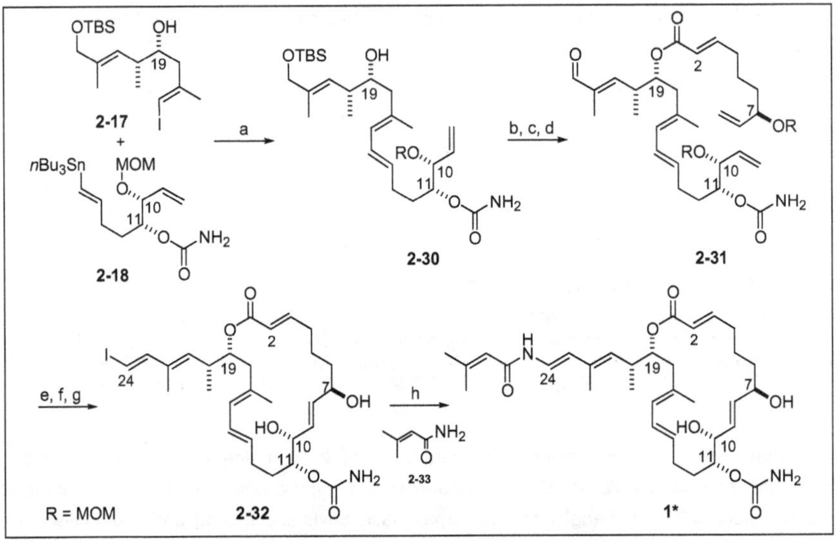

Schema 8: Kupplung der Fragmente **2-17**, **2-18** und **2-19** und Etablierung der Seitenkette

Reaktionsbedingungen: (a) [Pd(dba)$_2$], AsPh$_3$, LiCl, NMP, RT (67%); (b) 2,4,6-Trichlorobenzoylchlorid, Et$_3$N, **2-19**, DMAP, Toluol, RT (61%); (c) TBAF, THF, RT; (d) DMP, CH$_2$Cl$_2$, RT (79%, 2 Stufen); (e) CrCl$_2$, CHI$_3$, THF/Dioxan, RT (80%); (f) BF$_3$·Et$_2$O, Me$_2$S, RT (46%); (g) Grubb's II cat., CH$_2$Cl$_2$, RT (76%); (h) **2-33**, CuI, Cs$_2$CO$_3$, *N,N'*-Dimethylethylendiamin, DMF, RT (44%).

An dieser Stelle soll außerdem angemerkt werden, dass K. C. Nicolaou et *al.* auf der Grundlage des hier beschriebenen Synthesewegs mittlerweile einige Derivate von Palmerolid A (**1**) dargestellt haben und deren Aktivität zum Großteil auch biologisch untersucht wurde.[50]

2.2.3 Totalsynthese nach D. G. Hall et al.[51]

D. G. Hall et *al.* sieht in seiner retrosynthetischen Analyse von Palmerolid A (**1**) die Zerlegung des Moleküls in die zwei Hauptfragmente **2-34** und **2-35** vor (**Abbildung 9**). Sein Ziel ist es, im Laufe der Synthese dieser Fragmente Teile der von ihm entwickelte Organoborchemie zum Einsatz zu bringen, um das Kohlenstoffgerüst mit den vier Carbinol-Stereozentren aufzubauen. Die Stereozentren in Verbindung **2-34** sollen durch eine enantioselektive Crotylborat-Verknüpfung zweier nichtchiraler, kleiner Moleküle etabliert werden.

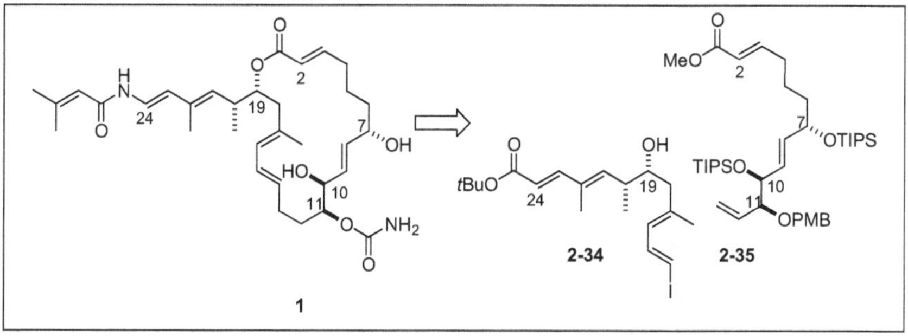

Abbildung 9: Retrosynthetische Analyse nach D. G. Hall et *al.*

Fragment **2-35** geht aus der Pyranverbindung **2-36** hervor, welche über Verbindung **2-37** durch eine hetero [4+2] Cycloaddition mit gleichzeitiger Allylborierung von einer Organoborverbindung mit einer Doppelbindung erhalten werden kann (**Abbildung 10**). Die Verknüpfung der beiden Teilstrukturen **2-34** und **2-35** erfolgt in dieser Synthesestrategie durch eine sp^2-sp^3-Alkyl-Suzuki-Kreuzkupplungsreaktion, gefolgt von einer Yamaguchi-Makrolactonisierung, die schließlich zum Ringschluss führt.

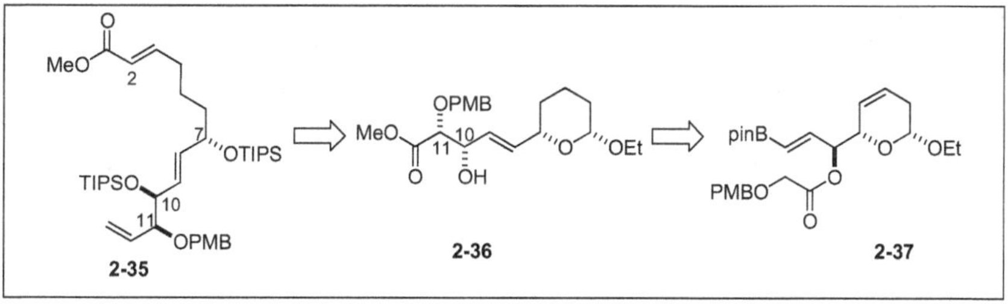

Abbildung 10: Retrosynthetische Analyse nach D. G. Hall et *al.*

Als Edukt zur Darstellung von Fragment **2-34** dient der literaturbekannte β,γ-ungesättigte Aldehyd **2-38**[4,5], der durch enantioselektive *E*-Crotylborierung[52] zunächst zum *anti*-Vinyliodid **2-39** umgesetzt wird. Die gewünschte *syn*-Konfiguration erhält man durch Inversion des C19 Stereozentrums. Anschließende Schützung der Alkoholfunktion liefert Vinyliodid **2-40**. Die oxidative Spaltung der endständigen Doppelbindung, gefolgt von einer Wittig-Olefinierung führt zu dem ungesättigten Ester **2-41**, der nach Reduktion zum Alkohol und Oxidation zum Aldehyd durch erneute Kettenverlängerung zu Verbindung **2-42** umgesetzt wird. Die Vinyliodid-Einheit in Molekül **2-42** wird schließlich durch eine Sonogashira-Kupplung mit anschließender Hydrozirkonierung des Alkins zum Iodobutadien **2-34** verlängert (**Schema 9**).

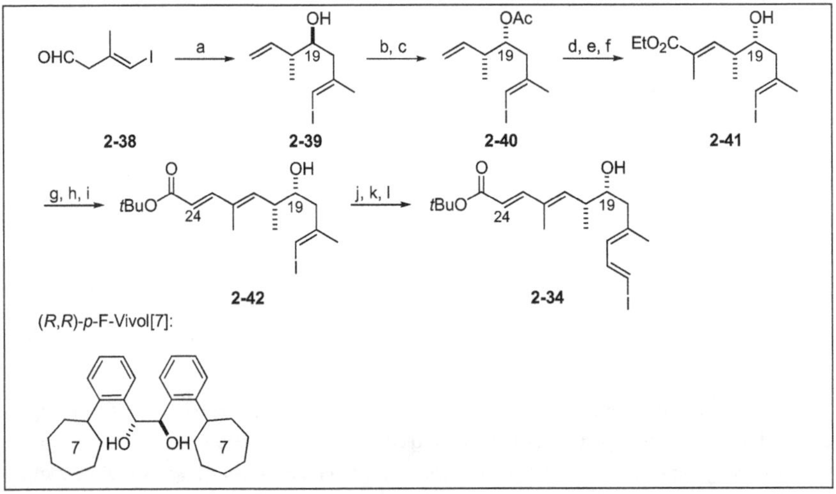

Schema 9: Darstellung des Fragments **2-34**

Reaktionsbedingungen: (a) Borocrotylpinacolat, (*R*,*R*)-*p*-F-Vivol[7]·$SnCl_4$, Na_2CO_3, 4 Å MS, Toluol, −78°C (95%); (b) $MeSO_2Cl$, Et_3N, CH_2Cl_2, 0°C; (c) CsOAc, 18-C-6, Toluol, Rückfluss (76%, 2 Stufen); (d) OsO_4, NMO, *t*-BuOH/H_2O/THF; (e) $NaIO_4$, MeOH/H_2O; (f) $EtO_2CC(Me)PPh_3$, CH_2Cl_2 (75%, 3 Stufen); (g) DIBAL-H, CH_2Cl_2, −78°C (99%); (h) MnO_2, CH_2Cl_2, RT; (i) *t*-$BuO_2CCH{=}PPh_3$, Benzol, Rückfluss (90%, 2 Stufen); (j) TMS-Acetylen, $PdCl_2(PPh_3)_2$, CuI, Et_2NH (99%); (k) TBAF, THF, RT (95%); (l) $Cp_2Zr(H)Cl$, I_2, THF (70%).

Die Synthese von Fragment **2-35** beginnt mit der Darstellung von Verbindung **2-46** aus 3-Boronoacroleinpinacolat **2-43** und dem Ethylvinylether **2-44**. In einer katalytischen [4+2] Cycloaddition mit gleichzeitiger Allylborierung[53] werden die beiden Edukte enantioselektiv im Verhältnis 2:1 miteinander verknüpft. Nach Acetylierung der Alkoholfunktion findet über das Enolsilan eine Claisen-Ireland-Umlagerung[54] statt und das Alkylboronat wird unter Retention der Stereochemie direkt zu Verbindung **2-47** oxidiert. Die Carboxylgruppe wird verestert und nach Silylschützung der freien Alkoholfunktion erhält man Verbindung **2-48**, die nach Hydrierung der Ring-Doppelbindung durch Reduktion des Esters zum Alkohol **2-49** umgesetzt wird. Oxidation zum Aldehyd und eine Kettenverlängerung liefert Verbindung **2-50**, die schließlich durch Öffnen des Acetals und anschließende Wittig-Olefinierung nach Silylschützung der verbleibenden Alkoholfunktion zu Fragment **2-35** führt (**Schema 10**).

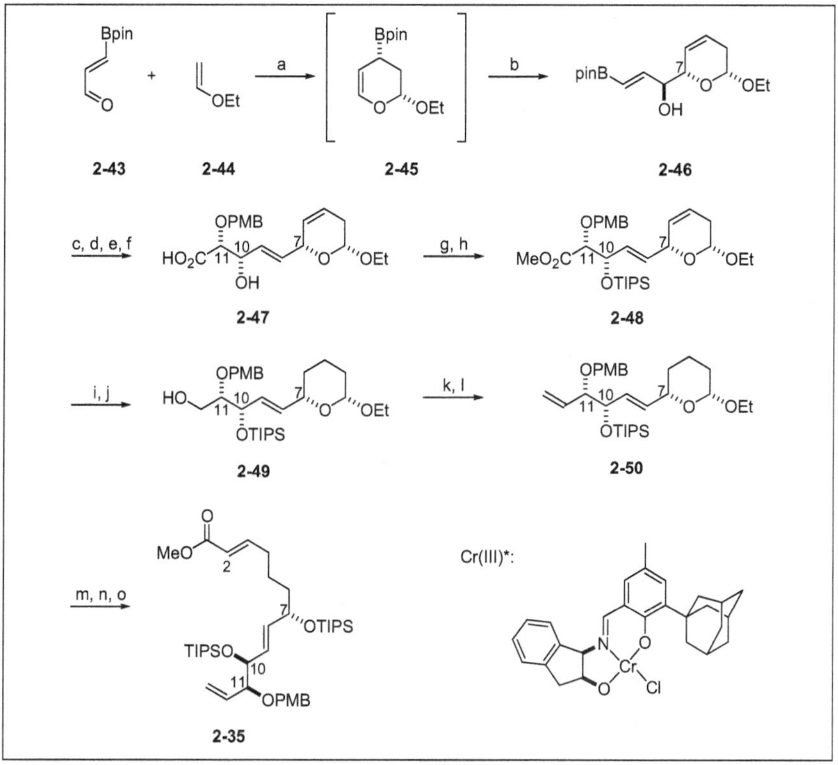

Schema 10: Darstellung des Fragments **2-35**

Reaktionsbedingungen: (a) Cr(III)*, BaO, THF, 18°C → RT; (b) zusätzliche Zugabe von **2-43**, RT (84%); (c) $PMBOCH_2CO_2H$, EDCCl, DMAP, CH_2Cl_2, 0°C → RT; (d) LDA, THF, −78°C; (e) TMSCl, Et_3N, −100°C → −78°C; (f) NaOAc, H_2O_2, THF, 0°C; (g) CH_2N_2, CH_2Cl_2/EtOH (55%, 4 Stufen); (h) TIPSOTf, 2,6-Lutidin, CH_2Cl_2, 0°C (91%); (i) H_2, 50 psi, Rh/Al_2O_3, CH_2Cl_2, RT; (j) DIBAL-H, Toluol, 0°C (94%, 2 Stufen); (k) DMP, CH_2Cl_2, 0°C → RT; (l) $Ph_3P{=}CH_2$, THF, −78°C → RT (80%, 2 Stufen); (m) HCl, THF/H_2O, RT (82%); (n) $Ph_3P{=}CHCO_2CH_3$, Toluol, 100°C (91%); (o) TIPSOTf, 2,6-Lutidin, CH_2Cl_2, 0°C (99%).

Die beiden Hauptfragmente **2-34** und **2-35** werden nach Hydroborierung der Doppelbindung in einer sp^2-sp^3-B-Alkyl-Suzuki-Kupplung miteinander verknüpft (**2-51**) und nach selektiver Verseifung des Methylesters erhält man durch Yamaguchi-Veresterung das Ringsystem **2-52** (**Schema 11**).

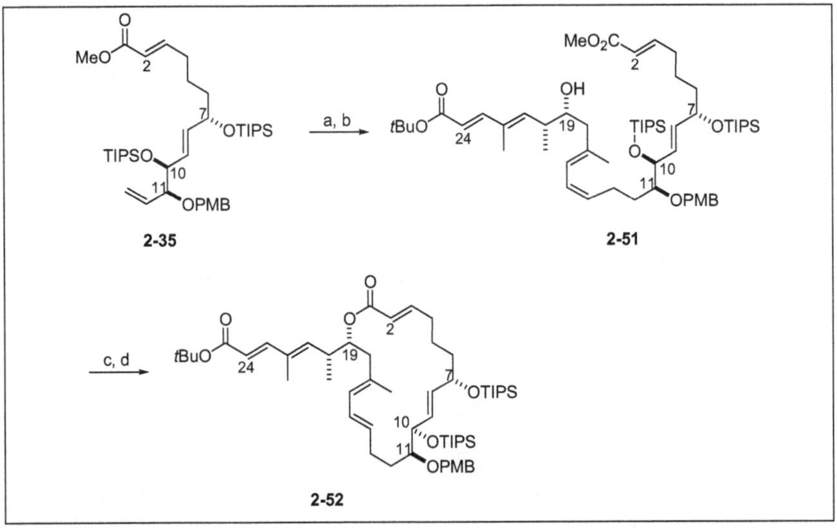

Schema 11: Vernüpfung der Fragmente **2-34** und **2-35**

Reaktionsbedingungen: (a) 9-BBN, THF, RT; (b) **2-34**, $PdCl_2(dppf)$, $AsPh_3$, Cs_2CO_3, DMF, RT (50-77%); (c) Me_3SnOH, $ClCH_2CH_2Cl$, Rückfluss (73%); (d) 2,4,6-$Cl_3C_6H_2COCl$, Et_3N, THF, 2 h, dann DMAP, Toluol (90%).

Zur Etablierung der Enamid-Einheit aus dem Dienoat an der Seitenkette wählen D. G. Hall et *al.* wie bereits J. K. De Brabander et *al.* den Weg über eine Curtius-Umlagerung (**2-53**). Die PMB-Schutzgruppe wird anschließend nukleophil abgespalten, so dass das Carbamat eingeführt werden kann. Im letzten Reaktionsschritt werden die übrigen Silylschutzgruppen entfernt und man erhält den Naturstoff Palmerolid A (**1**) (**Schema 12**).

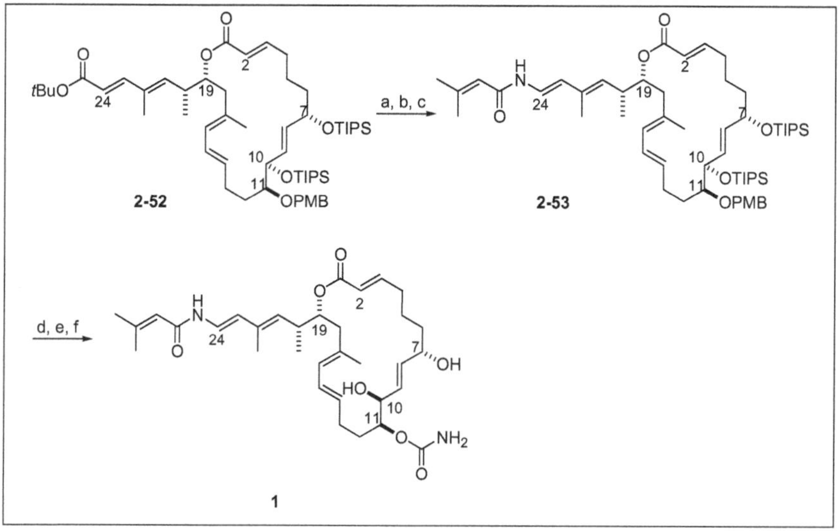

Schema 12: Aufbau der Seitenkette und Einführung des Carbamats

Reaktionsbedingungen: (a) TMSOTf, Et_3N, CH_2Cl_2 (95%); (b) $(PhO)_2P(O)N_3$, Et_3N, Benzol, Rückfluss (75%); (c) Benzol, Rückfluss, 5 h, dann 2-Methyl-1-propenylmagnesiumbromid, THF, −78°C (75%); (d) Et_2O-$MgBr_2$, Me_2S, CH_2Cl_2; (e) $Cl_3CC(O)NCO$, CH_2Cl_2, 0°C, 2 h, dann Al_2O_3, RT; (f) TBAF, THF, 0°C (15−20%, 3 Stufen).

2.2.4 Formale Totalsynthese nach K. P. Kaliappan et al.

Die formale Totalsynthese von K. P. Kaliappan et *al.* sieht als Schlüsselreaktion zur Darstellung des 20-gliedrigen Makrolids die von Nicolaou et *al.* bereits beschriebene Ringschlussmetathese vor. Außerdem soll die Lactoneinheit ähnlich wie bei Nicolaou et al. durch eine Veresterung etabliert werden. Der Aufbau der Enamid-Seitenkette soll ebenfalls analog zu Nicolaou et *al.* über eine Takai-Olefinierung und eine Buchwald-Kupplung erfolgen. Aufgrund dieser Überlegungen erhält man in der retrosynthetischen Zerlegung ausgehend von der als Edukt für die Metathese dienenden Verbindung **2-54** zunächst das C9-C24-Fragment **2-56** und die dem Fragment **2-19** sehr ähnliche Verbindung **2-55**. Fragment **2-56** wird wiederum auf die beiden Bausteine **2-57** und **2-58** zurückgeführt, die durch eine Julia-Kocienski-Reaktion verknüpft werden sollen. Die *syn*-Stereochemie an C19/C20 in Verbindung **2-57** wird mit Hilfe der Shimizu-Reaktion etabliert.

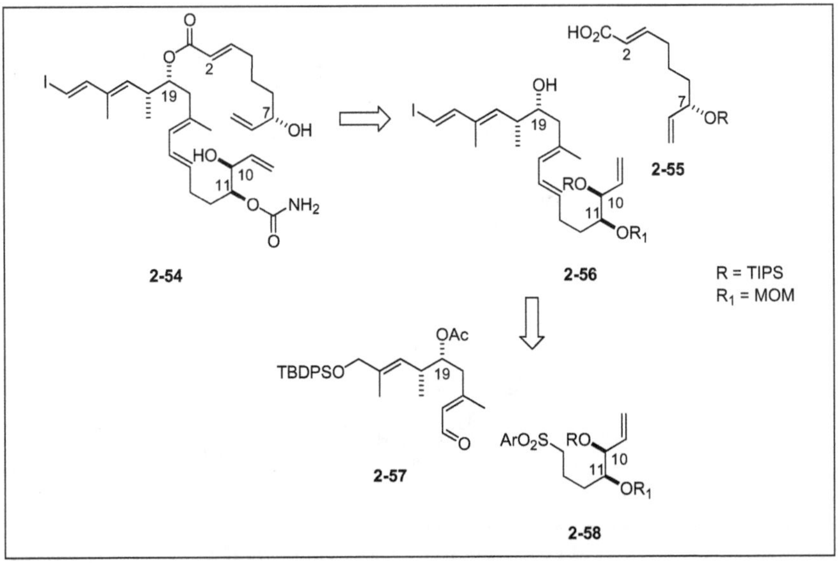

Abbildung 11: Retrosynthetische Analyse nach K. P. Kaliappan et *al.*

Zur Darstellung der Säure **2-55** gehen K. P. Kaliappan et *al.* von der racemischen Verbindung ***rac*-2-59** aus. Mit Hilfe der kinetischen Sharpless-Resolution erhält man den enantiomerenreinen Alkohol **2-59**. Nach TIPS-Schützung der sekundären Hydroxylfunktion wird der primäre Alkohol entschützt und zum Aldehyd **2-60** oxidiert. In einer HWE-Reaktion wird die Kohlenstoffkette verlängert und nach Verseifung des Esters erhält man den gewünschten Säurebaustein **2-55** in guter Ausbeute.

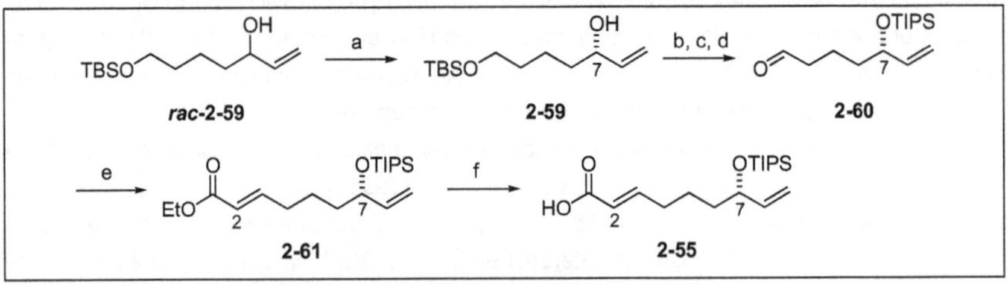

Schema 13: Darstellung des Fragments **2-55**

Reaktionsbedingungen: (a) D-(−)- Diisopropyltartrat (DIPT), $Ti(^iPrO)_4$, CH_2Cl_2, 4 Å MS, CaH_2, *t*-BuOOH, −22°C, 6 d, (42%); (b) TIPSOTf, 2,6-Lutidin, CH_2Cl_2, 0°C → RT, 1 h (87%); (c) AcOH/THF/H_2O (3:1:1), RT, 6 h (76%); (d) IBX, EtOAc, Rückfluss, 5 h.; (e) $EtO_2CCH_2P(O)(OEt)_2$, DIPEA, LiCl, THF, RT, 12 h, (80%, 2 Stufen, *E*/*Z* > 95:5); (f) LiOH, H_2O/THF/CH_3OH (2:1:1), 0°C → RT, 8 h (68%).

Der bereits literaturbekannte Allylalkohol **2-62** dient in dieser formalen Totalsynthese als Ausgangsstoff für das für die Julia-Kocienski-Reaktion benötigte Schwefelderivat **2-58**. Nachdem in einer Apple-Reaktion zum Vinylchlorid **2-63** halogeniert wurde liefert eine asymmetrische Sharpless Dihydroxylierung ein Chlorhydrin, das unter basischen Bedingungen in den Epoxyalkohol **2-64** übergeht. Die Hydroxylfunktion wird als MOM-Ether geschützt. Mit Hilfe des Dimethylsulfoniumylids erhält man den Allylalkohol **2-65**. Nach einer Schützungs-Entschützungssequenz wird die primäre Hydroxylgruppe verwendet, um Verbindung **2-66** in einer Mitsunobu-Reaktion zu dem Sulfonbaustein **2-67** umzusetzen, der nach Oxidation für die Kupplungsreaktion zur Verfügung steht.

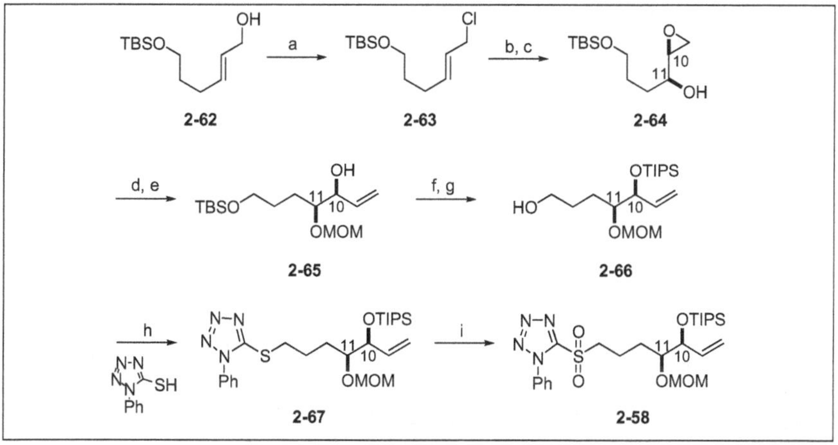

Schema 14: Darstellung des Fragments **2-58**

Reaktionsbedingungen: (a) PPh_3, CCl_4, $NaHCO_3$, Rückfluss, 6 h (82%); (b) AD-mix-α, $CH_3SO_2NH_2$, $NaHCO_3$, *t*-BuOH/H_2O, 0°C, 24 h (92%); (c) K_2CO_3, MeOH, RT, 3 h (82%); (d) MOMCl, $^{i}Pr_2NEt$, CH_2Cl_2, 2 h (92%); (e) $(CH_3)_3SI$, *n*-BuLi, THF, −18°C → RT, 1 h (81%); (f) TIPSOTf, 2,6-Lutidin, CH_2Cl_2, 0°C → RT, 1 h (87%); (g) AcOH/THF/H_2O (3:1:1), RT, 6 h (86%); (h) 1-Phenyl-1H-tetrazol-5-thiol, PPh_3, DIAD, THF, −20°C, 1 h (92%); (i) $(NH_4)_6Mo_7O_{24}$, H_2O_2, EtOH, 0°C → RT, 12 h (94%).

Der verbleibende Baustein **2-57** lässt sich zurückführen auf die bekannte Verbindung **2-68**. Nach Oxidation der freien Hydroxylfunktion wird die Kohlenstoffkette in einer Wittig-Reaktion verlängert. Nach Reduktion des endständigen Esters wird die Doppelbindung in einer asymmetrischen Katsuki-Sharpless-Epoxidierung enantioselektiv in das Epoxid **2-71** überführt. Nach Oxidation des primären Alkohols liefert eine weitere Wittig-Reaktion Verbindung **2-72**. Die *syn*-Stereochemie an C19/C20 wird schließlich durch eine stereoselektive Pd-katalysierte Hydrogenolyse etabliert. Der Ester **2-73** wird anschließend zum Alkohol reduziert und die primäre Hydroxylgruppe wird selektiv silyliert (**2-74**). Die seit Beginn der Synthesesequenz geschützte Ketofunktion wird danach über eine Transketalisierung freigesetzt.

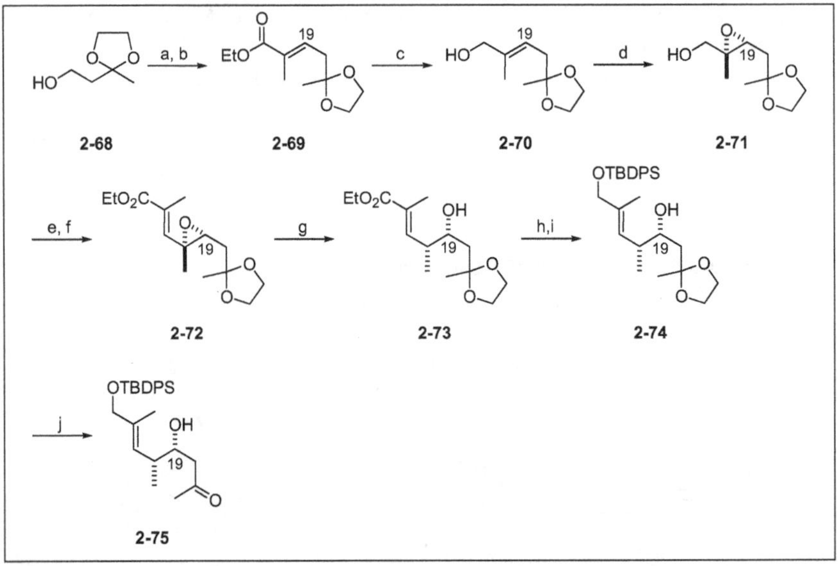

Schema 15: Darstellung des Fragments **2-75**

Reaktionsbedingungen: (a) IBX, EtOAc, Rückfluss, 6 h; (b) $PPh_3C(CH_3)CO_2Et$, Toluol, RT, 3 h (85%, 2 Stufen); (c) LAH, Et_2O, 0°C → RT, 2 h (96%); (d) D-(−)-Diisopropyltartrat (DIPT), $Ti(^iPrO)_4$, CH_2Cl_2, 4 Å MS, CaH_2, *t*-BuOOH, 25°C, 4 h (90%); (e) IBX, EtOAc, Rückfluss, 6 h; (f) $PPh_3C(CH_3)CO_2Et$, Toluol, RT, 3 h (98%, 2 Stufen); (g) $[Pd_2(dba)_3]\cdot CHCl_3$, HCO_2H, *n*-Bu_3P, Et_3N, 1,4-Dioxan, RT, 16 h (94%); (h) DIBAL-H, CH_2Cl_2, −78°C, 1 h (74%); (i) TBDPSCl, CH_2Cl_2, Imidazol, RT, 2 h (85%); (j) $PdCl_2\cdot 2CH_3CN$, Aceton, 0°C, 30 min (89%).

Anschließend wird ein Vinyl-Grignard-Reagenz an das Carbonyl addiert. Die freien Hydroxylgruppen werden acetyliert, so dass man das Diacetat **2-77** erhält. In einer Umlagerung bildet sich unter Pd(II)-Katalyse ein Diastereomerengemisch **2-78**, das nach Entschützung der primären Hydroxylfunktion säulenchromatographisch getrennt werden kann. Das gewünschte *trans*-Isomer **2-79** wird zum Aldehyd **2-57** oxidiert und steht damit für die Kupplungsreaktion zur Verfügung.

Die Julia-Kocienski-Reaktion mit den Fragmenten **2-57** und **2-58** liefert das gewünschte *trans*-Olefin **2-82** in sehr guter Ausbeute. Unter basischen Reaktionsbedingungen können sowohl die TBDPS- als auch die Acetyl-Schutzgruppe abgespalten werden. Nach selektiver Oxidation des primären Alkohols zum Aldehyd wird das Kohlenstoffgerüst in einer Takai-Olefinierung zu dem Vinyliodid **2-84** erweitert.

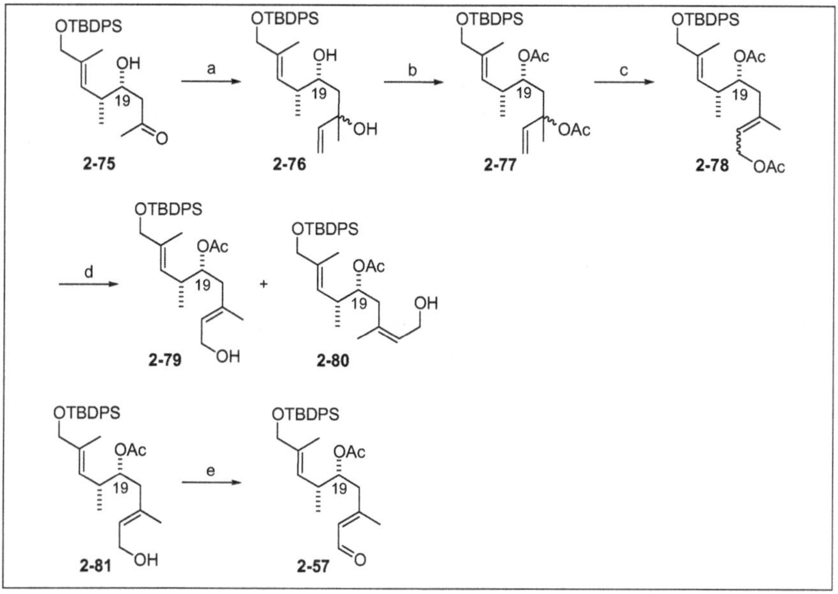

Schema 16: Darstellung des Fragments **2-57**

Reaktionsbedingungen: (a) $CH_2CHMgBr$, THF, 0°C → RT, 5 h (73%); (b) Ac_2O, Pyridin, DMAP, 50°C, 16 h (78%); (c) $PdCl_2 \cdot 2CH_3CN$, THF, RT, 6 h (88%); (d) NH_3/MeOH, RT, 16 h, 70% **2-79**, 9% **2-80**; (e) MnO_2, CH_2Cl_2, RT, 2 h (92%).

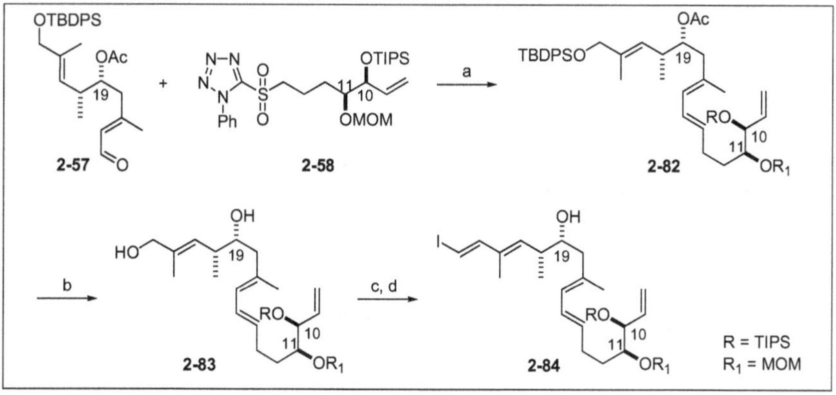

R = TIPS
R_1 = MOM

Schema 17: Verknüpfung der Fragmente **2-57** und **2-58**

Reaktionsbedingungen: (a) LiHMDS, THF, −78°C, 45 min (80% > 95:5 *E*/*Z*); (b) NaOH, CH_3OH, Rückfluss, 10 h (78%); (c) MnO_2, CH_2Cl_2, RT, 6 h; (d) $CrCl_2$, CHI_3, THF, 0°C, 1 h, (72%, > 95:5 *E*/*Z*, 2 Stufen).

Durch Yamaguchi-Veresterung dieses Bausteins **2-84** mit der Säure **2-55** erhält man die geschützte Verbindung **2-85**. Zunächst wird die MOM-Schutzgruppe abgespalten, so dass an dieser freiwerden Hydroxylfunktion mit Trichloroacetylisocyanat an dieser Stelle unter basischen Bedingungen das im Naturstoff vorhandene Carbamat etabliert werden kann. Nach Abspaltung der beiden verbleibenden Silylschutzgruppen erhält man Molekül **2-54**, das als Ausgangsverbindung für die Metathese dient und bereits in der Totalsynthese von Nicolaou et *al.* beschrieben wurde.

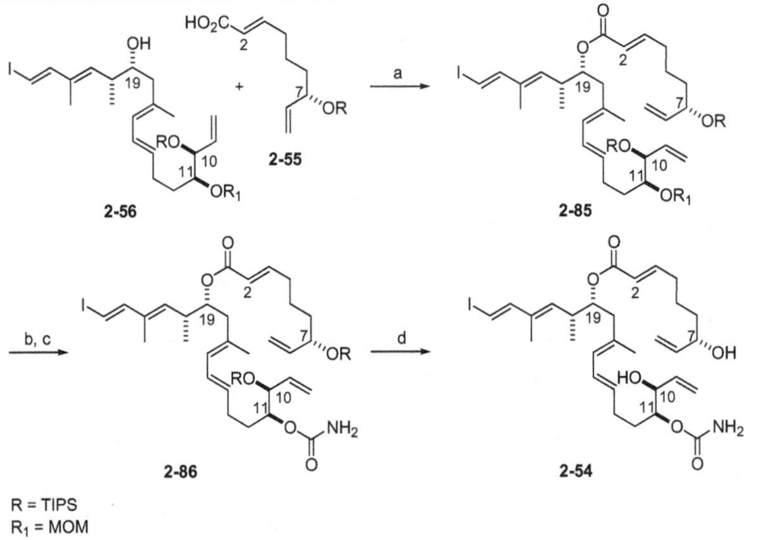

R = TIPS
R_1 = MOM

Schema 18: Verknüpfung der Fragmente **2-55** und **2-56**

Reaktionsbedingungen: (a) **2-55**, 2,4,6-Trichlorobenzoylchlorid, Et_3N, Benzol, RT, 1 h, dann **2-56**, DMAP, RT, 1 h (68%); (b) AcCl, EtOH, THF, 60°C, 10 min (70%); (c) $Cl_3CC(O)NCO$, CH_2Cl_2, 0°C, 1 h, dann basisches Al_2O_3, 0°C → RT, 1 h (80%); (d) TBAF, THF, 0°C, 4 h (66%).

2.3 Schlüsselreaktionen und deren Reaktionsmechanismen

2.3.1 Asymmetrische Transfer-Hydrierung (Noyori-Reduktion)

Chirale Propargylalkohole sind wichtige Bausteine in der organischen Synthese. Chiralitätszentren mit freien Hydroxylfunktionen sind außerdem häufig vorkommende Struktureinheiten in vielen biologisch aktiven Substanzen und anderen strukturell sehr interessanten Molekülen. Eine weit verbreitete Methode zur Darstellung solcher Stereozentren ist die Reduktion der entsprechenden Carbonylverbindung. Acetylenische Ketone können durch asymmetrische Reduktion zum entsprechenden Alkohol reduziert werden, wobei als Reduktionsmittel

Metallhydride fungieren, die in der Regel stöchiometrisch eingesetzt werden.[55] Eine weitere Möglichkeit besteht darin, Alkine enantioselektiv an Carbonyle zu addieren[56] oder entsprechende chirale, acetylenische Acetale reduktiv zu spalten.[57] Ein sehr effektiver Weg zur Reduktion von α,β-Alkinonen ist der von Parker et *al.* und Corey et *al.* beschriebene Weg über eine katalytische, asymmetrische Hydroborierung.[58] Leider können mit dem Katalysatorsystem aus chiralen Oxazaborolidinen keine α,β-acetylenischen Ketone reduziert und in den entsprechenden enantiomerenreinen Alkohol überführt werden.[59]

R. Noyori et *al.* haben die erste asymmetrische Transferhydrierung von acetylenischen Ketonen zu enantiomerenreinen Propargylalkoholen entwickelt. Sie bedienen sich eines Ru(II)-Katalysators und eines stabilen Wasserstoffdonors wie Methanol, Ethanol, 2-Butanol oder Isopropanol, der gleichzeitig als Lösungsmittel fungiert. Es ist eine sehr schonende Methode, die unter neutralen Bedingungen und bei Raumtemperatur die endständige Dreifachbindung im Molekül unberührt lässt.[60]

Die folgende **Abbildung 12** zeigt allgemein die Metall-Ligand-Zwischenstufen unter Beteiligung der Hydriddonoren und -akzeptoren im Katalysezyklus einer solchen enantioselektiven Reduktion.

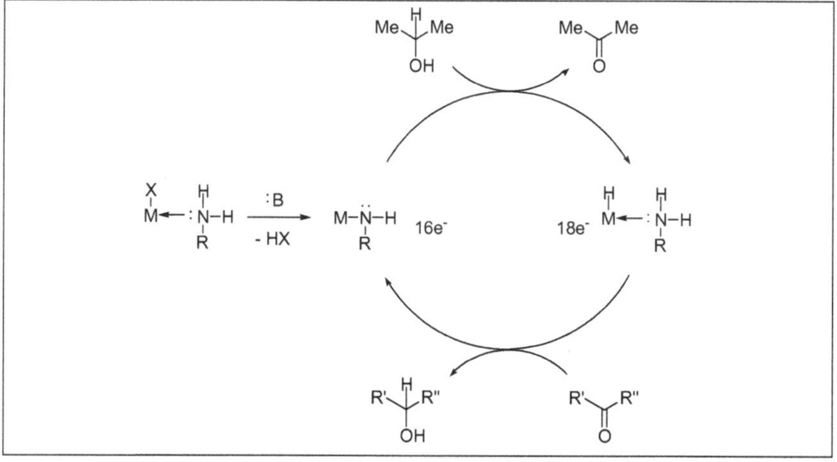

Abbildung 12: Katalysezyklus der Transferhydrierung

Zur Darstellung des Katalysatorkomplexes wird [{$RuCl_2(\eta^6$-cymen)}$_2$] **2-55** und (1*S*,2*S*)-*N*-*p*-toluolsulfonyl-1,2-diphenylethylendiamin **2-54** in Gegenwart von KOH zu der Katalysatorvorstufe **2-56** umgesetzt. Die NH_2-Protonen dieses orange-braunen $18e^-$-Ruthenium-Komplexes **2-56** sind sauer und in einem Zweiphasensystem aus CH_2Cl_2/H_2O eliminiert unter basischen Bedingungen sehr rasch HCl, so dass man den tief violetten, aktiven Katalysatorkomplex **2-57** erhält (**Schema 19**).

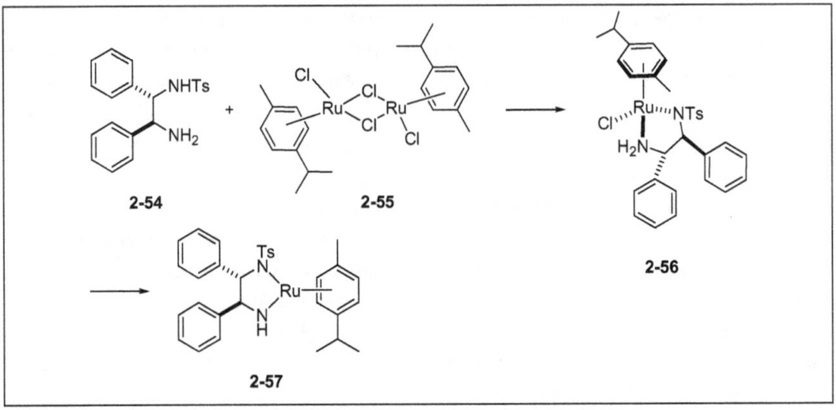

Schema 19: Darstellung des aktiven Katalysatorkomplexes **2-57**

Reaktionsbedingungen: KOH, CH_2Cl_2/H_2O 1:1, RT.

Dieser $16e^-$-Komplex **2-57** oxidiert bei Raumtemperatur Isopropanol zu Aceton und es bildet sich in situ die Ruthenium-Hydrid-Spezies **2-58** (**Schema 20**).

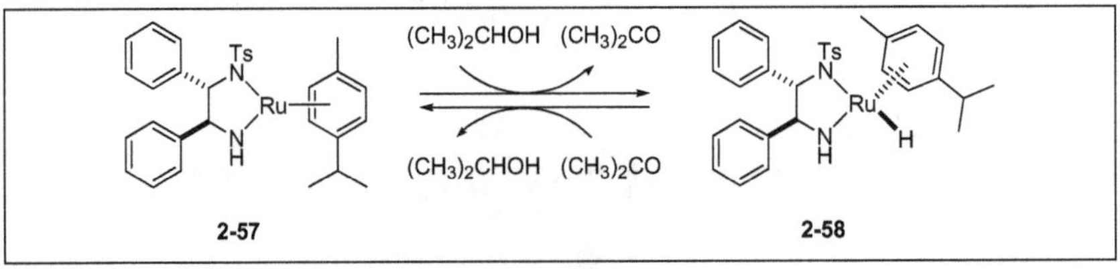

Schema 20: Redoxreaktion unter Beteiligung von Isopropanol

Diese überträgt anschließend das Hydrid-Ion auf eine Carbonylgruppe und reduziert sie enantioselektiv zum Alkohol. Diese Hydridübertragung erfolgt über einen 6-gliedrigen, pericyclischen Übergangszustand (**Abbildung 13**).

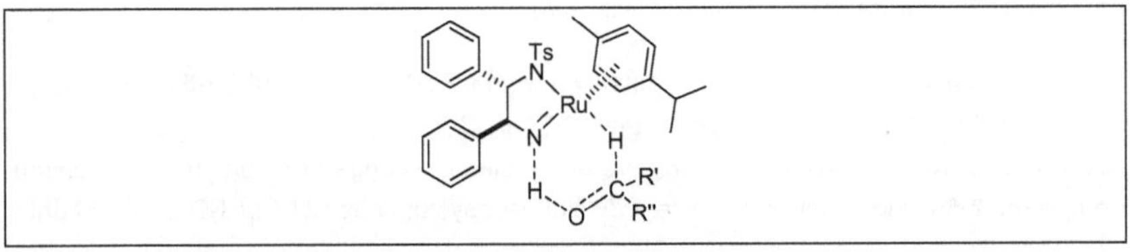

Abbildung 13: Übergangszustand der Hydridübertragung

Damit ergibt sich für die, durch ein Übergangsmetall katalysierte, enantioselektive Reduktion einer Carbonylverbindung der in **Abbildung 14** dargestellte Katalysezyklus. M−X steht hierbei für den Rutheniumkomplex, der als Katalysatorvorstufe dient (M = Ruthenium mit Liganden, X = anionischer Ligand, meist Halogenid, z. B. Cl^-). Der Mechanismus beginnt mit dem Angriff eines 2-Propoxids auf die Katalysatorvorstufe **2-I**. Der anionische Ligand wird verdrängt und man erhält den Übergangsmetall-2-propoxid-Komplex **2-J**. Nach Eliminierung von Aceton über die Zwischenstufe **2-K** erhält man die aktive Spezies **2-L**. Anschließend erfolgt die Hydridübertragung auf die Carbonylverbindung (**2-N** über **2-M**). Der enantioselektiv reduzierte Alkohol kann letzlich freigesetzt werden, indem im Austausch 2-Propoxid angelagert und damit der Katalysezyklus geschlossen wird.[61]

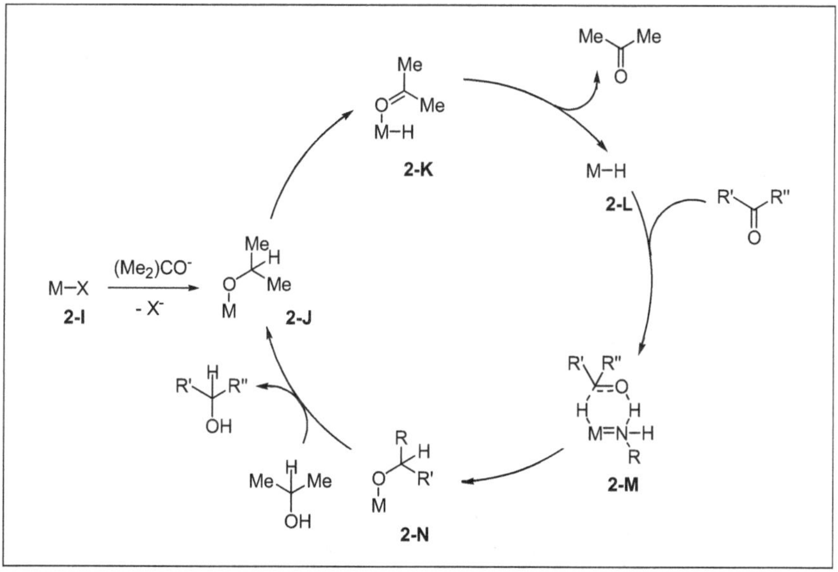

Abbildung 14: Katalysezyklus der Transferhydrierung

Dieser komplette Vorgang ist reversibel und lässt sich in Gegenwart von Aceton als Wasserstoffakzeptor umkehren und z. B. zur kinetischen Racematspaltung nutzen.[62]

2.3.2 Sharpless asymmetrische Dihydroxylierung[63]

Die Oxidation von Olefinen stellt eine sehr beliebte und weit verbreitete Methode dar, um funktionelle Gruppen in organische Moleküle einzuführen. Die funktionalisierten Produkte wie z. B. Epoxide, Diole und Aminoalkohole sind wertvolle Bausteine in der organischen Synthese. Im Hinblick auf komplexe Naturstoffe oder Wirkstoffe in der Pharmaindustrie ist es häufig notwendig, isomerenreine Produkte darzustellen. Um die Stereochemie der Oxidation einer Doppelbindung kontrollieren zu können, wurden im Laufe der letzten Jahrzehnte eine ganze Reihe an asymmetrischen Oxidationsmethoden entwickelt. In den meisten Protokollen werden neben den substratspezifischen Oxidationsmitteln Übergangsmetalle als Katalysatoren und chirale Liganden zur Kontrolle der Stereochemie eingesetzt.

Die erste Darstellung vicinaler Diole durch direkte Dihydroxylierung eines Olefins wurde 1979 von S. G. Hentges und K. B. Sharpless vorgestellt.[64] Weiterführende Versuche führten zu dem Ergebnis, dass sich in Gegenwart von Pyridin und chiralen Pyridinen in situ ein, wenn auch relativ instabiler, chiraler Pyridin-Osmiumtetroxid-Komplex ausbildet, der zu einem kleinen Enantiomerenüberschuss (3−18%) im Oxidationsprodukt führt.[65] Aufgrund dieser Erkenntnis wurde nach weiteren Liganden gesucht, die zusammen mit OsO_4 stabilere Komplexe bilden. Mit den natürlich vorkommenden Cinchona-Alkaloiden hat man schließlich Liganden gefunden, in deren Gegenwart Enantiomerenüberschüsse von bis zu 90% erzielt werden können. Damit war die als Asymmetrische Dihydroxylierungsreaktion (ADH) bezeichnete Reaktion etabliert. Bis heute ist das Osmium als katalysierendes Übergangsmetall neben einigen wenigen Alternativen wie Mangan,[66] Ruthenium[67] oder Eisen[68] in seiner Anwendung dominierend. Für die Addition des OsO_4 an das Alken nimmt man einen Mechanismus über eine [3+2]-Cycloaddition an, die in der von den aromatischen Resten des Liganden aufgespannten Bindungstasche stattfindet. Dabei wird das Alken durch elektrostatische Wechselwirkungen zwischen dem Aromaten des Substrats und denen des Liganden bzw. durch C-H-π-Wechselwirkungen für aliphatische Olefine in eine ganz bestimmte Position dirigiert (**Abbildung 15**), wodurch der Angriff des OsO_4 nur von einer Seite möglich und die Stereoselektivität der Reaktion bestimmt wird.[69]

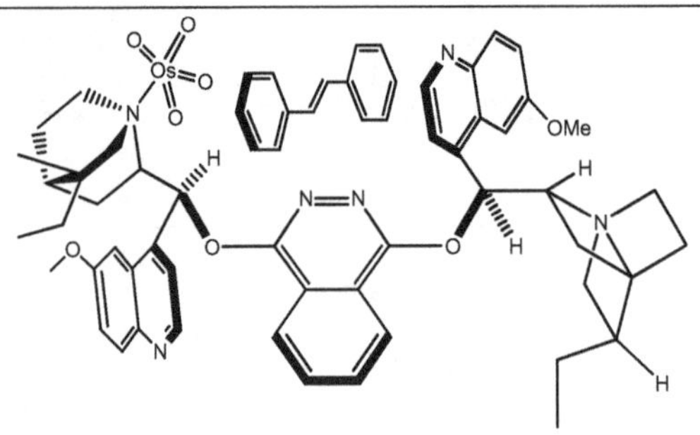

Abbildung 15: Stilben in der Bindungstasche von $OsO_4 \cdot (DHQD)_2PHAL$

Je nach Wahl des Co-Oxidationsmittels, das das Os(VI) zu Os(VIII) zurückoxidiert, des Lösungsmittelsystems und anderen Reaktionsparametern werden zwei Katalysezyklen unterschieden (**Abbildung 16**).

Mit NMO im Lösungsmittelgemisch Aceton/H_2O[70] gibt es zwei konkurrierende Katalysezyklen, die in der folgenden **Abbildung 16** dargestellt werden. Der Ligand-OsO_4-Komplex reagiert zunächst mit dem Olefin unter Bildung des Glycolats **2-O**. Das Os(VI) wird in diesem Komplex direkt zum katalytisch aktiven Os(VIII) zurückoxidiert. Im gewünschten Zyklus 1 wird anschließend durch Hydrolyse das Diol freigesetzt und das OsO_4 zurückgewonnen. Weil die Hydrolyse relativ langsam verläuft, kann das Os(VIII)-Glycolat **2-P** jedoch auch mit einem zweiten Olefin zu einem Osmiumbisglycolat **2-Q** reagieren. Ohne den Einfluss des dirigierenden Liganden während dieser zweiten Addition entstehen Diole mit sehr geringer Stereoselektivität, so dass man insgesamt einen wesentlich kleineren Enantiomerenüberschuss erhält.

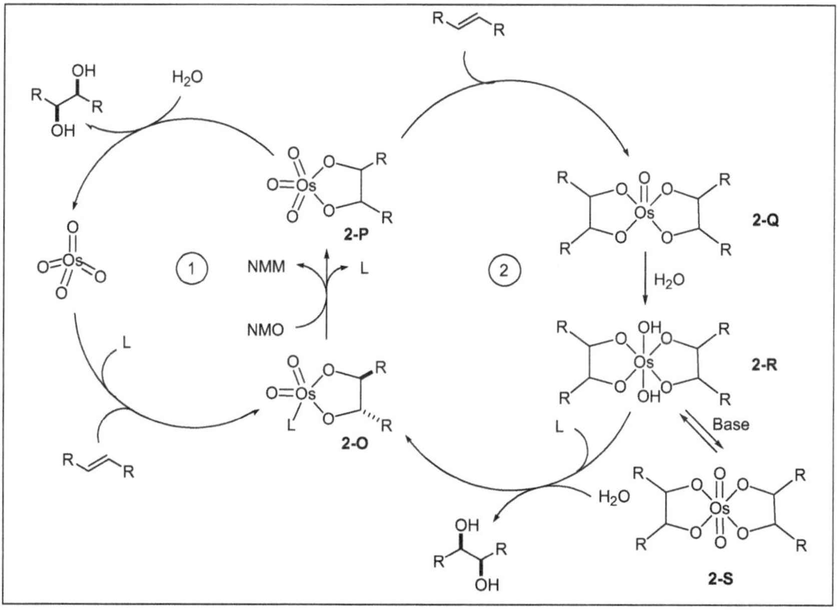

Abbildung 16: Konkurrierende Katalysezyklen der ADH-Reaktion

Um den zweiten Katalysezyklus weitestgehend zurückzudrängen, arbeitet man unter diesen Reaktionsbedingungen oft mit sehr verdünnten Reaktionslösungen, um die Addition des Olefins an das OsO_4 zu verlangsamen.[71]

Setzt man dagegen $K_3[Fe(CN)_6]$ in dem dabei üblichen heterogenen Lösungsmittelsystem *t*-Butanol/H_2O ein,[72] wird der oben beschriebene, ungewünschte Reaktionszyklus 2 umgangen. Hier finden die Addition des Olefins an das OsO_4 und die Reoxidation des Katalysatormetalls unabhängig voneinander in zwei verschiedenen Phasen statt (**Abbildung 17**).[73]

Das Alken wird in der organischen Phase von dem Liganden komplexiert und an das OsO_4 gebunden. Da das $K_3[Fe(CN)_6]$ nicht in der organischen Phase löslich ist, findet hier keine Oxidation des Osmiumglycolats **2-O** und damit keine Addition eines zweiten Olefins statt. Das Osmiumglycolat **2-O** wird hydrolysiert und das freigesetzte Produkt verbleibt in der organischen Phase, während die wasserlösliche Os(VI)-Spezies in der basischen, wässrigen Phase zur aktiven Os(VIII)-Verbindung zurückoxidiert und nach erneutem Phasenwechsel in der organischen Phase für den nächsten Reaktionszyklus zur Verfügung steht.

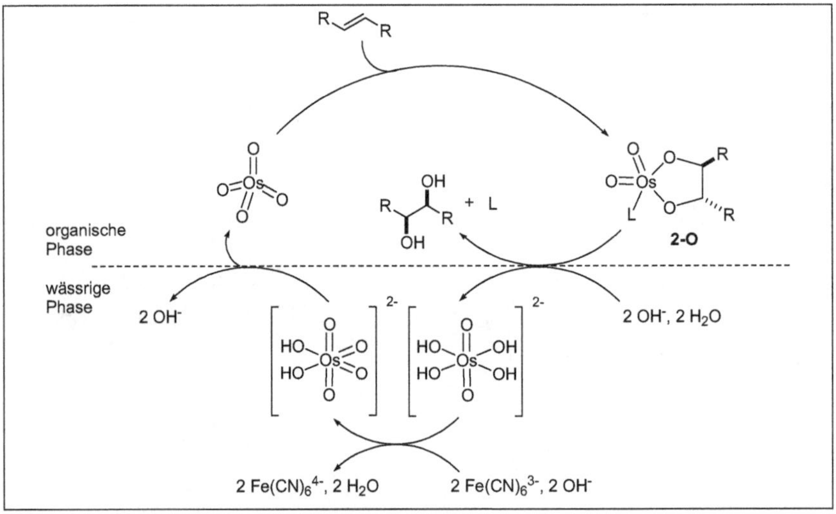

Abbildung 17: Zweiphasensystem in der ADH-Reaktion

Im Laufe der Jahre haben sich einige Cinchona-Alkaloid-Liganden bewährt, die sehr erfolgreich in ADH-Reaktionen eingesetzt werden (**Abbildung 18**). Man teilt sie anhand ihrer Struktur in verschiedene Ligandklassen ein, je nachdem, an welches organische Molekül die Cinchona-Alkaloide gebunden sind.[74]

Die jüngere Forschung auf dem Gebiet der ADH-Reaktionen beschäftigt sich hauptsächlich mit der Immobilisierung der Liganden-Katalysator-Gemische. Die Toxizität des Osmiums und die Kontamination der Produkte durch Spuren der Katalysatormetalle stellen einen limitierenden Faktor in der breiten, industriellen Anwendung der ADH-Reaktion dar. Deshalb wird verstärkt nach Möglichkeiten gesucht, das Katalysator-Ligand-Gemisch aus der Reaktionsmischung zurückzugewinnen und in einem neuen Ansatz wiederzuverwenden. Man hat dabei die Möglichkeiten das Osmium an eine feste, achirale Phase zu binden und den Liganden in der Reaktionsmischung zu lösen, um ihn unter geeigneten Bedingungen

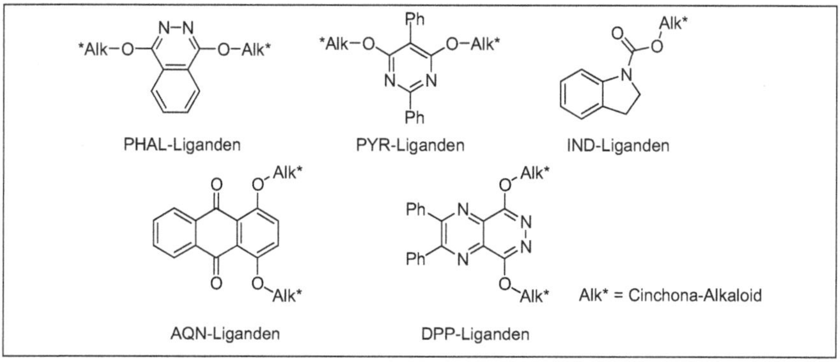

Abbildung 18: Ligandklassen in der ADH-Reaktion

durch Extraktion zurückzugewinnen oder den Liganden selbst an eine Polymerphase zu binden. Das gebundene Osmium kann einfach abfiltriert werden und bis zu fünf Mal ohne Aktivitätsverlust erneut eingesetzt werden. Detailliertere Informationen und Forschungsergebnisse diesbezüglich finden sich in den in diesem Abschnitt angegebenen Referenzen.

2.3.3 Evans-Aldol-Reaktionen

Die Aldol-Reaktion ist eine der bekanntesten und bedeutendsten regio-, diastereo- und enantioselektiven Reaktionen, um C-C-Bindungen zu knüpfen und gleichzeitig neue Stereozentren zu etablieren. Die durch Aldol-Reaktionen zugänglichen Struktureinheiten kommen sehr häufig in Naturstoffen, insbesondere in Polyketiden vor, die oft als Strukturvorbilder für Pharmazeutika dienen. Es liegt daher auf der Hand, dass es in der Literatur eine Vielzahl an Synthesebeispielen gibt, in denen diese Reaktion erfolgreich eingesetzt wird.[75] Obwohl sich die Forschung der letzten Jahre sehr auf organokatalysierte, asymmetrische Aldol-Reaktionen konzentriert und in diesem Bereich auch große Erfolge zu verzeichnen hat, stellt die klassische Methode, in der die chirale Information von einem Auxiliar getragen und auf das Substrat übertragen wird, immer noch eines der wichtigsten Werkzeuge eines Naturstoff-Synthesechemikers dar. Die Geometrie des gebildeten Enolats steuert die Konfiguration der beiden neu gebildeten Stereozentren. Allgemein lässt sich sagen, dass *E*-Enolate zu *anti*-Produkten führen, während *Z*-Enolate *syn*-Produkte liefern. Das lässt sich mit Hilfe des sogenannten Zimmermann-Traxler-Modells veranschaulichen, indem man davon ausgeht, dass eine Aldol-Reaktion über einen sesselförmigen, sehr unelastischen 6-gliedrigen Übergangszustand verläuft (**Abbildung 19**).[76] Die Geometrie des starren, 6-gliedrigen Übergangszustands wird durch die kürzere Sauerstoff-Bor-Bindung bestimmt, wodurch die 1,3 diaxiale Wechselwirkung zwischen den Liganden L und dem Rest R sehr groß wird.

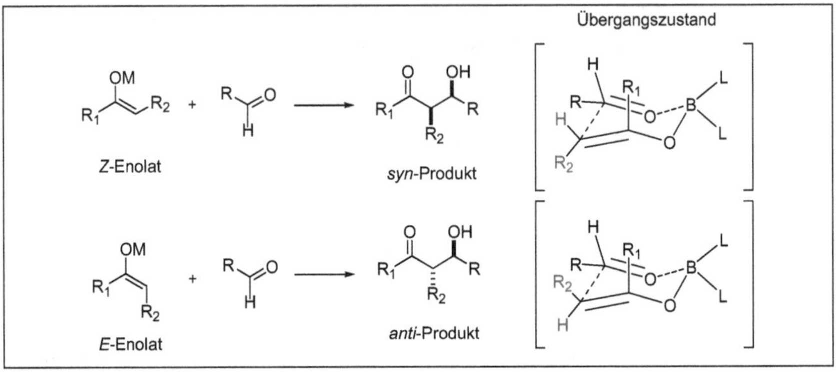

Abbildung 19: Aldol-Reaktion aus dem *Z*- und *E*-Enolat

Ein sehr verlässliches und weit verbreitetes Auxiliar ist das 1981 von Evans et *al.* vorgestellte Oxazolidinon, das am Stickstoff acyliert wird und als Dibutylborenolat in einer asymmetrischen Aldol-Reaktion sehr gute Ausbeuten und hohe Stereoselektivitäten in der Darstellung von *syn* Produkten liefert.[77] Als Imid kann das acylierte Oxazolidinon mit Tributylborotriflat und einem tertiären Amin nur *Z*-Enolate bilden und aufgrund der kurzen Sauerstoff-Bor-Bindung im Übergangszustand ist die Sesselform so steif, dass man ausschließlich das *syn*-Aldolprodukt erhält. Die absolute Stereochemie an den beiden neu generierten Stereozentren wird üblicherweise durch einen sperrigen Rest im Auxiliar bestimmt, der aufgrund seiner räumlichen Anordnung den Angriff des Aldehyds von der freieren, weniger gehinderten Seite des Auxiliars begünstigt (**Abbildung 20**).

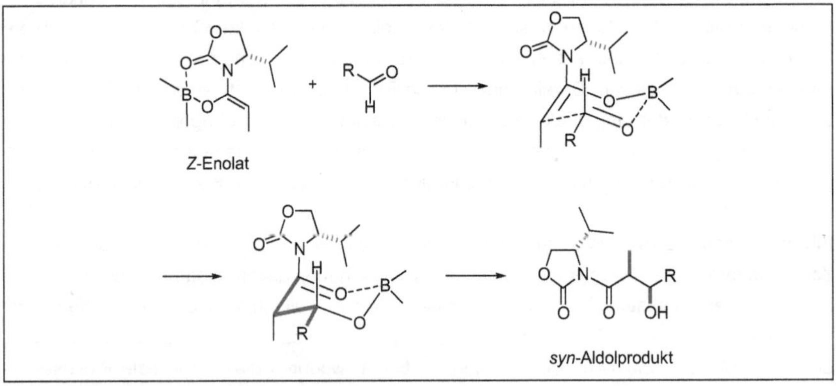

Abbildung 20: Dirigierender Einfluss des Auxiliars

Da Aldol-Reaktionen ausgezeichnete Diastereoselektivitäten liefern und die Produkte, auch im Hinblick auf weitere Umformungen des Moleküls zu immer komplizierteren Strukturen, optimale Ausgangssubstanzen darstellen, wurden im Laufe der Jahre eine Vielzahl an verschieden substituierten Oxazolidinon- und Thiazolidinthion-Derivaten entwickelt, die größtenteils jeweils in beiden enantiomeren Formen im Handel erhältlich sind und als chirale Auxiliare dienen können.

An dieser Stelle sei außerdem erwähnt, dass M. T. Crimmins et *al.* eine sehr interessante Variante der Evans-Aldol-Reaktion gefunden haben, bei der die absolute Stereochemie der beiden neu generierten Stereozentren selektiv durch die Wahl und Menge der Base, die das Auxiliar enolisiert, bestimmt wird.[78] Das Chlortitaniumenolat des N-Acyloxazolidinons in einer solchen Aldol-Reaktion ergibt je nach Enolisierungsbedingungen selektiv das *syn*-Produkt in *anti*-Stellung zum sperrigen Rest im Auxiliar (Evans-*syn*-Produkt) oder das *syn*-Produkt in *syn*-Stellung zum sperrigen Rest im Auxiliar (non-Evans-*syn*-Produkt). Des Weiteren gibt es eine sogenannte erweiterte Evans-Aldol-Reaktion, bei der als chirales Auxiliar ein Polypropionatsystem eingesetzt wird, das bereits ein Stereozentrum in der Kette trägt und somit zu einem neuen System mit drei Stereozentren in entweder *anti-syn-*, *anti-anti-* oder *syn-syn*-Konfiguration führt.[79] Da diese beiden Methoden in dieser Arbeit jedoch nicht zum Einsatz kommen, soll hier nicht genauer darauf eingegangen werden.

2.3.4 Kreuzkupplungsreaktionen

Unter den C-C-bindungsknüpfenden Reaktionen stellen die metallkatalysierten Kreuzkupplungsreaktionen sehr vielseitige und nützliche Reaktionstypen dar. Sie finden breite Anwendung in der Synthese komplexer Naturstoffe, aber auch in der Supramolekularen Chemie bis hin zu den Materialwissenschaften.

Seit den 70er Jahren wurde eine Vielzahl meist metallorganischer Verbindungen vorgestellt, die als Nukleophile agieren und mit Alkenyl- oder Arylhalogeniden in Kreuzkupplungsreaktionen reagieren. Man unterscheidet die meist sehr ähnlich verlaufenden Untervarianten je nach Natur der eingesetzten Reaktionspartner. Im Falle eines Bororganyls, das mit einem Halogenid unter Palladiumkatalyse verknüpft wird, spricht man von der sogenannten Suzuki-Miyaura-Kreuzkupplung[80]. Wird dagegen ein Zinnorganyl mit einem Alkenyl- oder Arylhalogenid verbunden, geht die Reaktion auf J. K. Stille zurück und wird als Stille-Kreuzkupplung[81] bezeichnet. Die palladiumkatalysierte Reaktion eines endständigen Olefins mit einer entsprechenden Halogenverbindung wird nach ihren Entdeckern auch Heck- oder Heck-Mizoroki-Kreuzkupplung[82] genannt. Neben diesen drei Methoden, die in dieser Arbeit zum Einsatz kommen, gibt es eine ganze Reihe weiterer Varianten wie z. B. die Negishi[83]-, Sonogashira[84]- oder Kumada[85]-Reaktionen, die mechanistisch alle sehr ähnlich verlaufen (**Abbildung 21**). Man nimmt an, dass sowohl bei der Suzuki- und Stille-Reaktion, als auch bei der Heck-Variante ein $14e^-$-Pd(0)-Komplex die katalytisch aktive Spezies darstellt. An diesen wird in einem ersten Reaktionsschritt das Halogenid oxidativ addiert, so dass ein $16e^-$-Pd(II)-Komplex entsteht. Bei den Varianten mit metallorganischen Substraten findet anschließend eine Transmetallierung durch das Palladium statt, wobei der organische Rest des Substrats auf den Komplex übergeht, während das Halogenid an den metallorganischen Rest bindet und als Nebenprodukt aus dem Katalysezyklus verschwindet. Das Produkt wird anschließend durch reduktive Eliminierung, ggf. nach Isomerisierung zum *cis*-Komplex, freigesetzt und gleichzeitig erhält man den aktiven Pd(0)-Komplex zurück. Im Falle der Heck-Kupplung wird nach der oxidativen Addition des Halogenids an den Katalysatorkomplex das Olefin durch diesen carbometalliert. Man erhält einen Pd(0)-Alkyl-Komplex, aus dem durch Eliminierung eines Palladiumhydrids das Produkt hervorgeht. Nach einer weiteren, durch eine Base begünstigten, Elimination von HX erhält man schließlich auch hier die katalytisch aktive Pd(0)-Spezies zurück.[86]

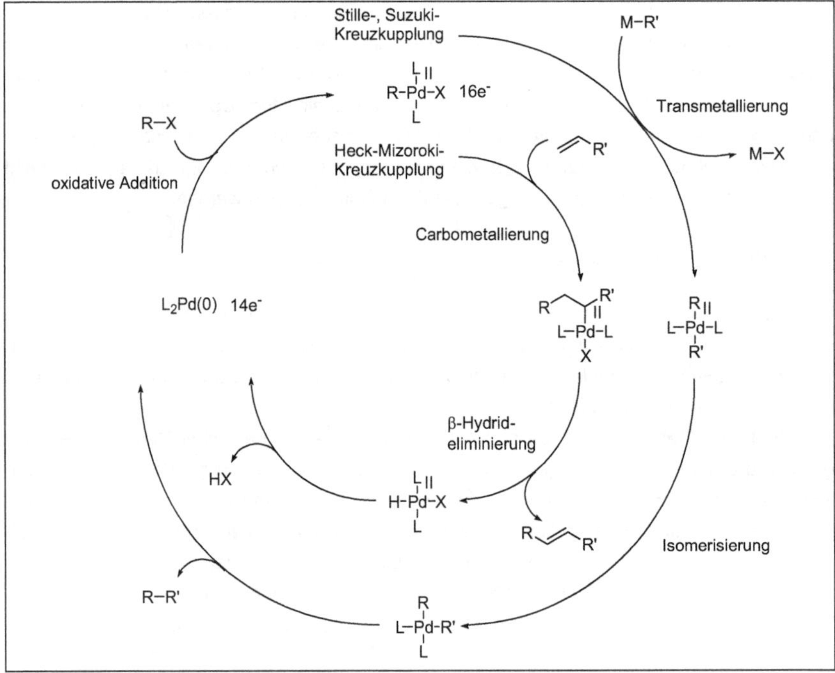

Abbildung 21: Katalysezyklen der Kreuzkupplungsreaktionen

Als Katalysatoren für die genannten Kreuzkupplungsreaktionen können die verschiedensten Palladiumquellen eingesetzt werden. Man kann Pd(0)-Komplexe wie z. B. $Pd(PPh_3)_4$, $Pd(dba)_2$ oder $Pd_2(dba)_3$ direkt als aktiven Komplex einsetzen oder zusätzlich mit stabilisierenden Liganden versetzen.[87] Man hat jedoch auch die Möglichkeit, eine Pd(II)-Quelle wie z. B. $Pd(OAc)_2$ oder $PdCl_2(MeCN)_2$ in situ zum aktiven Pd(0)-Komplex zu reduzieren

(**Schema 21**). Als Reduktionsmittel können gängige Reagenzien wie $NaBH_4$, Hydrazin oder Methyllithium dienen. Oft verwendet man hier jedoch PPh_3 als Elektronendonor. Es dringt in die Ligandensphäre des Pd(II)-Komplexes ein und wird zunächst zwei Mal addiert. Dieser Komplex **2-59** eliminiert anschließend Acetoxytriphenylphosphoniumacetat. Das verbleibende Monotriphenylphosphonylpalladium(0) kann dann weiteres Phosphin koordinieren und man erhält die aktive Spezies **2-60**.[88]

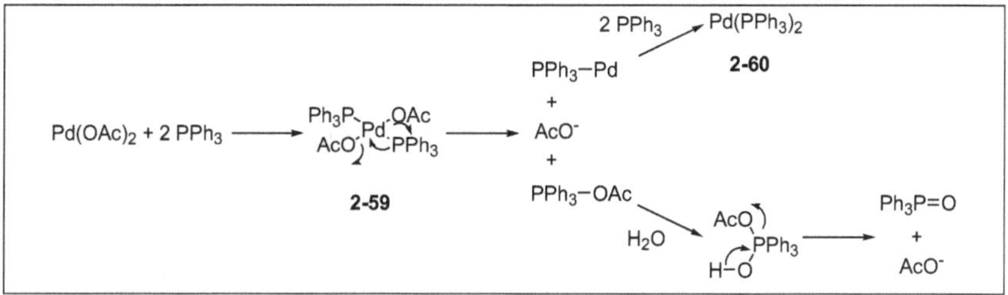

Schema 21: Darstellung der Pd(0)-Spezies **2-60** mit PPh_3

Bei der Literaturrecherche zu Kreuzkupplungsreaktionen findet man unzählige Protokolle, die sich in der Wahl des Lösungsmittels, der zugesetzten Base oder anderer Reaktionsparameter wie z. B. Temperatur oder dem Zusatz verschiedener stabilisierender Additive unterscheiden. Hier hat der Synthesechemiker einen fast zu großen Spielraum, um die optimalen, substratspezifischen Reaktionsbedingungen zu finden.[89]

2.3.5 *Takai-Olefinierung*[90]

Alkenyliodide finden meist als elektrophile Grundbausteine zum Beispiel in der Stille- und Suzuki-Kreuzkupplung Verwendung, um C-C-Bindungen zu knüpfen. Auch funktionelle Gruppen lassen sich über das Vinylhalogenid als Zwischenstufe einführen. Durch Kombination der Takai-Olefinierung mit der Nozaki-Kupplung lassen sich Allylalkohole darstellen, die zum Beispiel durch Oxidation in Michael-Systeme überführt werden können.

Es gibt eine Vielzahl unterschiedlicher Methoden, um Vinylhalogenide aus einer im Molekül vorhandenen, endständigen Dreifachbindung zu gewinnen. Die Kettenverlängerung um ein Kohlenstoffatom ausgehend vom Aldehyd zur Darstellung von Alkenyhalogenide ist dagegen auf einige wenige Reaktionstypen beschränkt, die aufgrund geringer Stereoselektivitäten in ihrer Anwendung oft limitiert sind. So erhält man z. B. mit dem Reagenz $Ph_3P{=}CHX$ in einer Wittig-Reaktion ein Isomerengemisch aus *E*- und *Z*-Doppelbindung, außerdem ist das Ylid verhältnismäßig umständlich darzustellen.

Eine einfache und im Hinblick auf *trans*-Stereoselektivität gute Alternative zur Darstellung von Vinylhalogeniden aus Aldehyden stellt die sogenannte Takai-Olefinierung dar. Ein aus Haloform und $CrCl_2$ in situ dargestelltes Organochromreagenz dient als Überträger der

C_1-Einheit auf einen Aldehyd. K. Takai et *al.* publizierten diese Reaktion erstmals 1986 und postulierten zwei mögliche Mechanismen (**Abbildung 22**).

Aus Haloform und $CrCl_2$ bildet sich die reaktive Spezies, die entweder von chromodihalocarbenoider Natur (**2-T**) ist oder in Form eines Carbodianions (**2-U**) vorliegt, was wahrscheinlicher erscheint. In Gegenwart eines Aldehyds addiert diese Organochromzwischenstufe an das Carbonylkohlenstoffatom (**2-V** und **2-W**) und durch eine anschließende Eliminierung wird das Vinyliodid **2-X** freigesetzt.

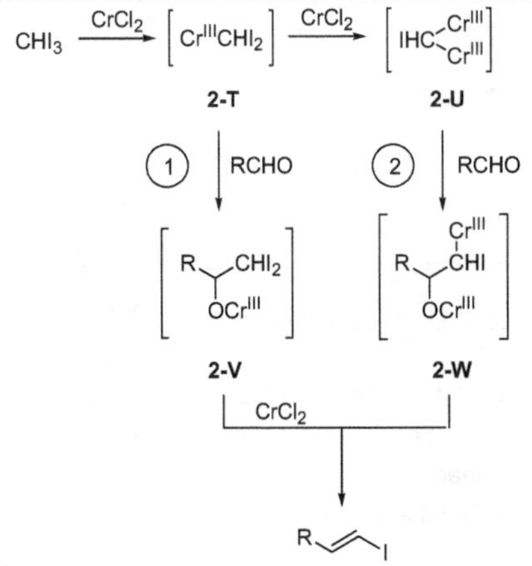

Abbildung 22: Schematische Darstellung der Takai-Olefinierung

Vinylchloride und -bromide sind wegen ihrer geringeren Reaktivität im Vergleich zur homologen Iodverbindung synthetisch zwar uninteressanter, lassen sich im Prinzip jedoch ähnlich darstellen. Die Reaktivität des verwendeten Haloforms nimmt in der Reihenfolge I > Br > Cl ab und die *E*/*Z*-Selektivität nimmt in gleicher Reihenfolge I < Br < Cl zu. Während die Reaktion mit Iodoform schon bei 0°C bzw. bei Raumtemperatur stattfindet, muss ein Gemisch aus Aldehyd und Chloroform auf mindestens 60°C aufgeheizt werden. Bei der Reaktion mit Bromoform erhält man unter den üblichen Reaktionsbedingungen ein Produktgemisch aus Vinylbromid und Vinylchlorid, da hier aufgrund der ähnlichen Reaktivitäten der beiden Halogene als Konkurrenzreaktion zur Takai-Olefinierung zum Teil eine Finkelsteinreaktion unter Beteiligung des $CrCl_2$ stattfindet. Um dies zu vermeiden kann man das $CrCl_2$ durch $CrBr_3/AlH_4$ ersetzen. Nicht nur das Carbonylkohlenstoffatom von Aldehyden sondern auch Ketone reagieren unter den gegebenen Bedingungen zu Vinylhalogeniden, jedoch viel langsamer, so dass man, falls erforderlich, zwischen diesen beiden funktionellen Gruppen unterscheiden kann.

2.3.6 Enamid-Darstellung

Die Enamid-Einheit ist eine funktionelle Gruppe, die häufig als Struktureinheit in Naturstoffen vorkommt. Außerdem sind Enamide wichtige Zwischenstufen in organischen Synthesesequenzen. Es gibt verschiedene Möglichkeiten, eine solche Gruppe im Molekül zu etablieren, so zum Beispiel durch direkte Addition von Amiden an Alkine,[91] die Acylierung von Iminen,[92] die Olefinierung von Amiden[93] und die in den Totalsynthesen zu Palmerolid A (**1**) von J. K. De Brabander et *al.* und D. G. Hall et *al.* bereits erwähnte Curtius-Umlagerung von α, β-ungesättigten Acylaziden.[94] Bei vielen dieser Methoden ist eine zu geringe Ausbeute oder eine zu schlechte Stereoselektivität an der entstehenden Doppelbindung ein limitierender Faktor in ihrer breiten Anwendbarkeit.

Seit Beginn der neunziger Jahre wurden verschiedene kupferkatalysierte Methoden beschrieben, um Enamide aus Vinylhalogeniden darzustellen. Eine von T. Ogawa et *al.* beschriebene Variante liefert die gewünschten Enamide in Gegenwart von CuI und HMPT bei höheren Temperaturen mit Ausbeuten von bis zu 45%.[94] In einer später erschienenen Methode von J. A. Porco et *al.* wird das Kupfersalz CuTC (Cu-Thiophen-2-carboxylat) katalytisch eingesetzt und damit erhält man die gewünschten Enamide mit etwas besseren Ausbeuten.[95] Er beschreibt auch erstmals den Einsatz von N,N'-Dimethylethylendiamin als Additiv in einer Enamidkupplung im Zusammenhang mit seiner Totalsynthese von Oximidin II. In der hier vorliegenden Arbeit zur Totalsynthese von Palmerolid A wurden die im Jahre 2003 von S. L. Buchwald et *al.* vorgestellten Reaktionsbedingungen zur kupferkatalysierten Enamiddarstellung übernommen,[96] die auch schon bei der von K. C. Nicolaou et *al.* vorgestellten Totalsynthese[5] von Palmerolid A zum Einsatz kamen. Seine Vorschrift stellt eine Kombination aus den beiden früher publizierten Varianten dar, indem er CuI zusammen mit N,N'-Dimethylethylendiamin und K_2CO_3 oder Cs_2CO_3 einsetzt, um Vinyliodide und -bromide mit cyclischen oder aliphatischen Amiden in sehr guten Ausbeuten von bis zu 95% miteinander zu kuppeln. Die *E*/*Z*-Geometrie der verknüpfenden Doppelbindung wird dabei durch die Geometrie des Vinylhalogenids bestimmt. Aus *E*-Vinylhalogeniden werden *trans*-Doppelbindungen, Z-Vinylhalogenide reagieren entsprechend zu *cis*-Verbindungen.

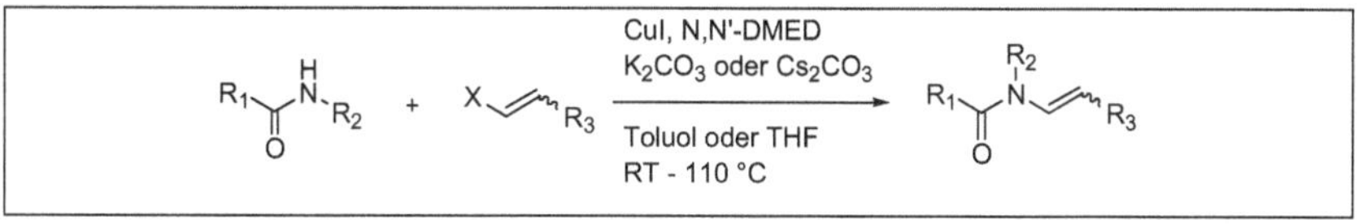

CuI, N,N'-DMED
K_2CO_3 oder Cs_2CO_3
Toluol oder THF
RT - 110 °C

R_1, H, N, R_2, O, +, X, R_3 → R_1, R_2, N, O, R_3

Schema 22: Kupferkatalysierte Darstellung von Enamiden

3 Ergebnisse und Diskussion

3.1 Retrosynthetische Analyse

3.1.1 Strategie 1 und 1: Horner-Wadsworth-Emmons-Reaktion als Ringschlussreaktion zum Makrozyklus*

Nicht nur aufgrund seiner biologischen Aktivität sondern auch aus struktureller Sicht stellt der Naturstoff Palmerolid A (**1**) ein sehr interessantes Molekül dar.

Neben der N-Acyldienamin-Seitenkette fordert die Substanz mit ihren fünf Stereozentren, den insgesamt neun zum Teil konjugierten Doppelbindungen und dem 20-gliedrigen Makrolacton-Ring den Synthesechemiker in vielerlei Hinsicht heraus.

Im Hinblick auf eine retrosynthetische Analyse des Moleküls gibt es verschiedene Möglichkeiten und Ansatzpunkte. Während J. K. De Brabander et *al.* den Ringschluss zum 20 gliedrigen Makrolacton durch eine intramolekulare Horner-Wadsworth-Emmons-Reaktion[97] herbeiführen, entscheiden sich K. C. Nicolaou et *al.* für die Ringschlussmetathese[98] und D. G. Hall et *al.* wählen den klassischen Weg der Yamaguchi-Makrolactonisierung.[99]

In unserem ursprünglichen Retrosyntheseplan haben wir uns zunächst die beiden Möglichkeiten der Yamaguchi-Makrolactonisierung und der intramolekularen Horner-Wadsworth-Emmons-Reaktion als Ringschlussvarianten offen gehalten, indem wir den Makrolactonring durch Herausschneiden des oberen C-2-Bausteins **3-1** geöffnet haben und dadurch das offenkettige Fragment **3-2** erhalten (**Abbildung 23**).

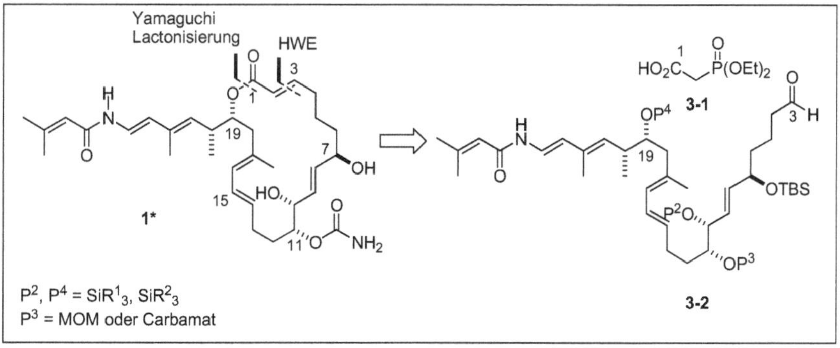

Yamaguchi Lactonisierung HWE

1* **3-1** **3-2**

P^2, P^4 = SiR^1_3, SiR^2_3
P^3 = MOM oder Carbamat

Abbildung 23: Retrosynthetische Analyse

Ein weiterer Schnitt zwischen der Dien-Einheit im ursprünglichen Ring, hier soll später eine C-C-knüpfende Kreuzkupplungsreaktion stattfinden, führt zu den beiden Hauptfragmenten **3-3** und **3-4** (**Abbildung 24**).

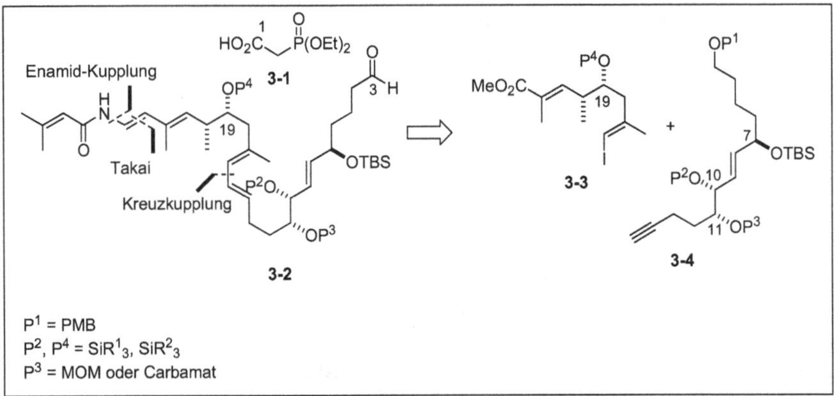

P^1 = PMB
P^2, P^4 = SiR^1_3, SiR^2_3
P^3 = MOM oder Carbamat

Abbildung 24: Retrosynthetische Analyse

Die *syn* Stereochemie des Enoats **3-3** kann durch eine Aldol-Reaktion etabliert werden und die Doppelbindung wird über eine Wittig-Reaktion mit dem entsprechenden Phosphonatbaustein eingeführt (**Abbildung 25**).

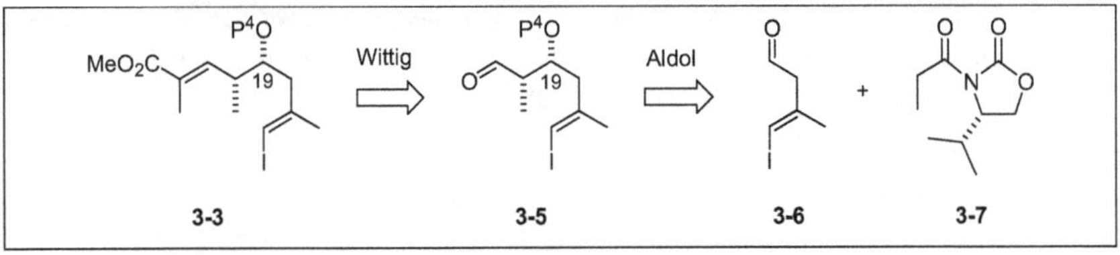

Abbildung 25: Retrosynthetische Analyse des Fragments **3-3**

In Fragment **3-4** gehen die vicinalen Stereozentren an C10 und C11 aus einer asymmetrischen Dihydroxylierung nach Sharpless hervor und die Stereochemie an C7 wird über eine Noyori-Transferhydrierung bestimmt. Das Kohlenstoffgerüst wird ausgehend von dem C5-Baustein δ-Valerolacton über mehrere Reaktionsschritte, unter anderem durch eine Johnson-Claisen-Umlagerung[100] aus Verbindung **3-10** aufgebaut (**Abbildung 26**).

Im Laufe unserer Arbeiten zur Darstellung der aus dieser Retrosynthese hervorgehenden Fragmente, veröffentlichten erst J. K. De Brabander et *al.* und kurze Zeit später K. C. Nicolaou et *al.* ihre Totalsynthesen zu dem Molekül und revidierten die zunächst publizierte Struktur **1*** wie im vorangehenden Kapitel beschrieben zu **1**, so dass wir uns, zumindest was die Stereochemie betrifft, umorientieren mussten.

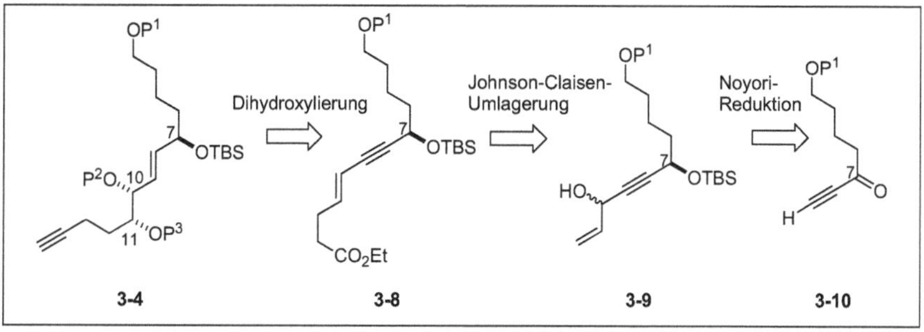

Abbildung 26: Retrosynthetische Analyse des Fragments **3-4**

Da bis zu diesem Zeitpunkt die Darstellung der Fragmente **3-3** und **3-4** fast abgeschlossen war und aus deren Syntheseverlauf keine ungelösten Probleme zurückgeblieben sind, haben wir beschlossen, mit dem stereochemisch jetzt „falschen" Enantiomer die Kreuzkupplungsreaktionen zu testen.

Während, wie später beschrieben, diese Testversuche zu den Kreuzkupplungen sehr vielversprechend verliefen, stellte uns die einfach erscheinende, sich daran anschließende Entschützung des primären PMB-Ethers an C3 vor ein unerwartetes Problem (**Abbildung 27**). Auf der Suche nach Ursachen und Gründen für unsere Schwierigkeiten in diesen Entschützungsversuchen haben wir verschiedene Literaturstellen gefunden, die darauf hinweisen, dass eine PMB-Entschützung in Gegenwart der, bei der Kreuzkupplung zuvor etablierten Dien-Einheit nicht, bzw. nur schwer möglich ist.[101]

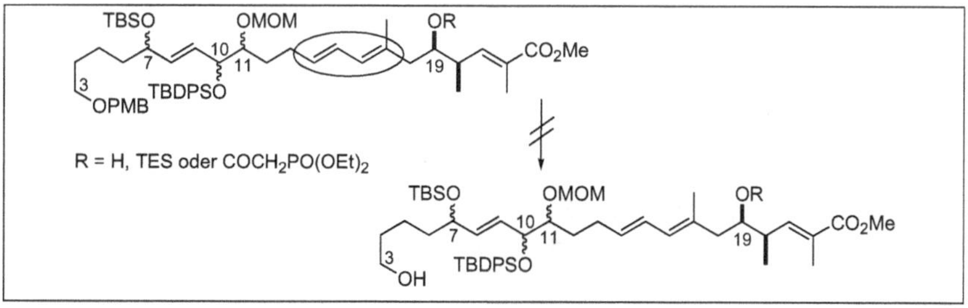

Abbildung 27: PMB-Abspaltung in Gegenwart der konjugierten Dien-Einheit

3.1.2 Strategie 2: Kreuzkupplungsreaktion als Ringschlussreaktion zum Makrozyklus

Aufgrund dieses Ergebnisses haben wir unseren Syntheseplan nochmals überarbeitet. Unsere letztendlich zur Zielstruktur führende Synthesestrategie sieht die Kreuzkupplungsreaktion als Ringschlussreaktion vor. Die Etablierung der Dien-Einheit erfolgt demnach erst nach der PMB-Entschützung und damit auch nach dem Zusammenfügen der einzelnen Fragmente **3-12** und **3-13** durch eine intermolekulare Horner-Wadsworth-Emmons-Reaktion (**Abbildung 28**).

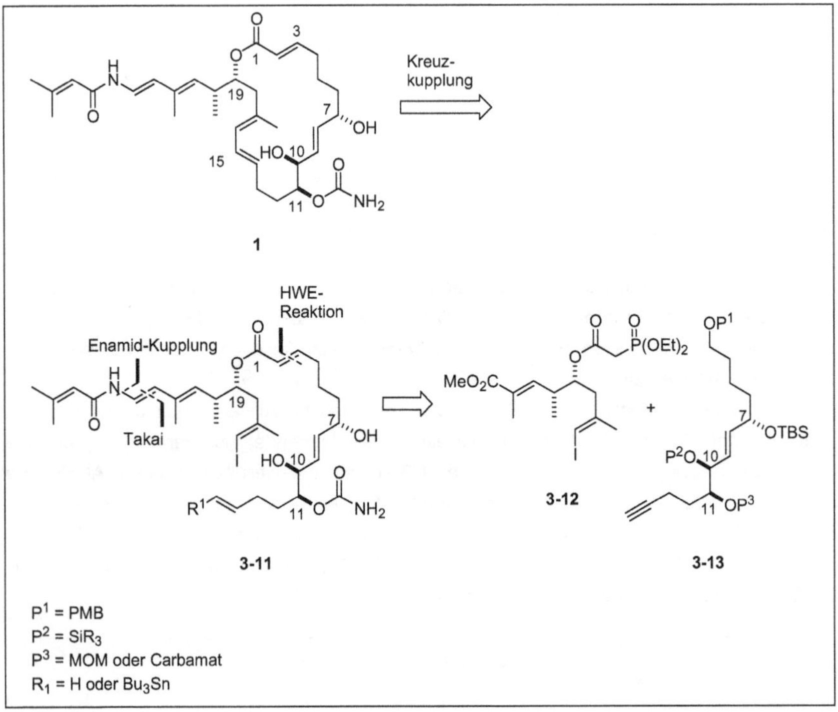

P^1 = PMB
P^2 = SiR_3
P^3 = MOM oder Carbamat
R_1 = H oder Bu_3Sn

Abbildung 28: Retrosynthetische Analyse

Fragment **3-12** geht direkt auf Baustein **3-3** zurück, dessen Darstellung unverändert beibehalten werden kann. Aufgrund der geplanten Horner-Wadsworth-Emmons-Reaktion wird die Synthesesequenz lediglich durch die Veresterung mit der geeigneten Carbonsäure **3-14** ergänzt (**Abbildung 29**).

Das Fragment **3-13** soll analog zu seinem bereits in **Abbildung 26** beschriebenen Enantiomer **3-4** dargestellt werden (**Abbildung 30**).

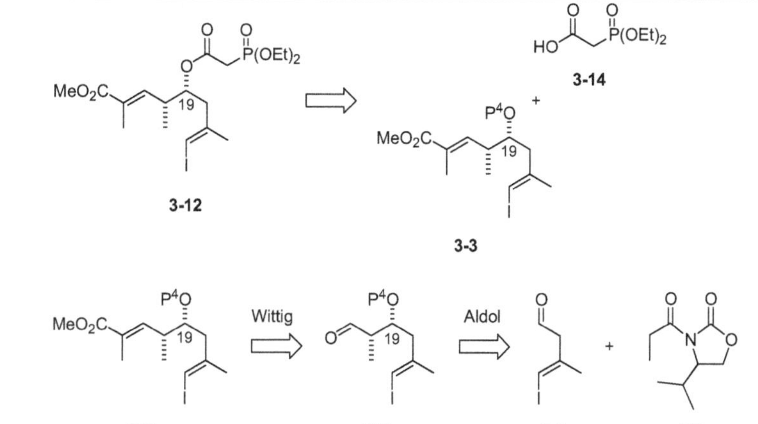

Abbildung 29: Retrosynthetische Analyse

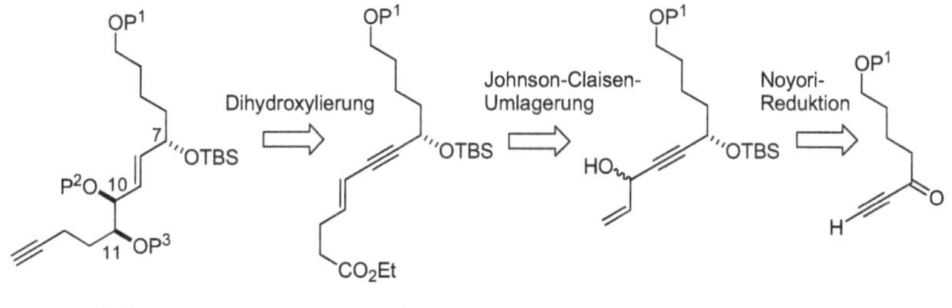

Abbildung 30: Retrosynthetische Analyse

3.2 Modellstudien

Nach unserer Synthesestrategie 1* bzw. 1 setzt sich der 20-gliedrige Makrolactonring der ursprünglich vorgeschlagenen Struktur **1*** und der verbesserten Struktur **1** aus den beiden Teilfragmenten **3-3** und **3-4** bzw. dessen Enantiomer **3-13** zusammen. Unserer Meinung nach sollte die Synthese des kleineren Bausteins **3-3** keine großen Schwierigkeiten bereiten. Im Hinblick auf die Synthese des Fragments **3-4** bzw. **3-13** stellen sich dagegen bereits schon im Vorfeld einige Fragen, z. B. wie die beiden, durch eine asymmetrische Dihydroxylierung gleichzeitig eingeführten, vicinalen Hydroxylgruppen an C10 und C11 im weiteren Syntheseverlauf voneinander differenziert werden können, da im Zielmolekül nur eine von ihnen eine

Carbamatgruppe tragen soll. Außerdem muss eine Reduktionsmöglichkeit gefunden werden, die die Dreifachbindung zwischen C8 und C9 hydriert ohne gleichzeitig bereits eingeführte Schutzgruppen abzuspalten oder die stereogenen Hydroxylgruppen zu eliminieren. Gleichzeitig soll eine Schutzgruppenstrategie entwickelt werden, die es erlaubt, selektiv an jeweils nur einer der drei sekundären Hydroxylgruppen und auch selektiv an einer der beiden endständigen funktionellen Gruppen Chemie zu machen, ohne die anderen zu beeinflussen. Zudem müssen sämtliche Schutzgruppen am Ende der Synthese unter möglichst milden Reaktionsbedingungen abspaltbar sein, da der Naturstoff mit seinen ungesättigten, teils konjugierten Struktureinheiten empfindlich auf harsche Reaktionsbedingungen reagieren könnte. In der Literatur ist zwar bekannt, dass Alkenine selektiv an der Doppelbindung dihydroxyliert werden können,[102] wir wollten jedoch vorab durch Testversuche sicherstellen, dass auch in einem konjugierten Alkenin, wie es in unserer Vorstufe vorliegen würde, die Dreifachbindung während einer Dihydroxylierungsreaktion unberührt bleibt. Zu Beginn dieser Arbeit wurden deshalb zunächst Testversuche durchgeführt, um das Verhalten eines ähnlich hochfunktionalisierten, kleineren Moleküls unter verschiedensten Reaktionsbedingungen zu studieren.

Als Modellmolekül diente uns die, dem Fragment **3-15** sehr ähnliche C-9-Verbindung **3-29**. Diese kann aus 3-Butin-2-ol in zwei Stufen dargestellt werden. Sowohl die Anbindung des Acroleins an die Dreifachbindung als auch die darauf folgende Claisen-Umlagerung sind als kettenverlängernde Reaktionen in der Synthese des Naturstoff ebenfalls geplant und können so getestet werden. Um das erschwerte Arbeiten mit einem Diastereomerengemisch nach der Dihydroxylierung zu umgehen, haben wir beschlossen, als Ausgangssubstanz enantiomerenreines (*S*)-3-Butin-2-ol (**3-22**) einzusetzen. Dieses wurde, wie bereits in meiner Diplomarbeit zu der Synthese eines Fragmentes zur Darstellung des Naturstoffes (–)-Dictyostatin ausgearbeitet, durch kinetische Racematspaltung aus dem im Handel erhältlichen, racemischen Gemisch des Alkohols erhalten[103] und war zu Beginn dieser Arbeit noch im Grammmaßstab in unserem Labor vorhanden. Der Vollständigkeit halber wird hier nochmals verkürzt diese Racemattrennung beschrieben.

Enzymatische Trennung von (*R*)- und (*S*)-3-Butin-2-ol

Das als Ausgangssubstanz für die Modellstudien dienende (*S*)-3-Butin-2-ol **(3-22)** wird aus der im Handel erhältlichen 55%igen, wässrigen, racemischen Lösung des 3-Butin-2-ols (**3-17**) nach Trocknung über eine mehrstufige Reaktionsabfolge von seinem Enantiomer abgetrennt (**Schema 23**).

Zunächst wird die im Handel erhältliche 55%ige, wässrige, racemische Lösung des 3-Butin-2-ols (**3-17**) mit K_2CO_3 und CaH_2 getrocknet, destilliert und die Dreifachbindung wird mit Trimethylsilylchlorid geschützt. Die eigentliche Trennung der beiden Enantiomere erfolgt durch eine anschließende enzymatisch gesteuerte Acetylierung der Hydroxylgruppe des silylierten 3-Butin-2-ols (**3-18**) unter kinetischer Kontrolle. Das (*R*)-Enantiomer wird von einem Gemisch aus Amano Lipase AK und Vinylacetat selektiv vor dem (*S*)-Enantiomer verestert.

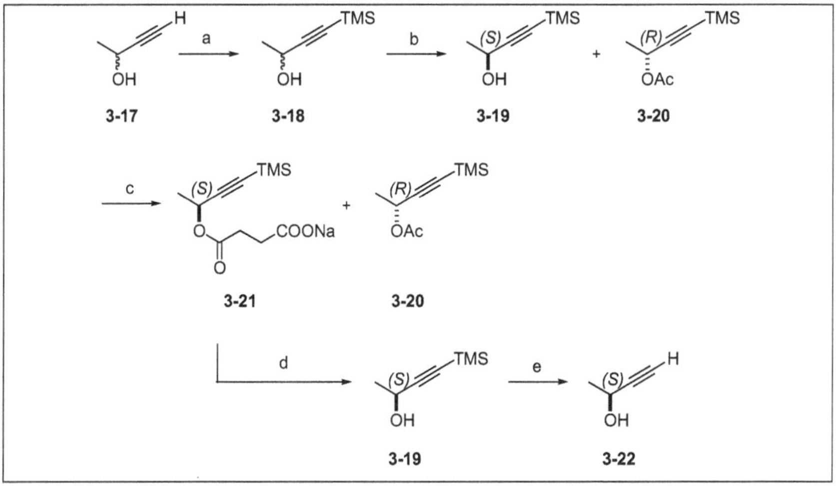

Schema 23: Kinetische Racematspaltung des 3-Butin-2-ols **3-17**

Reaktionsbedingungen: (a) Mg, Ethylbromid, TMSCl, Et_2O, 0°C → RT (87%); (b) Amano Lipase AK, Vinylacetat, Pentan, RT; (c) Et_3N, DMAP, Bernsteinsäureanhydrid, THF, 75°C; (d) DIBAL-H, CH_2Cl_2, −78°C (66%); (e) K_2CO_3, MeOH, RT (98%).

Anhand der Integrale des ^{1}H-NMR-Spektrums, das während der Reaktion mehrmals aufgenommen werden sollte, kann festgestellt werden, zu welchem Zeitpunkt ca. 50% des 3-Butin-2-ols acetyliert sind und wann demzufolge die Reaktion abgebrochen werden muss (**Abbildung 31**). Dies war nach einer Reaktionszeit von 72 Stunden der Fall.

Um die, nur in kleinem Maßstab mögliche, säulenchromatographische Trennung des Acetats und des Alkohols zu umgehen, wird das Acetat/Alkoholgemisch **3-19/3-20** mit Bernsteinsäureanhydrid und Base umgesetzt, so dass man ein Gemisch aus unverändertem (*R*)-Acetat **3-20** und (*S*)-Succinat **3-21** erhält. Durch wässrige Aufarbeitung werden diese beiden Verbindungen voneinander getrennt; das (*R*)-Enantiomer **3-20** löst sich als Acetat in der organischen Phase und das (*S*)-Succinat **3-21** liegt als Salz in der wässrigen Phase vor. Durch Ansäuern der wässrigen Phase wird das Salz in die entsprechende Carbonsäure überführt und mit Et_2O extrahiert. Mit einem Überschuss an DIBAL-H wird aus dem Acetat und der Säure jeweils getrennt voneinander der Alkohol zurückgewonnen.

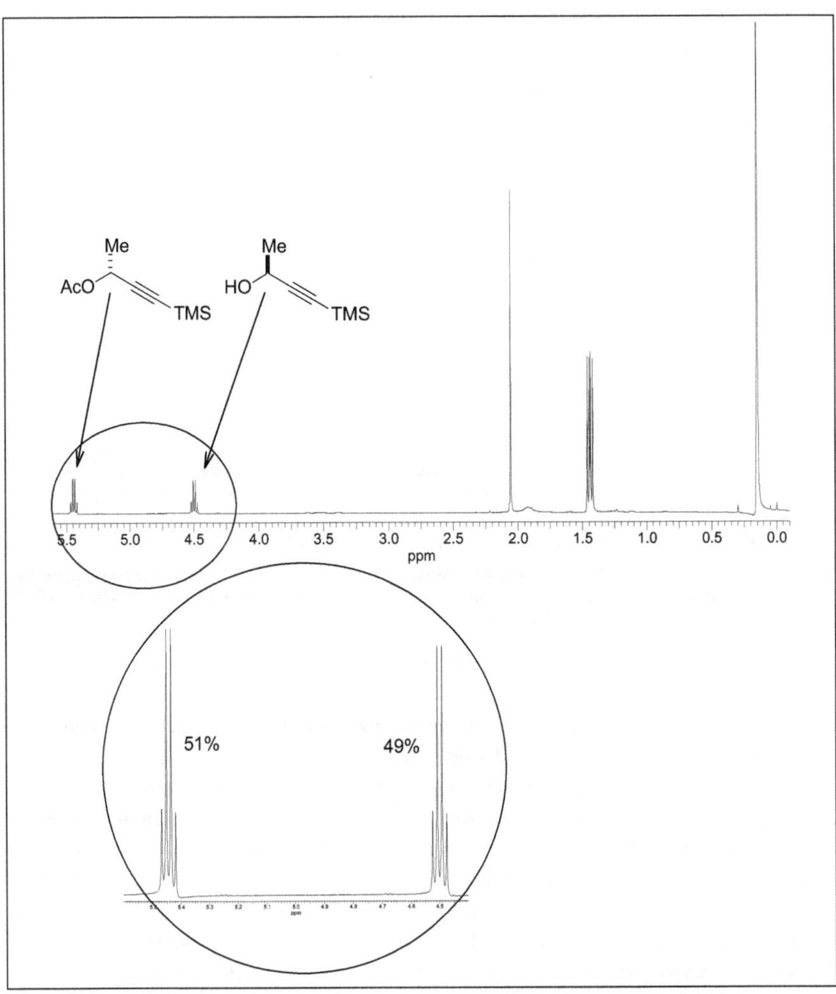

Abbildung 31: ^{1}H-NMR-Spektrum der Acetylierung nach 72 Stunden Reaktionszeit. Durch Integration erkennt man, dass ca. 50% des 3-Butin-2-ols acetyliert sind.

Der *ee*-Wert dieser Racemattrennung wird mittels Gaschromatographie über eine chirale Säule bestimmt und man erhält einen Wert > 98%.

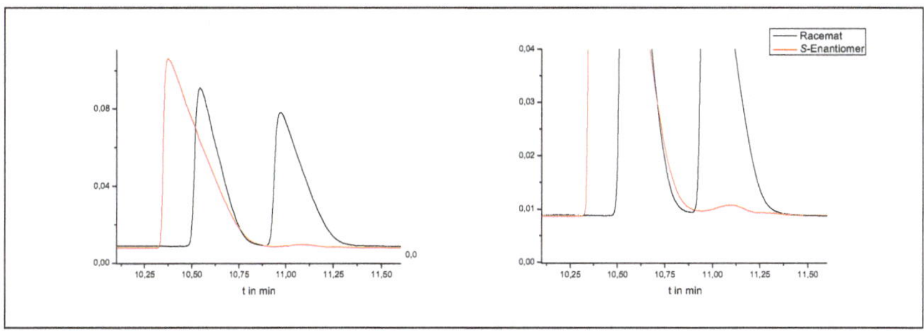

Abbildung 32: Chirale GC-Messung des Racemats (schwarz) und des (*S*)-4-Trimethylsilyl-3-butin-2-ols (**3-19**) (rot)

Unter basischen Bedingungen kann die endständige TMS-Schutzgruppe abgespalten werden und man erhält das jeweils enantiomerenreine (*R*)- bzw. (*S*)-3-Butin-2-ol (**3-22**).

Alternativ kann das jeweilige enantiomerenreine 3-Butin-2-ol auch aus dem entsprechenden (*R*)- oder (*S*)-Methyllactat (**3-23**) in drei Stufen durch Reduktion, Oxidation und C-C-Knüpfung durch Bestmann-Reaktion erhalten werden (**Schema 24**).[104]

Me(S)(OH)CO₂Me **3-23** —a→ Me(S)(OTBS)CO₂Me **3-24** —b, c→ Me(S)(OTBS)CHO **3-25** —d→ Me(S)(OTBS)C≡CH **3-26**

Schema 24: (*S*)-3-Butin-2-ol (silylgeschützt) (**3-26**) aus (*S*)-Methyllactat (**3-23**)

Reaktionsbedingungen: (a) 2,6-Lutidin, TBSOTf, CH_2Cl_2, 0°C; (b) DIBAL-H, Et_2O, −78°C; (c) PCC, CH_2Cl_2 (46%, 3 Stufen); (d) K_2CO_3, Diethyl-1-diazo-2-oxopropylphosphonat, MeOH (> 55%).

Da bei dieser Synthesesequenz die Ausbeute geringer ist als erwartet, haben wir für weitere Testversuche an dem Modellsystem das enantiomerenreine (*S*)-Butinol aus der Racemattrennung verwendet und die TBDPS-Schutzgruppe eingeführt, die zunächst nur stellvertretend für eine an dieser Stelle noch nicht festgelegte Silylschutzgruppe steht.

3.2.1 Aufbau des Kohlenstoffteilgerüsts und Differenzierung der vicinalen Hydroxylfunktionen

Ausgehend vom geschützten, enantiomerenreinen (*S*)-3-Butin-2-ol (**3-27**) wird die Kohlenstoffkette verlängert, indem das Anion des Alkins **3-27** mit Acrolein zum Allylalkohol **3-28** umgesetzt wird. Dieses Diastereomerengemisch liefert nach einer Johnson-Claisen-Umlagerung den C-9-Baustein **3-29** (**Schema 25**).[105]

Alternativ lässt sich ein solches Alkenin-System **3-32** auch durch Sonogashira-Kupplung eines entsprechenden Vinyliodids **3-31** mit einem Alkin **3-30** darstellen (**Schema 25**).[106]

Da die zuerst genannte Variante jedoch wesentlich kostengünstiger ist, weil teure Übergangsmetall-Komplexe, die sowohl zur Darstellung des Vinyliodids als auch katalytisch in der Kupplungsreaktion zum Einsatz kommen, nicht benötigt werden, wird die zuletzt genannte Methode parallel zwar erfolgreich ausprobiert, in größerem Maßstab jedoch nicht wiederholt.

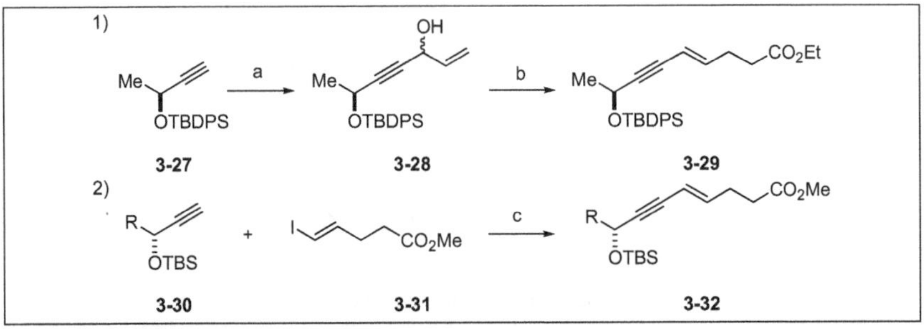

1)
Me OTBDPS **3-27** —a→ Me OTBDPS OH **3-28** —b→ Me OTBDPS CO_2Et **3-29**

2)
R OTBS **3-30** + I CO_2Me **3-31** —c→ R OTBS CO_2Me **3-32**

Schema 25: Aufbau des Kohlenstoffgerüsts

Reaktionsbedingungen: (a) *n*-BuLi, LiBr, Acrolein, THF, −78°C (77%); (b) $CH_3C(OEt)_3$, Propionsäure, Xylol (91%); (c) $Pd(PPh_3)_2Cl_2$, CuI, Et_2NH, RT (70%).

An diesem Enin-System **3-29** wird nun die Doppelbindung in einer asymmetrischen Sharpless Dihydroxylierung ohne Probleme und in guter Ausbeute stereoselektiv dihydroxyliert. Dabei wird für die Testreaktion der im Handel erhältliche und im Labor vorhanden gewesene klassische $(DHQ)_2$-PHAL-Ligand zusammen mit $K_2OsO_2(OH)_4$ als Übergangsmetallkatalysatorquelle und $K_3[Fe(CN)_6]$ als Co-Oxidationsmittel in dem Zweiphasen-Lösungsmittelsystem *t*-Butanol/H_2O eingesetzt.[63] Man erhält nach saurem Aufarbeiten ein Gemisch aus offenkettigem Dihydroxyester **3-33** und dem Butyrolacton **3-34**. Es ist uns an diesem Modellsystem nicht gelungen, den endständigen Ester als *ortho*-Ester **3-35** zu maskieren,[107] was die spontane Bildung des Lactons verhindern würde, um sie an späterer Stelle bewusst einzusetzen. Da wir mit einer einheitlichen Verbindung weiterarbeiten wollen, wird das Produktgemisch nach der Dihydroxylierung mit einer katalytischen Menge an CSA versetzt und bei Hitze vollständig in das Butyrolacton **3-34** überführt (**Schema 26**).

Das ^{13}C-NMR-Spektrum dieser Verbindung **3-34** zeigt ausschließlich ein Signal pro Kohlenstoffatom, was auf eine sehr gute Diastereoselektivität während der Dihydroxylierung schließen lässt. (Auch am realen System verläuft diese Oxidation ähnlich selektiv, was anhand des an entsprechender Stelle abgebildeten Spektrums veranschaulicht wird). Da sich in Gegenwart von Säure ausschließlich das 5-gliedrige Butyrolacton **3-34** bildet, bietet sich mit der Lactonisierung eine Möglichkeit zur Differenzierung der beiden vicinalen Hydroxylfunktionen an. Die freie der beiden vicinalen Alkoholfunktionen wird mit TBSCl geschützt. Um anschließend auch die zweite der beiden Hydroxylfunktionen schützen zu können, muss das Lacton wieder geöffnet werden. Unter basischen Bedingungen ist die freie Hydroxysäure zwar per Dünnschichtchromatographie zu beobachten, sie lässt sich jedoch nicht isolieren,

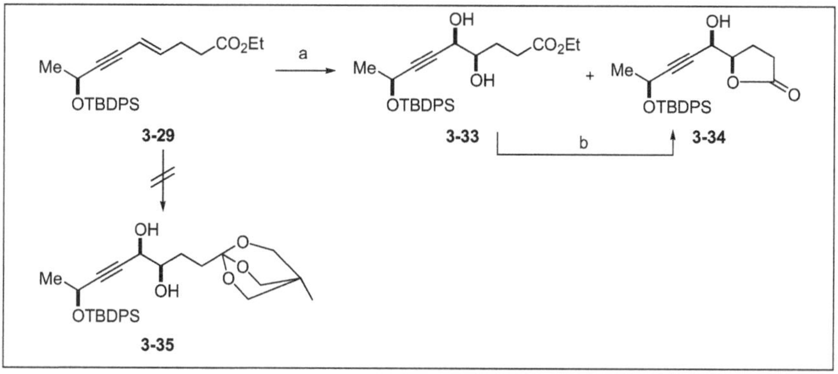

Schema 26: Dihydroxylierung und Lactonisierung

Reaktionsbedingungen: (a) $K_3Fe(CN)_6$, K_2CO_3, $K_2OsO_2(OH)_4$, $(DHQ)_2$-PHAL, $MeSO_2NH_2$, *t*-BuOH/H_2O 1:1, RT (86%); (b) CSA, Toluol, 80°C (89%).

da das System beim Quenchen spontan wieder zum Lacton **3-34** cyclisiert. Auch ein Abfangen der freien Hydroxylfunktion mit MEM- oder MOMCl ist an diesem System nicht möglich (**Schema 27**).

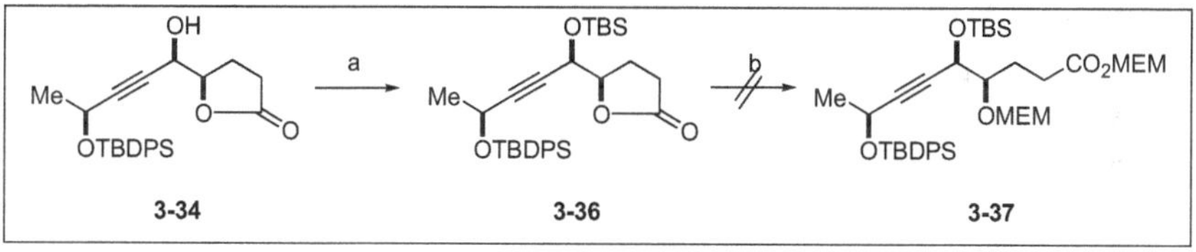

Schema 27: Schützung der Hydroxylfunktionen

Reaktionsbedingungen: (a) 2,6-Lutidin, TBSOTf, CH_2Cl_2, 0°C (95%); (b) KOH (50%ige, wässrige Lösung), THF, RT, dann 4 Å MS, MEMCl, RT.

Wir haben uns schließlich für die reduktive Öffnung des Lactons entschieden, was zunächst auch Schwierigkeiten bereiten sollte. Mit den gängigen Reduktionsmittel DIBAL-H und Red-Al® wird das Lacton bei Raumtemperatur zwar glatt reduziert, gleichzeitig eliminiert das Molekül jedoch H_2O, was zum Verlust des Stereozentrums an C4 führt. Neben dem Alkenin **3-38** als Hauptprodukt lassen sich lediglich Spuren der gewünschten Verbindung **3-39** isolieren (**Schema 28**).

Mit $LiAlH_4$ wird die Eliminierung dagegen nicht beobachtet. Man erhält hier jedoch ein Substanzgemisch aus gewünschtem Produkt **3-39** und dem Triol **3-40**, da zum Teil die TBS-Schutzgruppe aufgrund der basischen Bedingungen unter Beteiligung der direkt benachbarten Hydroxylfunktion abgespalten wird.[108] Nach Silylschützung der primären Alkoholfunktion

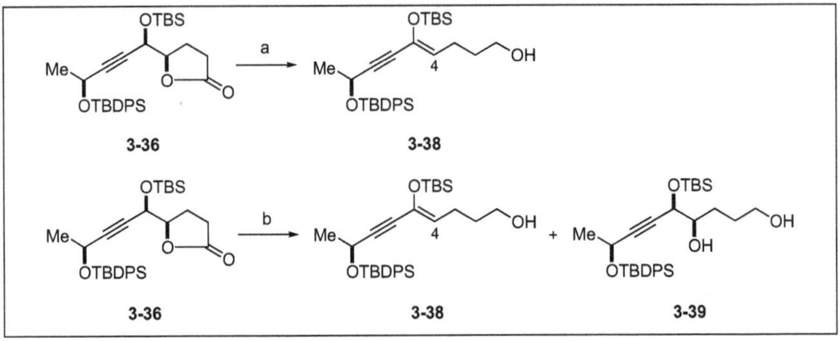

Schema 28: Reduktives Öffnen des Butyrolactons **3-36**

Reaktionsbedingungen: (a) DIBAL-H, CH_2Cl_2, −78°C; (b) Red-Al®, THF, −70°C. Da es sich bei (a) und (b) um Testansätze handelte, die nicht das gewünschte Produkt hervorbrachten, wurden hier keine Ausbeuten bestimmt.

an beiden Produkten lässt sich das entstehende Gemisch problemlos trennen und man erhält die gewünschte Verbindung **3-41** mit einer Ausbeute von 45% über zwei Stufen. Gleichzeitig erhält man ungefähr die gleiche Menge an Diol **3-42** als Nebenprodukt (**Schema 29**).

Mit dieser Synthesesequenz über das Lacton haben wir einen akzeptablen, aufgrund der beträchlichen Mengen an Nebenprodukt **3-42** jedoch nicht zufriedenstellenden Weg gefunden, die beiden vicinalen Hydroxylfunktionen voneinander zu separieren und getrennt voneinander mit zueinander orthogonalen Schutzgruppen zu versehen. Wie im späteren Syntheseverlauf beschrieben wird, haben wir uns diesem Problem später nochmals angenommen und eine im Nachhinein sehr einfache, wesentlich bessere Lösung gefunden.

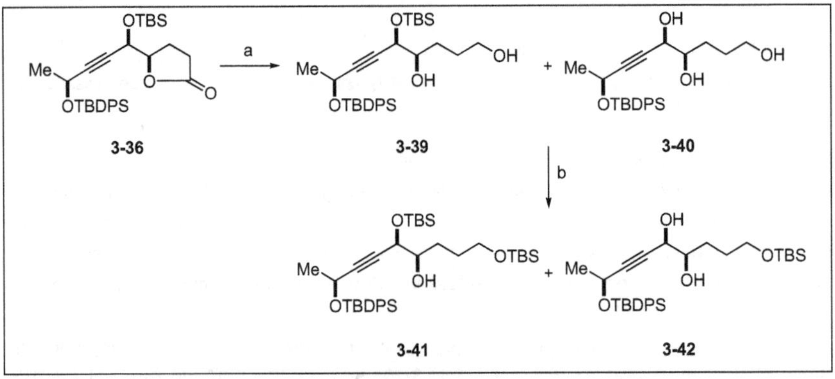

Schema 29: Reduktives Öffnen des Butyrolactons **3-36**

Reaktionsbedingungen: (a) $LiAlH_4$, THF, 0°C; (b) Imidazol, DMAP, TBSCl, DMF, 0°C (82%, 2 Stufen).

3.2.2 *Reduktion der Dreifachbindung*

Erste Versuche zur Reduktion der Dreifachbindung wurden an den Verbindungen **3-33** und **3-43** durchgeführt, da sie in α-Stellung zum Reaktionszentrum jeweils eine freie Hydroxylgruppe tragen, die von vielen Hydridüberträgern als Koordinationsstelle gebraucht wird. Als Reduktionsmittel dienen $LiAlH_4$, NH_3/Na, $NaBH_4$, $TaCl_5$/Zn und Red-Al®. Mit $NaBH_4$ bleibt die Dreifachbindung unangetastet, am endständigen Ethylester findet in dem für diese Reaktion gängigen Lösungsmittel Methanol lediglich eine Umesterung zum Methylester statt. In Gegenwart von NH_3/Na[109] und $TaCl_5$/Zn[110] findet man im NMR-Spektrum des Rohproduktes keine Doppelbindung, die Analytik deutet in beiden Fällen auf die Zersetzung des Edukts hin. Bei der Reduktion von Verbindung **3-33** mit $LiAlH_4$ kann das gewünschte Produkt **3-43** zwar isoliert werden, die Ausbeute ist jedoch aufgrund eines unvollständigen Umsatzes schwindend gering. Mit Red-Al® schließlich lässt sich die Dreifachbindung in Molekül **3-43** zur *trans*-Doppelbindung reduzieren und man erhält in der in **Schema 30** beschriebenen Testreaktion das gewünschte Alken **3-44** in sehr guter Ausbeute.[111]

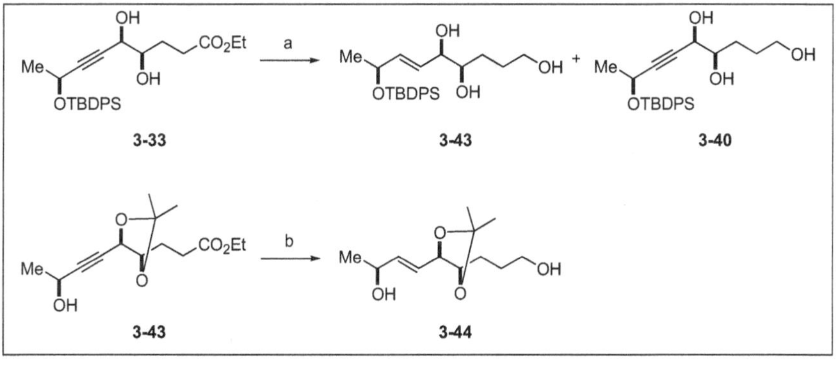

OH, Me, OTBDPS, OH, CO_2Et — a → Me, OH, OTBDPS, OH, OH + Me, OH, OTBDPS, OH, OH

3-33 **3-43** **3-40**

Me, OH, O, O, CO_2Et — b → Me, OH, O, O, OH

3-43 **3-44**

Schema 30: Reduktion der Dreifachbindung zum *trans*-Alken

Reaktionsbedingungen: (a) $LiAlH_4$, THF, 0°C → RT, lediglich Spuren des Produktes **3-43**; (b) Red-Al®, THF, −72°C (94%).

Die Teilergebnisse aus den Modellstudien beantworteten uns die durch die Retrosynthese aufgeworfenen Fragen zunächst hinreichend und wir haben an dieser Stelle mit der Synthese des Naturstoffes Palmerolid A (**1**) begonnen. Zu Beginn dieser Arbeit stellte die später zu **1** revidierte Struktur **1*** unsere Zielstruktur dar. Weil im Folgenden in chronologischer Reihenfolge auf unsere Synthesestrategien eingegangen werden soll, beschäftigt sich das nächste Kapitel mit dieser ursprünglich publizierten, zu dem Naturstoff diastereomeren Struktur **1*** bzw. deren Fragmenten.

3.3 Arbeiten zur ursprünglich vorgeschlagenen Struktur 1*

3.3.1 Strategie 1: Horner-Wadsworth-Emmons-Reaktion als Ringschlussreaktion zum Makrozyklus*

Das aus unserer Retrosynthese hervorgehende, kleinere C16-C23-Fragment **3-3** ist von der Strukturrevision des Naturstoffes Palmerolid A (**1**) nicht betroffen, da nur die Stereozentren an C7, C10 und C11 von einer (*R*)-Konfiguration zu einer (*S*)-Konfiguration berichtigt werden mussten. Die folgende Syntheseroute für diesen Baustein kann also für sämtliche von uns verfolgten Synthesestrategien beibehalten werden und wird lediglich, wie später beschrieben, je nach angedachter Ringschlussvariante durch einige Reaktionsschritte ergänzt.

Darstellung des C16-C23-Fragments 3-3

Die Synthese des C16-C23-Bausteins **3-3** wurde von meiner Kollegin Anke Schmauder übernommen und ist auch in ihrer Dissertationsschrift ausführlich beschrieben. Sie basiert auf einer Evans-Aldol-Reaktion als Schlüsselreaktion zur Etablierung der beiden *syn*-Stereozentren an C19 und C20. Als Edukt für diese Reaktion dient das 4-Iodo-3-methyl-3-butenal **3-45**, dessen Darstellung in der Literatur von J. A. Marshall et *al.* beschrieben wird.[112] Es wird mit dem von D. A. Evans et *al.* beschriebenen Propionyloxazolidinon **3-46** in Gegenwart von *n*-Bu_2BOTf und Base umgesetzt (**Schema 31**).[113]

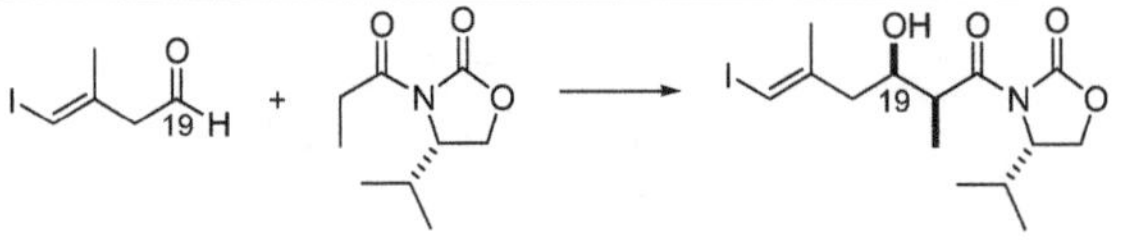

I 19 H O + O O N O → I OH O O 19 N O

3-45 **3-46** **3-47**

Schema 31: Evans-Aldol-Reaktion mit dem literaturbekannten Aldehyd **3-45**
Reaktionsbedingungen: *n*-Bu_2BOTf, $^{i}Pr_2NEt$, CH_2Cl_2, −80°C (72%).

Im ^{13}C-NMR-Spektrum des Produktes **3-47** aus dieser Aldol-Reaktion (**Abbildung 33**) ist bei sehr gutem Signal-Rausch-Verhältnis wie erwartet ausschließlich ein Signal für jedes Kohlenstoffatom zu erkennen, was die ausgezeichnete Diastereoselektivität dieser Reaktion belegt.

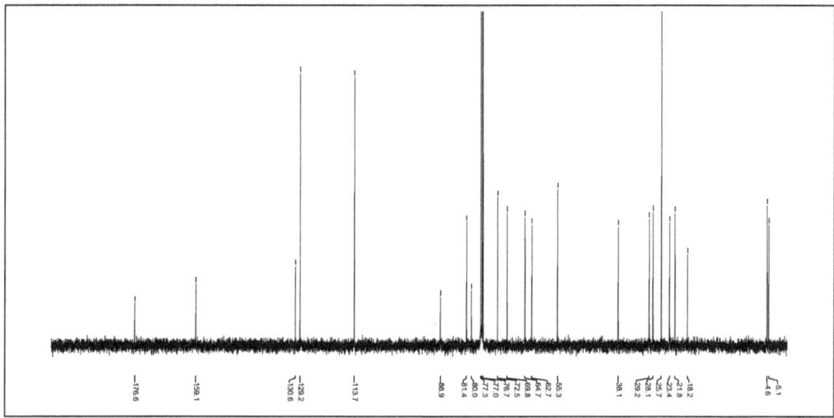

Abbildung 33: ^{13}C-NMR-Spektrum des Aldolproduktes **3-47**

Das chirale Auxiliar wird anschließend mit NaOMe in einer Mischung aus Methanol und CH_2Cl_2 abgespalten,[114] so dass man den Hydroxyester **3-48** erhält. Nach Silylschützung der freien Hydroxylfunktion mit TESCl wird der endständige Ester in einer Reduktions-Oxidationssequenz mit DIBAL-H und Dess-Martin-Periodinan[115] in den Aldehyd **3-51** überführt. In einer darauf folgenden Wittig-Reaktion mit dem als C-2-Baustein dienenden Phosphoran **3-52**[116] wird die Kohlenstoffkette verlängert und man erhält das gewünschte Enoat **3-53** in guter Ausbeute (**Schema 32**).

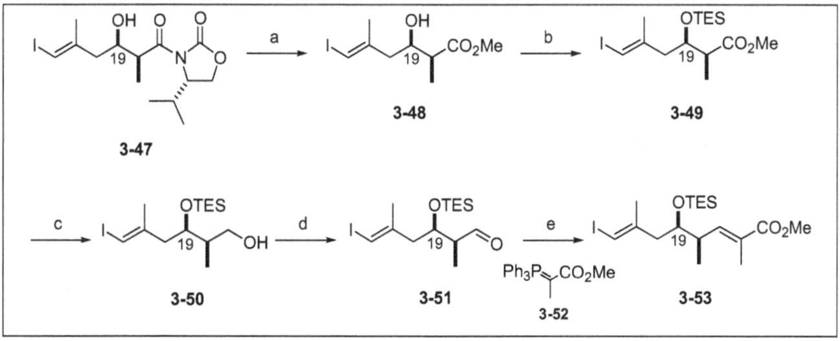

3-47 —a→ 3-48 —b→ 3-49 —c→ 3-50 —d→ 3-51 —e ($Ph_3P{=}C(CH_3)CO_2Me$, 3-52)→ 3-53

Schema 32: Darstellung des C16-C23-Fragments **3-53**

Reaktionsbedingungen: (a) NaOMe, MeOH, CH_2Cl_2, −30°C – 0°C; (b) TESCl, Et_3N, DMAP, CH_2Cl_2, 0°C → RT (85%, 2 Stufen); (c) DIBAL-H, CH_2Cl_2, −80°C (84%); (d) DMP, $NaHCO_3$, CH_2Cl_2, RT; (e) **3-52**, Toluol, 80°C (79%, 2 Stufen).

Darstellung des C3-C15-Fragments 3-4

Ausgangssubstanz für die Synthese des Hauptfragments **3-4** ist das im Handel erhältliche, kostengünstige δ-Valerolacton **3-54**, das als cyclischer C-5-Baustein im ersten Reaktionsschritt unter basischen Bedingungen zur Kette geöffnet und in situ mit *para*-Methoxybenzylchlorid alkyliert wird.[117] Der daraus resultierende Ester **3-55** wird mit dem Lithium-Anion des Triisopropylsilylacetylens in Gegenwart von BF_3·Etherat zum Alkinon **3-56** umgesetzt.[118] Das Stereozentrum an C7 wird anschließend durch eine von R. Noyori et *al.* vorgestellte Transferhydrierung mit Hilfe des (*R*,*R*)-Diamin-Derivats ***ent*-2-57** und Isopropanol etabliert. Nach Silylentschützung der Dreifachbindung erhält man den Propargylalkohol **3-58** (**Schema 33**).

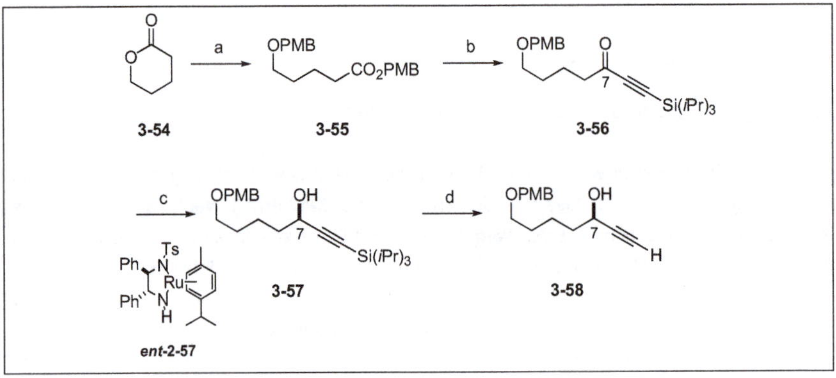

Schema 33: Etablierung des C7-Stereozentrums

Reaktionsbedingungen: (a) KOH, PMBCl, Toluol, 120°C (89%); (b) TIPS-Acetylen, *n*-BuLi, $BF_3·Et_2O$, THF, −80°C (86%); (c) ***ent*-2-57**, ^{i}PrOH, RT (69%); (d) TBAF, THF, RT.

Anhand von chiralen GC-Messungen konnte für diese enantioselektive Reduktion ein sehr guter *ee*-Wert von > 98% ermittelt werden.

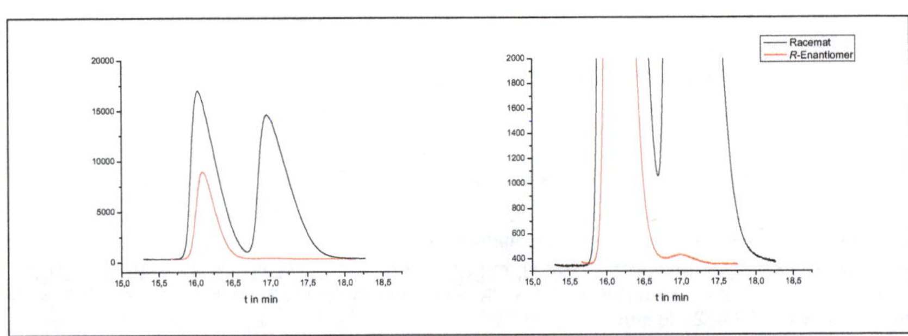

Abbildung 34: Chirale GC-Messungen des Racemats (schwarz) und des (*R*)-Enantiomers **3-58** (rot)

Die freie Hydroxylfunktion wird anschließend als Silylether geschützt. Das Anion des Alkins **3-59** wird mit Acrolein zu dem Allylalkohol **3-60** umgesetzt, der als Diastereomerengemisch vorliegt. An dieser Stelle haben wir uns zu einer Kettenverlängerung durch eine Johnson-Claisen-Umlagerung entschieden. Mit Triethylorthoacetat und einer Spur Säure findet bei 150°C die Umlagerung zu dem 1,4-ungesättigten Ester **3-61** statt.[119] Der Ester **3-61** wird zum primären Alkohol **3-62** reduziert und schließlich mit TBSCl geschützt (**3-63**) (**Schema 34**).

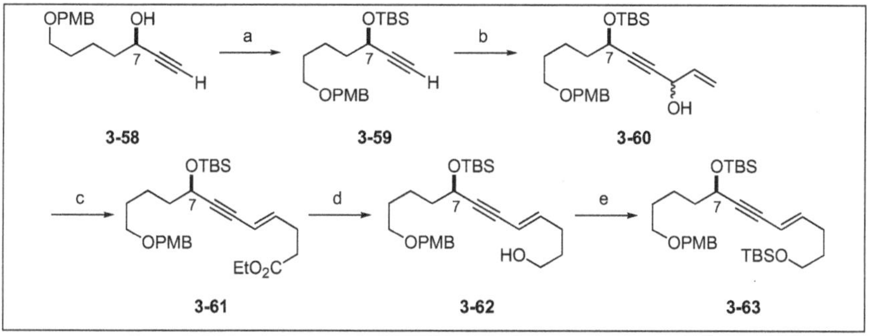

Schema 34: Aufbau der Kohlenstoffkette C3-C14

Reaktionsbedingungen: (a) TBSOTf, 2,6-Lutidin, CH_2Cl_2, 0°C (72%, 2 Stufen); (b) *n*-BuLi, LiBr, Acrolein, THF, −80°C (74%); (c) $MeC(OEt)_3$, Propionsäure, Xylol, 150°C (79%); (d) $LiAlH_4$, THF, 0°C; (e) TBSCl, Imidazol, DMF, RT (87%, 2 Stufen).

Die vicinalen Hydroxylgruppen an C10 und C11 mit einer *syn*-Stereochemie werden durch eine asymmetrische Dihydroxylierung eingeführt. Ursprünglich wurde diese Reaktion an der 1,4-ungesättigten Verbindung **3-61** durchgeführt. Die spontane, durch Spuren von Säure katalysierte Bildung des Butyrolactons **3-65** sollte ausgenutzt werden, um die beiden gleichzeitig eingeführten Hydroxylfunktionen zu differenzieren. An unserem konjugierten Enin verläuft die Dihydroxylierung mit dem Liganden $(DHQD)_2PHAL$ selektiv an der Doppelbindung und liefert nach Aufarbeitung ein Gemisch aus Diol **3-64** und Butyrolacton **3-65** in guter Ausbeute. In Gegenwart von Säure wird diese Mischung bei 100°C in die einheitliche Verbindung **3-65** überführt (**Schema 35**).

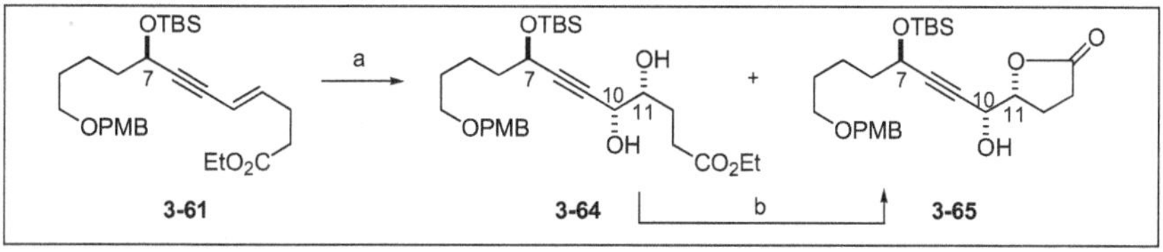

Schema 35: Differenzierung des vicinalen Hydroxylgruppen durch Lactonisierung

Reaktionsbedingungen: (a) AD-mix-β, *t*-BuOH/H_2O, $MeSO_2NH_2$, 0°C → RT; (b) CSA, Toluol, 120°C.

Das ^{13}C-NMR-Spektrum dieses Lactons zeigt analog zu den Versuchen am Modellsystem bei sehr gutem Signal-Rausch-Verhältnis ausschließlich ein Signal für jedes Kohlenstoffatom, so dass davon ausgegangen werden kann, dass die Diastereoselektivität der Dihydroxylierung auch an diesem System sehr hoch ist.

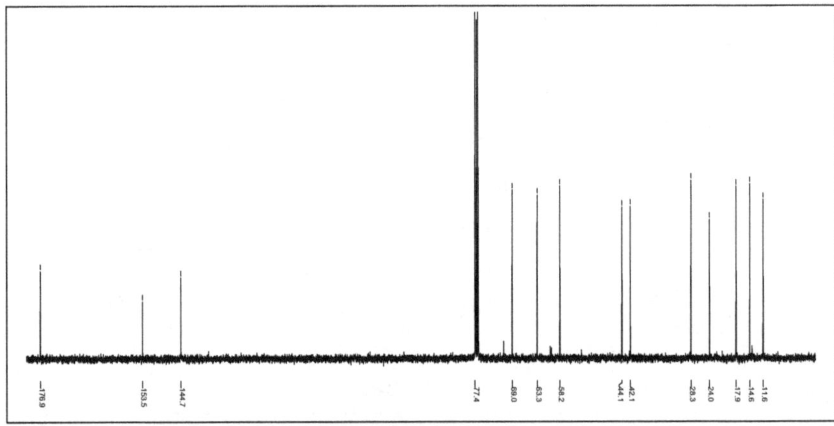

Abbildung 35: ^{13}C-NMR-Spektrum des Butyrolactons **3-65**

An Molekül **3-65** kann die freie Hydroxylfunktion an C10 als Silylether geschützt werden. Das Butyrolacton **3-66** soll anschließend reduktiv zum Diol **3-67** geöffnet werden. Dabei wird die gerade eingeführte Schutzgruppe an C10, egal ob TBS oder TBDPS, teilweise wieder abgespalten, so dass man ein 3:1 Gemisch aus Diol **3-67** und Triol **3-68** erhält. Nach selektiver Schützung der primären Alkoholfunktion kann man die beiden Verbindungen **3-69** und **3-70** säulenchromatographisch zwar ohne Probleme trennen, trotzdem ist eine Stufe mit nur knapp 45% an gewünschtem Produkt nicht akzeptabel (**Schema 36**).

3-65 → (a) **3-66**

(b) → **3-67** + **3-68**

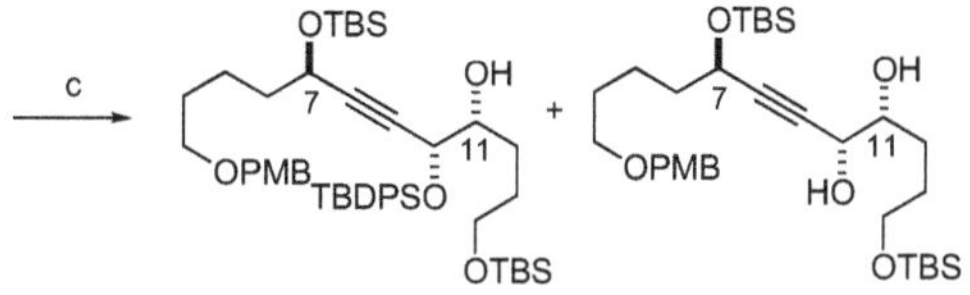

3-69 3-70

Schema 36: Schützung und reduktives Öffnen des Butyrolactons **3-65**

Reaktionsbedingungen: (a) TBDPSCl, Imidazol, CH_2Cl_2, RT (84%, 3 Stufen); (b) $LiAlH_4$, THF, 0°C; (c) TBSCl, Imidazol, DMF, RT (**3-69**: 45%, 2 Stufen, **3-70**: 42%, 2 Stufen).

Deshalb werden mit dem als Nebenprodukt vorliegenden Diol **3-70** nebenbei Versuche mit dem Ziel durchgeführt, eine der beiden freien Hydroxylgruppen selektiv vor der anderen zu schützen, um die Verbindung letztlich wieder in das gewünschte Produkt **3-69** zu überführen (**Schema 37**). Überraschenderweise erhält man bei der Schützung von Verbindung **3-70** mit TBDPSCl bei 0°C ausschließlich den gewünschten Silylether **3-69**, selbst bei Raumtemperatur und großem Überschuss an TBDPSCl bildet sich weder das an C11 monosilylierte Produkt **3-71** noch die vollständig geschützte Verbindung **3-72**.

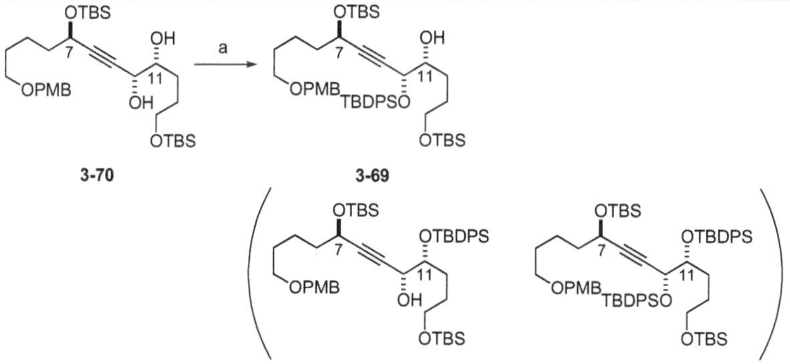

3-70 3-69

3-71 3-72

Weder die Bildung der an C11 mono TBDPSsilylierten (**3-71**), noch die der vollständig geschützten Verbindung **3-72** wird beobachtet.

Schema 37: Selektive TBDPS-Schützung der Hydroxylfunktion an C10

Reaktionsbedingungen: (a) TBDPSCl, Imidazol, CH_2Cl_2, 0°C (75%).

Anhand des 2D-COSY-NMR-Spektrums von Verbindung **3-69** kann man sehen, dass die TBDPS-Schutzgruppe ausschließlich an die Hydroxylfunktion an C10 gebunden ist, während der sekundäre Alkohol an C11 ungeschützt vorliegt (Kreuzkopplung zwischen 11-H und 11-OH).

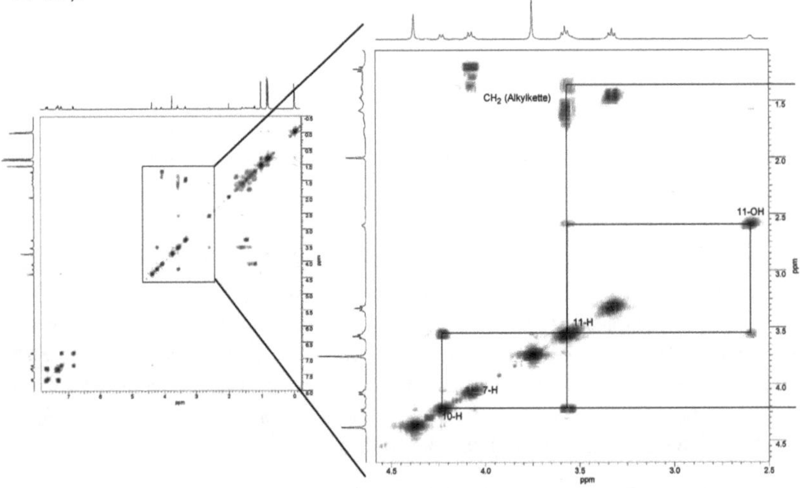

Abbildung 36: 2D-COSY-NMR-Spektrum von Verbindung **3-69**

Es sei an dieser Stelle außerdem erwähnt, dass Schützungsversuche mit TBSCl auch bei tieferen Temperaturen nicht selektiv verlaufen und man erhält neben beiden monosilylierten Produkten **3-73** und **3-74** nach längerer Reaktionszeit auch das vollständig geschützte Molekül **3-75** (**Schema 38**). Diese Beobachtung legt die Vermutung nahe, dass die TBDPS-Schutzgruppe aufgrund ihres sterischen Anspruchs in unserem Molekül nur die räumlich etwas leichter zugängliche Alkoholfunktion neben der Dreifachbindung angreift und nicht an den Sauerstoff an C11 herankommt.

Nachdem wir diese Möglichkeit gefunden haben, die beiden vicinalen Hydroxylfunktionen voneinander zu differenzieren ohne den Umweg über das Lacton zu gehen, erscheint es sinnvoll, die Dihydroxylierung nicht am Claisen-Produkt durchzuführen, sondern an der reduzierten Verbindung **3-63**. Damit wird das Lactonisieren nach Einführung der Hydroxylfunktionen verhindert und wir erhalten in den darauf folgenden Stufen jeweils eine einheitliche Verbindung und keine Produktgemische, die irgendwann aufgetrennt werden müssen. Die Dihydroxylierung verläuft analog zu Verbindung **3-61** auch an dem 1,4-ungesättigten Enin **3-63** mit 77% Ausbeute unter sehr hoher Stereoselektivität, was anhand des ^{13}C-NMR-Spektrums des Produktes **3-70** belegt werden kann (**Abbildung 37**).

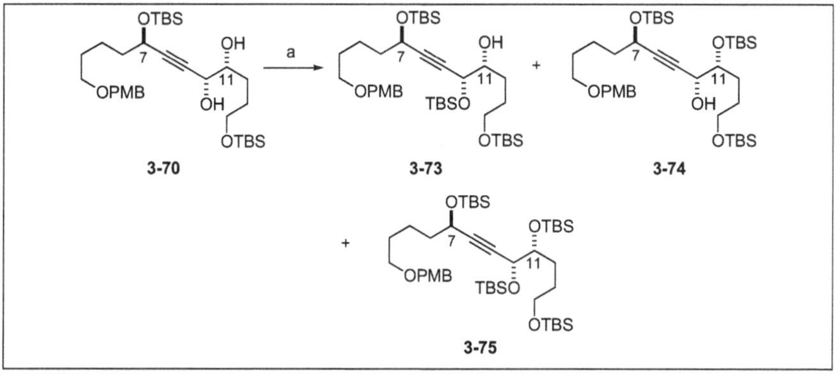

Schema 38: TBS-Schützung des Diols **3-70**

Reaktionsbedingungen: (a) TBSCl, Imidazol, DMAP, CH_2Cl_2, −80°C → RT.

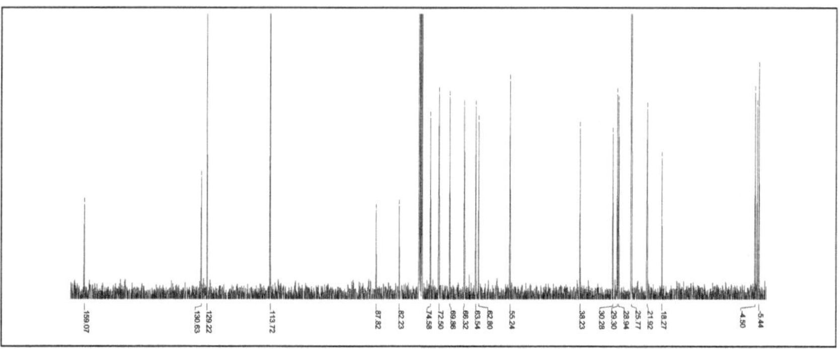

Abbildung 37: ^{13}C-NMR-Spektrum von Verbindung **3-70**

Man sieht hier bei sehr gutem Signal-Rausch-Verhältnis für jedes Kohlenstoffatom lediglich ein Signal. Bei schlechter Stereoselektivität in der ADH-Reaktion würden einige Signale, insbesonders die der Kohlenstoffatome an den vicinalen Hydroxylgruppen und in deren unmittelbarer Umgebung, doppelt erscheinen.

Nach der bereits beschriebenen selektiven Schützung der etwas einfacher zugänglichen Hydroxylfunktion an C10 mit dem räumlich anspruchsvollen TBDPSCl kann man den verbleibenden sekundären Alkohol an C11 als MOM-Ether schützen.[120] Man erhält die vollständig geschützte Verbindung **3-76**. Wir haben uns für den MOM-Ether entschieden, da er als schlanke Schutzgruppe leicht neben der voluminösen TBDPS-Gruppe einzuführen ist und außerdem orthogonal zu den bereits verwendeten Silylschutzgruppen abgespalten werden kann, um ihn im späteren Syntheseverlauf durch das im Naturstoff vorhandene Carbamat zu ersetzen (**Schema 39**).

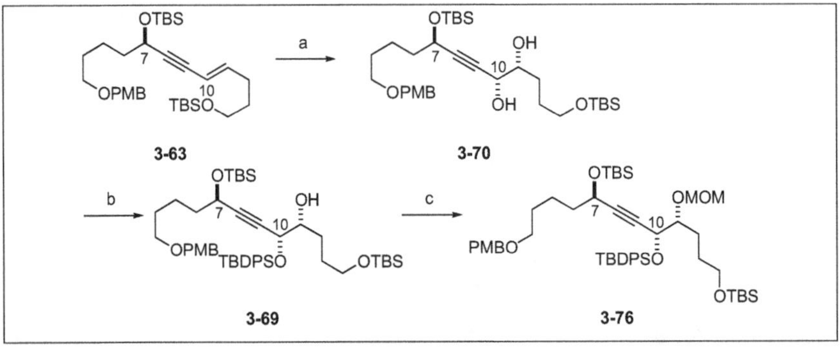

Schema 39: Selektive Schützung der C10-Alkoholfunktion

Reaktionsbedingungen: (a) AD-mix-β, *t*-BuOH/H_2O, $MeSO_2NH_2$, 0°C → RT, (77%); (b) TBDPSCl, Imidazol, CH_2Cl_2, 0°C, (75%); (c) $CH_2(OMe)_2$, LiBr, *p*TsOH, RT (82%).

Mit CSA in einem Gemisch aus CH_2Cl_2 und MeOH wird sowohl die primäre als auch die sekundäre TBS-Schutzgruppe sauer abgespalten, so dass die propargylische Hydroxylfunktion in Verbindung **3-77** als Koordinationszentrum für die Reduktion der Dreifachbindung zur Verfügung steht. In Gegenwart von Red-Al® bildet sich der gewünschte Allylalkohol **3-78** in guter Ausbeute. Die primäre, freie Hydroxylfunktion kann anschließend selektiv zum Hydroxyaldehyd **3-79** oxidiert werden. Der reaktivere primäre Alkohol greift dabei nukleophil am Stickstoff des TEMPO-Derivats an. Da der entstehende Aldehyd im Vergleich zu den Alkoholen weniger nukleophil ist, bleibt die Oxidation auf der Stufe des Aldehyds stehen. Die im Experimentalteil angegebene Reaktionszeit sollte hier jedoch nicht überschritten werden, da nach vollständiger Oxidation des primären Alkohols auch die sterisch etwas gehinderte, sekundäre Hydroxylgruppe mit dem Oxidationsmittel zum Keton abreagiert. Die Kohlenstoffkette wird danach mit Hilfe des Bestmann-Ohira-Reagenzes[121] **3-80** um ein weiteres C-Atom verlängert. Nach TBS-Schützung der sekundären Alkoholfunktion erhält man schließlich das C3-C15-Fragment **3-82** (**Schema 40**).

Das Bestmann-Ohira-Reagenz **3-80** wird unter anderem alternativ zu einer Fritsch-Buttenberg-Wiechell-Umlagerung[122] oder der Corey-Fuchs Methode[123] zur Darstellung von Alkinen aus Aldehyden verwendet.[124] Das aus Dimethyl-2-oxopropylphosphonat, $TosN_3$ oder *para*-Acetamidobenzensulfonylazid und einer Base wie NaH, *t*-BuOK oder Et_3N dargestellte Bestmann-Ohira-Reagenz **3-80** wandelt sich in situ in Gegenwart einer milden Base und Methanol durch Deacetylierung in das Anion **3-C** um, das sich auch aus dem Seyferth-Gilbert-Reagenz unter harscheren Reaktionsbedingungen in Gegewart von *t*-BuO^- in der

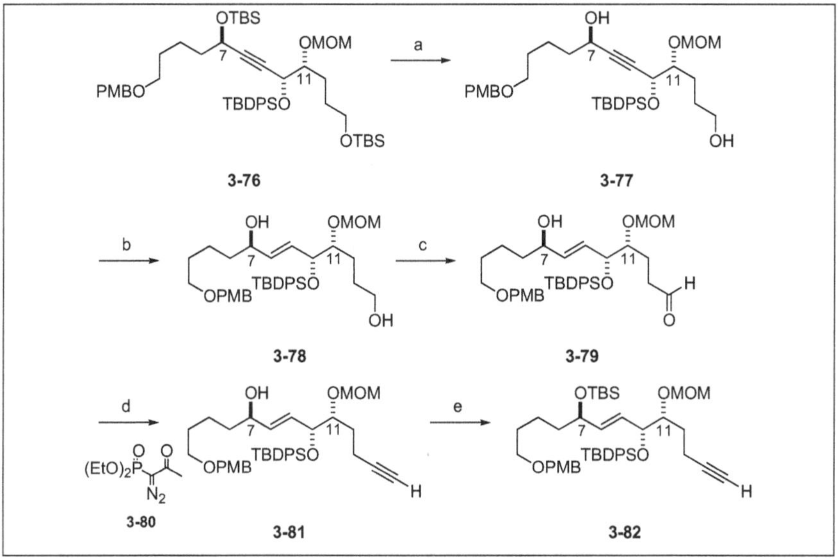

Schema 40: Darstellung des Fragments **3-82**

Reaktionsbedingungen: (a) CSA, $MeOH/CH_2Cl_2$ 1:1, RT (75%); (b) Red-Al®, THF, 0°C (80%); (c) $PhI(OAc)_2$, 4-Hydroxy-TEMPO, CH_2Cl_2, RT; (d) **3-80**, K_2CO_3, MeOH, RT (51%, 2 Stufen); (e) TBSOTf, 2,6-Lutidin, CH_2Cl_2, 0°C → RT (93%).

gleichnamigen Homologisierungsreaktion bildet (**Schema 41**).[125] Gerade für empfindliche Carbonyle liegt der Vorteil von milden Reaktionsbedingungen auf der Hand, da starke Basen eine möglicherweise in Konkurrenz tretende Aldolkondensation begünstigen.

Dieses Anion **3-C** addiert zunächst nukleophil an ein Carbonylkohlenstoffatom. Über einen Oxaphosphetan-Übergangszustand bildet sich dann die sehr stabile Phosphor-Sauerstoff-Doppelbindung aus (ähnlich wie in der Wittig-Reaktion) und das Dimethylphosphat-Anion **3-F** wird abgespalten, gefolgt von molekularem Stickstoff. Nach einer 1,2-Migration des Alkylrestes erhält man das gewünschte Alkin **3-I**.

Die intermolekulare Kreuzkupplungsreaktion zwischen den beiden Fragmenten **3-53** und **3-82** geht als Schlüsselreaktion aus unserem ursprünglichen Retrosyntheseplan hervor. Um erste Hinweise auf die Reaktivität unseres Vinyliodids und den Verlauf von Kreuzkupplungsreaktionen zu bekommen, haben wir in anfänglichen Testversuchen zunächst das Vinyliodid **3-53** unter Standard-Heck-Bedingungen[126] mit silylgeschütztem Pentenol umgesetzt. An diesem vereinfachten System stellte sich bereits heraus, dass unter Heck-Bedingungen die Bildung des Diens zwar stattfindet, sich jedoch verschiedene, vermutlich an den Doppelbindungen zueinander isomere Produkte mit gewünschter Masse bilden. Deshalb haben wir beschlossen, die Bildung des *trans*-Diens zu erleichtern, indem wir das Vinyliodid **3-53** mit

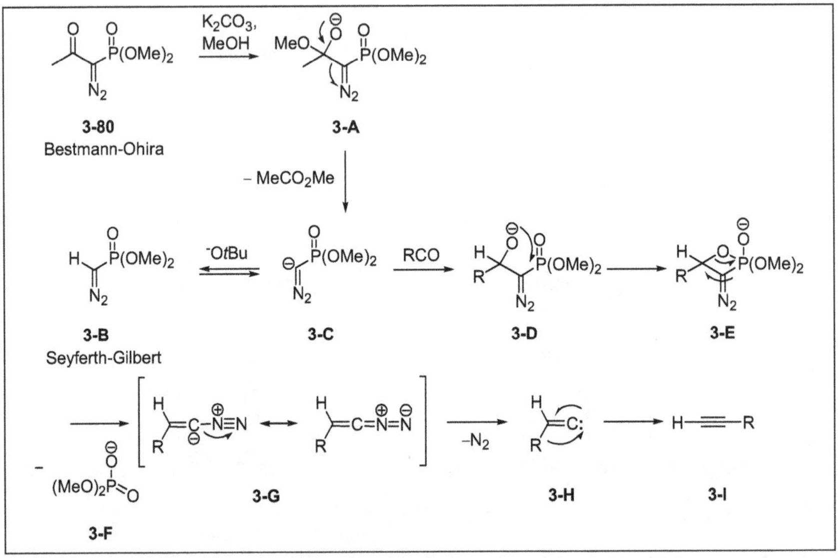

Schema 41: Mechanismus der Bestmann-Reaktion

dem *trans*-Vinylboran **3-83** unter Suzuki-Bedingungen[127] umsetzen. Dazu wird das Fragment **3-82** erst mit 9-BBN hydroboriert, bevor es in der Kupplungsreaktion mit dem Vinyliodid **3-53** umgesetzt wird (**Schema 42**). Als Nebenprodukt lässt sich mittels HPLC-MS ein Molekül nachweisen, dessen Masse sich um +2 von der des Hauptproduktes unterscheidet. Die Vermutung liegt nahe, dass es sich hierbei um ein Dihydroderivat handelt, bei dem eine Doppelbindung verloren gegangen und zu einer Einfachbindung reduziert wurde.

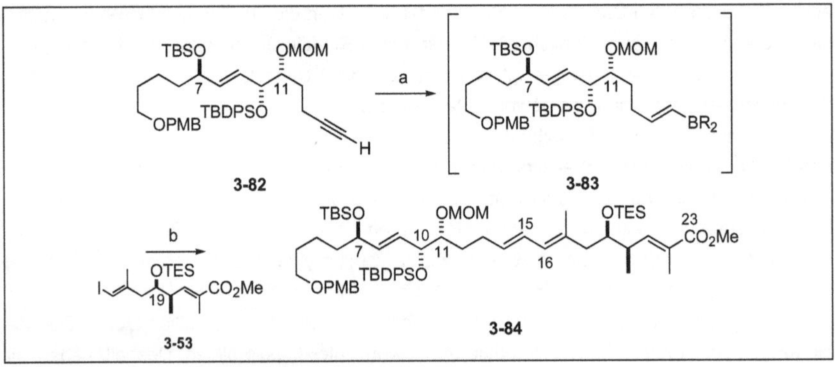

Schema 42: Suzuki-Kreuzkupplung
Reaktionsbedingungen: (a) 9-BBN (1.3 equiv), THF, 0°C; (b) **3-53**, $PdCl_2(dppf)$, Ph_3As, Cs_2CO_3, DMF, RT (67%, 2 Stufen).

Das ^{1}H-NMR-Spektrum des entstandenen *trans*-Hauptproduktes **3-84** zeigt bei 6.16 ppm ein für das 15-H Proton an der gewünschten *trans*-Doppelbindung charakteristisches Dublett vom Dublett mit Kopplungskonstanten von J = 14.9 und 10.2 Hz.

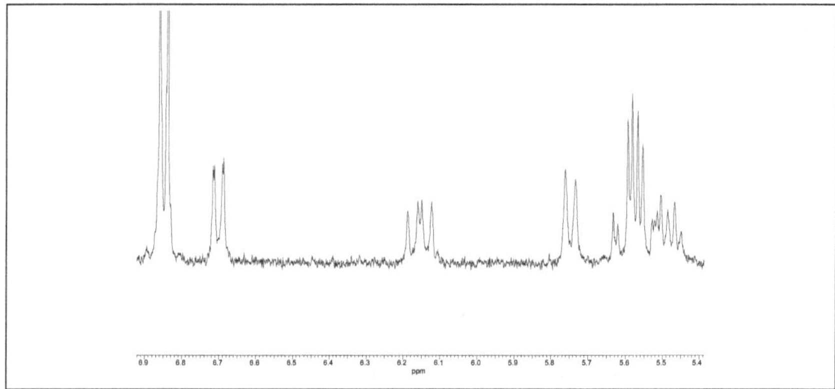

Abbildung 38: Ausschnitt aus dem ^{1}H-NMR-Spektrum von Verbindung **3-84**

In Optimierungsversuchen wurde die Menge an 9-BBN von 1.3 auf 3 equiv. erhöht, um eine vollständige Hydroborierung des Alkins vor der eigentlichen Kupplung sicherzustellen. Unter gleichen Reaktionsbedingungen erhält man damit jedoch ausschließlich das C14, C15-Dihydroderivat **3-85** (**Schema 43**).

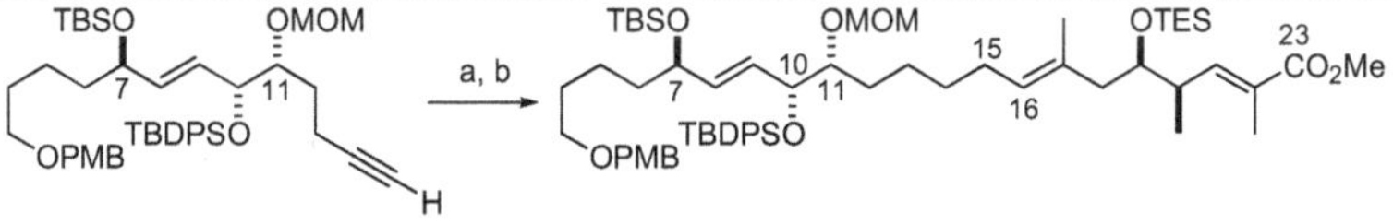

Schema 43: Suzuki-Kupplung mit 9-BBN im Überschuss

Reaktionsbedingungen: (a) 9-BBN (3 equiv), THF, 0°C; (b) **3-53**, $PdCl_2$(dppf), Ph_3As, Cs_2CO_3, DMF, RT (67%, 2 Stufen).

Vermutlich wird das intermediär entstehende Vinylboran durch den Überschuss an 9-BBN protoniert. Das dadurch erhaltene Alken wird erneut hydroboriert, so dass letztlich ein Alkylboran für die Kupplungsreaktion zur Verfügung steht. Beim Vergleich der ^{1}H-NMR-Spektren der Verbindungen **3-84** (**Abbildung 38**) und **3-85** (**Abbildung 39**) im Bereich der Doppelbindungsprotonen erkennt man auf den ersten Blick das Fehlen der entsprechenden Doppelbindung zwischen C14 und C15.

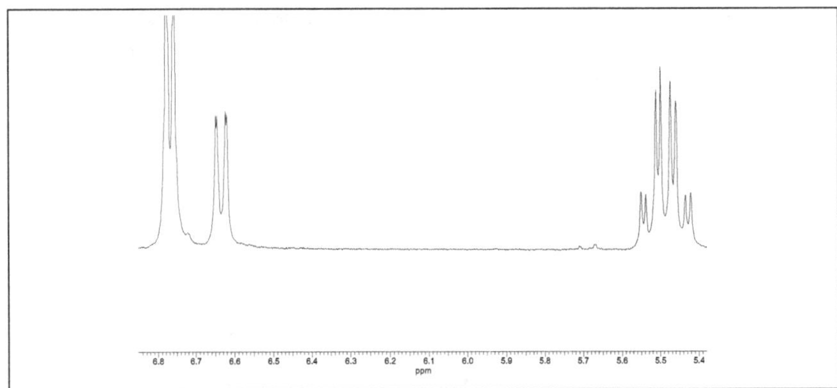

Abbildung 39: Ausschnitt aus dem ^{1}H-NMR-Spektrum von Verbindung **3-85**

Aufgrund dieses unerwünschten (Neben-)Produktes **3-85** haben wir uns dazu entschieden, die Kreuzkupplung unter Stille-Bedingungen[128] durchzuführen. Überführt man das Alkin **3-82** in einer Hydrostannylierung in das entsprechende *trans*-Vinylstannan **3-86** und setzt dieses dann unter Stille-Bedingungen mit dem Vinyliodid **3-53** um, so erhält man das gewünschte *trans*-Produkt **3-84** in guter Ausbeute und ohne die Bildung von Nebenprodukten (**Schema 44**).

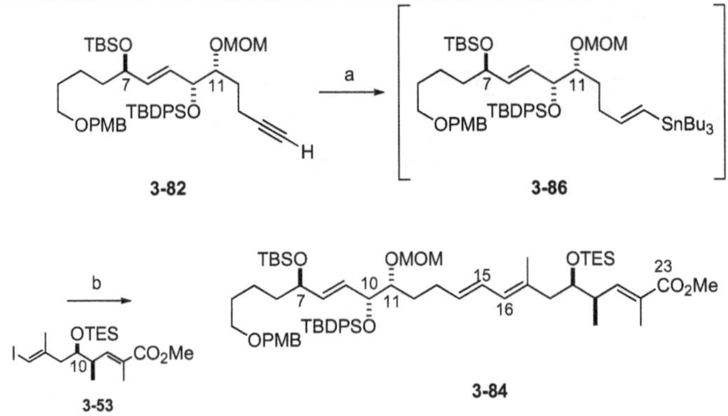

TBSO OMOM 7 11 OPMB TBDPSO H **3-82** → a → [TBSO OMOM 7 11 OPMB TBDPSO $SnBu_3$ **3-86**]

→ b → TBSO OMOM 10 11 7 15 16 OTES 23 CO_2Me OPMB TBDPSO **3-84**

I OTES 10 CO_2Me **3-53**

Schema 44: Stille-Kreuzkupplung

Reaktionsbedingungen: (a) *n*-Bu_3SnH, $PdCl_2(PPh_3)_2$, THF, RT; (b) **3-53**, $Pd_2(dba)_3$, Ph_3As, DMF, RT (78%, 2 Stufen).

Das so erhaltene Fragment **3-84** stellt bereits eine wesentliche Teilstruktur der ursprünglich publizierten Struktur **1*** dar. In ihm sind bereits sämtliche Stereozentren in gewünschter Konfiguration und über die Hälfte der *trans*-C-C-Doppelbindungen enthalten. Da zeitgleich mit Fertigstellung dieses Bausteins die Struktur des Naturstoffes Palmerolid A (**1**) revidiert wurde, haben wir an dieser Stelle die bisher vorgestellte Arbeit bis zu einschließlich Fragment **3-84** publiziert,[129] um anschließend mit der Synthese des im folgenden Kapitel vorgestellten, zu **3-84** diastereomeren Moleküls zu beginnen.

3.4 Arbeiten zur revidierten Struktur 1

3.4.1 Strategie 1: Horner-Wadsworth-Emmons-Reaktion als Ringschlussreaktion zum Makrozyklus

Nachdem die Kreuzkupplungsreaktion in Form der Stille-Variante zur Verknüpfung der beiden Fragment **3-53** und **3-82** wie im vorangehenden Kapitel beschrieben erfolgreich war, haben wir nach der Revision der ursprünglich publizierten Struktur **1*** beschlossen, den bisher ausgearbeiteten Syntheseweg beizubehalten. Die von einer (*R*)-Konfiguration zu einer (*S*)-Konfiguration korrigierten Stereozentren an C7, C10 und C11 des Naturstoffes befinden sich nach unserer retrosynthetischen Analyse alle drei in Fragment **3-82** und werden wie bereits beschrieben mit katalytischen Methoden etabliert. Durch Austauschen der entsprechenden chiralen Liganden und Katalysatoren in diesen Reaktionen durch deren Enantiomere sollte die Darstellung des zu Fragment **3-82** enantiomeren Moleküls **3-110** keine erneuten Probleme aufwerfen. Außerdem kann das restliche, bereits synthetisierte Alkin **3-59** nach Entschützung durch Inversion des Stereozenrums durch eine Mitsunobu-Veresterung[130] in die enantiomere Verbindung ***ent*-3-58** überführt werden, so dass mehrere zu diesem Zeitpunkt bereits vorhandene Gramm der Verbindung **3-59** nach Modifikation zur Darstellung des neuen Zielfragments genutzt werden konnten (**Schema 45**).

Ein Vergleich der Drehwerte der beiden Verbindungen **3-58** ($[\alpha]^{20}_{D}$ = +2.7 (*c* 1.00, CH_2Cl_2)) und ***ent*-3-58** ($[\alpha]^{20}_{D}$ = −2.3 (*c* 1.00, CH_2Cl_2)) beweist bei fast identischem Zahlenwert und umgekehrtem Vorzeichen das Vorliegen des (*S*)-Enantiomers ***ent*-3-58** nach der Mitsunobu-Inversion.

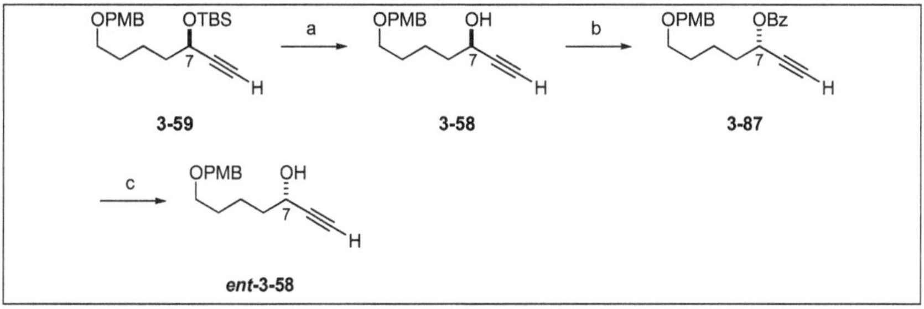

Schema 45: Misunobu-Inversion des C7-Stereozentrums
Reaktionsbedingungen: (a) CSA, $MeOH/CH_2Cl_2$ 1:1, RT; (b) Benzoesäure, DEAD, PPh_3, Toluol, 0°C → RT; (c) K_2CO_3, MeOH, RT (60%, 3 Stufen).

Für das aus der Noyori-Reduktion stammende (*S*)-Enantiomer ***ent*-3-58** wurde, ähnlich wie für das (*R*)-Enantiomer **3-58**, mittels chiraler GC-Analyse ebenfalls ein *ee*-Wert von > 98% ermittelt.

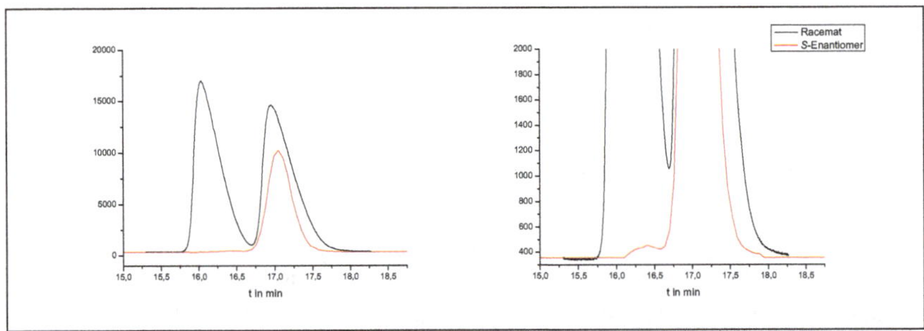

Abbildung 40: Chirale GC-Messungen des Racemats (schwarz) und des (*S*)-Enantiomers ***ent*-3-58** (rot)

Die absolute Stereochemie an diesem, durch die Transferhydrierung etablierten C7-Stereozentum sollte zudem eindeutig geklärt werden. Dazu wird die sogenannte Mosher-Methode[131] angewendet. Man überführt dabei den enantiomerenreinen Alkohol mit Hilfe einer chiralen Verbindung in zwei Diastereomere. Das chirale Reagenz muss in enantiomerenreiner Form vorliegen, so dass es mit dem Substrat in zwei getrennt voneinander ablaufenden Reaktionen zu beiden möglichen Diastereomeren umgesetzt werden kann. Da sich die physikalischen Eigenschaften von Diastereomeren im Gegensatz zu denen von Enantiomerenpaaren unterscheiden, erhält man in der Spektroskopie statt identischer Signale unterschiedliche chemische Verschiebungen für die Signale der Diastereomere (diastereomere Dispersion). Durch Vergleiche der ^{1}H-NMR-Daten können Rückschlüsse auf die Konfiguration im Molekül gezogen werden. Dies ist auch anhand des ^{13}C-NMR-Spektrums möglich, die Verschiebung der betroffenen Signale ist hier jedoch etwas geringer.

Ein sehr wichtiges Reagenz aus der Reihe chiraler Derivatisierungsreagenzien, die zur Konfigurationsbestimmung eingesetzt werden, ist die sogenannte Mosher-Säure α-Methoxy-α-trifluormethylphenylaceticacid (MTPA-Säure). Sie wird aufgrund der höheren Reaktivität in Form des Säurechlorids eingesetzt. Da sich von der Säure zum Säurechlorid und schließlich zum Mosher-Ester die Priorität der Reste jeweils ändert, sollte man hier unbedingt gewissenhaft und sorgfältig arbeiten, weil es leicht zu Verwechslungen und dadurch falschen Konfigurationsbestimmungen kommen kann.

Aus den im Handel zu erwerbenden jeweils enantiomerenreinen (*R*)-(+)- und (*S*)-(−)-MTPA-Säuren **3-88** und **3-91** werden getrennt voneinander deren Säurechloride **3-89** und **3-92** hergestellt. Anschließend werden diese ohne Aufreinigung mit dem zu bestimmenden Alkohol ***ent*-3-58** zu den entsprechenden Estern **3-90** und **3-93** umgesetzt (**Schema 46**).

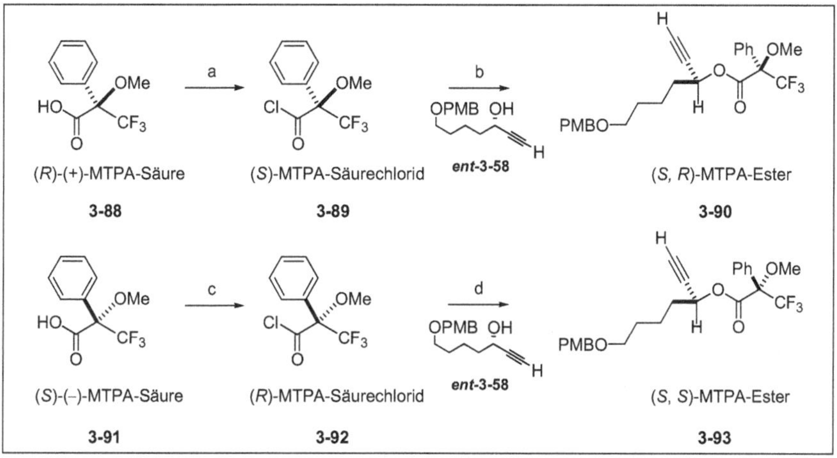

(*R*)-(+)-MTPA-Säure **3-88** → (a) → (*S*)-MTPA-Säurechlorid **3-89** → (b) *ent*-**3-58** → (*S, R*)-MTPA-Ester **3-90**

(*S*)-(−)-MTPA-Säure **3-91** → (c) → (*R*)-MTPA-Säurechlorid **3-92** → (d) *ent*-**3-58** → (*S, S*)-MTPA-Ester **3-93**

Schema 46: Darstellung der Mosher-Ester

Reaktionsbedingungen: (a) (*R*)-(+)-MTPA-Säure, Oxalylchlorid, DMF, RT; (b) ***ent*-3-58**, Et_3N, DMAP, CH_2Cl_2, RT (92%, 2 Stufen); (c) (*S*)-(−)-MTPA-Säure, Oxalylchlorid, DMF, RT; (d) ***ent*-3-58**, Et_3N, DMAP, CH_2Cl_2, RT (94%, 2 Stufen).

In den beiden diastereomeren Verbindungen **3-90** und **3-93** liegen im zeitlichen Mittel die Carbonylgruppe, das zu ihr in α-Position stehende Proton und der CF_3-Rest in einer Ebene, der sogenannten MTPA-Ebene.

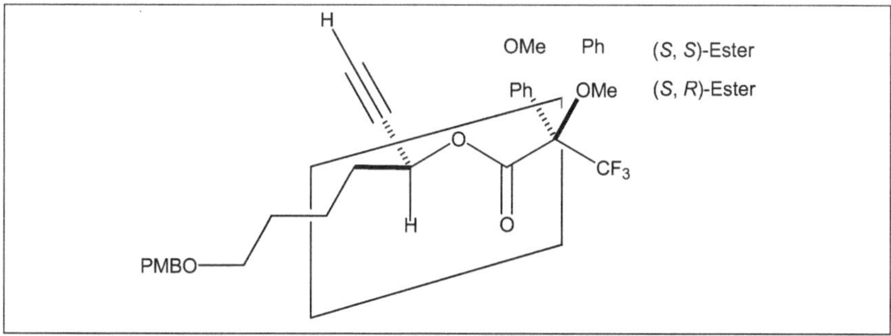

Abbildung 41: Verbindung **3-90** in der MTPA-Ebene

Molekülreste, die zusammen mit dem Phenylrest auf der gleichen Seite der MTPA-Ebene liegen, sind durch seinen Ringstromeffekt abgeschirmt. Die Signale der dort befindlichen Protonen werden dadurch im ^{1}H-NMR-Spektrum ins Hochfeld verschoben. Umgekehrt sind Protonen auf der gegenüberliegenden Seite entschirmt und erscheinen bei tieferem Feld (**Abbildung 42**).

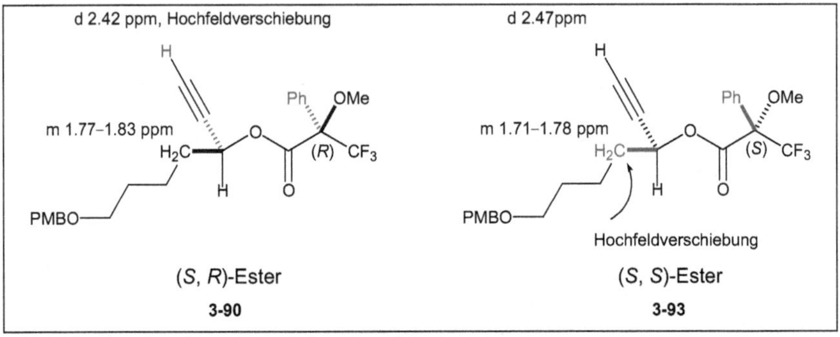

d 2.42 ppm, Hochfeldverschiebung
m 1.77–1.83 ppm
(*S*, *R*)-Ester
3-90

d 2.47ppm
m 1.71–1.78 ppm
Hochfeldverschiebung
(*S*, *S*)-Ester
3-93

Abbildung 42: Chemische Verschiebungen der 1-H- und 4-H-Protonen der beiden Diastereomere **3-90** und **3-93**

Im (*S*, *R*)-Ester **3-90** hat das Proton an der Dreifachbindung eine chemische Verschiebung von δ = 2.42 ppm, im (*S*, *S*)-Ester **3-93** dagegen eine chemische Verschiebung von δ = 2.47 ppm.

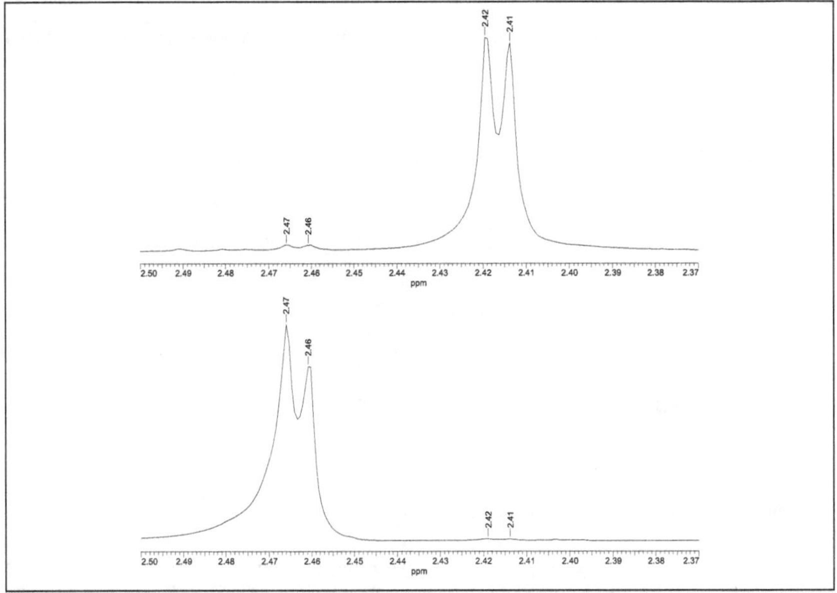

Abbildung 43: 1-H-(*S*, *R*)-Ester (oben) und 1-H-(*S*, *S*)-Ester (unten)

Durch diese charakteristische Differenz von 0.05 ppm lässt sich bereits eindeutig sagen, dass im (*S*, *R*)-Ester **3-90** dieses Proton auf gleicher Seite mit dem Phenylrest stehen muss und damit der zur Veresterung eingesetzte Alkohol eindeutig (*S*)-Konfiguration hat. Zieht man zusätzlich die chemischen Verschiebungen der in der obigen **Abbildung 43** markierten CH_2-Gruppe hinzu, so belegt auch der Vergleich dieser ppm Werte mit δ = 1.77−1.83 ppm für den (*S*, *R*)-Ester **3-90** und δ = 1.71−1.78 ppm für den (*S*, *S*)-Ester **3-93** die (*S*)-Konfiguration des Noyori-Produktes ***ent*-3-58**.

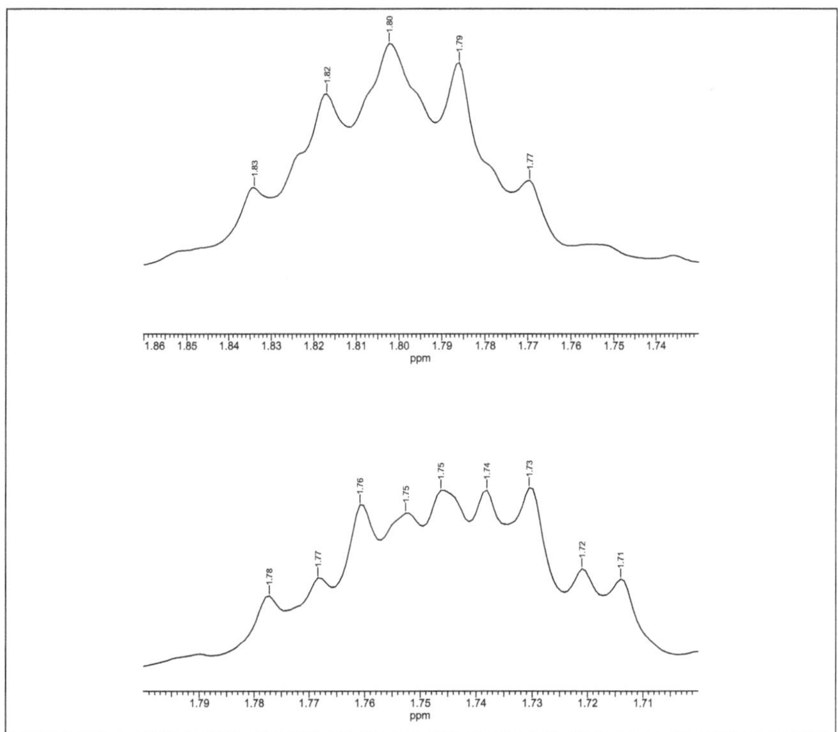

Abbildung 44: 4-H-(*S*, *R*)-Ester (oben) und 4-H-(*S*, *S*)-Ester (unten)

Für die übrigen CH_2-Gruppen in der Alkylkette sieht man, wie im Spektrenausschnitt verdeutlicht, ebenfalls eine Hochfeldverschiebung für den (*S*, *S*)-Ester **3-93**, im (*S*, *R*)-Ester **3-90** kommen die Signale dieser Protonen wie erwartet bei höheren ppm-Werten.

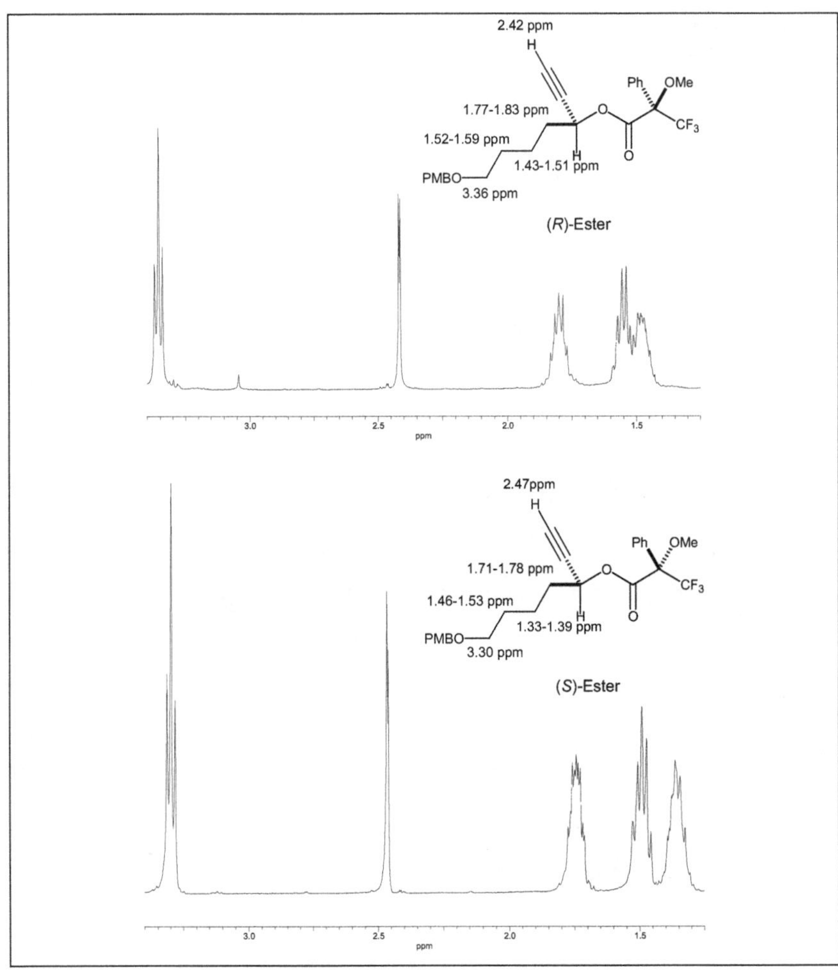

Abbildung 45: Vergleich der Spektrenausschnitte der Mosher-Ester **3-90** und **3-93**

Für den Baustein **3-109** ergibt sich in Anlehnung an die bereits beschriebene Synthesesequenz für sein Enantiomer **3-82** folgendes **Schmea 47**.

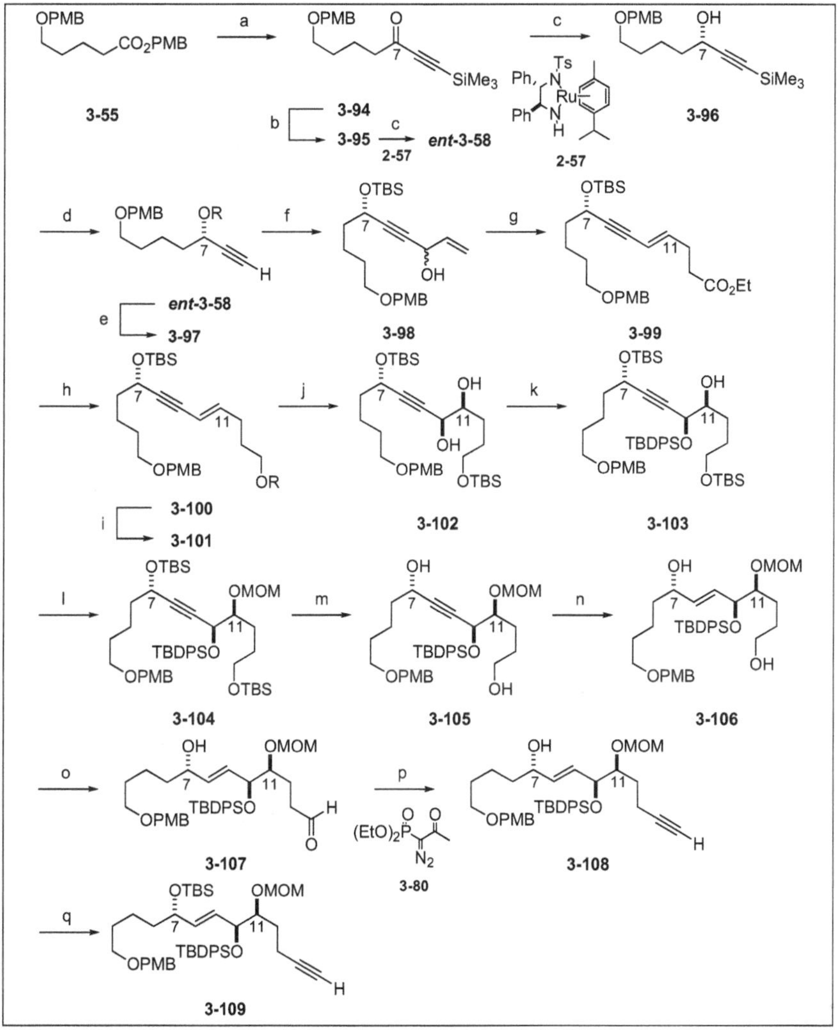

Schema 47: Darstellung der Verbindung **3-109**

Reaktionsbedingungen: (a) TMS-Acetylen, *n*-BuLi, $BF_3 \cdot Et_2O$, THF, −80°C (82%); (b) K_2CO_3. MeOH, RT (96%); (c) **2-57**, ^{i}PrOH, RT (66%); (d) K_2CO_3, MeOH, RT (e) TBSOTf, 2,6-Lutidin, CH_2Cl_2, 0°C → RT (99%, 2 Stufen); (f) *n*-BuLi, LiBr, Acrolein, THF, −80°C (75%); (g) $MeC(OEt)_3$, Propionsäure, Xylol, 150°C (85%); (h) $LiAlH_4$, THF, 0°C; (i) TBSCl, Imidazol, DMF, RT (98%, 2 Stufen); (j) (a) AD-mix-α, *t*-BuOH/H_2O, $MeSO_2NH_2$, 0°C → RT (81%); (k) TBDPSCl, Imidazol, CH_2Cl_2, 0°C (86%); (l) $CH_2(OMe)_2$, LiBr, *p*TsOH, RT (54%); (m) CSA, MeOH/CH_2Cl_2 1:1, RT (66%); (n) Red-Al®, THF, 0°C (65%); (o) $PhI(OAc)_2$, 4-Hydroxy-TEMPO, CH_2Cl_2, RT; (p) **3-80**, K_2CO_3, MeOH, RT (40%, 2 Stufen); (q) TBSOTf, 2,6-Lutidin, CH_2Cl_2, 0°C → RT (85%).

Die Synthese des zur Kreuzkupplung benötigten zweiten Bausteins **3-53** kann ohne Änderungen wie im vorangehenden Kapitel beschrieben beibehalten werden, so dass man schließlich unter Stille-Bedingungen aus dem Vinyliodid **3-53** und dem Stannan **3-110** das zu **3-84** diastereomere Molekül **3-111** erhält (**Schema 48**).

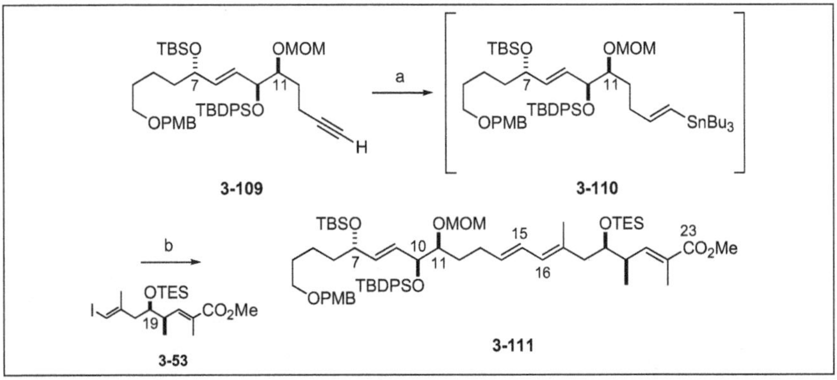

Schema 48: Stille-Kreuzkupplung der Fragmente **3-109** und **3-53**

Reaktionsbedingungen: (a) n-Bu_3SnH, $PdCl_2(PPh_3)_2$, THF, RT; (b) **3-53**, $Pd_2(dba)_3$, Ph_3As, DMF, RT (80%, 2 Stufen).

Im Hinblick auf die geplante Horner-Wadsworth-Emmons-Reaktion, die zum Rinschluss führen soll, wird zunächst die TES-Schutzgruppe unter leicht sauren Bedingungen abgespalten. Der sekundäre Alkohol **3-112** wird in einer Steglich-Veresterung unter basischen Bedingungen mit Hilfe von DCC mit 2-(Diethoxyphosphoryl)essigsäure umgesetzt (**Schema 49**).

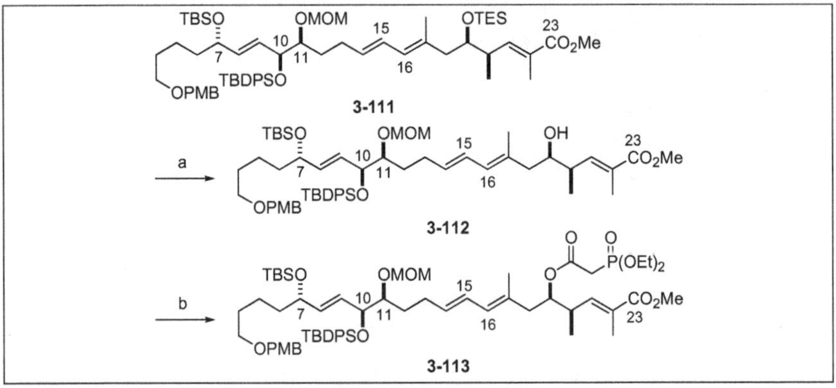

Schema 49: Einführung des Phosphonats

Reaktionsbedingungen: (a) PPTS, CH_2Cl_2/MeOH, RT (91%); (b) $(EtO)_2P(O)CH_2CO_2H$, DMAP, DCC, CH_2Cl_2, RT (87%).

Nach Entschützung der endständigen, mit PMB veretherten Hydroxylfunktion und Oxidation des primären Alkohols zum Aldehyd sollte dann die Ringschlussreaktion stattfinden. Überraschenderweise stellte die Abspaltung der bereits im ersten Syntheseschritt eingeführten, primären PMB-Schutzgruppe an diesem System ein für uns unerwartetes Problem dar.

In Gegenwart der gängigsten und auch weniger weit verbreiteten Reagenzien zum Abspalten eines Benzylethers konnte in keinem Fall das gewünschte Produkt erhalten werden (für die Testreaktionen wurde sowohl das aus der ursprünglich publizierten Struktur hervorgegangenen (*R,R,R,R,R*)-Derivat **3-84**, als auch die zu (*S,S,S,R,R*) revidierten Derivate **3-111, 3-112** und **3-113** verwendet).

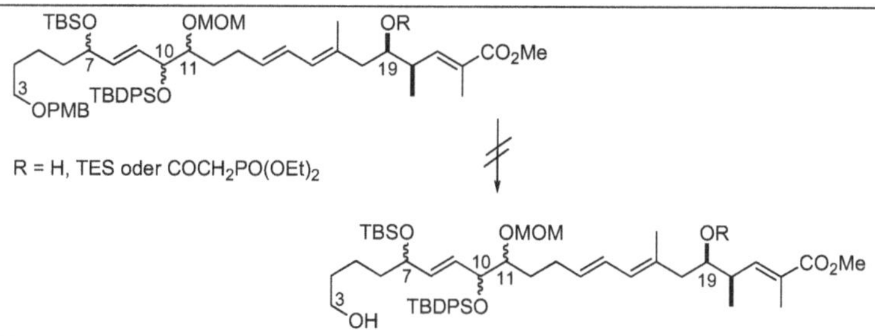

R = H, TES oder $COCH_2PO(OEt)_2$

Schema 50: Abspaltung der primären PMB-Schutzgruppe

Tabelle 1: Getestete Reaktionsbedingungen

Exp. Nr.	Lösungsmittel	Reagenz	Ergebnis
1	CH_2Cl_2/H_2O	DDQ	Zersetzung
2	CH_2Cl_2	$Me_2S/MgBr\cdot Et_2O$	Zersetzung
3	pH7-Puffer	CAN	ausschl. Edukt
4	CH_3CN/H_2O	CAN	Zersetzung
5	pH8-Puffer	CAN	Zersetzung
6	THF	$NACNBH_3/BF_3\cdot Et_2O$	Zersetzung
7	CH_2Cl_2	Catecholboranchlorid	Zersetzung
8	$CHCl_3$	TMSI	Zersetzung
9	CH_2Cl_2	$SnCl_2$/Anisol, TMSCl	Zersetzung
10	CH_2Cl_2	Tritylium BF_4	Abspaltung TBS

In einer nachträglichen Literaturrecherche konnten tatsächlich einige Publikationen gefunden werden, in denen berichtet wird, dass die PMB-Abspaltung in Gegenwart einer konjugierten Dien-Einheit, wie sie auch in unserem Molekül vorhanden ist, große Probleme bereitet bzw. oft nicht möglich ist.[101] Versuche mit Verbindung **3-85**, die aus einer „verunglückten" Suzuki-Kreuzkupplung stammt, legen die Vermutung nahe, dass auch in unserem Fall das Scheitern der Entschützungsversuche auf die Dien-Einheit im Molekül zurückzuführen ist.

Das Fragment **3-85** weist nach der im vorangehenden Kapitel beschriebenen Suzuki-Kreuzkupplung anstelle des konjugierten Diens lediglich eine isolierte Doppelbindung auf. Nach TES-Entschützung und Veresterung der sekundären Alkoholfunktion kann hier ohne Probleme und in guter Ausbeute die PMB-Schutzgruppe oxidativ mit DDQ in THF/H_2O abgespalten werden. Auch die geplante Oxidation des primären Alkohols **3-116** zum Aldehyd **3-117** und schließlich die HWE-Ringschlussreaktion verlaufen an diesem System wie gewünscht problemslos (**Schema 51**).

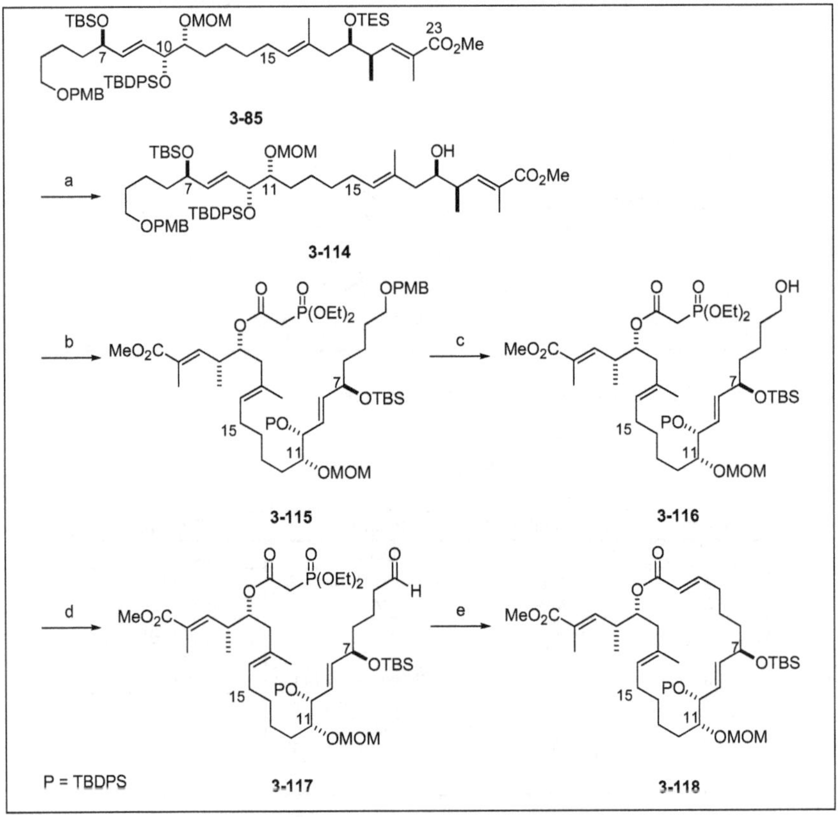

Schema 51: Darstellung der 14,15-Dihydro-Kernstruktur **3-118**

Reaktionsbedingungen: (a) PPTS, CH_2Cl_2/MeOH, RT (94%); (b) $(EtO)_2P(O)CH_2CO_2H$, DMAP, DCC, CH_2Cl_2, RT (89%); (c) DDQ, CH_2Cl_2/H_2O, RT (91%); DMP, $NaHCO_3$, CH_2Cl_2, RT (84%); LiCl, $^{i}Pr_2NEt$, MeCN, RT (92%).

Diese Ergebnisse legen nahe, den PMB-Ether vor der Kreuzkupplungsreaktion zu spalten. Da zu diesem Zeitpunkt jedoch nur noch eine kleine Substanzmenge von Fragment **3-109** vorhanden war, wurde mit dem Nachziehen dieser Verbindung begonnen. Die zahlreichen, fehlgeschlagenen PMB-Entschützungsversuche haben wir zum Anlass genommen, unsere Schutzgruppenstrategie noch einmal zu überdenken und wir sind zu dem Schluss gekommen, dass anstelle der als Platzhalter für das im Naturstoff vorhandene Carbamat stehenden MOM-Schutzgruppe eventuell von Beginn an bereits das Carbamat eingeführt werden könnte. Die MOM-Schützung ist in der bisher vorgestellten Synthesesequenz mit nur 54% Ausbeute die Stufe mit dem meisten Substanzverlust und würde dadurch wegfallen. Sollte das Carbamat alle späteren Reaktionsbedingungen überstehen, würde uns das außerdem ein selektives Abspalten des MOM-Ethers in Gegenwart der Silylschutzgruppe und der zahlreichen ungesättigten Einheiten gegen Ende der Naturstoffsynthese ersparen. Obwohl eine solche MOM-Entschützung theoretisch möglich sein sollte,[132] deuteten nämlich erste Testversuche an Molekül **3-76** darauf hin, dass auch hier, zumindest mit den geläufigen Entschützungsreagenzien wie den Lewis-Säuren $BF_3 \cdot Et_2O$, BCl_3, BBr_3, $AlCl_3$ oder auch Catecholboranchlorid mit Problemen zu rechnen ist.

Tabelle 2: Getestete Reaktionsbedingungen zur MOM-Entschützung

PMBO OTBS 7 OMOM 11 OTBS OTBDPS

Exp. Nr.	Lö.mittel	Reagenz	Ergebnis
1	CH_3SH	$BF_3 \cdot Et_2O$	Zersetzung
2	CH_2Cl_2	BCl_3	Zersetzung
3	CH_2Cl_2	BBr_3	Zersetzung
4	CH_3CN/CH_2Cl_2	$AlCl_3$, NaI	Zersetzung
5	CH_2Cl_2	Catecholboranchlorid	Zersetzung

Außerdem wurde der Syntheseweg zu Fragment **3-124** etwas verkürzt, weil man auf die Entschützungs−Schützungssequenz vor und nach der Reduktion der Dreifachbindung verzichten kann, indem man die Hydrierung der Doppelbindung vorzieht und eine der beiden, durch die asymmetrische Dihydroxylierung eingeführten Hydroxylgruppen als Koordinationszentrum für das Reagenz während der Reduktion verwendet. Damit ergibt sich als optimierter Syntheseweg für den C3-C15 Baustein **3-124** nachfolgendes **Schema 52**. Nach der Dihydroxylierung wird die Dreifachbindung mit Red-Al® zur Doppelbindung reduziert. Auch an

Verbindung **3-119** verläuft die selektive TBDPS-Schützung selbst in Gegenwart eines Überschusses an TBDPSCl selektiv und ohne die Bildung von Nebenprodukten. An der letzten noch freien Hydroxylgruppe wird jetzt das auch im Naturstoff vorhandene Carbamat installiert.[133] Nach selektiver, saurer Entschützung der primären Silylschutzgruppe wird der Alkohol **3-122** zum Aldehyd **3-123** oxidiert und die Kohlenstoffkette mittels des Bestmann-Ohira-Reagenzes **3-80** um ein Kohlenstoffatom verlängert.

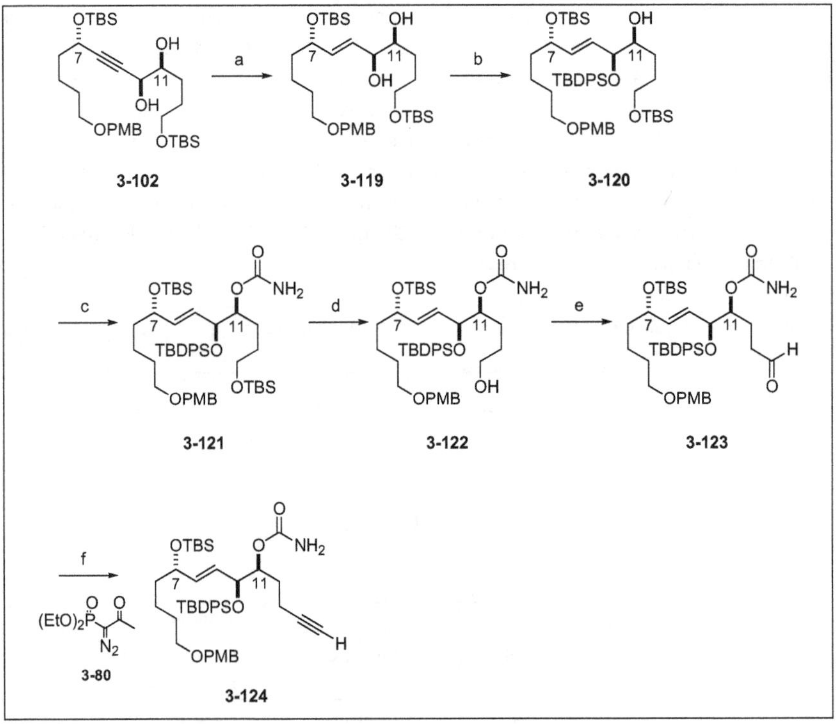

Schema 52: Darstellung des Fragments **3-124**

Reaktionsbedingungen: (a) Red-Al®, THF, 0°C (70%); (b) TBDPSCl, Imidazol, DMAP, CH_2Cl_2, 0°C → RT (81%); (c) $Cl_3C(CO)NCO$, CH_2Cl_2, dann K_2CO_3, MeOH, RT (94%); (d) AcOH, THF/H_2O, RT (75%); (e) DMP, $NaHCO_3$, CH_2Cl_2, RT (96%); (f) **3-80**, K_2CO_3, MeOH, RT (91%).

Die PMB-Gruppe lässt sich an diesem Fragment **3-124** oxidativ mit DDQ ohne Probleme und mit guter Ausbeute entfernen. Da die freie Alkoholfunktion während der Stille-Kupplung nicht stören sollte, wollten wir das Hydroxystannan **3-128** mit dem, im Hinblick auf die HWE-Reaktion modifizierten Vinyliodid **3-126** umsetzen. Dazu wird die TES-Schutzgruppe an Verbindung **3-53** unter leicht sauren Bedingungen abgespalten und anschließend mit 2-(Diethoxyphosphoryl)essigsäure in Gegenwart von DCC und DMAP kondensiert. Unter den

Reaktionsbedingungen der Kreuzkupplung cyclisiert jedoch dieser Baustein **3-126** vermutlich intramolekular zu einem von uns nicht näher bestimmten Nebenprodukt und es konnte kein gewünschtes Produkt isoliert werden (**Schema 53**).

Schema 53: Einführung des Phosphonats und Kupplung der Fragmente **3-126** und **3-127**

Reaktionsbedingungen: (a) PPTS, CH_2Cl_2/MeOH, RT (99%); (b) $(EtO)_2P(O)CH_2COOH$, DMAP, DCC, CH_2Cl_2, RT (96%); (c) DDQ, CH_2Cl_2/H_2O, RT (98%); (d) *n*-Bu_3SnH, $PdCl_2(PPh_3)_2$, THF, RT; (e) **3-126**, $Pd_2(dba)_3$, Ph_3As, DMF, RT.

Aufgrund dieses Ergebnisses haben wir beschlossen, die HWE-Reaktion vorzuziehen und als Verknüpfungsreaktion für die beiden Hauptfragmente **3-126** und **3-130** intermolekular zu nutzen. Die Kreuzkupplungsreaktion soll dann später intramolekular als Ringschlussreaktion dienen.

3.4.2 Strategie 2: Kreuzkupplungsreaktion als Ringschlussreaktion zum Makrozyklus

Um Verbindung **3-127** in einer intermolekularen HWE-Reaktion verwenden zu können muss die primäre Alkoholfunktion zum Aldehyd oxidiert werden. Für die im Anschluss an die Verknüpfung geplante Stille-Kupplung wird außerdem die Dreifachbindung hydrostannyliert. Der

Phosphonatbaustein **3-126** kann ohne weitere Modifikation eingesetzt werden. Unter basischen Reaktionsbedingungen erhält man in der intermolekularen HWE-Reaktion Fragment **3-131** in fast quantitativer Ausbeute (**Schema 54**). In diesem Fall wurde kein unerwünschtes Nebenprodukt gefunden, obwohl unter den basischen Bedingungen zwischen dem Anion des Phosphonats und der ungesättigten Ester-Einheit inter- oder auch intramolekular eine Michael-Addition stattfinden könnte.

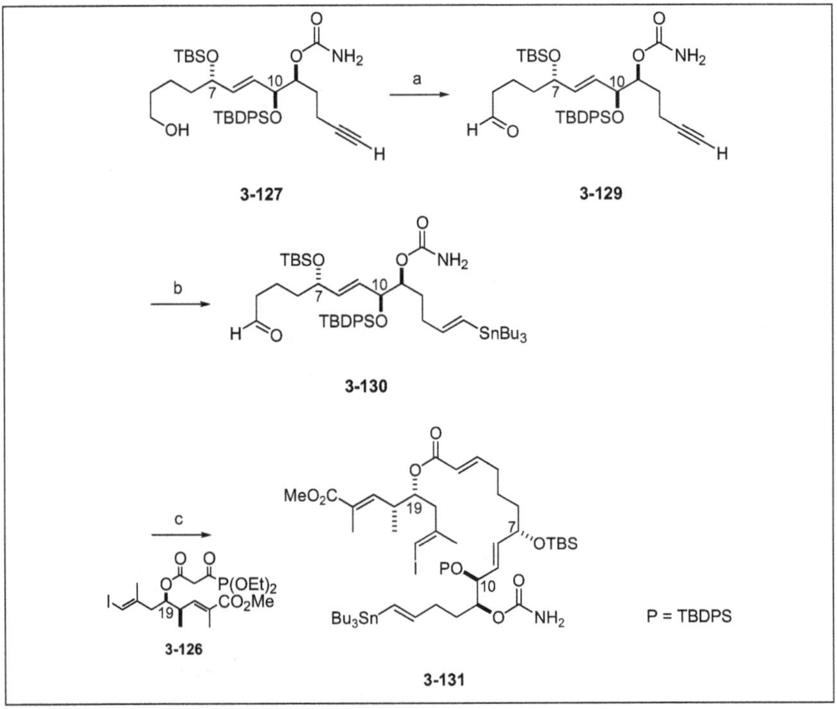

TBSO, OH, TBDPSO, O, NH2, H, 7, 10, a, 3-127, 3-129, b, SnBu3, 3-130, c, MeO2C, P(OEt)2, CO2Me, I, 19, 3-126, OTBS, PO, Bu3Sn, P = TBDPS, 3-131

Schema 54: Intermolekulare HWE-Reaktion

Reaktionsbedingungen: (a) DMP, $NaHCO_3$, CH_2Cl_2, RT (86%); (b) *n*-Bu_3SnH, $PdCl_2(PPh_3)_2$, THF, RT (58%, und NP **3-134**); (c) LiCl, $^iPr_2NEt$, MeCN, RT (98%).

Für die sich anschließende Stille-Kreuzkupplung wurden verschiedene Reaktionsbedingungen getestet (**Tabelle 3**). In den meisten Fällen erhält man ein im Verhältnis *cis/trans* variierendes Gemisch aus beiden Isomeren **3-132** an der C14/C15-Doppelbindung. Das beste Ergebnis, sowohl das Verhältnis *cis/trans* betreffend, als auch im Hinblick auf die chemische Ausbeute, ergaben Versuche mit $PdCl_2(CH_3CN)_2$ als Katalysator, (2-Furyl)$_3$P als Liganden und LiCl und $^iPr_2NEt$ als Additiven.

Tabelle 3 Getestete Reaktionsbedingungen für die Stille-Kreuzkupplungsreaktion

Exp. Nr.	Lö.mittel	Katalysator	Ligand	Additiv	Ergebnis/ DC-Kontrolle
1	DMF	$Pd_2(dba)_3$	PPh_3		*cis > trans*
2	DMF	$Pd(OAc)_2$	PPh_3		cis/trans ca. 1:1
3	DMF	$Pd(PPh_3)_2Cl_2$	PPh_3	LiCl	kein Umsatz
4	DMF/THF 2:1	$PdCl_2(CH_3CN)_2$		$^iPr_2NEt$	cis
5	DMF/THF 1:1	$PdCl_2(CH_3CN)_2$	$(2\text{-Furyl})_3P$	$^iPr_2NEt$	cis/trans ca. 1:1
6	THF	$PdCl_2(CH_3CN)_2$	$(2\text{-Furyl})_3P$	$^iPr_2NEt$	Zersetzung
7	THF	$Pd(OAc)_2$	PPh_3		cis + trans + x
8	Toluol (80°C)	$Pd(PPh_3)_4$			cis/trans ca. 1:1
9	DMF	$PdCl_2(CH_3CN)_2$	$(2\text{-Furyl})_3P$	LiCl + $^iPr_2NEt$	cis/trans ca. 1:3

Einen Teil des etwas polareren *trans*-Isomers **3-133** kann man zwar säulenchromatographisch vom *cis*-Isomer bzw. der Mischfraktion aus *cis*- und *trans*-Isomer abtrennen, nachträglich lässt sich jedoch sowieso das *E*/*Z*-Gemisch in Gegenwart von Iod bei 60−70°C in das thermodynamisch stabilere *E*/*E*-Dien **3-133** überführen (**Schema 55**).

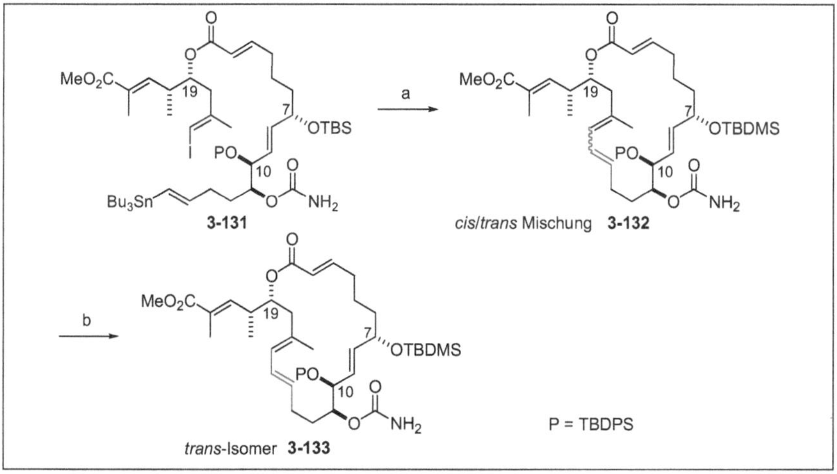

MeO2C, O, 19, 7, OTBS, I, PO, 10, Bu3Sn, NH2, **3-131**, a, OTBDMS, *cis/trans* Mischung **3-132**, b, *trans*-Isomer **3-133**, P = TBDPS

Schema 55: Intramolekulare Stille-Kreuzkuppplung und Isomerisierung zum *trans*-Produkt

Reaktionsbedingungen: (a) $PdCl_2(CH_3CN)_2$, $(2\text{-Furyl})_3P$, LiCl, $^iPr_2NEt$, DMF, RT; (b) I_2, Hexan, Rückfluss, (68−77%, 2 Stufen).

Da die Kreuzkupplungsreaktion als Ringschlussreaktion eine wesentlich Rolle in unsere Synthese einnimmt, haben wir an dieser Stelle auch die Heck-Kreuzkupplungsvariante mit der Hoffnung ausprobiert, ausschließlich das gewünschte *trans*-Isomer zu erhalten und die mit 58% Ausbeute zwar akzeptable, jedoch nicht herausragende Hydrostannylierungsreaktion zu vermeiden. Dazu muss man noch einmal einige Schritte zurückgehen und an Verbindung **3-124** zunächst die Dreifachbindung unter Lindlar-Bedingungen zur Doppelbindung hydrieren.[134] Nach oxidativer Abspaltung der PMB-Schutzgruppe und Oxidation des primären Alkohols zum Aldehyd wird dann dieser Baustein **3-136** in der HWE-Reaktion mit dem Phosphonat **3-126** verknüpft. Unter Heck-Bedingungen bildet sich daraus das gewünschte Makrolacton **3-133** isomerenrein und in sehr guter Ausbeute (**Schema 56**).

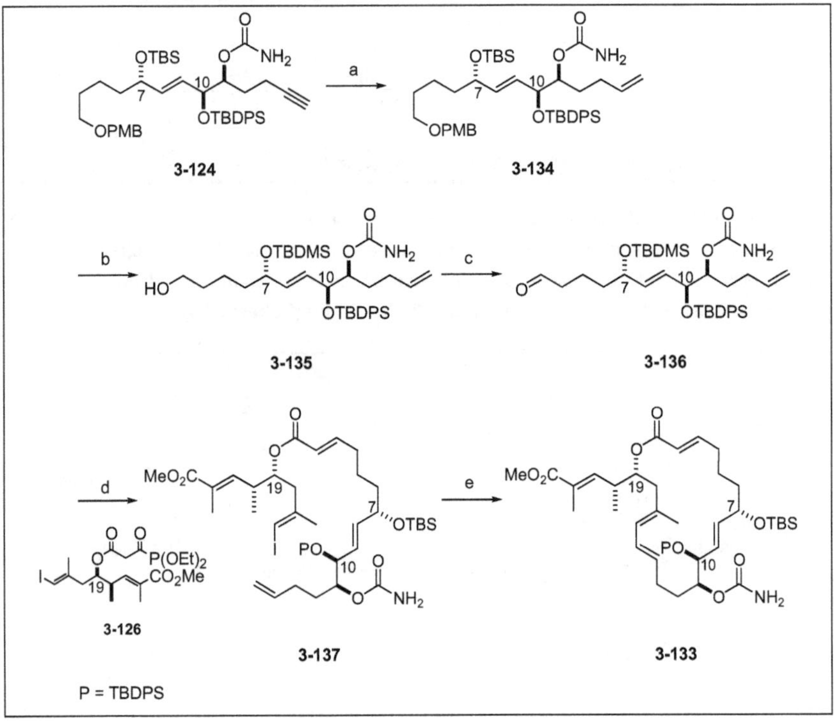

P = TBDPS

Schema 56: Intermolekulare HWE-Reaktion und intramolekulare Heck-Kreuzkupplung

Reaktionsbedingungen: (a) H_2, Pd auf $CaCO_3$, (vergiftet mit Pb), Quinolin, Aceton/Cyclohexen, RT (92%); (b) DDQ, CH_2Cl_2/H_2O, RT (80%); (c) DMP, $NaHCO_3$, CH_2Cl_2, RT (75%); (d) **3-126**, LiCl, $^i Pr_2NEt$, MeCN, RT (92%); (e) $Pd(OAc)_2$, Cs_2CO_3, Et_3N, DMF, RT (81%).

Im Hinblick auf die Struktur des Naturstoffes Palmerolid A (**1**) muss jetzt noch die N-Acyldienamin-Seitenkette etabliert werden. Als erstes soll dazu der Methylester selektiv reduziert oder hydrolysiert werden. Da in Gegenwart des Lactons die Reduktion bzw. Verseifung des cyclischen Esters in Konkurrenz mit dem Methylester treten könnte, wollen wir nur auf möglichst milde Methoden zurückgreifen. Die Reduktionsversuche mit DIBAL-H als einem recht schonenden Hydridüberträger haben wir nach fehlgeschlagenen Testreaktionen schnell aufgegeben und uns für die Variante der Verseifung zur Carbonsäure und anschließenden Reduktion über das Anhydrid entschieden.[135] In unserem Fall stellt sich der Methylester als sehr stabil heraus. Er läßt sich weder mit dem von J. K. De Brabander et *al.* eingesetzten $(Bu_3Sn)_2O$ noch mit SnOH spalten.[136] In Verseifungsversuchen mit dem von D. G. Hall et *al.* verwendeten Me_3SnOH[137] kann zwar Produkt nachgewiesen werden, die Reaktion verläuft jedoch nicht sauber. Es bilden sich mehrerer, nicht genauer bestimmte Nebenprodukte. Mit einem Gemisch aus LiOH in $EtOH/H_2O$ bzw. $MeOH/H_2O$ kann schließlich die gewünschte Säure **3-138** mit einer Ausbeute von bis zu 71% erhalten werden (**Schema 57**).

Tabelle 4: Getestete Reaktionsbedingungen zur Reduktion bzw. der Verseifung des endständigen Methylesters in Verbindung **3-133**

Exp. Nr.	Lö.mittel	Reagenz	Ergebnis
1	E_2O	DIBAL-H	Zersetzung
2	Toluol	$(Bu_3Sn)_2O$	kein Umsatz
3	DCE	SnOH	kein Umsatz
4	DCE	Bu_3SnOH	Produkt + NP
5	$EtOH/H_2O$	LiOH	Produkt

Das Makrolactongerüst bleibt dabei unberührt. Bei diesen Reaktionsbedingungen ist jedoch darauf zu achten, dass die Reaktionszeit nicht zu lange gewählt wird, da nach und nach das Carbamat teilweise abgespalten wird und außerdem ein Angriff des Ethanols am Michael-System stattfindet. Die Reaktion wird deshalb meist vorzeitig abgebrochen, um neben dem Produkt einen Teil des Edukts zurückgewinnen zu können.

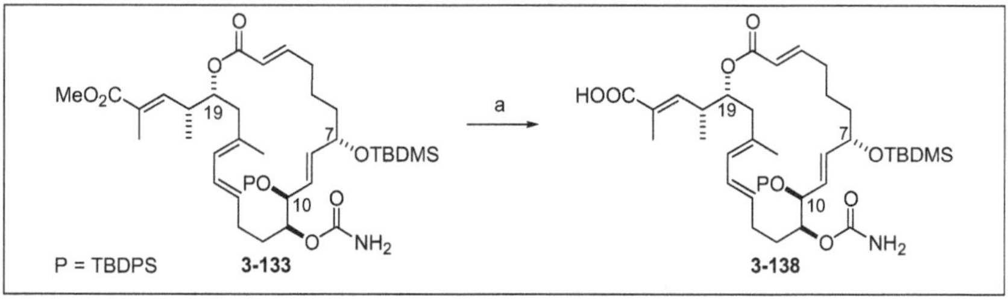

Schema 57: Verseifung des Methylesters **3-133**

Reaktionsbedingungen: (a) LiOH, $EtOH/H_2O$, RT (71%).

Die Carbonsäure **3-138** wird anschließend über das Ethylcarbonsäureanhydrid mit $NaBH_4$ zum Allylalkohol **3-139** reduziert. Nach Oxidation zum Aldehyd **3-140** kann dann die Kohlenstoffkette in einer Takai-Olefinierung zum *trans*-Dienyliodid **3-141** erweitert werden.[90] Die beiden Silylschutzgruppen lassen sich an dieser Stelle mit Hilfe des HF·Pyridin-Komplexes leicht abspalten, so dass man Molekül **3-142** in sehr guter Ausbeute erhält (**Schema 58**).

Mit der Darstellung dieser Verbindung **3-142** haben wir zunächst die formale Totalsynthese des Naturstoffes Palmerolid A (**1**) erzielt.[138]

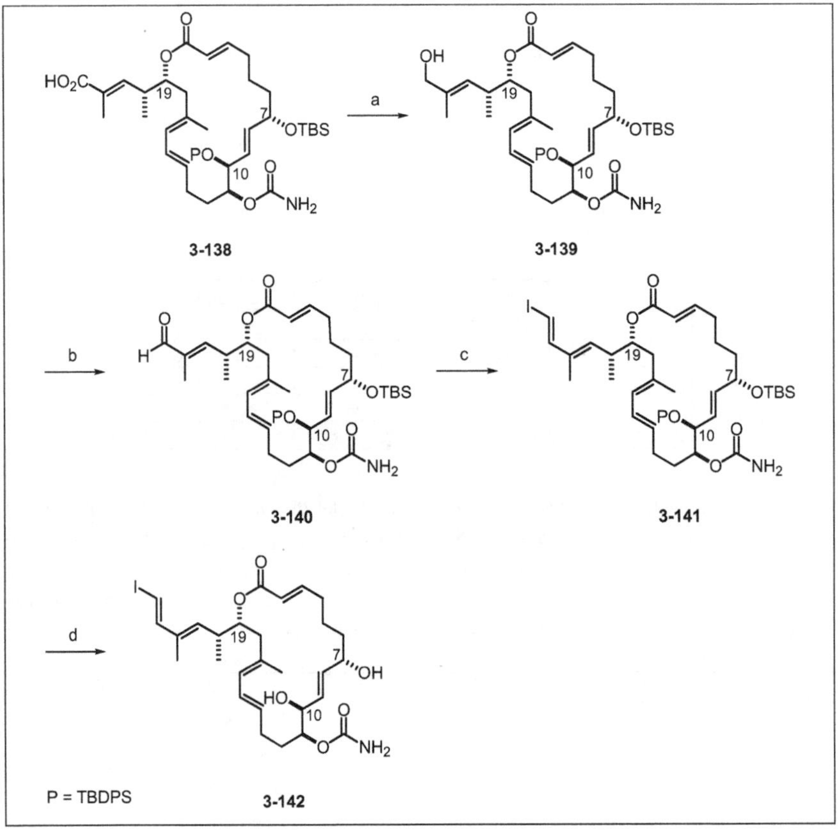

Schema 58: Verlängerung der Seitenkette zum Vinyliodid **3-142**

Reaktionsbedingungen: (a) $ClCO_2Me$, Et_3N, THF, 0°C, dann $NaBH_4$, MeOH, 0°C (80%, 2 Stufen); (b) DMP, $NaHCO_3$, CH_2Cl_2, RT (96%); (c) $CrCl_2$, CHI_3, THF, RT (92%); (d) HF·Pyr, THF, −30 → 0°C (80%).

Um zuletzt das Dienamid zu etablieren, soll das Dienyliodid **3-141** unter den von Buchwald et *al.* publizierten, kupferkatalysierten Bedingungen mit dem Säureamid **2-33** umgesetzt werden.[49] Da K. C. Nicolaou et *al.* über die Ringschlussmetathese zu seiner Vorstufe **3-142** gelangt und dabei die beiden Hydroxylgruppen ohne Schutzgruppen vorliegen müssen, setzt er in dieser Reaktion die ungeschützte Verbindung **3-142** ein.[5] Mit einer geringen Ausbeute von maximal 44% erhält er das Produkt neben einer beträchtlichen Menge zurückisolierten Edukts und 10% des Triol-Derivats **3-143**. An diesem fehlt im Vergleich zum Naturstoff die

Carbamatfunktion, die wahrscheinlich unter Beteiligung der benachbarten, freien Hydroxylgruppe basisch abgespalten wurde. Tatsächlich erhalten wir in der Amid-Kupplungsreaktion mit der silylgeschützten Verbindung **3-141** ausschließlich den gewünschten, geschützten Naturstoff **3-144** mit einer Ausbeute von über 85% (**Schema 59**).

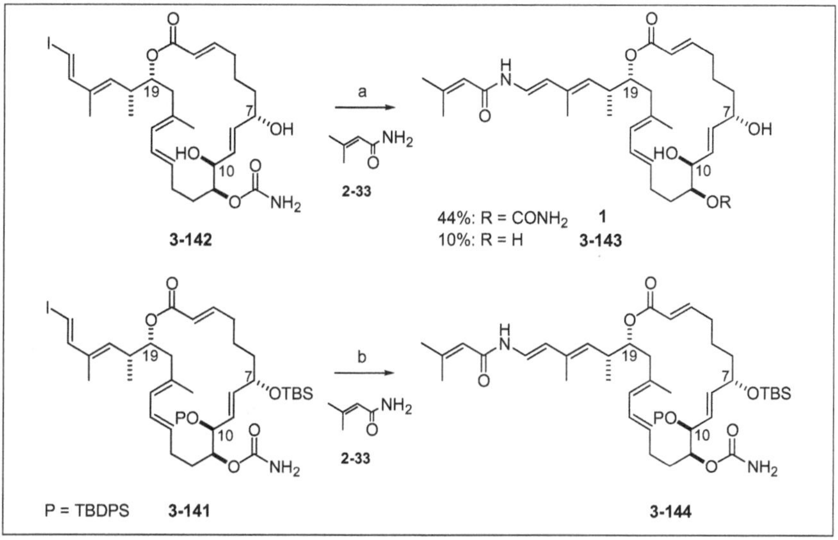

Schema 59: Einführung der Enamid-Einheit an der Seitenkette

Reaktionsbedingungen: (a) **2-33**, CuI, Cs_2CO_3, DMED, DMF, RT (44% von **1**, 36% von **3-142** und 10% von **3-143**);[5] (b) **2-33**, CuI, Cs_2CO_3, DMED, THF, 0°C → RT (86%).

Um aus Verbindung **3-144** den Naturstoff Palmerolid A (**1**) freizusetzen, müssen die Silylschutzgruppen abgespalten werden. Die TBS-Gruppe ist säurelabiler als die TBDPS-Gruppe, welche dafür leichter in Gegenwart von Base abgespalten wird. Beide Schutzgruppen können außerdem in Gegenwart von Fluorid-Ionen abgespalten werden. Im Gegensatz zu der Vorstufe **3-141**, an der die Schutzgruppen mit HF·Pyridin bei tieferen Temperaturen in sehr guter Ausbeute abgespalten werden konnten, zersetzt sich Verbindung **3-144** unter diesen Bedingungen. Die Dienamid-Seitenkette reagiert sehr empfindlich auf eine saure Umgebung und der pH-Wert der 70%igen HF·Pyridin-Lösung ist mit 2–3 zu niedrig. Selbst in Gegenwart einer mit pH-7 Puffer versetzten HF·Pyridin-Lösung zersetzt sich das Molekül **3-144** und man kann weder Produkt noch Edukt isolieren. Auch Versuche, die Protonen des Fluorwasserstoffs mit einer äquimolaren Menge an Base abzufangen, schlugen fehl.

In der von J. K. De Brabander et *al.* publizierten Synthese zu Struktur **1*** kommt zur globalen Entschützung im letzten Reaktionsschritt TBAF in THF als Fluoridionenquelle zum Einsatz. Damit war bekannt, dass die Seitenkette in Gegenwart des in Lösung mit leicht basischem pH-Wert vorliegenden TBAF stabil ist. Trotzdem erzielt er mit nur 41% Produkt eine relativ geringe Ausbeute und isoliert teilweise sein Edukt zurück. Wir haben an Verbindung **3-144** die Entschützungsversuche in Gegenwart von TBAF durchgeführt und optimiert.

Tabelle 5: **Getestete Reaktionsbedingungen zur globalen Entschützung**

Exp. Nr.	Lösungsmittel	Reagenz	Ergebnis
1	THF	HF·Pyr.	Zersetzung
2	THF/pH7 Puffer	HF·Pyr.	Zersetzung
3	THF	HF·Pyr.+ Et_3N	Zersetzung
4	THF	TBAF (+ H_2O)	P + Derivat
5	THF	TBAF (trocken)	Produkt

Probleme bereitet hierbei die Carbamatfunktion, die von Nukleophilen am Kohlenstoffatom angegriffen wird und auch während dieser Reaktion bei zu hoher Temperatur (> 0°C) abgespalten wird. Mit dem von uns verwendeten, in unserem Labor bereits vorhanden gewesenen TBAF, das aufgrund seiner hygroskopischen Eigenschaften vermutlich H_2O gezogen hatte, erhält man ein nicht trennbares Gemisch aus dem Produkt **1** und dem Triol-Derivat **3-143**. Erst eine frisch bestellte, unter Schutzgas gelieferte 1M Lösung von TBAF in THF führt letztlich zum Erfolg und man erhält nach einer Reaktionszeit von 24–48 Stunden bei 0°C bis zu 85% des gewünschten, sauberen Naturstoffes Palmerolid A (**1**) (**Schema 60**).

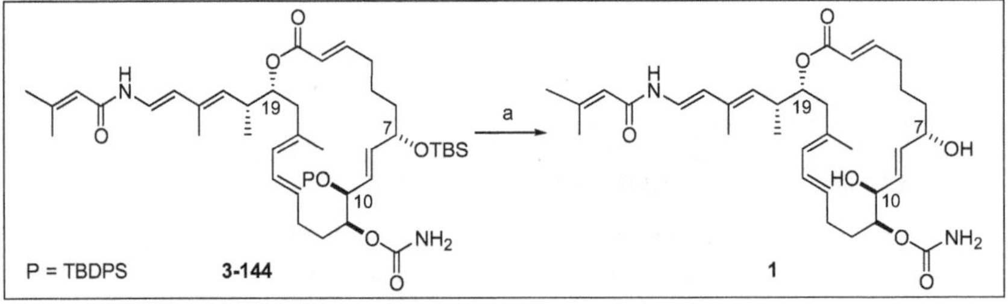

P = TBDPS **3-144** → (a) → **1**

Schema 60: Globale Entschützung

Reaktionsbedingungen: (a) TBAF, THF, 0°C (85%).

An dieser Stelle sei außerdem erwähnt, dass sich die Säureempfindlichkeit der Verbindungen **3-144** und **1** auch bei den Versuchen, NMR-Spektren in deuteriertem Chloroform aufzunehmen, zeigt. Innerhalb weniger Minuten zersetzen sich beide Moleküle in dem Lösungsmittel, das Spuren von HCl enthalten kann. Die Spektren der letzten beiden Stufen wurden deshalb in DMSO aufgenommen.

4 Zusammenfassung

Zusammenfassend lässt sich hervorheben, dass es uns gelungen ist, innerhalb von ca. drei Jahren eine effiziente Totalsynthese des komplexen, marinen Makrolids Palmerolid A (**1**) zu entwickeln und zu realisieren. Mit über 15 mg an Substanz haben wir mehr als das zehnfache des Naturstoffes bereitgestellt, als J. K. De Brabander et *al.*, K.C. Nicolaou et *al.* und D. G. Hall et *al.* aus ihren Synthesen zur Verfügung hatten, um weiterführende Test und biologische Untersuchungen mit dem pharmakologisch sehr interessanten und vielversprechenden Molekül durchzuführen.

Ausgehend von δ-Valerolacton wird die Kohlenstoffkette mit Hilfe von Acetylen, Acrolein und Triethylorthoacetat aufgebaut. Die drei Stereozentren des C3-C15-Bausteins werden durch katalytische, enantioselektive Methoden etabliert. Die C7-Hydroxylgruppe wird an einem Alkinon in einer Noyori-Reduktion eingeführt. Nach Kettenverländerung mittels Claisen-Umlagerung können die beiden Hydroxylfunktionen an C10 und C11 durch eine ADH-Reaktion gleichzeitig etabliert werden. Die C10-Hydroxylfunktion kann dann genutzt werden, um die Dreifachbindung mit Hilfe von Red-Al® zu reduzieren. Eine der Schlüsselreaktionen dieser Synthese ist die anschließende, selektive Silylierung dieser Alkoholfunktion, um die beiden vicinalen Hydroxylfunktionen voneinander zu differenzieren (**Schema 61**).

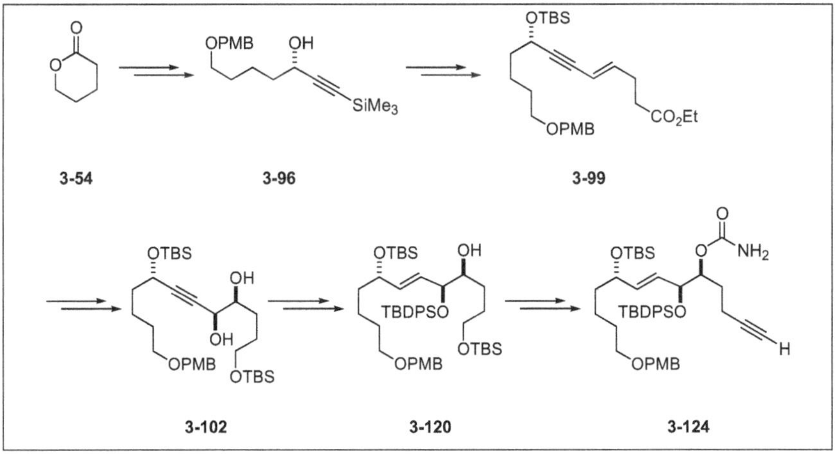

O
O
OPMB
OH
SiMe3
OTBS
OPMB
CO2Et
3-54
3-96
3-99
OTBS
OH
OH
OPMB
OTBS
OTBS
OH
TBDPSO
OPMB
OTBS
O
OTBS
O
NH2
TBDPSO
OPMB
H
3-102
3-120
3-124

Schema 61: Zusammenfassung der Darstellung des Fragments **3-124**

Die beiden Stereozentren an Fragment **3-53** werden mit einer klassischen Evans-Aldol-Reaktion etabliert. Nach Abspaltung des Auxiliars dient nach einer Reduktions- Oxidationssequenz der C-2-Baustein **3-52** in einer Wittig-Reaktion zur Kettenverlängerung (**Schema 62**).

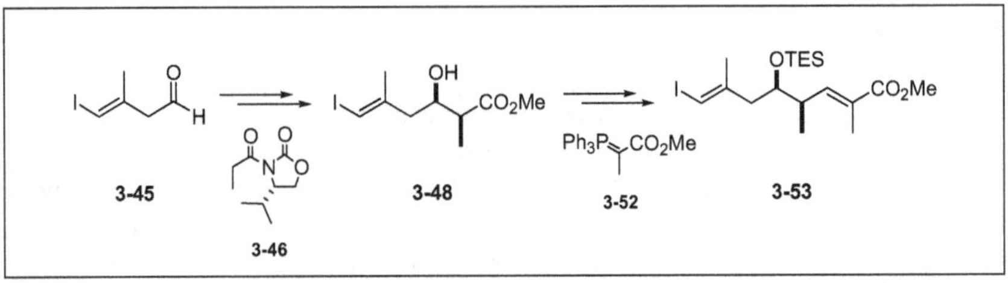

Schema 62: Zusammenfassung der Darstellung des Fragments **3-53**

Die beiden Fragmente **3-53** und **3-136** können in sehr guter Ausbeute intermolekular in einer HWE-Reaktion miteinander verknüpft werden, so dass man zunächst einen offenkettigen Ester erhält. Eine intramolekulare Kreuzkupplungsreaktion führt schließlich zum Ringschluss und damit zur Kernstruktur **3-133** des Naturstoffes. Die Seitenkette wird mittels einer Takai-Olefinierung erweitert und durch Anbindung des Säureamids letztlich fertiggestellt. Nach globaler Abspaltung der Silylschutzgruppen erhält man den Naturstoff Palmerolid A (**1**) (**Schema 63**).

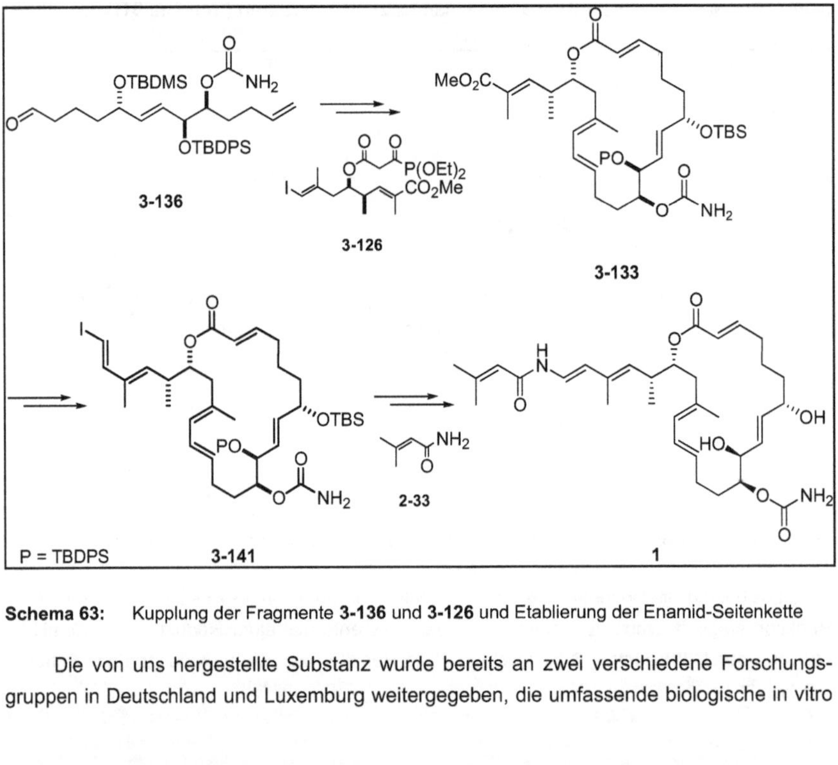

Schema 63: Kupplung der Fragmente **3-136** und **3-126** und Etablierung der Enamid-Seitenkette

Die von uns hergestellte Substanz wurde bereits an zwei verschiedene Forschungsgruppen in Deutschland und Luxemburg weitergegeben, die umfassende biologische in vitro als auch in vivo Untersuchungen damit durchführen. Neben dem Naturstoff wurde zusätzlich das beim Entschützen entstandene Triol-Derivat **3-143**, indem die Carbamatfunktion fehlt, in biologischen Tests untersucht. Da diese Untersuchungen noch nicht abgeschlossen sind, kann an dieser Stelle lediglich darauf hingewiesen werden, dass im Fall des Naturstoffes Palmerolid A (**1**) die in den bisherigen Publikationen erwähnten anticancerogenen Eigenschaften bestätigt werden konnten. Im Falle des Derivats wurde zudem eine antivirale Aktivität entdeckt, die sehr interessant erscheint. Detailliertere Untersuchungen diesbezüglich sind in Arbeit und Ergebnisse dazu werden nach Abschluss der entsprechenden Testreihen veröffentlicht.

5 Experimenteller Teil

5.1 Allgemeine Anmerkungen

5.1.1 Chemikalien und Arbeitstechniken

Chemikalien und Lösungsmittel

Die zur Synthese und Analytik verwendeten Chemikalien wurden von den Firmen Acros, Aldrich Chemie, ABCR, Fluka, Lancaster und E. Merck bezogen. Sie wurden, falls nicht anders erwähnt, ohne vorherige Aufreinigung eingesetzt. Alle benötigten Lösungsmittel wurden vor Gebrauch destilliert bzw. bei feuchtigkeitsempfindlichen Reaktionen nach den gängigen Methoden absolutiert. THF, Diethylether und Toluol wurden unter Schutzgasatmosphäre über Natrium und Benzophenon gekocht und abdestilliert. Dichlormethan und Chloroform wurden vor Destillation über Calciumhydrid getrocknet, Aceton über Phosphorpentoxid. Wurden absolute Base wie Triethylamin oder Diisopropylethylamin benötigt, wurden diese ebenfalls nach Trocknen über Calciumhydrid abdestilliert. Der verwendete Petrolether hatte einen Siedebereich von 40 bis 60°C. Alle luft- oder feuchtigkeitsempfindlichen Chemikalien wurden unter Schutzgasatmosphäre gelagert und je nach Verlangen im Kühl- oder Gefrierschrank aufbewahrt.

Arbeitstechniken

Reaktionen mit feuchtigkeits- oder sauerstoffempfindlichen Substanzen in nicht-wässrigen Lösungsmitteln wurden unter Inertgasatmosphäre (Stickstoffatmosphäre) durchgeführt. Die Glasgeräte hierfür wurden vor Gebrauch entweder über Nacht im Ofen (ca. 80°C) vorgetrocknet, aufgebaut und anschließend mit einer Ölpumpe (Hochvakuum 10^{-4} bis 10^{-6} bar) evakuiert oder mit Hilfe eines Heißluftföns am Hochvakuum mindestens 10 min. ausgeheizt. Die Apparatur wurde dann dreimal mit Stickstoff gespült.

Die Zugabe von Flüssigkeiten erfolgte mit Hilfe von Spritzen und Kanülen durch Septen. Feststoffe wurden im Stickstoffgegenstrom zugegeben.

Die Wasserbadtemperatur des Rotationsverdampfers betrug, falls nicht anders angegeben, 40°C.

Präparative Säulenchromatographie und Dünnschichtchromatographie (DC)

Zur Flashchromatographie wurde Kieselgel mit 40−63 µm Korngröße der Firmen MERCK und MACHEREY & NAGEL verwendet. Es wurde meist mit einem Überdruck von 0.1–0.5 bar (Druckluft) gearbeitet. Die verwendeten Lösungsmittel wurden vor Gebrauch ebenfalls destilliert. Für die Dünnschichtchromatographie wurden die Fertigfolien SIL G/UV254 der Firma MACHEREY & NAGEL verwendet. Diese wurden mittels Permanganat-, Anisaldehyd- oder Molybdat-Lösung entwickelt und zuvor unter einer UV-Lampe (Wellenlänge 254 nm) betrachtet.

Molybdat-Reagenz:	20 g Ammoniummolybdat, 0.4 g Cer(IV)sulfat in 400 ml 10%iger Schwefelsäure.
Permanganat-Reagenz:	3 g Kaliumpermanganat und 20 g Kaliumcarbonat in einem Gemisch aus 300 ml Wasser und 5 ml 5%iger Natronlauge.
Anisaldehyd-Reagenz:	10 ml *p*-Anisaldehyd in einem Gemisch aus 10 ml H_2SO_4 und 200 ml Ethanol (95%).

5.1.2 Spektroskopie und Analytik

^{1}H-NMR-Spektroskopie

Die ^{1}H-NMR-Spektren wurden mit einem BRUKER AVANCE 400 UltraShield Gerät aufgenommen (Aufnahmefrequenz von 400 MHz, 9.4 T). Chemische Verschiebungen δ sind in [ppm] und Kopplungskonstanten *J* in [Hz] angegeben. Als Standard diente das jeweilige Signal des undeuterierten Lösungsmittelanteils. Die meisten Spektren wurden in $CDCl_3$ aufgenommen und auf das Signal bei 7.25 ppm referenziert. Das jeweilige Lösungsmittel sowie die Sendefrequenz werden gemeinsam mit den spektroskopischen Daten angegeben. Die Beschreibung der Signalform sowie deren Multiplizitäten wurde wie folgt abgekürzt: s (Singulett), d (Dublett), t (Triplett), q (Quartett) und m (Multiplett) bzw. verschiedene Kombinationen davon (z.B. dt für Dublett vom Triplett).

^{13}C-NMR-Spektroskopie

Die Aufnahme der ^{13}C-NMR-Spektren erfolgte ebenfalls mit dem BRUKER AVANCE 400 Gerät (Aufnahmefrequenz hierbei jedoch 100 MHz, 9.4 T). Alle Spektren sind ^{1}H-breitbandentkoppelt. Referenziert wurde hier bei Aufnahmen in $CDCl_3$ auf das Signal bei 77 ppm.

Zur eindeutigen Zuordnung der Protonen- bzw. der Kohlenstoffsignale wurden je nach Verbindung zusätzlich zu ^{1}H- und ^{13}C-NMR-Aufnahmen H,H-COSY-, HSQC- oder DEPT-135-Messungen durchgeführt.

Mit Hilfe des Softwarepakets 2D (1D) NMR Manager 5.0 der Firma ACD wurden die NMR-Daten ausgewertet.

IR-Spektroskopie

Die IR-Spektren wurden mit einem FT-IR-430-Spektrometer der Firma JASCO aufgenommen. Flüssigkeiten wurden im Transmissions-Verfahren zwischen zwei Kaliumbromidplättchen vermessen.

Die Lage der Absorptionsbanden wird in Wellenzahlen $\tilde{\nu}$ [cm^{-1}] angegeben.

Polarimetrie

Die spezifischen Drehwerte α optisch aktiver Substanzen wurden mit einem Polarimeter der Firma *Perkin Elmer Instruments* (Model *341)* bestimmt. Die Werte für die optische Rotation wurden in einer Küvette von 10 cm Länge bei 20°C in Einheiten von [°] gemessen.
Alle Drehwerte sind wie folgt angegeben: $[\alpha]_D$ (Konzentration, Lösungsmittel), wobei die Konzentration c in der Einheit g/100 ml angegeben wird.

Massenspektrometrie

Die hochaufgelösten (HRMS) Massenspektren wurden an einem Apex (II) FT-ICR-Gerät mit Elektronenspray-Ionisierung (ESI) der Firma Bruker Daltonics (4.7 T) aufgenommen.

Hochdruck-Flüssigkeitschromatographie (HPLC)

Analytische HPLC-MS-Messungen wurden auf einem HP 1100 Series Chromatographen der Firma HEWLETT PACKARD durchgeführt, der mit einem Massenspektrometer 1100 Series der Firma AGILENT gekoppelt war. Die zur Reaktionskontrolle eingebaute Standardsäule war eine reversed-phase Kieselgelsäule (Nucleosil® 100-5 C_{18} CC 70/3; 5 µm Korngröße, 70 mm Länge, 3 mm Innendurchmesser und 100 Å Porenweite) der Firma MACHEREY NAGEL. Die Vorsäule trug die Bezeichnung Nucleosil® 100-5 C18 CC 8/3.

Der Durchfluss betrug 0.5 mL/min. des Lösungsmittelsystem Methanol/H_2O mit einem Gradienten von 50%-99% MeOH (0-15 min.), für längere Messungen wurde ab 15 min. mit 99% MeOH gespült.

Gaschromatographie

Chirale gaschromatographische Messungen zur Bestimmung von *ee*-Werten wurden auf einem CHROMPACK CP 9000 Gerät mit Flammenionisationsdetektor und H_2 als Trägergas durchgeführt.

Die Reinheit des aus der Racematspaltung erhaltenen (*S*)-Butinols (**3-22**) wurde mit Hilfe folgender chiraler Säule bestimmt:

Kieselgelsäule: 13.5 m x 0.25 mm, 30% 6-TBS-2,3-diacetyl-β-cyclodextrin in PS 086 (70%), d_f = 0.13 µm. Bedingungen: 55°C, isotherm, p_i = 70 kPa H_2.

Zur Bestimmung des Enantiomerenüberschusses der aus der Noyori-Reduktion hervorgehenden (*R*)- und (*S*)-Alkohole **3-58** und ***ent*-3-58** wurde eine chirale Säule mit folgenden Parametern verwendet:

Kieselgelsäule: 30% Lipodex E in PS 255 (70%), d_f = 0.13 µm. Bedingungen: 80°C, isotherm, p_i = 50 kPa H_2.

Nomenklatur und Nummerierung neuer Verbindungen

Bei der Benennung der im Folgenden beschriebenen Verbindungen wurde größtenteils die IUPAC-Nomenklatur verwendet. Die Bezeichnungen der offenkettigen Moleküle befolgen die vorgegebenen IUPAC-Regeln streng. Bei den Verbindungen, in denen der Makrozyklus des Naturstoffes bereits geschlossen und damit die Kernstruktur der Zielverbindung vorhanden ist, wird die funktionelle Gruppe an der Seitenkette, die in der entsprechenden Reaktion jeweils etabliert wird, zur Namensgebung herangezogen und sie erhalten einen vereinfachten Arbeitsnamen. Die Nummerierung erfolgt bei diesen Molekülen in Anlehnung an die Nummerierung im Naturstoff, alle anderen Verbindungen sind im Folgenden nach den IUPAC-Regeln nummeriert.

5.2 Arbeitsvorschriften

Die hier aufgeführten Arbeitsvorschriften beschreiben detailliert die Darstellung der in den Schemata aufgeführten Verbindungen. Sollte das Protokoll einzelner, verwendeter Reagenzien hier nicht beschrieben sein, so wurden diese nach bekannten Literaturvorschriften hergestellt und die Arbeitsvorschriften können anhand der entsprechend angegebenen Referenzen dort nachgeschlagen werden. Bereits literaturbekannte Substanzen werden in ihrer Darstellung hier nur aufgeführt, wenn die Reaktionsvorschriften optimiert wurden und deshalb von den Literaturvorschriften abweichen. Die vollständigen spektroskopischen Daten zu diesen Molekülen sind in den jeweils angegebenen Referenzen zu finden. Die Analytik der während der Modellstudien dargestellten Testmoleküle beschränkt sich neben dem jeweiligen R_f-Wert größtenteils auf ^{1}H- und ^{13}C-NMR-Spektren, da diese ausreichen, um das Produkt der entsprechenden Reaktion eindeutig zu bestimmen. Die Testsubstanzen sind ansonsten nicht von besonderem Interesse. Alle Verbindungen, die im Rahmen der Naturstoffsynthese dargestellt, isoliert und säulenchromatographisch aufgereinigt wurden, werden in der Regel durch ihren R_f-Wert, den optischen Drehwert α, ^{1}H- und ^{13}C-NMR-Spektren sowie HRMS-Messungen charakterisiert.

Vorschriften zu den Modellstudien

Literaturbekannte Substanzen mit optimierten Arbeitsvorschriften

3-Butin-2-ol (3-17)

Me 2 H OH

3-17

Zu 30 ml 55%iger, wässriger, racemischer 3-Butin-2-ol-Lösung werden 20 g K_2CO_3 gegeben und gerührt. Es wird Et_2O (30 ml) zugeben und die organische Phase wird abdekantiert. Die wässrige Phase wird noch drei Mal mit Et_2O extrahiert. Die vereinigten, organischen Phasen werden nochmals mit K_2CO_3 getrocknet und abfiltriert. Die organische Phase wird über CaH_2 getrocknet. Man erhält 12 g trockenes Produkt **3-17** als farblose Flüssigkeit durch Destillation bei Atmosphärendruck. (Sdp.: 106°C).

Trimethylsilyl-3-butin-2-ol (3-18)[139]

Me 2 TMS OH

3-18

Die benötigten Glasgeräte und das Magnesium werden über Nacht im Trockenschrank bei 95°C ausgeheizt. Unter N_2 wird Magnesium (8.44 g, 0.35 mol, 2 eq.) vorgelegt und zur Hälfte mit absolutem Et_2O bedeckt. Unter Rühren wird Ethylbromid (26.6 ml, 0.36 mol, 2 eq.) in Et_2O (210 ml) langsam zugetropft (Reaktion startet, Rückflusskühler). Die schwarze, trübe Grignardverbindung wird gebildet. Anschließend wird das getrocknete 3-Butin-2-ol **(3-17)** (12.0 g, 0.17 mol, 1 eq.) in Et_2O (100 ml) zugetropft, dabei fällt ein Feststoff aus. Zunächst wird 1 eq. TMSCl (22.0 ml, 0.17 mol, 1 eq.) zugegeben und für 1−2 h gerührt (Feststoff löst sich langsam auf). Nach Zugabe eines weiteren Äquivalents TMSCl (22.0 ml) wird unter N_2 über Nacht gerührt (schwarze Lösung wird milchig weiß).

Die Reaktionslösung wird langsam auf 500 ml Eiswasser gegeben und die organische Phase wird abgetrennt. Die wässrige Phase wird 3x mit Et_2O extrahiert und die vereinigten, organischen Phasen werden mit 1M H_2SO_4 und ges. NaCl-Lsg. gewaschen, über $MgSO_4$ getrocknet, abfiltriert und am Rotationsverdampfer eingeengt. Man erhält das Produkt **3-18** (21.23 g, 87%) nach Destillation im Vakuum (20 mbar, Sdp.: 73–76°C) als farbloses Öl.

(*R*)-4-Trimethylsilyl-3-butin-2-yl-acetat[140]

TMS TMS
Me (S) + Me (R)
OH OAc
3-19 **3-20**

Der racemische Alkohol **3-18** (21.2 g, 0.15 mol) wird in Pentan (530 ml) vorgelegt. Amano Lipase AK (4.3 g), Vinylacetat (106 ml, 1.15 mol, 7.5 equiv) und aktiviertes, pulverisiertes Molsieb (4 Å) (ca. 2 g, getrocknet und im Mörser zerstoßen) werden zugegeben, und die Reaktionsmischung wird bei Raumtemperatur gerührt. Nach ca. 70 h wird eine kleine Probe aufgearbeitet und anhand der Integrale des ^{1}H-NMR-Spektrums (siehe Ergebnisteil) wird festgestellt, wieviel Prozent des Butinols acetyliert sind. Nach 72 h sind ca. 50% acetyliert, und die Reaktion wird abgebrochen. Die Reaktionslösung wird über eine Glasfritte abfiltriert und die leicht flüchtigen Bestandteile werden am Rotationsverdampfer im Vakuum (100 mbar) abgezogen. Man erhält 24.5 g Produktgemisch aus (*S*)-4-Trimethylsilyl-3-butin-2-ol (**3-19)** und (*R*)-4-Trimethylsilyl-3-butin-2-yl-acetat (**3-20**).

(*S*)-4-Trimethylsilyl-3-butin-2-yl-succinat (3-21)[41]

TMS TMS
Me (R) + Me (S)
OAc O COONa
O
3-20 **3-21**

Das Alkohol/Acetatgemisch **3-19** und **3-20** (24.5 g) wird in THF (105 ml) vorgelegt. Et_3N (19.4 ml, 0.139 mol), DMAP (196 mg, katalytische Menge) und Bernsteinsäureanhydrid (8.83 g, 88 mmol) werden zugegeben. Die Reaktionsmischung wird 4 h am Rückfluss erhitzt und anschließend auf RT abgekühlt. Nach Quenchen mit $NaHCO_3$-Lsg (pH > 9) wird eine weitere Stunde bei RT gerührt. Die wässrige Phase wird mit Ethylacetat extrahiert. In der organischen Phase befindet sich das (*R*)-4-Trimethylsilyl-3-butin-2-yl-acetat (**3-20)**, das (*S*)-4-Trimethylsilyl-3-butin-2-yl-succinat (**3-21)** liegt als Salz in der wässrigen Phase gelöst vor.

Die organische Phase mit dem (*R*)-4-Trimethylsilyl-3-butin-2-yl-acetat (**3-20**) wird abgetrennt und separat aufgearbeitet.

Die wässrige Phase wird mit konz. Salzsäure auf einen pH-Wert von 1 gebracht und anschließend mit Et_2O extrahiert. Die vereinigten, organischen Phasen werden über $MgSO_4$ getrocknet, abfiltriert und am Rotationsverdampfer eingeengt. Man erhält 15.64 g des Produktes **3-21** als leicht gelbliches Öl.

(*S*)-4-Trimethylsilyl-3-butin-2-ol (3-19)[41]

TMS
Me (*S*)
OH

3-19

Unter N_2 wird bei –78°C das (*S*)-4-Trimethylsilyl-3-butin-2-yl-succinat (**3-21**) (13.82 g, 57 mmol) in 180 ml CH_2Cl_2 vorgelegt und DIBAL-H (160 ml, 1M Lsg. in *n*-Hexan, 2.8 equiv) wird zugetropft. Die Reaktionslösung wird für 10 min. bei –78°C gerührt. Per DC-Kontrolle (PE/EtOAc, 9:1) wird der Reaktionsverlauf überprüft. Die Reaktionsmischung wird auf eine Mischung aus wässriger K^+/Na^+-Tartratlösung/Et_2O gegeben und stark gerührt. Die organische Phase wird abgetrennt, über $MgSO_4$ getrocknet und am Rotationsverdampfer eingeengt. Man erhält 5.3 g (66%) des Produktes **3-19** nach Vakuumdestillation (Ölpumpe, Sdp.: 75–80°C) als hellgelbes Öl.

Testsubstanzen, nicht literaturbekannt

(*S*)-2-[(*tert*-Butyldiphenylsilyl)oxy]-4-trimethylsilylbut-3-in

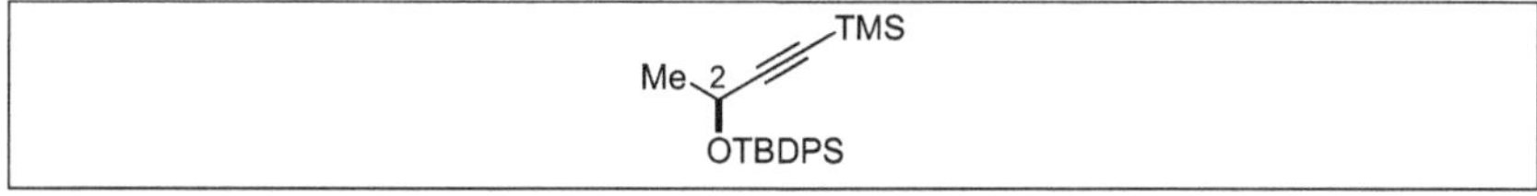

Der Alkohol **3-19** (515 mg, 3.62 mmol) wird in CH_2Cl_2 (20 mL) vorgelegt und auf 0°C abgekühlt. Imidazol (725 mg, 10.86 mmol, 3 equiv) und danach TBDPSCl (1.4 mL, 5.43 mmol, 1.5 equiv) werden zugegeben und die Reaktionsmischung wird anschließend ca. 2 h bei RT gerührt. Es wird nochmals die gleiche Menge an TBDPSCl zugegeben und ca. 1 h gerührt. Die Reaktion wird durch Zugabe von gesättigter NH_4Cl-Lösung gequencht. Die Phasen werden getrennt und die wässrige Phase wird drei Mal mit CH_2Cl_2 extrahiert. Die vereinigten, organischen Phasen werden über $MgSO_4$ getrocknet, abfiltriert und das Lösungsmittel wird am Rotationsverdampfer abgezogen. Der Rückstand wird ohne weitere Aufreinigung im nächsten Reaktionsschritt eingesetzt. R_f = 0.80 (Petrolether/EtOAc, 20:1).

(*S*)-2-[(*tert*-Butyldiphenylsilyl)oxy]-but-3-in (3-27)

Me 2 H OTBDPS

3-27

Das Rohprodukt der vorherigen Stufe (max. 3.62 mmol) wird in MeOH (3 ml) vorgelegt. K_2CO_3 (865 mg) wird zugegeben und die Reaktionsmischung wird bei RT ca. 1 h gerührt. Die Reaktionsmischung wird mit ges. NaCl-Lsg. verdünnt und mit Et_2O ausgeschüttelt. Die vereinigten, organischen Phasen werden mit H_2O gewaschen, über $MgSO_4$ getrocknet und am Rotationsverdampfer eingeengt. Der Rückstand wird säulenchromatographisch (Petrolether/ EtOAc, 20:1) aufgereinigt und man erhält 1.1 g (98%) Produkt **3-27** als hellgelbes Öl. R_f = 0.70 (Petrolether/EtOAc, 20:1); ^{1}H NMR (400 MHz, $CDCl_3$): δ [ppm] = 1.07 (s, 9H, $SiC(CH_3)_3$), 1.39 (d, *J* = 6.4 Hz, 3H, 1-H), 2.33 (d, *J* = 2.0 Hz, 1H, 4-H), 4.41–4.49 (m, 1H, 2-H), 7.31–7.50 (m, 6H, phenyl), 7.61–7.80 (m, 4H, phenyl); ^{13}C NMR (100 MHz, $CDCl_3$): δ [ppm] = 19.2 ($C(CH_3)_3$), 25.1 (C-1), 26.8 ($C(CH_3)_3$), 59.8 (C-2), 71.5 (C-*4*), 86.1 (C-3), 127.5 (phenyl), 127.6 (phenyl), 129.7 (phenyl), 129.7 (phenyl), 135.5 (phenyl); 135.8 (phenyl), 135.9 (phenyl).

(*S*)-2-[(*tert*-Butyldimethylsilyl)oxy]-propionsäuremethylester (3-24)

OMe Me 2 O OTBS

3-24

Zu einer Lösung aus (*S*)-Methyllactat (**3-23**) (1.04 g, 10 mmol) in CH_2Cl_2 (65 mL) wird 2,6-Lutidin (3.65 mL, 30 mmol, 3 equiv) gegeben. Im Eisbad wird auf 0°C abgekühlt und TBSOTf (3 mL, 13 mmol, 1.3 equiv) wird langsam zugetropft. Nach einer Reaktionszeit von ca. 20 min wird die Reaktion durch Zugabe von H_2O gequencht und mit CH_2Cl_2 verdünnt. Die Phasen werden getrennt und die wässrige Phase wird drei Mal mit CH_2Cl_2 extrahiert. Die vereinigten, organischen Phasen werden über $MgSO_4$ getrocknet, abfiltriert und das Lösungsmittel wird am Rotationsverdampfer abgezogen. Das Rohprodukt wird ohne weitere Aufreinigung im nächsten Reaktionsschritt eingesetzt. R_f = 0.90 (Petrolether/EtOAc, 10:1).

(*S*)-2-[(*tert*-Butyldimethylsilyl)oxy]-propan-1-ol

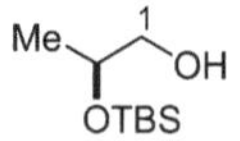

Eine Lösung des Esters **3-24** (Rohprodukt, max. 10 mmol) in Et_2O (25 mL) wird auf −78°C abgekühlt. DIBAL-H (1 M in Hexan, 33 mL, 33 mmol, 3.3 equiv) wird zugetropft und nach einer Reaktionszeit von 1.5 h wird die Reaktionsmischung durch Zugabe von gesättigter K^+/ Na^+-Tartratlösung (10 mL) gequencht. Die Phasen werden getrennt und die wässrige Phase wird drei Mal mit Et_2O extrahiert. Die vereinigten, organischen Phasen werden über $MgSO_4$ getrocknet, abfiltriert und das Lösungsmittel wird am Rotationsverdampfer abgezogen. Das Rohprodukt wird ohne weitere Aufreinigung im nächsten Reaktionsschritt eingesetzt. R_f = 0.15 (Petrolether/EtoAc, 20:1).

(*S*)-2-[(*tert*-Butyldimethylsilyl)oxy]-propionaldehyd (3-25)

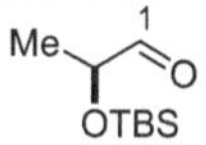

PCC (3 g, 14 mmol, 1.4 equiv) wird in CH_2Cl_2 (20 mL) suspendiert und auf 0°C abgekühlt. Eine Lösung des primären Alkohols (Rohprodukt, max. 10 mmol) in CH_2Cl_2 (10 mL) wird bei RT langsam zugetropft. Nach einer Reaktionszeit von ca. 4 h wird die Reaktion durch Zugabe von Et_2O gequencht und die Flüssigkeit wird abdekantiert. Der Rückstand wird drei Mal mit Et_2O extrahiert und die vereinigten, organischen Phasen werden am Rotationsverdampfer eingeengt. Der Rückstand wird säulenchromatographisch (Petrolether/EtOAc, 15:1) aufgereinigt und man erhält 0.86 g (46%, 3 Stufen) des Aldehyds **3-25** als hellgelbes Öl. R_f = 0.80 (Petrolether/EtOAc, 12:1). ^{1}H NMR (400 MHz, $CDCl_3$): δ [ppm] = 0.08 (s, 3H, $Si(CH_3)$), 0.09 (s, 3H, $Si(CH_3)$), 0.91 (s, 9H, $SiC(CH_3)_3$), 1.26 (d, J = 6.6 Hz, 3H, 1-H), 4.04−4.12 (m, 1H, 2-H), 9.60 (s, 1H, 3-H); ^{13}C NMR (100 MHz, $CDCl_3$): δ [ppm] = -4.8, -4.8 ($C(CH_3)_2$), 18.2 ($C(CH_3)_3$), 18.2 ($C(CH_3)_3$), 18.5 (C-1), 25.7 ($C(CH_3)_3$), 73.8 (C-2), 204.2 (C-3).

(*S*)-2-[(*tert*-Butyldimethylsilyl)oxy]-but-3-in (3-26)

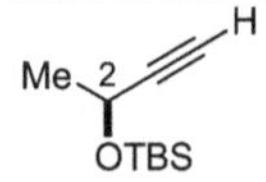

3-26

Diethyl-1-diazo-2-oxopropylphosphonat **3-80** (1.2 g, 5.4 mmol, 1.2 equiv) wird zu einer Lösung aus Aldehyd **3-25** (0.86 g, 4.5 mmol) und K_2CO_3 (1.26 g, 9 mmol, 2 equiv) in MeOH (50 mL) gegeben und für 12 h bei RT gerührt. Die Reaktionsmischung wird anschließend mit Et_2O verdünnt und mit $NaHCO_3$-Lösung gewaschen. Die Phasen werden getrennt und die wässrige Phase wird drei Mal mit Et_2O extrahiert. Die vereinigten, organischen Phasen werden über $MgSO_4$ getrocknet und das Lösungsmittel wird am Rotationsverdampfer abgezogen. Der Rückstand wird säulenchromatographisch (Petrolether/EtOAc, 1:0) aufgereinigt und man erhält 438 mg (52%) des Alkins **3-26** als hellgelbes Öl. R_f = 0.90 (Petrolether/EtOAc, 15:1); ^{1}H NMR (400 MHz, $CDCl_3$): δ [ppm] = 0.12 ($Si(CH_3)_2$), 0.13 ($Si(CH_3)_2$), 0.91 (s, 9H, $SiC(CH_3)_3$), 1.42 (d, *J* = 6.6 Hz, 3H, 1-H), 2.37 (s, 1H, 4-H), 4.42–4.60 (m, 1H, 2-H). ^{13}C NMR (100 MHz, $CDCl_3$): δ [ppm] = -5.0 ($Si(CH_3)_2$), -4.7 ($Si(CH_3)_2$), 15.3 (C-1), 25.3 ($C(CH_3)_3$), 25.7 ($C(CH_3)_3$), 58.8 (C-2), 65.9 (C-4), 71.1 (C-3).

(*S*)-6-[(*tert*-Butyldiphenylsilyl)oxy]-hept-1-en-4-in-3-ol (3-28)

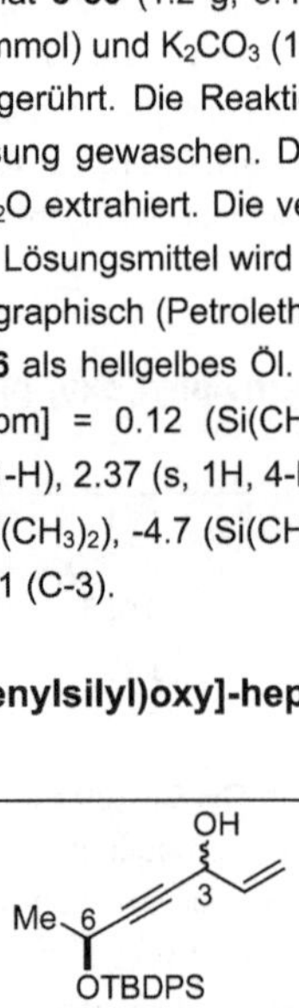

3-28

Man kühlt eine Lösung des Alkins **3-27** (900 mg, 3 mmol) in THF (6.5 mL) auf –80°C ab und tropft langsam *n*-BuLi (1.45 mL, 2.5M in Hexan, 3.6 mmol, 1.2 equiv) dazu. Die Reaktionsmischung wird nach 30 min auf RT aufgewärmt bevor LiBr (131 mg, 1.5 mmol, 0.5 equiv) zugegeben wird. Es wird so lange bei RT gerührt, bis sich der Feststoff vollständig gelöst hat. Man kühlt erneut auf –80°C ab. Eine Lösung von Acrolein (0.25 mL, 3.9 mmol, 1.3 equiv) in THF (1 mL) wird langsam über einen Zeitraum von ca. 30 min zugetropft. Nach 12 h bei –80°C wird das Reaktionsgemisch durch Zugabe von gesättigter NH_4Cl Lösung gequencht. Die Phasen werden getrennt und die wässrige Phase wird drei Mal mit Et_2O extrahiert. Die vereinigten, organischen Phasen werden mit gesättigter NaCl-Lösung gewaschen, über $MgSO_4$ getrocknet und abfiltriert. Das Lösungsmittel wird am Rotationsverdampfer abgezogen und der Rückstand wird säulenchromatographisch (Petrolether/EtOAc, 10:1) aufgereinigt. Man erhält 770 mg (77%) des Allylalkohols **3-28** als farbloses Öl. R_f = 0.35 (Petrolether/EtOAc, 10:1); ^{1}H NMR (400 MHz, $CDCl_3$): δ [ppm] = 1.09 (s, 9H, $C(CH_3)_3$), 1.44 (d, J = 6.4 Hz, 3H, 7-H), 4.57 (q, J = 5.9 Hz, 1H, 6-H), 4.70–4.73 (s, 1H, 3-H), 5.15 (dd, J = 10.2 Hz, 4.3 Hz, 1H, 1-H), 5.34 (dd, J=17.0, 4.3 Hz, 1H, 1-H), 5.70–5.92 (m, 1H, 2-H), 7.31–7.57 (m, 6H, phenyl), 7.63–7.86 (dd, J=24.4, 6.9 Hz, 4H, phenyl); ^{13}C NMR (100 MHz, $CDCl_3$): δ [ppm] = 19.1 ($C(CH_3)_3$), 25.0 (C-7), 26.8 ($C(CH_3)_3$), 59.9 (C-3), 62.9 (C-6), 82.5 (C-4), 88.6 (C-5), 116.1 (C-1), 116.1 (C-1), 127.4 (phenyl), 127.6 (phenyl), 129.6 (phenyl), 129.7 (phenyl), 133.8 (phenyl), 133.9 (phenyl), 135.8 (phenyl), 136.0 (phenyl), 136.7 (C-2), 136.7 (C-2).

(*S*)-8-[(*tert*-Butyldiphenylsilyl)oxy]-non-4-en-6-insäureethylester (3-29)

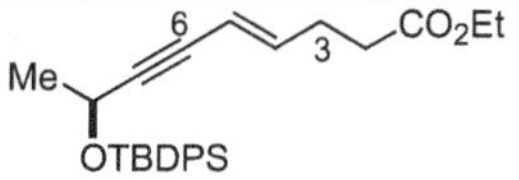

Me OTBDPS 6 3 CO_2Et

3-29

Der Allylalkohol **3-28** (100 mg, 0.27 mmol), Triethylorthoacetat (0.26 mL, 1.37 mmol, 5 equiv) und Propionsäure (2 Tropfen, katalytische Menge) werden in Xylol (1.5 mL) gelöst und bei 150°C ca. 2 h am Rückfluss erhitzt. Nach Abkühlen auf RT wird das Lösungsmittel am Rotationsverdampfer bei 55°C Wasserbadtemperatur abgezogen und der Rückstand säulenchromatographisch (Petrolether/EtOAc, 15:1) aufgereinigt. Man erhält 109 mg (91%) des 1,4-ungesättigten Esters **3-29** als farbloses Öl. R_f = 0.60 (Petrolether/EtOAc, 10:1); ^{1}H NMR (400 MHz, $CDCl_3$): δ [ppm] = 0.96 (s, 9H, $C(CH_3)_3$), 1.14 (t, J = 7.1 Hz, 3H, OCH_2CH_3), 1.29 (d, J = 6.6 Hz, 3H, 9-H), 2.21–2.39 (m, 4H, 2-H, 3-H), 4.02 (q, J = 7.0 Hz, 2H, OCH_2CH_3), 4.45 (q, J = 6.3 Hz, 1H, 8-H), 5.32 (d, J = 15.8 Hz, 1H, 5-H), 5.72–5.88 (m, 1H, 4-H), 7.21–7.36 (m, 6H, phenyl), 7.61 (dd, J=25.7, 7.1 Hz, 4H, phenyl); ^{13}C NMR (100 MHz, $CDCl_3$): δ [ppm] = 14.2 (OCH_2CH_3), 19.1 ($C(CH_3)_3$), 25.1 (C-9), 26.8 ($C(CH_3)_3$), 28.1(C-3), 33.3 (C-2), 60.3 (OCH_2CH_3), 60.4 (C-8), 82.1 (C-6), 90.8 (C-7), 110.5 (C-5), 127.4 (phenyl), 127.5 (phenyl), 129.5 (phenyl), 129.6 (phenyl), 133.7 (phenyl), 133.8 (phenyl), 135.7 (phenyl), 135.9 (phenyl), 141.7 (C-4), 172.5 (C-1).

(*R*)-8-[(*tert*-Butyldimethylsilyl)oxy]-12-[(4-methoxybenzyl)oxy]-dodec-4-en-6-insäuremethylester (3-32)

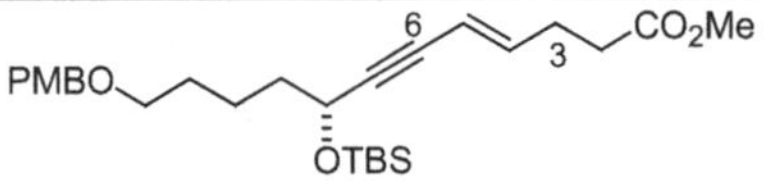

PMBO ... OTBS ... CO_2Me

3-32

Zu einer Lösung des Vinyliodids **3-31** (86 mg, 0.36 mmol, 1.3 equiv) in Diethylamin (0.6 mL) werden bei RT $Pd(PPh_3)_2Cl_2$ (10 mg, mmol, 0.05 equiv) und CuI (6 mg, mmol, 0.1 equiv) gegeben. Unter starkem Rühren wird tropfenweise das Alkin **3-30** (100 mg, 0.28 mmol) gelöst in Diethylamin (0.4 mL) zugegeben. Nach einer Reaktionszeit von ca. 21 h wird das Lösungsmittel am Rotationsverdampfer abgezogen und der Rückstand wird in EtOAc aufgenommen. Diese organische Phase wird mit gesättigter NH_4Cl-Lösung und gesättigter NaCl-Lösung gewaschen, über $MgSO_4$ getrocknet, abfiltriert und das Lösungsmittel wird nochmals am Rotationsverdampfer abgezogen. Der Rückstand wird säulenchromatographisch (Petrolether/EtOAc, 20:1) aufgereinigt und man erhält 90 mg (69%) des Kupplungsproduktes **3-32** als hellgelbes Öl. R_f = 0.20 (Petrolether/EtOAc, 20:1); ^{1}H NMR (400 MHz, $CDCl_3$): δ [ppm] = 0.10, 0.12 (2 s, jeweils 3H , $Si(CH_3)_2$), 0.90 (s, 9H, $C(CH_3)_3$), 1.39–1.76 (m, 6H, 9-H, 10-H, 11-H), 2.34–2.48 (m, 4H, 2-H, 3-H), 3.45 (t, J = 6.5 Hz, 2H, 12-H), 3.68 (s, 3H, CH_3O-Ester), 3.80 (s, 3H, CH_3O-PMB), 4.35–4.50 (m, 3H, 8-H, PMB CH_2), 5.53 (d, J = 16.0 Hz, 1H, 5-H), 5.89–6.19 (m, 1H, 4-H), 6.87 (d, J = 8.4 Hz, 2H, CH_{ar}, *meta*), 7.26 (d, J = 8.4 Hz, 2H, CH_{ar}, *ortho*); ^{13}C NMR (100 MHz, $CDCl_3$): δ [ppm] = –5.0 ($Si(CH_3)_2$), –4.5 ($Si(CH_3)_2$), 18.2 ($C(CH_3)_3$), 22.0 (C-10), 25.8 ($C(CH_3)_3$), 28.1 (C-3), 29.4 (C-11), 33.1 (C-2), 38.4 (C-9), 51.6 (CH_3O-Ester), 55.2 (CH_3O-PMB), 63.3 (C-8), 70.0 (C-12), 72.5 (PMB CH_2), 82.3 (C-6), 90.3 (C-7), 110.7 (C-5), 113.7 (CH_{ar}, *meta*), 129.2 (CH_{ar}, *ortho*), 130.7 (C_{ar}), 141.6 (C-4), 159.1 (C_{ar}, *para*), 173.0 (C-1).

(4*R*,5*R*,8*S*)-8-[(*tert*-Butyldiphenyl-silyloxy)-4,5-dihydroxynon-6-insäureethyl ester (3-33)

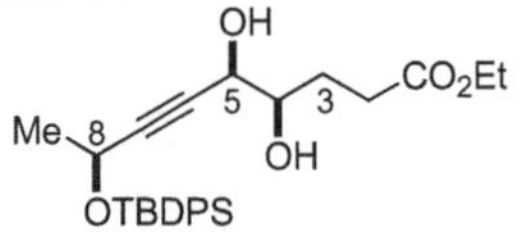

OH ... Me ... OH ... OTBDPS ... CO_2Et

3-33

$(DHQD)_2PHAL$ (100 mg, 0.13 mmol, 0.01 equiv), $K_3Fe(CN)_6$ (12.5 g, 38 mmol, 3 equiv), K_2CO_3 (5.3 g, 38 mmol, 3 equiv) und $K_2OsO_2(OH)_4$ (23 mg, katalytische Menge) werden in einer 1:1 Mischung aus H_2O (63 mL) und *t*-Butylalkohol (63 mL) gelöst (gelbe Lösung). $MeSO_2NH_2$ (1.3 g, 12.7 mmol, 1 equiv) wird zugegeben und die Mischung wird unter starkem Rühren auf 0°C abgekühlt (orange Suspension). Der ungesättigte Ester **3-29** wird zugetropft (5.5 g, 12.7 mmol) und die Reaktionsmischung wird innerhalb von 4 h auf RT erwärmt. Nach weiteren 16 h bei RT wird die Reaktion durch Zugabe von festem Na_2SO_3 (19 g) gequencht. Die Lösung wird drei Mal mit EtOAc extrahiert und die vereinigten, organischen Phasen werden über $MgSO_4$ getrocknet und abfiltriert. Die flüchtigen Bestandteile werden am Rotationsverdampfer abgezogen und der Rückstand wird säulenchromatographisch (Petrolether/ EtOAc, 3:1) aufgereinigt. Man erhält 5.1 g des Diols **3-33** (im Gemisch mit dem Butyrolaton **3-34**) (86%) als hellgelbes Öl. R_f = 0.20 (Petrolether/EtOAc, 3:1); ^1H NMR (400 MHz, $CDCl_3$): δ [ppm] = 1.05 (s, 9H, $C(CH_3)_3$), 1.24 (t, J = 7.1 Hz, 3H, OCH_2CH_3), 1.42 (d, J = 6.6 Hz, 3H, 9-H), 1.57−1.89 (m, 2H, 3-H), 2.29−2.60 (m, 2H, 2-H), 3.34−3.44 (m, 1H, 4-H), 3.92−4.03 (m, 1H, 5-H), 4.06−4.19 (m, 2H, OCH_2CH_3), 4.51−4.56 (m, 1H, 8-H), 7.33−7.47 (m, 6H, phenyl), 7.70 (dd, J = 24.2, 7.1 Hz, 4H, phenyl); ^{13}C NMR (100 MHz, $CDCl_3$): δ [ppm] = 14.2 (OCH_2CH_3), 19.1 ($C(CH_3)_3$), 25.0 (C-9), 26.7 ($C(CH_3)_3$), 27.3(C-3), 30.5 (C-2), 59.8 (OCH_2CH_3), 60.4 (C-8), 65.9 (C-5), 73.8 (C-4), 81.8 (C-6), 88.8 (C-7), 127.4 (phenyl), 127.6 (phenyl), 129.7 (phenyl), 129.8 (phenyl), 133.4 (phenyl), 133.9 (phenyl), 135.7 (phenyl), 135.9 (phenyl), 173.9 (C-1).

(5'*R*)-5'-{ (1*R*,4*S*)-[4-(*tert*-Butyldiphenylsilyl)oxy]-1-hydroxypent-2-inyl}-dihydro-furan-2'(3*H*)-on (3-34)

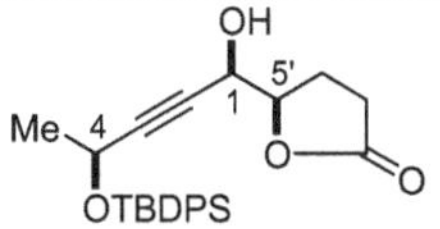

3-34

Man gibt zu einer Lösung des Produktgemisches **3-33** und **3-34** aus der Dihydroxylierung (74 mg, 0.16 mmol) in Toluol (5 mL) CSA (4 mg, katalytische Menge) und erhitzt das Gemisch bei 80°C für ca. 24 h. Nachdem es auf RT abgekühlt wurde versetzt man das Reaktionsgemisch mit $CaCO_3$ (8 mg) und abfiltriert anschließend den Feststoff ab. Das Lösungsmittel wird am Rotationsverdampfer abgezogen und der Rückstand wird säulenchromatographisch (Petrolether/EtOAc, 2:1) aufgereinigt. Man erhält 60 mg (89%) des Lactons **3-34** als farbloses Öl. R_f = 0.15 (Petrolether/EtOAc, 3:1); ^1H NMR (400 MHz, $CDCl_3$): δ [ppm] = 1.04 (s, 9H, $C(CH_3)_3$), 1.42 (d, J = 6.6 Hz, 3H, 5-H), 1.82−2.23 (m, 2H, 4'-H), 2.33−2.67 (m, 2H, 3'-H), 4.20−4.29 (m, 1H, 1-H), 4.29−4.39 (m, 1H, 5'-H), 4.47−4.61 (m, 1H, 4-H), 7.31−7.49 (m, 6H, phenyl), 7.70 (dd, *J* = 26.1, 6.5 Hz, 4H, phenyl); ^{13}C NMR (100 MHz, $CDCl_3$): δ [ppm] = 19.1 (*C*(CH_3)$_3$), 23.1 (C-4'), 24.8 (C-5), 26.7 (C(*C*H_3)$_3$), 28.1 (C-3'), 59.7 (C-1), 64.4 (C-4), 79.9 (C-2), 81.8 (C-5'), 89.4 (C-3), 127.5 (phenyl), 127.7 (phenyl), 129.7 (phenyl), 129.8 (phenyl), 133.3 (phenyl), 133.8 (phenyl), 135.7 (phenyl), 136.0 (phenyl), 176.7 (C-2').

(5'*R*)-5'-{ (1*R*,4*S*)-[1-(*tert*-Butyldimethylsilyl)oxy]-[4-(*tert*-butyldiphenylsilyl)oxy]-pent-2-inyl}-dihydrofuran-2'(3*H*)-on (3-36)

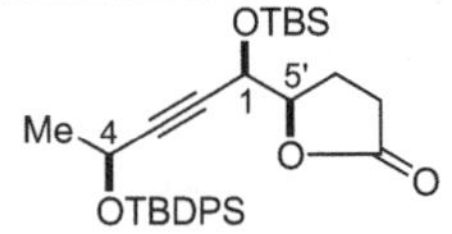

OTBS, Me, 4, 1, 5', O, O, OTBDPS

3-36

Zu einer Lösung des Lactons **3-34** (58 mg, 0.14 mmol) in CH_2Cl_2 (1 mL) gibt man 2,6-Lutidin (0.05 mL, 0.42 mmol, 3 equiv). Man kühlt auf 0°C ab und tropft TBSOTf (0.04 mL, 0.18 mmol, 1.3 equiv) dazu. Nach einer Reaktionszeit von ca. 50 min wird das Reaktionsgemisch mit CH_2Cl_2 verdünnt und nacheinander mit H_2O, 1N HCl and gesättigter $NaHCO_3$-Lösung gewaschen, über $MgSO_4$ getrocknet und abfiltriert. Die flüchtigen Bestandteile werden am Rotationsverdampfer abgezogen und der Rückstand wird säulenchromatographisch (Petrolether/EtOAc, 9:1) aufgereinigt. Man erhält 70 mg (95%) des Silylethers **3-36** als farbloses Öl. R_f = 0.60 (Petrolether/EtOAc, 3:1); ^{1}H NMR (400 MHz, $CDCl_3$): δ [ppm] = 0.08, 0.13 (2 s, jeweils 3H , Si(CH_3)$_2$), 0.88, 1.05 (2 s, jeweils 9H, C(CH_3)$_3$), 1.36 (d, *J* = 6.6 Hz, 3H, 5-H), 1.99−2.25 (m, 2H, 4'-H), 2.31−2.64 (m, 2H, 3'-H), 4.31−4.45 (m, 2H, 1-H, 5'-H), 4.43−4.58 (m, 1H, 4-H), 7.31−7.47 (m, 6H, phenyl), 7.69 (m, 4H, phenyl); ^{13}C NMR (100 MHz, $CDCl_3$): δ [ppm] = −5.1 (Si(CH_3)$_2$), −4.6 (Si(CH_3)$_2$), 19.1 (*C*(CH_3)$_3$), 23.0 (C-4'), 25.0 (C-5), 26.8 (C(*C*H_3)$_3$), 28.0 (C-3'), 59.8 (C-1), 65.2 (C-4), 80.4 (C-2), 81.3 (C-5'), 88.6 (C-3), 127.5 (phenyl), 127.6 (phenyl), 129.7 (phenyl), 129.8 (phenyl), 133.5 (phenyl), 133.8 (phenyl), 135.8 (phenyl), 135.9 (phenyl), 176.9 (C-2').

(4*R*,5*R*,8*S*)-5-{[*tert*-Butyl(dimethyl)silyl]oxy}-8-{[*tert*-butyl(diphenyl)silyl]oxy}-non-6-in-1,4-diol (3-39) und (4*R*,5*R*,8*S*)-8-{[*tert*-Butyl(diphenyl)silyl]oxy}-non-6-in-1,4,5-triol (3-40)

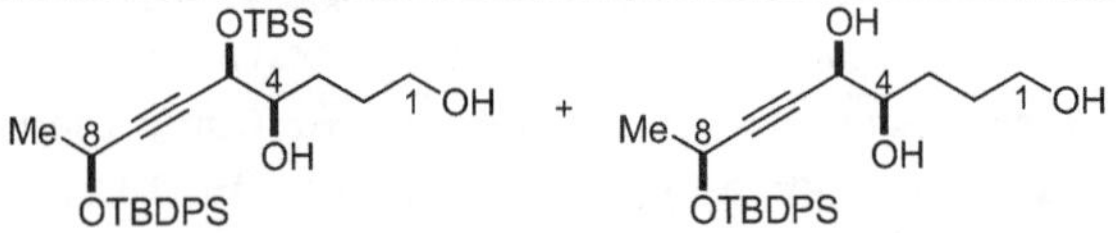

OTBS, Me, 8, 4, 1, OH, OH, OTBDPS + OH, Me, 8, 4, 1, OH, OH, OTBDPS

3-39 **3-40**

$LiAlH_4$ (50 mg, 1.3 mmol, 5 equiv) wird in THF (2 mL) suspendiert und auf 0°C abgekühlt. Man gibt das Lacton **3-36** (200 mg, 0.37 mmol, 1 equiv), gelöst in THF (2 mL) tropfenweise hinzu und rührt das Reaktionsgemisch im Eisbad ca. 15 min. Durch vorsichtige Zugabe von gesättigter NH_4Cl-Lösung (ca. 3 mL) wird die Reaktion gequencht und die Phasen werden getrennt. Die wässrige Phase wird drei Mal mit EtOAc extrahiert und die vereinigten, organischen Phasen werden über $MgSO_4$ getrocknet und abfiltriert. Das Lösungsmittel wird am Rotationsverdampfer abgezogen und das Rohprodukt (ein Gemisch aus Diol **3-39** und wenig Triol **3-40**) wird ohne weitere Aufreinigung im nächsten Syntheseschritt eingesetzt. R_f = 0.30 (Petrolether/EtOAc, 3:1).

(4*R*,5*R*,8*S*)-1,5-Bis-{[*tert*-butyl(dimethyl)silyl]oxy}-8-{[*tert*-butyl(diphenyl)silyl]oxy}-non-6-in-4-ol (3-41) und (4*R*,5*R*,8*S*)-1-{[*tert*-Butyl(dimethyl)silyl)]oxy}-8-{[*tert*-butyl(diphenyl)silyl]oxy}-non-6-in-4,5-diol (3-42)

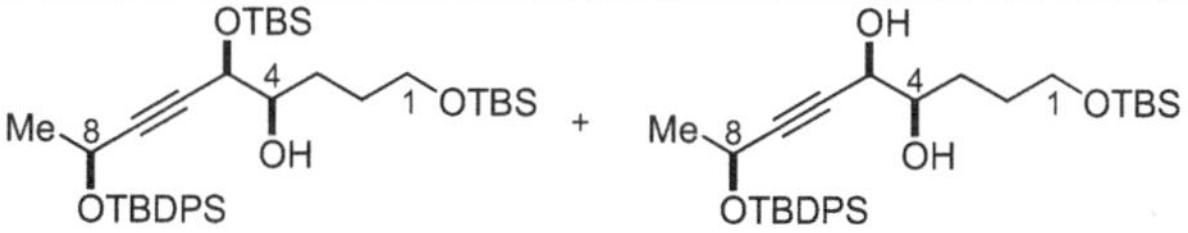

3-41 **3-42**

Das Rohprodukt (Gemisch aus Diol **3-39** und wenig Triol **3-40**) (Rohprodukt, max. 0.37 mmol) wird in DMF (3 mL) gelöst. Imidazol (37 mg, 0.55 mmol, 1.5 equiv) und DMAP (katalytische Menge) werden zugegeben und die Lösung wird auf 0°C abgekühlt. Nach Zugabe von TBSCl (64 mg, 0.41 mmol, 1.1 equiv) wird die Reaktionsmischung im Eisbad ca. 5 h gerührt, bevor mit Et_2O verdünnt wird. Anschließend wird H_2O zugegeben und die Phasen werden getrennt. Die organische Phase wird mit gesättigter $NaHCO_3$-Lösung und gesättigter NaCl-Lösung gewaschen, mit $MgSO_4$ getrocknet und abfiltriert. Das Lösungsmittel wird am Rotationsverdampfer abgezogen und der Rückstand wird säulenchromatographisch (Petrolether/EtOAc, 10:1) aufgereinigt. Man erhält 110 mg Alkohol **3-41** und 91 mg Diol **3-42** (zusammen ca. 80%, 2 Stufen) jeweils als hellgelbes Öl. R_f = 0.80 (Petrolether/EtOAc, 3:1); ^{1}H NMR (400 MHz, $CDCl_3$): δ [ppm] = 0.04 (s, 6H, $Si(CH_3)_2$), 0.08, 0.11 (2 s, jeweils 3H , $Si(CH_3)_2$), 0.84, 0.89, 1.06 (3 s, jeweils 9H, $C(CH_3)_3$), 1.37 (d, J = 6.6 Hz, 3H, 9-H), 1.45−1.79 (m, 4H, 2-H, 3-H), 3.38−3.49 (m, 1H, 4-H), 3.51−3.68 (m, 2H, 1-H), 4.02−4.20 (m, 1H, 5-H), 4.39−4.57 (m, 1H, 8-H), 7.32−7.49 (m, 6H, phenyl), 7.70 (dd, J = 21.9, 7.0 Hz, 4H, phenyl); ^{13}C NMR (100 MHz, $CDCl_3$): δ [ppm] = −5.3 ($Si(CH_3)_2$), −4.3, −4.3 (je $SiCH_3$), 18.3 ($C(CH_3)_3$), 19.2 ($C(CH_3)_3$), 24.1 (C-9), 25.8 ($C(CH_3)_3$), 26.0 ($C(CH_3)_3$), 26.8 ($C(CH_3)_3$), 28.6 (C-2), 31.9 (C-3), 59.9 (C-1), 63.2 (C-8), 67.2 (C-5), 74.7 (C-4), 82.1 (C-6), 88.3 (C-7), 127.5 (phenyl), 127.6 (phenyl), 129.7 (phenyl), 129.7 (phenyl), 133.5 (phenyl), 133.8 (phenyl), 135.7 (phenyl), 135.9 (phenyl).

4''-[5''-(3'-Hydroxypropyl)-2'',2''-dimethyl-[1'',3'']dioxolan-4-yl]-but-3-en-2-ol

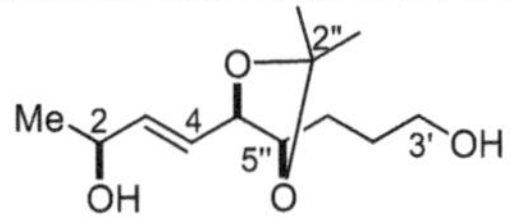

Das Alkinol **3-43** (75 mg, 0.33 mmol) wird in THF (1.5 mL) gelöst und auf −78°C abgekühlt. Red-Al® (0.35 mL, 65 Gew.% in Toluol, 1.3 mmol, 4 equiv) wird zugetropft und die Reaktionsmischung wird für 20 min bei −78°C gerührt. Nach dem Quenchen mit 1N HCl wird mit EtOAc verdünnt und die Phasen werden getrennt. Die wässrige Phase wird drei Mal mit EtOAc extrahiert und die vereinigten, organischen Phasen werden mit gesättigter NaCl-Lösung gewaschen, über $MgSO_4$ getrocknet und abfiltriert. Der Rückstand wird säulenchromatographisch (Petrolether/EtOAc, 1:1) aufgereinigt und man erhält 57 mg (89%) des Alkendiols **3-44** als hellgelbes Öl. R_f = 0.05 (Petrolether/EtOAc, 1:1); ^{1}H NMR (400 MHz, $CDCl_3$): δ [ppm] = 1.28 (d, J = 6.4 Hz, 3H, 1-H), 1.41 (s, 6H, Me-Brücke), 1.51−1.81 (m, 4H, 1'-H, 2'-H), 3.61−3.73 (m, 3H, 5''-H, 3'-H), 4.94−4.06 (m, 1H, 2-H), 4.27−4.38 (m, 1H, 4''-H), 5.63 (dd, J = 14.6, 7.8 Hz, 1H, 3-H), 5.89 (dd, J = 15.5, 5.6 Hz, 1H, 4-H).

Vorschriften zur ursprünglich publizierten Struktur 1*

(4*S*)-3-[(2*S*,3'*R*,5'*E*)-3'-Hydroxy-6'-iodo-2',5'-dimethyl-5-hexenoyl]-4-isopropyl-1,3-oxazolidin-2-on (3-47)

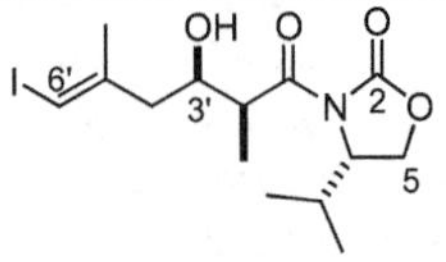

3-47

Zu einer Lösung aus (3*E*)-4-Iodo-3-methyl-3-buten-1-ol (2.02 g, 9.54 mmol) in CH_2Cl_2 (50 mL) werden bei RT nacheinander $NaHCO_3$ (4.00 g, 47.70 mmol, 5 equiv) und Dess-Martin Periodinan (15% in CH_2Cl_2, 21.78 mL, 10.49 mmol, 1.1 equiv) gegeben. Die Reaktionsmischung wird 20 min gerührt, bevor mit einer 1:1:1 Mischung aus $Na_2S_2O_3$-Lösung, gesättigter $NaHCO_3$-Lösung und H_2O (jeweils 15 mL) gequencht wird, indem man 30 min stark nachrühren lässt. Die Phasen werden getrennt und die wässrige Phase wird drei Mal mit CH_2Cl_2 gewaschen, über $MgSO_4$ getrocknet und abfiltriert. Das Lösungsmittel wird am Rotationsverdampfer abgezogen. Der Rückstand wird nochmals in Et_2O aufgenommen und der ausfallende, weiße Feststoff wird abgetrennt, bevor das Lösungsmittel erneut abgezogen wird. Man erhält den gewünschten Aldehyd **3-45**, der in der folgenden Aldol-Reaktion ohne weitere Aufreinigung eingesetzt wird.

Man löst das Auxiliar 4-Isopropyl-3-propionyl-1,3-oxazolidin-2-on (**3-46**) (1.59 g, 8.59 mmol, 0.9 equiv) in CH_2Cl_2 (17 mL) und kühlt auf 0°C ab. Nach Zugabe von Di-*n*-butylboryl triflat (1M in CH_2Cl_2, 9.54 mL, 9.54 mmol, 1.0 equiv) rührt man die braune Lösung ca. 10 min bevor $^iPr_2NEt$ (1.78 mL, 10.49 mmol, 1.1 equiv) zugegeben wird. Die Farbe schlägt über rot ins Hellgelbe um. Nach 1 h Rühren bei 0°C wird auf –80°C abgekühlt und der Aldehyd **3-45**, gelöst in CH_2Cl_2 (3 mL) wird zugetropft. Innerhalb von 30 min wird das Reaktionsgemisch langsam auf 0°C aufgewärmt und nochmals 30 min. gerührt. Durch Zugabe von pH 7 Phosphatpuffer (10 mL), MeOH (35 mL) und $MeOH/H_2O_2$ (2:1, 35 mL) wird die Reaktion gequencht und 1 h bei RT nachgerührt. Der Großteil des organischen Lösungsmittels wird am Rotationsverdampfer abgezogen und die verbleibende wässrige Phase wird mit Et_2O versetzt. Die Phasen werden gettrennt und die wässrige Phase wird drei Mal mit Et_2O extrahiert. Die vereinigten, organischen Phasen werden über $MgSO_4$ getrocknet, abfiltriert und das Lösungsmittel wird am Rotationsverdampfer abgezogen. Der Rückstand wird säulenchromatographisch (Petrolether/EtOAc, 3:1) aufgereinigt und man erhält 2.48 g (72%, 2 Stufen) des Aldolproduktes **3-47** als hellgelbes Öl. R_f = 0.36 (Petrolether/EtOAc, 3:1); $[\alpha]^{20}_D$ = +50.2 (*c* 1.02, CH_2Cl_2); ^1H NMR (400 MHz, $CDCl_3$): δ [ppm] = 0.85 (d, *J* = 7.1 Hz, 3H, $CH(CH_3)_2$), 0.90 (d, *J* = 7.1 Hz, 3H, $CH(CH_3)_2$), 1.25 (d, *J* = 7.1 Hz, 3H, 2'-CH_3), 1.86 (d, *J* = 0.8 Hz, 3H, 5'-CH_3), 2.24–2.37 (m, 2H, 4'-H, $CH(CH_3)_2$), 2.39–2.49 (m, 1H, 4'-H), 2.77 (bs, 1H, OH), 3.71–3.80 (m, 1H, 2'-H), 4.05–4.13 (m, 1H, 3'-H), 4.19 (dd, *J* = 9.1, 3.0 Hz, 1H, 5-H), 4.28 (t, *J* = 8.7 Hz, 1H, 5-H), 4.44 (dt, *J* = 3.4, 8.4 Hz, 1H, 4-H), 6.02 (s, 1H, H-6'); ^{13}C NMR (100 MHz, $CDCl_3$): δ [ppm] = 11.6 (2'-CH_3), 14.6 ($CH(CH_3)_2$), 17.9 ($CH(CH_3)_2$), 24.0 (5'-CH_3), 28.3 ($CH(CH_3)_2$), 42.1 (C-2'), 44.1 (C-4'), 58.2 (C-4), 63.3 (C-5), 69.0 (C-3'), 77.4 (C-6'), 144.7 (C-5'), 153.5 (C-2), 176.9 (C-1'); HRMS (ESI): $[M+Na]^+$ berechnet für $C_{14}H_{22}INO_4$ 418.04857, gefunden 418.04898.

Methyl (2*S*,3*R*,5*E*)-3-hydroxy-6-iodo-2,5-dimethyl-5-hexenoat (3-48)

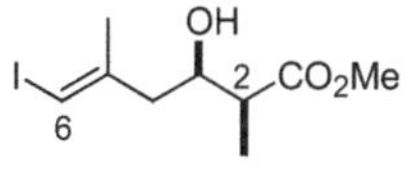

3-48

Das Aldolprodukt **3-47** (1.38 g, 3.48 mmol) wird in CH_2Cl_2 (30 mL) gelöst und auf –30°C abgekühlt. Langsam wird tropfenweise NaOMe (0.5M in MeOH, 8.35 mL, 4.18 mmol, 1.2 equiv) zugegeben und auf 0°C erwärmt. Nach einer Reaktionszeit von ca. 10 min bei 0°C wird gesättigte NH_4Cl-Lösung zugegeben und die Phasen werden getrennt. Die wässrige Phase wird drei Mal mit CH_2Cl_2 extrahiert und die vereinigten, organischen Phasen werden über $MgSO_4$ getrocknet, abfiltriert und das Lösungsmittel wird am Rotationsverdampfer abgezo-

gen. Man erhält 1.35 g Rohprodukt, das ohne weitere Aufreinigung im nächsten Reaktionsschritt eingesetzt wird. Um saubere Analytik von der Substanz machen zu können, wird eine analytische Menge säulenchromatographisch (Petrolether/EtOAc, 4:1) aufgereinigt.
R_f = 0.27 (Petrolether/EtOAc, 4:1); $[\alpha]^{20}_D$ = +20.4 (*c* 1.00, CH_2Cl_2); ^1H NMR (400 MHz, $CDCl_3$): δ [ppm] = 1.18 (d, J = 7.1 Hz, 3H, CH_3C-2), 1.85 (s, 3H, 5-CH_3), 2.24–2.41 (m, 2H, 4-H), 2.43–2.58 (m, 1H, 2-H, OH), 3.68 (s, 3H, OCH_3), 4.00–4.08 (m, 1H, 3-H), 6.01 (s, 1H, 6-H); ^{13}C NMR (100 MHz, $CDCl_3$): δ [ppm] = 10.9 (2-CH_3), 23.9 (5-CH_3), 43.9 (C-2), 43.9(C-4), 51.9 (OCH_3), 69.2 (C-3), 77.5 (C-6), 144.4 (C-5), 176.0 (C-1); HRMS (ESI): $[M+Na]^+$ berechnet für $C_9H_{15}IO_3$ 320.99581, gefunden 320.99586.

Methyl (2*S*,3*R*,5*E*)-6-iodo-2,5-dimethyl-3-[(triethylsilyl)oxy]-5-hexenoat (3-49)

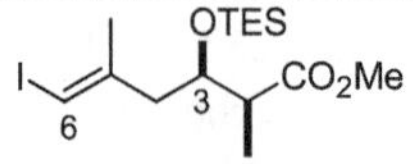

3-49

Das Rohprodukt **3-48** (max. 3.48 mmol) wird in CH_2Cl_2 (22 mL) gelöst und auf 0°C abgekühlt. Et_3N (1.45 mL, 10.44 mmol, 3.0 equiv) und DMAP (katalytische Menge) werden zugegeben und die Reaktionsmischung wird nach ca. 10 min tropfenweise mit TESCl (1.17 mL, 6.96 mmol, 2.0 equiv) versetzt. Danach wird auf RT erwärmt und ca. 20 h gerührt, bevor mit H_2O gequencht wird. Die Phasen werden getrennt und die wässrige Phase wird drei Mal mit Et_2O extrahiert. Die vereinigten, organischen Phasen werden mit gesättigter NaCl-Lösung gewaschen, über $MgSO_4$ getrocknet, abfiltriert und das Lösungsmittel wird am Rotationsverdampfer abgezogen. Der Rückstand wird säulenchromatographisch (Petrolether/EtOAc, 20:1) aufgereinigt und man erhält 1.22 g (85%, 2 Stufen) des Silylethers **3-49** als farbloses Öl. R_f = 0.45 (Petrolether/EtOAc, 20:1); $[\alpha]^{20}_D$ = +14.2 (*c* 1.00, CH_2Cl_2); ^1H NMR (400 MHz, $CDCl_3$): δ [ppm] = 0.55 (q, J = 8.1 Hz, 6H, CH_3CH_2Si), 0.93 (t, J = 7.9 Hz, 9H, CH_3CH_2Si), 1.12 (d, J = 6.9 Hz, 3H, 2-CH_3), 1.85 (d, J = 0.9 Hz, 3H, 5-CH_3), 2.38 (d, J = 6.6 Hz, 2H, 4-H), 2.40–2.46 (m, 1H, 2-H), 3.66 (s, 3H, OCH_3), 4.22 (dt, J = 6.6, 4.5 Hz, 1H, 3-H), 5.95-5.97 (m, 1H, 6-H); ^{13}C NMR (100 MHz, $CDCl_3$): δ [ppm] = 5.0 (CH_3CH_2Si), 6.8 (CH_3CH_2Si), 10.8 (2-CH_3), 24.1 (5-CH_3), 44.6 (C-4), 45.8 (C-2), 51.6 (OCH_3), 70.9 (C-3), 78.1 (C-6), 144.4 (C-5), 175.2 (C-1); HRMS (ESI): $[M+Na]^+$ berechnet für $C_{15}H_{29}IO_3Si$ 435.08229, gefunden 435.08235.

(2*R*,3*R*,5*E*)-6-Iodo-2,5-dimethyl-3-[(triethylsilyl)oxy]-5-hexen-1-ol (3-50)

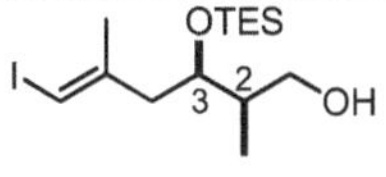

3-50

Der Ester **3-49** (1.22 g, 2.96 mmol) wird in CH_2Cl_2 (30 mL) gelöst und auf –80°C abgekühlt. DIBAL-H (1 M in Hexan, 8.88 mL, 8.88 mmol, 3.0 equiv) wird tropfenweise zugegeben und die Reaktionsmischung wird für 1.5 h gerührt. Durch Zugabe von gesättigter Na^+, K^+-Tartratlösung wird die Reaktion gequencht und ca. 1 h bei RT nachgerührt. Die Phasen werden getrennt und die wässrige Phase wird drei Mal mit CH_2Cl_2 extrahiert. Die vereinigten, organischen Phasen werden über $MgSO_4$ getrocknet, abfiltriert und das Lösungsmittel wird am Rotationsverdampfer abgezogen. Der Rückstand wird säulenchromatographisch (Petrolether/EtOAc, 10:1) aufgereinigt und man erhält 0.96 g (84%) des Alkohols **3-50** als farbloses Öl. R_f = 0.38 (Petrolether/EtOAc, 10:1); $[\alpha]^{20}_D$ = +6.0 (*c* 1.00, CH_2Cl_2); ^{1}H NMR (400 MHz, $CDCl_3$): δ [ppm] = 0.57 (q, *J* = 7.6 Hz, 6H, CH_3CH_2Si), 0.81 (d, *J* = 6.9 Hz, 3H, 2-CH_3), 0.94 (t, *J* = 8.8 Hz, 9H, CH_3CH_2Si), 1.83 (d, *J* = 0.9 Hz, 3H, 5-CH_3), 1.84–1.93 (m, 1H, 2-H), 2.38 (dd, *J* = 6.6, 0.6 Hz, 2H, 4-H), 2.46–2.51 (m, 1H, OH), 3.48–3.56 (m, 1H, 1-H), 3.59–3.68 (m, 1H, 1-H), 3.96 (dt, *J* = 6.7, 2.9 Hz, 1H, 3-H), 5.92–5.99 (m, 1H, 6-H); ^{13}C NMR (100 MHz, $CDCl_3$): δ [ppm] = 5.0 (CH_3CH_2Si), 6.9 (CH_3CH_2Si), 11.4 (2-CH_3), 24.1 (5-CH_3), 39.6 (C-2), 43.1 (C-4), 65.7 (C-1), 72.9 (C-3), 77.7 (C-6), 144.5 (C-5); HRMS (ESI): $[M+Na]^+$ berechnet für $C_{14}H_{29}IO_2Si$ 407.08737, gefunden 407.08736.

(2*S*,5*E*)-6-Iodo-2,5-dimethyl-3-[(triethylsilyl)oxy]-5-hexenal (3-51)

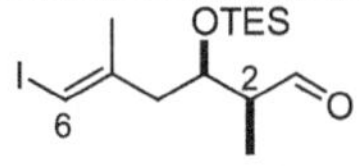

3-51

Zu einer Lösung aus Alkohol **3-50** (0.32 g, 0.84 mmol) in CH_2Cl_2 (16 mL) werden bei RT nacheinander $NaHCO_3$ (0.25 g, 2.95 mmol, 3.5 equiv) und Dess-Martin Periodinan (15% in CH_2Cl_2, 2.00 mL, 0.96 mmol, 1.1 equiv) gegeben. Die Reaktionsmischung wird 30 min gerührt, bevor durch Zugabe einer gesättigten $Na_2S_2O_3$-Lösung gequencht wird. Man lässt 30 min stark nachrühren und anschließend werden die Phasen getrennt. Die wässrige Phase wird drei Mal mit CH_2Cl_2 gewaschen, über $MgSO_4$ getrocknet und abfiltriert. Das Lösungsmittel wird am Rotationsverdampfer abgezogen. Der Rückstand wird nochmals in Et_2O aufgenommen und der ausfallende, farblose Feststoff wird abgetrennt, bevor das Lösungsmittel erneut abgezogen wird. Man erhält den gewünschten Aldehyd **3-51**, der in der folgenden

Wittig-Reaktion ohne weitere Aufreinigung eingesetzt wird. Um saubere Analytik von der Substanz machen zu können, wird eine analytische Menge säulenchromatographisch (Petrolether/EtOAc, 12:1) aufgereinigt. R_f = 0.56 (Petrolether/EtOAc 12:1); ^{1}H NMR (400 MHz, $CDCl_3$): δ [ppm] = 0.55 (q, J = 7.9 Hz, 6H, CH_3CH_2Si), 0.92 (t, J = 7.9 Hz, 9H, CH_3CH_2Si), 1.08 (d, J = 7.1 Hz, 3H, 2-CH_3), 1.85 (d, J = 1.0 Hz, 3H, 5-CH_3), 2.31–2.46 (m, 3H, 2-H, 4-H), 4.30 (dt, J = 6.7, 3.3 Hz 1H, 3-H), 5.96–6.01 (m, 1H, 6-H), 9.73 (s, 1H, 1-H); ^{13}C-NMR (100 MHz, $CDCl_3$): δ [ppm] = 5.0 (CH_3CH_2Si), 6.8 (CH_3CH_2Si), 7.5 (2-CH_3), 24.2 (5-CH_3), 44.9 (C-4), 51.0 (C-2), 69.6 (C-3), 78.4 (C-6), 144.4 (C-5), 204.6 (C-1).

Methyl (2*E*,4*R*,5*R*,7*E*)-8-iodo-2,4,7-trimethyl-5-[(triethylsilyl)oxy]-2,7-octadienoat (3-53)

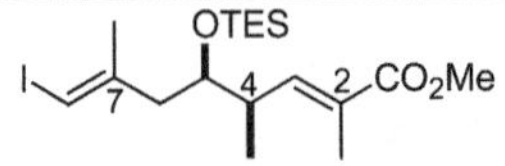

OTES
I 7 4 2 CO_2Me

3-53

(Methoxycarbonyl)ethylidentriphenylphosphoran **3-52** (0.50 g, 1.43 mmol, 1.7 equiv) wird bei RT zu einer Lösung aus Aldehyd **3-51** (Rohprodukt, max. 0.84 mmol) in Toluol (10 mL) gegeben. Die Reaktionsmischung wird für 4 h auf 80°C erhitzt und anschließend auf RT abgekühlt. Nach Filtration wird das Lösungsmittel am Rotationsverdampfer abgezogen und der Rückstand wird säulenchromatographisch (Petrolether/EtOAc, 20:1) aufgereinigt. Man erhält 0.30 g (79%, 2 Stufen) des Dienoats **3-53** als farbloses Öl. R_f = 0.47 (Petrolether/EtOAc, 20:1); $[\alpha]^{20}_D$ = +28.4 (c 1.00, CH_2Cl_2); ^{1}H NMR (400 MHz, $CDCl_3$): δ [ppm] = 0.56 (q, J = 7.9 Hz, 6H, CH_3CH_2Si), 0.94 (t, J = 7.9 Hz, 9H, CH_3CH_2Si), 0.98 (d, J = 6.9 Hz, 3H, 4-CH_3), 1.82 (m, 6H, 2-CH_3, 7-CH_3), 2.27–2.41 (m, 2H, 6-H), 2.46–2.57 (m, 1H, 4-H), 3.69–3.74 (m, 4H, OCH_3, 5-H), 5.90–5.93 (m, 1H, 8-H), 6.60–6.65 (m, 1H, 3-H); ^{13}C NMR (100 MHz, $CDCl_3$): δ [ppm] = 5.1 (CH_3CH_2Si), 6.9 (CH_3CH_2Si), 12.7 (2-CH_3), 14.6 (4-CH_3), 24.4 (7-CH_3),38.6 (C-4), 45.4 (C-6), 51.7 (OCH_3), 73.5 (C-5), 77.9 (C-8), 127.0 (C-2), 144.5 (C-7), 144.8 (C-3), 168.6 (C-1); HRMS (ESI): $[M+Na]^+$ berechnet für $C_{18}H_{33}IO_3Si$ 475.11359, gefunden 475.11377.

para-Methoxybenzyl-5-[(*para*-methoxybenzyl)oxy]pentanoat (3-55)

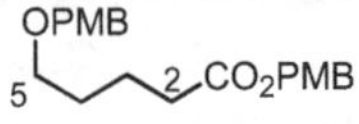

OPMB
5 2 CO_2PMB

3-55

Zu einer Lösung aus Tetrahydro-2*H*-pyran-2-on (**3-54**) (δ-Valerolacton, 2.2 mL, 24.14 mmol) und KOH (4.8 g, 85 mmol, 3.5 equiv) in Toluol (25 mL) wird *p*-Methoxybenzylchlorid (16 mL,

1.1 mol, 4.5 equiv) gegeben. Die Reaktionsmischung wird für 48 h bei ca. 130°C am Wasserabscheider refluxiert. Nach Zugabe von Wasser (25 mL) werden die Phasen getrennt und die wässrige Phase wird drei Mal mit Et_2O (10 mL) extrahiert. Die vereinigten, organischen Phasen werden mit gesättigter $NaHCO_3$- und NaCl-Lösung gewaschen, über $MgSO_4$ getrocknet, abfiltriert und am Rotationsverdampfer eingeengt. Der Rückstand wird säulenchromatographisch (Petrolether/EtOAc, 10:1) aufgereinigt und man erhält 7.7 g (89%) des Esters **3-55** als gelbes Öl. R_f = 0.30 (Petrolether/EtOAc, 5:1); ^{1}H NMR (400 MHz, Aceton-d_6): δ [ppm] = 1.53–1.69 (m, 2H, 4-H), 1.69–1.79 (m, 2H, 3-H), 2.32 (t, *J* = 7.3 Hz, 2H, 2-H), 3.41 (t, *J* = 6.1 Hz, 2H, 5-H), 3.77 (s, 6H, CH_3O), 4.37 (s, 2H, PMB CH_2), 5.02 (s, 2H, PMB CH_2), 6.85–6.93 (m, 4H, CH_{ar}, *meta*), 7.24–7.36 (m, 4H, CH_{ar} *ortho*); ^{13}C NMR (100 MHz, $CDCl_3$): δ [ppm] = 21.6 (C-3), 29.0 (C-4), 33.9 (C-2), 55.1 (OCH_3), 65.8 (PMB CH_2), 69.3 (C-5), 72.4 (PMB CH_2), 113.6 (CH_{ar}, *meta*), 113.8 (CH_{ar}, *meta*), 128.1 (C_{ar}), 129.1 (CH_{ar}, *ortho*), 129.9 (CH_{ar}, *ortho*), 130.5 (C_{ar}), 159.0 (C_{ar}, *para*), 159.5 (C_{ar}, *para*), 173.3 (C-1); HRMS (ESI): $[M+Na]^+$ berechnet für $C_{21}H_{26}O_5$ 381.16725, gefunden 381.16712.

7-[(*para*-Methoxybenzyl)oxy]-1-(triisopropylsilyl)hept-1-in-3-on (3-56)

OPMB O 3 Si(*i*Pr)$_3$

3-56

Zu einer Lösung aus Ethinyl(triisopropyl)silan (7.5 mL, 33.5 mmol, 2 equiv) in THF (60 mL) wird bei –80°C langsam *n*-BuLi (13.5 mL, 1M in Hexan, 33.5 mmol, 2 equiv) zugetropft. Während diese erste Lösung 45 min bei –80°C rührt wird eine zweite Lösung aus Pentanoat **3-55** (6.0 g, 17.0 mmol) und $BF_3 \cdot Et_2O$ (2 mL, 17 mmol) in THF (30 mL) angesetzt und bei RT mindestens 30 min stark gerührt, bevor sie tropfenweise zu der ersten Lösung zugegeben wird. Nach einer Reaktionszeit von 12 h bei –80°C wird das Reaktionsgemisch mit Et_2O verdünnt und mit gesättigter NH_4Cl-Lösung versetzt. Die Phasen werden getrennt und die wässrige Phase wird drei Mal mit Et_2O extrahiert. Die vereinigten, organischen Phasen werden mit 1M NaOH Lösung, mit H_2O and gesättigter NaCl-Lösung gewaschen, über $MgSO_4$ getrocknet, abfiltriert und am Rotationsverdampfer eingeengt. Nach säulenchromatographischer Aufreinigung (Petrolether/EtOAc, 10:1) erhält man 5.8 g (86%) Alkinon **3-56** als hellgelbes Öl. R_f = 0.57 (Petrolether/EtOAc, 5:1); ^{1}H NMR (400 MHz, Aceton-d_6): δ [ppm] = 1.05–1.19 (m, 21H, Si(C*H*(CH_3)$_2$)), 1.56–1.64 (m, 2H, 6-H), 1.71–1.81 (m, 2H, 5-H), 2.62 (t, *J* = 7.3 Hz, 2H, 4-H), 3.44 (t, *J* = 6.1 Hz, 2H, 7-H), 3.77 (s, 3H, CH_3O), 4.39 (s, 2H, PMB CH_2), 6.88 (d, *J* = 8.7 Hz, 2H, CH_{ar}, *meta*), 7.24 (d, *J* = 8.7 Hz, 2H, CH_{ar}, *ortho*); ^{13}C NMR (100 MHz, $CDCl_3$): δ [ppm] = 10.9 (Si(*C*H(CH_3)$_2$)), 18.4 (Si(CH(*C*H$_3$)$_2$)), 20.9 (C-5), 28.9 (C-6), 45.2 (C-4), 55.1 (CH_3O), 69.4 (C-7), 72.5 (PMB CH_2), 95.3 (C-1), 104.1 (C-2), 113.6 (CH_{ar}, *meta*), 129.1 (CH_{ar}, *ortho*),

130.5 (C_{ar}), 159.0 (C_{ar}, *para*), 187.5 (C-3); HRMS (ESI): $[M+Na]^+$ berechnet für $C_{24}H_{38}O_3Si$ 425.24824, gefunden 425.24834.

(3*R*)-7-[(*para*-Methoxybenzyl)oxy]-1-(triisopropylsilyl)hept-1-yn-3-ol (3-57)

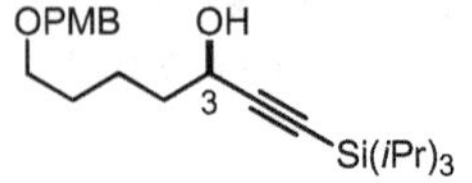

OPMB OH

3

Si(*i*Pr)$_3$

3-57

Zu einer Lösung aus Alkinon **3-56** (5.0 g, 12.4 mmol) in Propan-2-ol (135 mL) wird der Katalysatorkomplex RuCl[(*R*,*R*)-NTsCH(Ph)CH(Ph)NH_2(η^6-cymen) (***ent*-2-57**) (95 mg, katalytische Menge), gelöst in möglichst wenig CH_2Cl_2 (0.5 mL), gegeben. Die Reaktionsmischung wird bei RT ca. 5 h gerührt. Danach wird das Lösungsmittel am Rotationsverdampfer abgezogen und der braune Rückstand säulenchromatographisch (Petrolether/EtOAc, 9:1) aufgereinigt. Man erhält 3.5 g (69%) des Propargylalkohols **3-57** als hellbraunes Öl und kann 1.5 g (3.8 mmol) nicht umgesetztes Edukt **3-56** zurückgewinnen. R_f = 0.38 (Petrolether/EtOAc, 5:1); $[\alpha]^{20}_D$ = –1.6 (*c* 1.00, CH_2Cl_2); ^{1}H NMR (400 MHz, Aceton-d_6): δ [ppm] = 1.02–1.07 (m, 21H, Si(C*H*(C*H*$_3$)$_2$)), 1.50–1.77 (m, 6H, 4-H, 5-H, 6-H), 1.94 (s, 1H, OH), 3.43 (t, *J* = 6.4 Hz, 2H, 7-H), 3.78 (s, 3H, CH_3O), 4.36 (t, *J* = 6.5 Hz, 1H, 3-H), 4.41 (s, 2H, PMB CH_2), 6.86 (d, *J* = 8.7 Hz, 2H, CH_{ar}, *meta*), 7.24 (d, *J* = 8.4 Hz, 2H, CH_{ar}, *ortho*). ^{13}C NMR (100 MHz, $CDCl_3$): δ [ppm] = 11.1 (Si(*C*H(CH_3)$_2$)), 18.6 (Si(CH(*C*H$_3$)$_2$)), 21.9 (C-5), 29.3 (C-6), 37.7 (C-4), 55.3 (CH_3O), 62.9 (C-3), 69.9 (C-7), 72.5 (PMB CH_2), 85.5 (C-1), 108.7 (C-2), 113.7 (CH_{ar}, *meta*), 129.2 (CH_{ar}, *ortho*), 130.7 (C_{ar}), 159.1 (C_{ar}, *para*); HRMS (ESI): $[M+Na]^+$ berechnet für $C_{24}H_{40}O_3Si$ 427.26389, gefunden 427.26373.

(3*R*)-7-[(*para*-Methoxybenzyl)oxy]hept-1-in-3-ol (3-58)

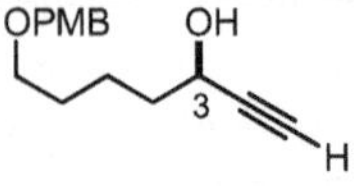

OPMB OH

3

H

3-58

Zu einer Lösung aus Propargylalkohol 3-57 (3.45 g, 8.53 mmol) in THF (25 mL) wird bei RT TBAF (9.7 mL, 1M in THF, 9.7 mmol, 1.13 equiv) gegeben. Nach ca. 3 h Reaktionszeit wird durch Zugabe von gesättigter $NaHCO_3$-Lösung gequencht und die Phasen werden getrennt. Die wässrige Phase wird drei Mal mit Et_2O extrahiert. Die vereinigten, organischen Phasen werden mit gesättigter NaCl-Lösung gewaschen, über $MgSO_4$ getrocknet und abfiltriert. Das Lösungsmittel wird am Rotationsverdampfer abgezogen und der Rückstand wird ohne weitere Aufreinigung in der nächsten Stufe umgesetzt. Durch chirale GC-Analyse wird ein *ee*-Wert von 98% für das gewünschte Enantiomer ermittelt. Um saubere Analytik von der Substanz machen zu können werden ca. 50 mg des Rohproduktes **3-58** säulenchromatographisch (Petrolether/EtOAc, 5:1) aufgereinigt. R_f = 0.13 (Petrolether/EtOAc, 5:1); $[\alpha]^{20}_D$ = +2.7 (*c* 1.00, CH_2Cl_2); ^1H NMR (400 MHz, Aceton-d_6): δ [ppm] = 1.47–1.75 (m, 6H, 4-H, 5-H, 6-H), 2.25 (s, 1H, OH), 2.43 (d, *J* = 2.0 Hz, 1H, 1-H), 3.43 (t, *J* = 6.5 Hz, 2H, 7-H), 3.78 (s, 3H, CH_3O), 4.29–4.36 (m, 1H, 3-H), 4.41 (s, 2H, PMB CH_2), 6.86 (d, *J* = 8.4 Hz, 2H, CH_{ar}, *meta*), 7.24 (d, *J* = 8.4 Hz, 2H, CH_{ar}, *ortho*); ^{13}C NMR (100 MHz, $CDCl_3$): δ [ppm] = 21.8 (C-5), 29.2 (C-6), 37.3 (C-4), 55.2 (CH_3O), 62.1 (C-3), 69.8 (C-7), 72.5 (PMB CH_2), 72.9 (C-1), 84.9 (C-2), 113.7 (CH_{ar}, *meta*), 129.2 (CH_{ar}, *ortho*), 130.5 (C_{ar}), 159.1 (C_{ar}, *para*); HRMS (ESI): $[M+Na]^+$ berechnet für $C_{15}H_{20}O_3$ 271.13047, gefunden 271.13080.

(3*R*)-3-{[*tert*-Butyl(dimethyl)silyl]oxy}-7-[(*para*-methoxybenzyl)oxy]-hept-1-in (3-59)

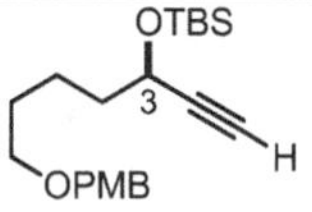

OTBS
3
H
OPMB

3-59

Zu einer Lösung von Hept-1-in-3-ol **3-58** (2 g Rohprodukt, max. 5 mmol) in CH_2Cl_2 (31 mL) gibt man 2,6-Lutidin (1.83 mL, 15 mmol, 3 equiv). Man kühlt auf 0°C ab und tropft TBSOTf (1.3 mL, 5.48 mmol, 1.1 equiv) dazu. Nach einer Reaktionszeit von ca. 20 min wird das Reaktionsgemisch mit CH_2Cl_2 verdünnt und nacheinander mit H_2O, 1N HCl and gesättigter $NaHCO_3$-Lösung gewaschen, über $MgSO_4$ getrocknet und abfiltriert. Die flüchtigen Bestandteile werden am Rotationsverdampfer abgezogen und der Rückstand wird säulenchromatographisch (Petrolether/EtOAc, 10:1) aufgereinigt. Man erhält 2.1 g (72%, über 2 Stufen) des Silylethers **3-59** als farbloses Öl. R_f = 0.68 (Petrolether/EtOAc, 5:1); $[\alpha]^{20}_D$ = +32.0 (*c* 1.00, CH_2Cl_2); ^1H NMR (400 MHz, Aceton-d_6): δ [ppm] = 0.12 (s, 3H, $Si(CH_3)_2$), 0.14 (s, 3H, $Si(CH_3)_2$), 0.90 (s, 9H, $C(CH_3)_3$), 1.47–1.74 (m, 6H, 4-H, 5-H, 6-H), 2.86–2.92 (m, 1H, 1-H), 3.43 (t, *J* = 6.1 Hz, 2H, 7-H), 3.76 (s, 3H, CH_3O), 4.39 (s, 2H, PMB CH_2), 4.40–4.44 (m, 1H, 3-H), 6.87 (d, *J* = 8.7 Hz, 2H, CH_{ar}, *meta*), 7.25 (d, *J* = 8.4 Hz, 2H, CH_{ar}, *ortho*); ^{13}C NMR (100 MHz, $CDCl_3$): δ [ppm] = –5.1 ($Si(CH_3)_2$), –4.6 ($Si(CH_3)_2$), 18.2 (*C*($CH_3)_3$), 21.8 (C-5), 25.8 (C(*C*$H_3)_3$), 29.4 (C-6), 38.3 (C-4), 55.2 (CH_3O), 62.7 (C-3), 70.0 (C-7), 72.0 (C-1), 72.5 (PMB CH_2), 85.6 (C-2), 113.7 (CH_{ar}, *meta*), 129.2 (CH_{ar}, *ortho*), 130.7 (C_{ar}), 159.0 (C_{ar}, *para*); HRMS (ESI): $[M+Na]^+$ berechnet für $C_{21}H_{34}O_3Si$ 385.21694, gefunden 385.21671.

(6*R*)-6-{[*tert*-Butyl(dimethyl)silyl]oxy}-10-[(*para*-methoxybenzyl)oxy]dec-1-en-4-in-3-ol (3-60)

OTBS
6
3
OPMB
OH

3-60

Man kühlt eine Lösung des Alkins **3-59** (3.38 g, 9.31 mmol) in THF (45 mL) auf –80°C ab und tropft langsam *n*-BuLi (8.2 mL, 2.5M in Hexan, 20.48 mmol, 2.2 equiv) dazu. Die Reaktionsmischung wird nach 30 min auf RT aufgewärmt bevor LiBr (650 mg, 7.45 mmol, 0.8 equiv) zugegeben wird. Es wird so lange bei RT gerührt, bis sich der Feststoff vollständig gelöst hat. Man kühlt erneut auf –80°C ab. Eine Lösung von Acrolein (1.44 mL, 20.48 mmol, 2.2 equiv) in THF (15 mL) wird langsam über einen Zeitraum von ca. 30 min zugetropft. Nach weiteren 2 h bei –80°C wird das Reaktionsgemisch durch Zugabe von gesättigter NH_4Cl Lösung gequencht. Die Phasen werden getrennt und die wässrige Phase wird drei Mal mit Et_2O extrahiert. Die vereinigten, organischen Phasen werden mit gesättigter NaCl-Lösung gewaschen, über $MgSO_4$ getrocknet und abfiltriert. Das Lösungsmittel wird am Rotationsverdampfer abgezogen und der Rückstand wird säulenchromatographisch (Petrolether/EtOAc, 10:1) aufgereinigt. Man erhält 2.88 g (74%) des Allylalkohols **3-60** als farbloses Öl. R_f = 0.38 (Petrolether/EtOAc, 5:1); $[\alpha]^{20}_D$ = +28.4 (*c* 1.00, CH_2Cl_2); ^1H NMR (400 MHz, $CDCl_3$): δ [ppm] = 0.08, 0.11 (2 s, jeweils 3H, $Si(CH_3)_2$), 0.88 (s, 9H, $C(CH_3)_3$), 1.38–1.76 (m, 6H, 7-H, 8-H, 9-H), 2.03 (s, 1H, OH), 3.43 (t, *J* = 6.5 Hz, 2H, 10-H), 3.79 (s, 3H, CH_3O), 4.38 (t, *J* = 6.0 Hz, 1H, 6-H), 4.42 (s, 2H, PMB CH_2), 4.82–4.92 (m, 1H, 3-H), 5.19 (d, *J* = 10.2 Hz, 1H, 1-H), 5.42 (d, *J* = 17.0 Hz, 1H, 1-H), 5.86–6.00 (m, 1H, 2-H), 6.86 (d, *J* = 8.7 Hz, 2H, CH_{ar}, *meta*), 7.25 (d, *J* = 8.4 Hz, 2H, CH_{ar}, *ortho*); ^{13}C NMR (100 MHz, $CDCl_3$): δ [ppm] = –5.0 ($Si(CH_3)_2$), –4.5 ($Si(CH_3)_2$), 18.2 (*C*$(CH_3)_3$), 21.9 (C-8), 25.8 ($C(CH_3)_3$), 29.3 (C-9), 38.2 (C-7), 55.2 (CH_3O), 62.8 (C-6), 63.1 (C-3), 69.8 (C-10), 72.5 (PMB CH_2), 82.6 (C-4), 88.1 (C-5), 113.7 (CH_{ar}, *meta*), 116.3 (C-1), 129.2 (CH_{ar}, *ortho*), 130.6 (C_{ar}), 136.9 (C-2), 159.1 (C_{ar}, *para*); HRMS (ESI): $[M+Na]^+$ berechnet für $C_{24}H_{38}O_4Si$ 441.24316, gefunden 441.24239.

Ethyl-(4*E*,8*R*)-8-{[*tert*-butyl(dimethyl)silyl]oxy}-12-[(*para*-methoxybenzyl)oxy]dodec-4-en-6-inoat (3-61)

3-61

Der Allylalkohol **3-60** (2.0 g, 5.0 mmol), Triethylorthoacetat (4.6 mL, 25 mmol, 5 equiv) und Propionsäure (3 Tropfen, katalytische Menge) werden in Xylol (25 mL) gelöst und bei 150°C ca. 2 h am Rückfluss erhitzt. Nach Abkühlen auf RT wird das Lösungsmittel am Rotationsverdampfer bei 55°C Wasserbadtemperatur abgezogen und der Rückstand säulenchromatographisch (Petrolether/EtOAc, 15:1) aufgereinigt. Man erhält 1.9 g (79%) des 1,4-ungesättigten Esters **3-61** als farbloses Öl. R_f = 0.65 (Petrolether/EtOAc, 5:1); $[\alpha]^{20}_D$ = +22.0 (*c* 1.00, CH_2Cl_2); ^1H NMR (400 MHz, $CDCl_3$): δ [ppm] = 0.08, 0.10 (2 s, jeweils 3H , $Si(CH_3)_2$), 0.88 (s, 9H, $C(CH_3)_3$), 1.23 (t, J = 7.1 Hz, 3H, CH_3CH_2O), 1.36–1.75 (m, 6H, 9-H, 10-H, 11-H), 2.32–2.45 (m, 4H, 2-H, 3-H), 3.42 (t, J = 6.6 Hz, 2H, 12-H), 3.78 (s, 3H, CH_3O), 4.11 (q, J = 7.1 Hz, 2H, CH_3CH_2O), 4.36–4.45 (m, 3H, 8-H, PMB CH_2), 5.51 (d, J = 16.0 Hz, 1H, 5-H), 5.99–6.11 (m, 1H, 4-H), 6.85 (d, J = 8.7 Hz, 2H, CH_{ar}, *meta*), 7.20 (d, J = 8.7 Hz, 2H, CH_{ar}, *ortho*); ^{13}C NMR (100 MHz, $CDCl_3$): δ [ppm] = –5.1 ($Si(CH_3)_2$), –4.5 ($Si(CH_3)_2$), 14.2 (OCH_2CH_3), 18.2 ($C(CH_3)_3$), 21.9 (C-10), 25.8 ($C(CH_3)_3$), 28.1 (C-3), 29.3 (C-11), 33.3 (C-2), 38.4 (C-9), 55.2 (CH_3O), 60.4 (C-8), 63.3 (OCH_2CH_3), 69.9 (C-12), 72.5 (PMB CH_2), 82.4 (C-6), 90.2 (C-7), 110.6 (C-5), 113.7 (CH_{ar}, *meta*), 129.1 (CH_{ar}, *ortho*), 130.7 (C_{ar}), 141.6 (C-4), 159.0 (C_{ar}, *para*), 172.5 (C-1); HRMS (ESI): $[M+Na]^+$ berechnet für $C_{28}H_{44}O_5Si$ 511.28502, gefunden 511.28510.

(4*E*,8*R*)-8-{[*tert*-Butyl(dimethyl)silyl]oxy}-12-[(*para*-methoxybenzyl)oxy]dodec-4-en-6-in-1-ol (3-62)

3-62

$LiAlH_4$ (29 mg, 0.737 mmol, 1.2 equiv) wird in THF (2 mL) suspendiert und auf 0°C abgekühlt. Man gibt den Ester **3-61** (300 mg, 0.614 mmol), gelöst in THF (5 mL) tropfenweise hinzu und rührt das Reaktionsgemisch im Eisbad ca. 10 min. Durch vorsichtige Zugabe von H_2O (0.03 mL), 1M NaOH (0.03 mL) und nochmals H_2O (0.1 mL) wird das Aluminiumreagenz komplexiert und fällt als farbloser Feststoff aus. Nachdem dieser durch Filtration abgetrennt wurde, wird das Lösungsmittel am Rotationsverdampfer abgezogen. Das Rohprodukt **3-62** kann ohne weitere Aufreinigung im nächsten Reaktionsschritt eingesetzt werden. Um saubere Analytik von der Substanz machen zu können, wird eine analytische Menge säulenchromatographisch (Petrolether/EtOAc, 3:1) aufgereinigt. R_f = 0.08 (Petrolether/EtOAc, 6:1); $[\alpha]^{20}_D$ = +26.1 (*c* 1.00, CH_2Cl_2); ^{1}H NMR (400 MHz, $CDCl_3$): δ [ppm] = 0.09, 0.11 (2 s, jeweils 3H, $Si(CH_3)_2$), 0.89 (s, 9H, $C(CH_3)_3$), 1.41–1.78 (m, 8H, 2-H, 9-H, 10-H, 11-H), 2.13–2.23 (m, 2H, 3-H), 3.43 (t, *J* = 6.5 Hz, 2H, 12-H), 3.62 (t, *J* = 6.4 Hz, 2H, 1-H), 3.79 (s, 3H, CH_3O), 4.37–4.48 (m, 3H, 8-H, PMB CH_2), 5.46–5.55 (m, 1.40 Hz, 1H, 5-H), 6.01–6.14 (m, 1H, 4-H), 6.86 (d, *J* = 8.7 Hz, 2H, CH_{ar}, *meta*), 7.24 (d, *J* = 8.7 Hz, 2H, CH_{ar}, *ortho*); ^{13}C NMR (100 MHz, $CDCl_3$): δ [ppm] = –5.0 ($Si(CH_3)_2$), –4.5 ($Si(CH_3)_2$), 18.2 ($C(CH_3)_3$), 22.0 (C-10), 25.8 ($C(CH_3)_3$), 29.3 (C-3), 29.4 (C-11), 31.5 (C-2), 38.5 (C-9), 55.2 (CH_3O), 62.0 (C-8), 63.3 (C-1), 70.0 (C-12), 72.5 (PMB CH_2), 82.7 (C-6), 89.7 (C-7), 109.9 (C-5), 113.7 (CH_{ar}, *meta*), 129.2 (CH_{ar}, *ortho*), 130.7 (C_{ar}), 143.4 (C-4), 159.0 (C_{ar}, *para*); HRMS (ESI): $[M+Na]^+$ berechnet für $C_{26}H_{42}O_4Si$ 469.27446, gefunden 469.27487.

(4*E*,8*R*)-1,8-di-{[*tert*-Butyl(dimethyl)silyl]oxy}-12-[(*para*-methoxybenzyl)oxy]dodec-4-en-6-in (3-63)

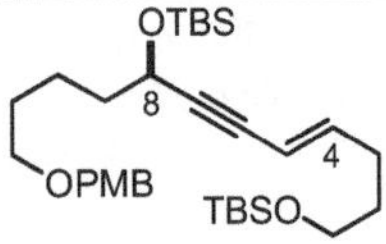

OTBS
8
4
OPMB
TBSO

3-63

Der Alkohol **3-62** (253 mg Rohprodukt, max. 0.614 mmol) wird in DMF (6 mL) gelöst. Imidazol (64 mg, 0.960 mmol, 1.5equiv) und DMAP (katalytische Menge) werden zugegeben und die Lösung wird auf 0°C abgekühlt. Nach Zugabe von TBSCl (110 mg, 0.737 mmol, 1.2 equiv) wird die Reaktionsmischung im Eisbad ca. 3 h gerührt, bevor mit Et_2O verdünnt wird. Anschließend wird H_2O zugegeben und die Phasen werden getrennt. Die organische Phase wird mit gesättigter NaCl-Lösung gewaschen, mit $MgSO_4$ getrocknet und abfiltriert. Das Lösungsmittel wird am Rotationsverdampfer abgezogen und der Rückstand wird säulenchromatographisch (Petrolether/EtOAc, 10:1) aufgereinigt. Man erhält 300 mg (87%, 2 Stufen) des Silylethers **3-63** als hellgelbes Öl. R_f = 0.70 (Petrolether/EtOAc, 6:1); $[\alpha]^{20}_D$ = +18.9 (*c* 1.00, CH_2Cl_2); ^{1}H NMR (400 MHz, $CDCl_3$): δ [ppm] = 0.03 (s, 6H, 1-$OSi(CH_3)_2$), 0.09, 0.11 (2 s, jeweils 3H, $Si(CH_3)_2$), 0.88 (s, 9H, 1-$OSi(CH_3)_2C(CH_3)_3$), 0.89 (s, 9H, 8-$OSi(CH_3)_2C(CH_3)_3$), 1.39–1.75 (m, 8H, 2-H, 9-H, 10-H, 11-H), 2.10–2.20 (m, 2H, 3-H), 3.43 (t, *J* = 6.6 Hz, 2H, 12-

H), 3.59 (t, J = 6.2 Hz, 2H, 1-H), 3.79 (s, 3H, CH_3O), 4.38–4.46 (m, 3H, 8-H, PMB CH_2), 5.43–5.52 (m, 1H, 5-H), 6.02–6.14 (m, 1H, 4-H), 6.86 (d, J = 8.7 Hz, 2H, CH_{ar}, *meta*), 7.25 (d, J = 8.4 Hz, 2H, CH_{ar}, *ortho*); ^{13}C NMR (100 MHz, $CDCl_3$): δ [ppm] = –5.3 (1-OSi(CH_3)$_2$), –5.0 (8-OSi(CH_3)$_2$, –4.5 (8-OSi(CH_3)$_2$), 18.3 (1-OSi(CH_3)$_2$*C*(CH_3)$_3$), 18.3 (8-OSi(CH_3)$_2$*C*(CH_3)$_3$), 22.0 (C-10), 25.8 (1-OSi(CH_3)$_2$C(*C*H_3)$_3$), 25.9 (8-OSi(CH_3)$_2$C(*C*H_3)$_3$), 29.4 (C-3), 29.4 (C-11), 31.7 (C-2), 38.5 (C-9), 55.3 (CH_3O), 62.2 (C-8), 63.3 (C-1), 70.0 (C-12), 72.5 (PMB CH_2), 82.8 (C-6), 89.5 (C-7), 109.5 (C-5), 113.7 (CH_{ar}, *meta*), 129.2 (CH_{ar}, *ortho*), 130.7 (C_{ar}), 143.9 (C-4), 159.1 (C_{ar}, *para*); HRMS (ESI): $[M+Na]^+$ berechnet für $C_{32}H_{56}O_4Si_2$ 583.36093, gefunden 583.35994.

Ethyl (4*R*,5*R*,8*R*)-8-{[*tert*-butyl(dimethyl)silyl]oxy}-4,5-dihydroxy-12-[(*para*-methoxybenzyl)oxy]dodec-6-inoat (3-64) und (5'*R*)-5'-{(1*R*,4*R*)-4-{[*tert*-butyl(dimethyl)silyl]oxy}-1-hydroxy-8-[(*para*-methoxybenzyl)oxy] oct-2-inyl}dihydrofuran-2'(3*H*)-on (3-65)

OTBS OH 8 4 OPMB OH CO_2Et + OTBS O O 4 1 5' OPMB OH

3-64 **3-65**

$(DHQD)_2PHAL$ (30.9 mg, katalytische Menge), $K_3Fe(CN)_6$ (3.9 g, 11.5 mmol, 3 equiv), K_2CO_3 (1.6 g, 11.5 mmol, 3 equiv) und $K_2OsO_2(OH)_4$ (7 mg, katalytische Menge) werden in einer 1:1 Mischung aus H_2O (20 mL) und *t*-Butylalkohol (20 mL) gelöst (gelbe Lösung). $MeSO_2NH_2$ (374 mg, 3.9 mmol, 1 equiv) wird zugegeben und die Mischung wird unter starkem Rühren auf 0°C abgekühlt (orange Suspension). Der ungesättigte Ester wird zugetropft (1.9 g, 3.9 mmol) und die Reaktionsmischung wird innerhalb von 4 h auf RT erwärmt. Nach weiteren 10 h bei RT wird die Reaktion durch Zugabe von festem Na_2SO_3 (5.6 g) gequencht. Die Lösung wird drei Mal mit EtOAc extrahiert und die vereinigten, organischen Phasen werden über $MgSO_4$ getrocknet und abfiltriert. Die flüchtigen Bestandteile werden am Rotationsverdampfer abgezogen und das Rohprodukt (ein Gemisch aus Dihydroxyester **3-64** und Lacton **3-65**) wird ohne weitere Aufreinigung im nächsten Syntheseschritt eingesetzt.

Man gibt zu einer Lösung aus dem Rohprodukt der Dihydroxylierung (max. 3.9 mmol) in Toluol (135 mL) CSA (100 mg, katalytische Menge) und erhitzt das Gemisch bei 80°C für ca. 6 h. Nachdem es auf RT abgekühlt wurde versetzt man das Reaktions-gemisch mit $CaCO_3$ (220 mg) und abfiltriert anschließend den Feststoff ab. Das Lösungsmittel wird am Rotationsverdampfer abgezogen und der Rückstand wird ohne weitere Aufreinigung im nächsten Reaktionsschritt eingesetzt. Um saubere Analytik von der Substanz machen zu können, wird eine analytische Menge säulenchromatographisch (Petrolether/EtOAc, 4:1) aufgereinigt. R_f =

0.15 (Petrolether/EtOAc, 5:1); ^{1}H NMR (400 MHz, $CDCl_3$): δ [ppm] = 0.07, 0.10 (2 s, jeweils 3H, $Si(CH_3)_2$), 0.88 (s, 9H, $SiC(CH_3)_3$), 1.37–1.70 (m, 6H, 5-H, 6-H, 7-H), 2.06–2.35 (m, 2H, 4'-H), 2.40–2.60 (m, 2H, 3'-H), 3.43 (t, *J* = 6.4 Hz, 2H, 8-H), 3.79 (s, 3H, CH_3O), 4.36 (t, *J* = 6.2 Hz, 1H, 4-H), 4.41 (s, 2H, PMB CH_2), 4.42–4.57 (m, 2H, 1-H, 5'-H), 6.86 (d, *J* = 8.7 Hz, 2H, CH_{ar}, *meta*) 7.24 (d, *J* = 8.4 Hz, 2H, CH_{ar}, *ortho*); ^{13}C NMR (100 MHz, $CDCl_3$): δ [ppm] = –5.1 ($Si(CH_3)_2$), –4.6 ($Si(CH_3)_2$), 18.2 ($Si\mathit{C}(CH_3)_3$), 21.8 (C-4'), 23.4 (C-6), 25.7 ($SiC(\mathit{C}H_3)_3$), 28.1 (C-3'), 29.3 (C-7), 38.1 (C-5), 55.3 (CH_3O), 62.7 (C-4), 64.7 (C-1), 69.8 (C-8), 72.5 (PMB CH_2), 80.0 (C-2), 81.4 (C-5'), 88.9 (C-3), 113.7 (CH_{ar}, *meta*), 129.3 (CH_{ar}, *ortho*), 130.6 (C_{ar}), 159.1 (C_{ar}, *para*), 176.6 (C-2').

(5'*R*)-5'-{(1*R*,4*R*)-4-{[*tert*-Butyl(dimethyl)silyl]oxy}-1-{[*tert*-butyl(diphenyl)silyl]oxy}-8-[(*para*-methoxybenzyl)oxy] oct-2-inyl}dihydrofuran-2'(3*H*)-on (3-66)

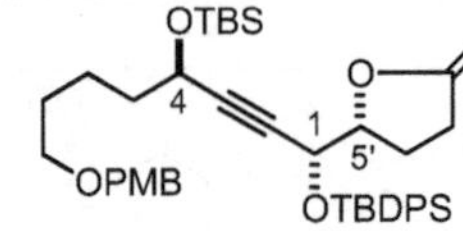

OTBS O 4 1 5' OPMB OTBDPS

3-66

Einer Lösung aus Hydroxylacton **3-65** (1.73 g Rohprodukt, max. 3.635 mmol, 1 equiv) in CH_2Cl_2 (22 mL) wird Imidazol (727 mg, 5.2 mmol, 3 equiv) zugegeben. Man kühlt im Eisbad auf 0°C ab und tropft TBDPSCl (1.4 mL, 2.6 mmol, 1.5 equiv) hinzu und lässt die Reaktionsmischung während der Reaktionszeit von ca. 4 h auf RT aufwärmen. Durch Zugabe von gesättigter NaCl-Lösung wird die Reaktion gequencht und die Phasen werden getrennt. Die wässrige Phase wird drei Mal mit CH_2Cl_2 extrahiert und die vereinigten, organischen Phasen werden anschließend über $MgSO_4$ getrocknet und abfiltriert. Das Lösungsmittel wird am Rotationsverdampfer abgezogen und der Rückstand wird säulenchromatographisch (Petrolether/EtOAc, 8:1) aufgereinigt. Man erhält 2.19 g (84%, 3 Stufen) des Silylethers **3-66** als hellgelbes Öl. R_f = 0.60 (Petrolether/EtOAc, 3:1); ^{1}H NMR (400 MHz, $CDCl_3$): δ [ppm] = 0.04, 0.05 (2 s, jeweils 3H, $Si(CH_3)_2$), 0.85 (s, 9H, $Si(CH_3)_2C(\mathit{C}H_3)_3$), 1.06 (s, 9H, $Si(Ph)_2C(CH_3)_3$), 1.20–1.60 (m, 6H, 5-H, 6-H, 7-H), 2.18–2.35 (m, 2H, 4'-H), 2.36–2.67 (m, 2H, 3'-H), 3.38 (t, *J* = 6.4 Hz, 2H, 8-H), 3.77 (s, 3H, CH_3O), 4.19 (t, *J* = 6.2 Hz, 1H, 4-H), 4.40 (s, 2H, PMB CH_2), 4.41–4.54 (m, 2H, 1-H, 5'-H), 6.85 (d, *J* = 8.7 Hz, 2H, CH_{ar}, *meta*), 7.24 (d, *J* = 8.4 Hz, 2H, CH_{ar}, *ortho*), 7.30–7.45 (m, 6H, phenyl), 7.60–7.73 (m, 4H, phenyl); ^{13}C NMR (100 MHz, $CDCl_3$): δ [ppm] = –5.2 ($Si(CH_3)_2$), –4.6 ($Si(CH_3)_2$), 18.1 ($Si(CH_3)_2\mathit{C}(CH_3)_3$), 19.3 ($Si(Ph)_2\mathit{C}(CH_3)_3$), 21.8 (C-6), 22.6 (C-4'), 25.7 ($Si(CH_3)_2C(\mathit{C}H_3)_3$), 26.8 ($Si(Ph)_2C(\mathit{C}H_3)_3$), 27.9 (C-3'), 29.3 (C-7), 38.0 (C-5), 55.2 (CH_3O), 62.6 (C-4), 65.5 (C-1), 69.9 (C-8), 72.5 (PMB CH_2), 80.3 (C-2), 80.6 (C-5'), 88.7 (C-3), 113.7 (CH_{ar}, *meta*), 127.5 (phenyl), 127.8 (phenyl),

129.2 (CH_{ar}, *ortho*), 129.8 (phenyl), 130.0 (phenyl), 130.7 (CH_{ar}), 132.6 (phenyl), 132.8 (phenyl), 135.7 (phenyl), 135.9 (phenyl), 159.0 (C_{ar}, *para*), 176.7 (C-2').

(4*R*,5*R*,8*R*)-8-{[*tert*-Butyl(dimethyl)silyl]oxy}-5-{[*tert*-butyl(diphenyl)silyl]oxy}-12-[(*para*-methoxybenzyl)oxy]dodec-6-in-1,4-diol (3-67) und (4*R*,5*R*,8*R*)-8-{[*tert*-butyl(dimethyl)silyl]oxy}-12-[(*para*-methoxybenzyl)oxy]dodec-6-in-1,4,5-triol (3-68)

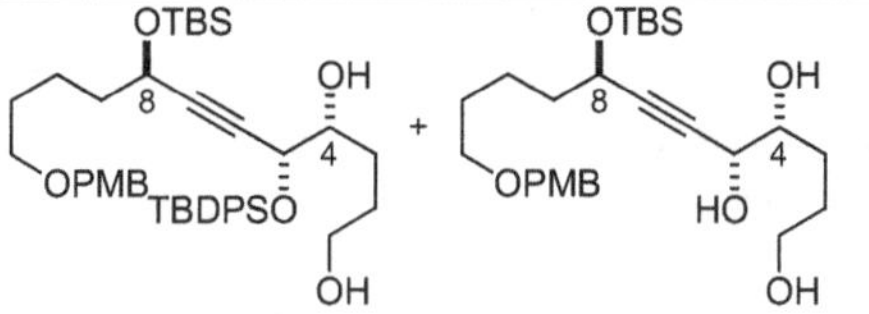

OTBS OH 8 4 OPMB TBDPSO OH + OTBS OH 8 4 OPMB HO OH

3-67 **3-68**

$LiAlH_4$ (80 mg, 2.1 mmol, 1.5 equiv) wird in THF (15 mL) suspendiert und auf 0°C abgekühlt. Man gibt das Lacton **3-66** (1.0 g, 1.4 mmol, 1 equiv), gelöst in THF (20 mL) tropfenweise hinzu und rührt das Reaktionsgemisch im Eisbad ca. 15 min. Durch vorsichtige Zugabe von NH_4Cl-Lösung wird die Reaktion gequencht und die Phasen werden getrennt. Die wässrige Phase wird drei Mal mit EtOAc extrahiert und die vereinigten, organischen Phasen werden über $MgSO_4$ getrocknet und abfiltriert. Das Lösungsmittel wird am Rotationsverdampfer abgezogen und das Rohprodukt (ein Gemisch aus Diol **3-67** und Triol **3-68**) wird ohne weitere Aufreinigung im nächsten Syntheseschritt eingesetzt. R_f (**3-67**) = 0.15 (Petrolether/EtOAc, 3:1); R_f (**3-68**) = 0.01 (Petrolether/EtOAc, 3:1).

(4*R*,5*R*,8*R*)-1,8-di-{[*tert*-Butyl(dimethyl)silyl]oxy}-5-{[*tert*-butyl (diphenyl)silyl]oxy}-12-[(*para*-methoxybenzyl)oxy]dodec-6-in-4-ol (3-69)

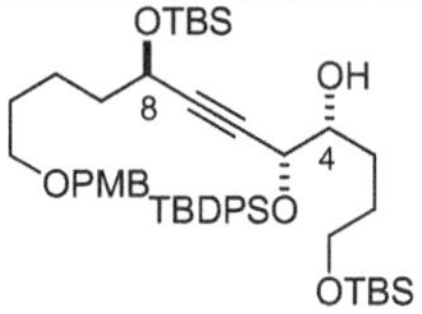

OTBS OH 8 4 OPMB TBDPSO OTBS

3-69

(a) durch selektive Silylierung der primären Alkoholfunktion des Diols **3-67**: Das Gemisch aus Diol **3-67** und Triol **3-68** (1.0 g, max. 1.4 mmol) wird in DMF (13 mL) gelöst. Nach Zugabe von Imidazol (145 mg, 2.1 mmol, 1.5 equiv) und DMAP (katalytische Menge) wird die Lösung im Eisbad auf 0°C abgekühlt, bevor TBSCl (250 mg, 1.55 mmol, 1.1 equiv) zugegeben wird. Während der Reaktionszeit von ca. 1 h wird der Kolben langsam auf RT erwärmt. Das Reaktionsgemisch wird mit Et_2O verdünnt und durch Zugabe von H_2O gequencht. Die Phasen werden getrennt und die organische Phase wird mit gesättigter NaCl-Lösung gewaschen. Nach Trocknen über $MgSO_4$ und Filtration wird das Lösungsmittel am Rotationsverdampfer abgezogen und der Rückstand säulenchromatographisch (Petrolether/EtOAc, 9:1) aufgereinigt. Man erhält 525 mg (45%, 2 Stufen) des Alkohols **3-69** und 350 mg (42%, 2 Stufen) des Diols **3-70** jeweils als hellgelbe Öle.

(b) durch selektive Silylierung des Diols **3-70**: Zu einer Lösung des Diols **3-70** (1.18 g, 2 mmol) in CH_2Cl_2 (10 mL) wird Imidazol (405 mg, 6.0 mmol, 3 equiv) zugegeben und im Eisbad auf 0°C abgekühlt. TBDPSCl (0.58 mL, 2.2 mmol, 1.1 equiv) wird zugetropft und die Reaktionsmischung wird anschließend für 3 h bei RT gerührt. Durch Zugabe von gesättigter NaCl-Lösung wird die Reaktion gequencht und die Phasen werden getrennt. Die wässrige Phase wird drei Mal mit CH_2Cl_2 extrahiert und die vereinigten, organischen Phasen werden über $MgSO_4$ getrocknet, abfiltriert und das Lösungsmittel wird am Rotationsverdampfer abgezogen. Der Rückstand wird säulenchromatographisch (Petrolether/EtOAc, 15:1) aufgereinigt und man erhält 1.25 g (75%) des Alkohols **3-69** als hellgelbes Öl. R_f =0.53 (Petrolether/EtOAc, 6:1); $[\alpha]^{20}_D$ = –10.3 (*c* 1.00, CH_2Cl_2); ^1H NMR (400 MHz, $CDCl_3$): δ [ppm] = 0.02 (s, 6H, 1-OSi(CH_3)$_2$), 0.03 (s, 6H, 8-OSi(CH_3)$_2$), 0.84 (s, 9H, 1-OSi(CH_3)$_2$C(C*H*$_3$)$_3$), 0.88 (s, 9H, 8-OSi(CH_3)$_2$C(C*H*$_3$)$_3$), 1.06 (s, 9H, OSi(Ph)$_2$C(C*H*$_3$)$_3$), 1.17–1.91 (m, 10H, 2-H, 3-H, 9-H, 10-H, 11-H), 2.64 (s, 1H, OH), 3.36 (t, *J* = 6.7 Hz, 2H, 12-H), 3.57–3.64 (m, 3H, 1-H, 4-H), 3.79 (s, 3H, CH_3O), 4.11 (t, *J* = 5.6 Hz, 1H, 8-H), 4.27 (d, *J* = 6.4 Hz, 1H, 5-H), 4.42 (s, 2H, PMB CH_2), 6.87 (d, *J* = 8.7 Hz, 2H, CH_{ar}, *meta*), 7.25 (d, *J* = 8.7 Hz, 2H, CH_{ar}, *ortho*), 7.29–7.45 (m, 6H, phenyl), 7.63–7.76 (m, 4H, phenyl); ^{13}C NMR (100 MHz, $CDCl_3$): δ [ppm] = –5.3 (1-OSi(CH_3)$_2$), –5.1 (8-OSi(CH_3)$_2$), –4.5 (8-OSi(CH_3)$_2$), 18.1 (1-OSi(CH_3)$_2$*C*(CH_3)$_3$), 18.3 (8-OSi(CH_3)$_2$*C*(CH_3)$_3$), 19.3 (OSi(Ph)$_2$*C*(CH_3)$_3$), 21.8 (C-10), 25.7 (8-OSi(CH_3)$_2$C(*C*H$_3$)$_3$), 26.0 (1-OSi(CH_3)$_2$C(*C*H$_3$)$_3$), 26.9 (OSi(Ph)$_2$C(*C*H$_3$)$_3$), 28.8 (C-11), 29.1 (C-2), 29.3 (C-3), 38.0 (C-9), 55.2 (CH_3O), 62.6 (C-8), 63.3 (C-1), 68.1 (C-5), 70.0 (C-12), 72.5 (PMB CH_2), 74.8 (C-4), 82.0 (C-6), 88.5 (C-7), 113.7 (CH_{ar}, *meta*), 127.4 (phenyl), 127.7 (phenyl), 129.2 (CH_{ar}, *ortho*), 129.6 (phenyl), 129.9 (phenyl), 130.7 (C_{ar}), 133.0 (phenyl), 133.3 (phenyl), 135.8 (phenyl), 136.0 (phenyl), 159.1 (C_{ar}, *para*); HRMS (ESI): $[M+Na]^+$ berechnet für $C_{48}H_{76}O_6Si_3$ 855.48419, gefunden 855.48473.

(4*R*,5*R*,8*R*)-1,8-di-{[*tert*-Butyl(dimethyl)silyl]oxy}-12-[(*para*-methoxybenzyl)oxy]dodec-6-in-4,5-diol (3-70)

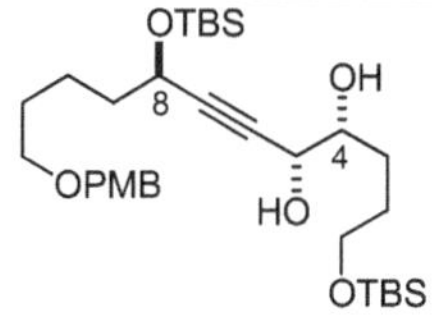

3-70

Dihydroxylierung des Alkenins **3-63**: $(DHQD)_2PHAL$ (4.3 mg, katalytische Menge), $K_3Fe(CN)_6$ (532 mg, 1.6 mmol, 3 equiv), K_2CO_3 (226 mg, 1.6 mmol, 3 equiv) und $K_2OsO_2(OH)_4$ (1 mg, katalytissche Menge) werden in einer 1:1 Mischung aus H_2O (3 mL) und *t*-Butylalkohol (3 mL) gelöst (gelbe Lösung). $MeSO_2NH_2$ (52 mg, 0.54 mmol, 1 equiv) wird zugegeben und die Mischung wird unter starkem Rühren auf 0°C abgekühlt (orange Suspension). Das Alkenin **3-63** wird zugetropft (1.9 g, 3.9 mmol) und die Reaktionsmischung wird innerhalb von 4 h auf RT erwärmt. Nach weiterem Rühren für 10 h bei RT wird die Reaktion durch Zugabe von festem Na_2SO_3 (770 mg) gequencht. Die Lösung wird drei Mal mit EtOAc extrahiert und die vereinigten, organischen Phasen werden über $MgSO_4$ getrocknet und abfiltriert. Die flüchtigen Bestandteile werden am Rotationsverdampfer abgezogen und der Rückstand wird säulenchromatographisch (Petrolether/EtOAc, 6:1) aufgereinigt. Man erhält 243 mg (77%) des Diols **3-70** als hellgelbes Öl. R_f = 0.25 (Petrolether/EtOAc, 6:1); $[\alpha]^{20}_D$ = +20.2 (*c* 1.00, CH_2Cl_2); ^1H NMR (400 MHz, $CDCl_3$): δ [ppm] = 0.06 (s, 6H, 1-$OSi(CH_3)_2$), 0.08, 0.11 (2 s, jeweils 3H, $Si(CH_3)_2$), 0.88 (s, 9H, 1-$OSi(CH_3)_2C(CH_3)_3$), 0.89 (s, 9H, 8-$OSi(CH_3)_2C(CH_3)_3$), 1.34–1.92 (m, 10H, 2-H, 3-H, 9-H, 10-H, 11-H), 3.42 (t, *J* = 6.5 Hz, 2H, 12-H), 3.52–3.73 (m, 3H, 4-H, 1-H), 3.79 (s, 3H, CH_3O), 4.16 (d, *J* = 6.9 Hz, 1H, 5-H), 4.35 (t, *J* = 5.7 Hz, 1H, 8-H), 4.41 (s, 2H, PMB CH_2), 6.86 (d, *J* = 8.7 Hz, 2H, CH_{ar}, *meta*), 7.24 (d, *J* = 8.4 Hz, 2H, CH_{ar}, *ortho*); ^{13}C NMR (100 MHz, $CDCl_3$): δ [ppm] = –5.4 (1-$OSi(CH_3)_2$), –5.0 (8-$OSi(CH_3)_2$), –4.5 (8-$OSi(CH_3)_2$), 18.2 (1-$OSi(CH_3)_2C(CH_3)_3$), 18.3 (8-$OSi(CH_3)_2C(CH_3)_3$), 21.9 (C-10), 25.8 (8-$OSi(CH_3)_2C(CH_3)_3$), 25.9 (1-$OSi(CH_3)_2C(CH_3)_3$), 28.9 (C-11), 29.3 (C-2), 30.3 (C-3), 38.2 (C-9), 55.2 (CH_3O), 62.8 (C-8), 63.5 (C-1), 66.3 (C-5), 69.9 (C-12), 72.5 (PMB CH_2), 74.6 (C-4), 82.2 (C-6), 87.8 (C-7), 113.7 (CH_{ar}, *meta*), 129.2 (CH_{ar}, *ortho*), 130.6 (C_{ar}), 159.1 (C_{ar}, *para*); HRMS (ESI): $[M+Na]^+$ berechnet für $C_{32}H_{58}O_6Si_2$ 617.36641, gefunden 617.36628.

(4*R*,5*R*,8*R*)-1,8-di-{[*tert*-Butyl(dimethyl)silyl]oxy}-5-{[*tert*-butyl(diphenyl)silyl]oxy}-12-[(*para*-methoxybenzyl)oxy]-4-(methoxymethoxy)dodec-6-in (3-76)

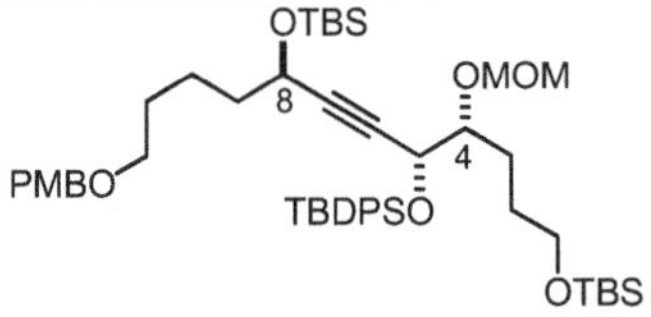

OTBS
OMOM
8
4
PMBO
TBDPSO
OTBS
3-76

Zu der Lösung aus Alkinol **3-69** (1.2 g, 1.44 mmol) in $CH_2(OCH_3)_2$ (22 mL) wird bei RT LiBr (46 mg, 0.4 equiv) und *p*-Toluolsulfonsäure (46 mg, 0.2 equiv) gegeben und für 4 Tage gerührt. Die Reaktionsmischung wird mit NaCl-Lösung versetzt und mit Et_2O extrahiert. Die vereinigten, organischen Phasen werden über $MgSO_4$ getrocknet, abfiltriert und der Rückstand wird säulenchromatographisch (Petrolether/EtOAc, 10:1) aufgereinigt. Man erhält 1.03 g (82%) des MOM-Ethers **3-76** als farbloses Öl. R_f = 0.60 (Petrolether/EtOAc, 6:1); $[\alpha]^{20}_D$ = –4.0 (*c* 1.00, CH_2Cl_2); ^1H NMR (400 MHz, $CDCl_3$): δ [ppm] = 0.03 (s, 6H, 1-OSi(CH_3)$_2$), 0.04 (s, 6H, 8-OSi(CH_3)$_2$), 0.84 (s, 9H, 1-OSi(CH_3)$_2$C(CH_3)$_3$), 0.89 (s, 9 H, 8-OSi(CH_3)$_2$C(CH_3)$_3$), 1.05 (s, 9H, OSi(Ph)$_2$C(CH_3)$_3$), 1.18–2.01 (m, 10H, 2-H, 3-H, 9-H, 10-H, 11-H), 3.20 (s, 3H, CH_3OCH_2O), 3.31–3.46 (m, 3H, 4-H, 12-H), 3.53–3.69 (m, 2H, 1-H), 3.79 (s, 3H, CH_3O), 4.14–4.26 (m, 1H, 8-H), 4.34–4.55 (m, 5H, 5-H, CH_3OCH_2O, PMB CH_2), 6.86 (d, *J* = 8.7 Hz, 2H, CH_{ar}, *meta*), 7.25 (d, *J* = 8.4 Hz, 2H, CH_{ar}, *ortho*), 7.29–7.45 (m, 6H, phenyl), 7.61–7.75 (m, 4H, phenyl); ^{13}C NMR (100 MHz, $CDCl_3$): δ [ppm] = –5.3 (1-OSi(CH_3)$_2$), –4.5 (8-OSi(CH_3)$_2$), 18.1 (1-OSi(CH_3)$_2$*C*(CH_3)$_3$), 18.3 (8-OSi(CH_3)$_2$*C*(CH_3)$_3$), 19.2 (OSi(Ph)$_2$*C*(CH_3)$_3$), 21.8 (C-10), 25.8 (8-OSi(CH_3)$_2$C(CH_3)$_3$), 26.0 (1-OSi(CH_3)$_2$C(CH_3)$_3$), 26.9 (OSi(Ph)$_2$C(CH_3)$_3$), 27.0 (C-11), 29.2 (C-3), 29.4 (C-2), 38.2 (C-9), 55.2 (CH_3O PMB), 55.5 (CH_3OCH_2), 62.7 (C-8), 63.3 (C-1), 66.2 (C-5), 70.0 (C-12), 72.5 (PMB CH_2), 80.8 (C-4), 82.3 (C-6), 87.6 (C-7), 96.9 (CH_3OCH_2O), 113.7 (CH_{ar}, *meta*), 127.4 (phenyl), 127.6 (phenyl), 129.1 (CH_{ar}, *ortho*), 129.5 (phenyl), 129.8 (phenyl), 130.7 (C_{ar}), 133.3 (phenyl), 133.4 (phenyl), 135.8 (phenyl), 135.9 (phenyl), 159.4 (C_{ar}, *para*); HRMS (ESI): $[M+Na]^+$ berechnet für $C_{50}H_{80}O_7Si_3$ 899.51041, gefunden 899.51123.

(4*R*,5*R*,8*R*)-5-{[*tert*-Butyl(diphenyl)silyl]oxy}-12-[(*para*-methoxybenzyl)oxy]-4-(methoxymethoxy)dodec-6-in-1,8-diol (3-77)

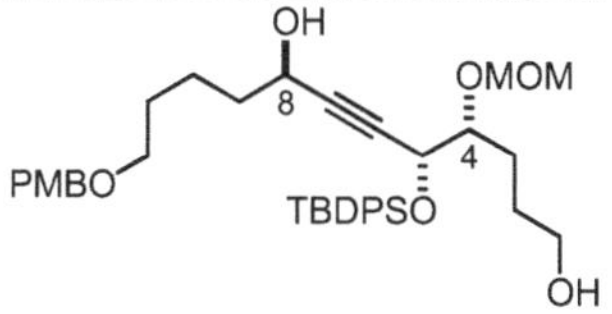

OH OMOM 8 4 PMBO TBDPSO OH

3-77

Das vollständig geschützte Dodec-6-in-Derivat **3-76** (930 mg, 1.06 mmol) wird in einer 1:1 Mischung aus MeOH (8 mL) und CH_2Cl_2 (8 mL) gelöst und mit CSA (katalytische Menge) versetzt. Man rührt ca. 4 h bei RT und quencht anschließend die Reaktion durch Zugabe von gesättigter $NaHCO_3$-Lösung. Nach Zugabe von CH_2Cl_2 werden die Phasen getrennt und die wässrige Phase wird drei Mal mit CH_2Cl_2 extrahiert. Die vereinigten, organischen Phasen werden über $MgSO_4$ getrocknet und das Lösungsmittel wird am Rotationsverdampfer abgezogen. Der Rückstand wird säulenchromatographisch aufgereinigt und man erhält 470 mg (69%) des Diols **3-77** als farbloses Öl. R_f = 0.37 (Petrolether/EtOAc, 1:3); $[\alpha]^{20}_D$ = –22.5 (*c* 1.00, CH_2Cl_2); ^1H NMR (400 MHz, $CDCl_3$): δ [ppm] = 1.05 (s, 9H, $Si(Ph)_2C(CH_3)_3$), 1.27–1.80 (m, 10H, 2-H, 3-H, 9-H, 10-H, 11-H), 3.27 (s, 3H, CH_3OCH_2O), 3.39 (t, *J* = 6.6 Hz, 2H, 12-H), 3.50–3.58 (m, 1H, 4-H), 3.62 (t, *J* = 5.7 Hz, 2H, 1-H), 3.79 (s, 3H, CH_3O), 4.01–4.18 (m, 1H, 8-H), 4.41 (s, 2H, PMB CH_2), 4.46–4.66 (m, 3H, 5-H, CH_3OCH_2O), 6.86 (d, *J* = 8.7 Hz, 2H, CH_{ar}, *meta*), 7.24 (d, *J* = 7.1 Hz, 2H, CH_{ar}, *ortho*), 7.30–7.49 (m, 6H, phenyl), 7.63–7.78 (m, 4H, phenyl); ^{13}C NMR (100 MHz, $CDCl_3$): δ [ppm] = 19.2 ($OSi(Ph)_2C(CH_3)_3$), 21.8 (C-10), 26.8 ($OSi(Ph)_2C(CH_3)_3$), 27.0 (C-3), 28.7 (C-11), 29.3 (C-2), 37.1 (C-9), 55.3 (CH_3O PMB), 55.7 (CH_3OCH_2), 62.1 (C-8), 62.8 (C-1), 66.4 (C-5), 69.9 (C-12), 72.6 (PMB CH_2), 80.6 (C-4), 83.3 (C-7), 87.6 (C-6), 97.1 (CH_3OCH_2O), 113.8 (CH_{ar}, *meta*), 127.4 (phenyl), 127.7 (phenyl), 129.3 (CH_{ar}, *ortho*), 129.7 (phenyl), 129.9 (phenyl), 130.6 (C_{ar}), 133.0 (phenyl), 133.7 (phenyl), 135.8 (phenyl), 136.1 (phenyl), 159.1 (C_{ar}, *para*); HRMS (ESI): $[M+Na]^+$ berechnet für $C_{38}H_{52}O_7Si$ 671.33745, gefunden 671.33814.

(4*R*,5*R*,6*E*,8*R*)-5-{[*tert*-Butyl(diphenyl)silyl]oxy}-12-[(*para*-methoxybenzyl)oxy]-4-(methoxymethoxy)dodec-6-en-1,8-diol (3-78)

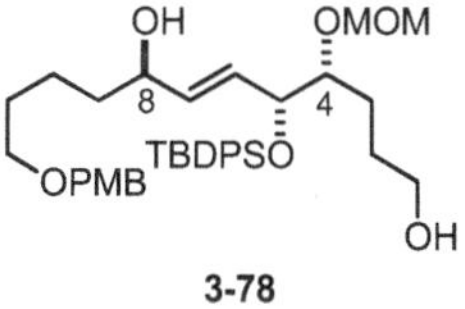

OH OMOM 8 4 TBDPSO OPMB OH

3-78

Das Alkindiol **3-77** (470 mg, 0.72 mmol) wird in THF (25 mL) gelöst und auf 0°C abgekühlt. Red-Al® (1.2 mL, 65 Gew.% in Toluol, 4.0 mmol, 5.5 equiv) wird zugetropft und die Reaktionsmischung wird für 12 h bei RT gerührt. Nach dem Quenchen mit 1N HCl wird mit Et_2O verdünnt und die Phasen werden getrennt. Die wässrige Phase wird drei Mal mit Et_2O extrahiert und die vereinigten, organischen Phasen werden mit gesättigter NaCl-Lösung gewaschen, über $MgSO_4$ getrocknet und abfiltriert. Der Rückstand wird säulenchromatographisch (Petrolether/EtOAc, 1:3) aufgereinigt und man erhält 375 mg (80%) des Allylalkohols **3-78** als hellgelbes Öl. R_f = 0.20 (Petrolether/EtOAc, 1:3); $[\alpha]^{20}_D$ = +8.7 (*c* 1.00, CH_2Cl_2); ^1H NMR (400 MHz, $CDCl_3$): δ [ppm] = 1.06 (s, 9H, $Si(Ph)_2C(CH_3)_3$), 1.17–1.69 (m, 10H, 2-H, 3-H, 9-H, 10-H, 11-H), 3.23 (s, 3H, CH_3OCH_2O), 3.32–3.43 (m, 3H, 4-H, 12-H), 3.56 (t, *J* = 6.2 Hz, 2H, 1-H), 3.79 (s, 3H, CH_3O), 3.88–3.99 (m, 1H, 8-H), 4.30–4.49 (m, 5H, 5-H, CH_3OCH_2O, PMB CH_2), 5.40–5.53 (m, 1H, 6-H), 5.54–5.66 (m, 1H, 7-H), 6.86 (d, *J* = 8.7 Hz, 2H, CH_{ar}, *meta*), 7.24 (d, *J* = 8.4 Hz, 2H, CH_{ar}, *ortho*), 7.29–7.48 (m, 6H, phenyl), 7.57–7.71 (m, 4H, phenyl); ^{13}C NMR (100 MHz, $CDCl_3$): δ [ppm] = 19.3 ($Si(Ph)_2C(CH_3)_3$), 22.0 (C-10), 26.1 (C-11), 27.0 ($Si(Ph)_2C(CH_3)_3$), 29.0 (C-3), 29.6 (C-2), 36.6 (C-9), 55.2 (CH_3O PMB), 55.7 (CH_3OCH_2O), 62.8 (C-1), 69.9 (C-12), 72.2 (C-8), 72.5 (PMB CH_2), 74.4 (C-5), 81.3 (C-4), 97.0 (CH_3OCH_2O), 113.7 (CH_{ar}, *meta*), 127.5 (phenyl), 127.6 (phenyl), 128.8 (CH_{ar}, *ortho*), 129.3 (C-6), 129.7 (phenyl), 129.8 (phenyl), 130.6 (C_{ar}), 133.7 (phenyl), 133.9 (phenyl), 135.3 (C-7), 135.9 (phenyl), 135.9 (phenyl), 159.1 (C_{ar}, *para*); HRMS (ESI): $[M+Na]^+$ berechnet für $C_{38}H_{54}O_7Si$ 673.35310, gefunden 673.35320.

(4*R*,5*R*,6*E*,8*R*)-5-{[*tert*-Butyl(diphenyl)silyl]oxy}-8-hydroxy-12-[(*para*-methoxybenzyl)oxy]-4-(methoxymethoxy)dodec-6-enal (3-79)

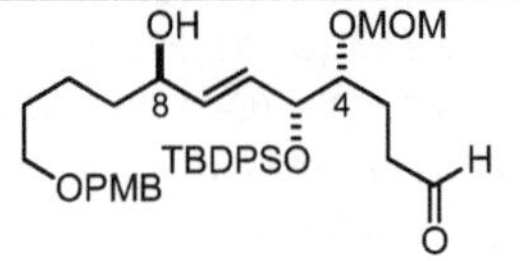

3-79

$PhI(OAc)_2$ (55 mg, 0.17 mmol, 2.2 equiv) und 4-Hydroxy-TEMPO (3 mg, 0.017 mmol, 0.22 equiv) werden mit Hilfe eines Mörsers miteinander vermischt und portionsweise zu einer Lösung aus 1,8-Diol **3-78** (50 mg, 0.077 mmol) in CH_2Cl_2 (5 mL) gegeben. Es wird ca. 6 h bei RT an Luft gerührt bevor mit 10% $Na_2S_2O_3$-Lösung gequencht wird. Die Phasen werden getrennt und die wässrige Phase wird drei Mal mit CH_2Cl_2 extrahiert. Die vereinigten, organischen Phasen werden mit gesättigter $NaHCO_3$-Lösung gewaschen, über $MgSO_4$ getrocknet und abfiltriert. Das Rohprodukt **3-79** kann ohne weitere Aufreinigung im nächsten Reaktionsschritt eingesetzt werden. Um saubere Analytik von der Substanz machen zu können, wird eine analytische Menge säulenchromatographisch (Petrolether/EtOAc, 1.5:1) aufgereinigt. R_f = 0.48 (Petrolether/EtOAc, 1:2); ^1H NMR (400 MHz, $CDCl_3$): δ [ppm] = 1.07 (s, 9H,

$Si(Ph)_2C(CH_3)_3$), 1.17–1.70 (m, 8H, 3-H, 9-H, 10-H, 11-H), 2.36–2.56 (m, 2H, 2-H), 3.21 (s, 3H, CH_3OCH_2O), 3.27–3.36 (m, 1H, 4-H), 3.40 (t, J = 6.6 Hz, 2H, 12-H), 3.79 (s, 3H, CH_3O PMB), 3.91–4.00 (m, 1H, 8-H), 4.29–4.39 (m, 3H, 5-H, CH_3OCH_2O), 4.41 (s, 2H, PMB CH_2), 5.43–5.73 (m, 2H, 6-H, 7-H), 6.86 (d, J = 8.7 Hz, 2H, CH_{ar}, *meta*), 7.24 (d, J = 6.9 Hz, 2H, CH_{ar}, *ortho*), 7.29–7.47 (m, 6H, phenyl), 7.58–7.71 (m, 4H, phenyl), 9.70 (s, 1H, 1-H); ^{13}C NMR (100 MHz, $CDCl_3$): δ [ppm] = 19.3 ($OSi(Ph)_2C(CH_3)_3$), 22.1 (C-10), 22.3 (C-3), 27.0 ($OSi(Ph)_2C(CH_3)_3$), 29.6 (C-11), 36.7 (C-9), 40.5 (C-2), 55.3 (CH_3O PMB), 55.7 (CH_3OCH_2O), 70.0 (C-12), 72.1 (C-8), 72.5 (PMB CH_2), 74.0 (C-4), 80.6 (C-5), 97.1 (CH_3OCH_2O), 113.7 (CH_{ar}, *meta*), 127.5 (phenyl), 127.7 (phenyl), 128.2 (C-6), 129.2 (CH_{ar}, *ortho*), 129.7 (phenyl), 129.9 (phenyl), 130.7 (C_{ar}), 133.6 (phenyl), 133.8 (phenyl), 135.5 (C-7), 135.9 (phenyl), 135.9 (phenyl), 159.1 (C_{ar}, *para*), 202.3 (C-1).

(5*R*,6*E*,8*R*,9*R*)-8-{[*tert*-Butyl(diphenyl)silyl]oxy}-1-[(*para*-methoxybenzyl)oxy]-9-(methoxymethoxy)tridec-6-en-12-in-5-ol (3-81)

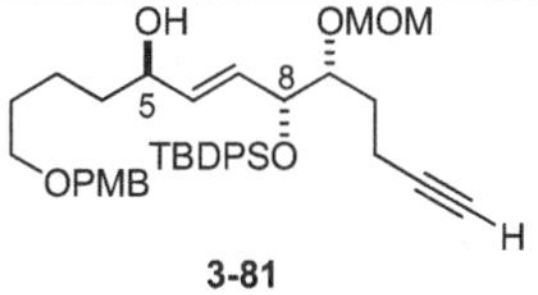

Diethyl-1-diazo-2-oxopropylphosphonat (**3-80**) (25 mg, 0.12 mmol, 1.5 equiv) wird zu einer Lösung aus Hydroxyaldehyd **3-79** (Rohprodukt, max. 0.077 mmol, 1 equiv) und K_2CO_3 (20 mg, 2 equiv) in MeOH (2 mL) gegeben und für 12 h bei RT gerührt. Die Reaktionsmischung wird anschließend mit Et_2O verdünnt und mit $NaHCO_3$-Lösung gewaschen. Die Phasen werden getrennt und die wässrige Phase wird drei Mal mit Et_2O extrahiert. Die vereinigten, organischen Phasen werden über $MgSO_4$ getrocknet und das Lösungsmittel wird am Rotationsverdampfer abgezogen. Der Rückstand wird säulenchromatographisch (Petrolether/EtOAc, 1.5:1) aufgereinigt und man erhält 25 mg (51%, 2 Stufen) des Alkinols **3-81** als hellgelbes Öl. R_f = 0.60 (Petrolether/EtOAc, 1:1); $[\alpha]^{20}_D$ = +8.1 (c 1.00, CH_2Cl_2); ^1H NMR (400 MHz, $CDCl_3$): δ [ppm] = 1.07 (s, 9H, $Si(Ph)_2C(CH_3)_3$), 1.16–1.70 (m, 8H, 2-H, 3-H, 4-H, 10-H), 1.90 (s, 1H, 13-H), 2.12–2.36 (m, 2H, 11-H), 3.21 (s, 3H, CH_3OCH_2O), 3.39 (t, J = 6.6 Hz, 2H, 1-H), 3.49–3.56 (m, 1H, 9-H), 3.78 (s, 3H, CH_3O PMB), 3.89–4.02 (m, 1H, 5-H), 4.32–4.47 (m, 5H, 8-H, CH_3OCH_2O, PMB CH_2), 5.47–5.57 (m, 1H, 7-H), 5.58–5.67 (m, 1H, 6-H), 6.86 (d, J = 8.4 Hz, 2H, CH_{ar}, *meta*), 7.21–7.27 (m, 2H, CH_{ar}, *ortho*), 7.29–7.47 (m, 6H, phenyl), 7.58–7.72 (m, 4H, phenyl); ^{13}C NMR (100 MHz, $CDCl_3$): δ [ppm] = 14.6 (C-11), 19.0 ($OSi(Ph)_2C(CH_3)_3$), 21.8 (C-3), 26.7 ($OSi(Ph)_2C(CH_3)_3$), 28.2 (C-2), 29.3 (C-10), 36.4 (C-4), 55.0 (CH_3O PMB), 55.4 (CH_3OCH_2O), 68.3 (C-13), 69.7 (C-1), 71.8 (C-5), 72.2 (PMB CH_2), 73.4 (C-8), 79.5 (C-9), 83.8 (C-12), 96.8 (CH_3OCH_2O), 113.5 (CH_{ar}, *meta*), 127.2 (phenyl), 127.3 (phenyl), 128.2 (C-7), 128.9 (CH_{ar}, *ortho*), 129.4 (phenyl), 129.5 (phenyl), 130.4 (C_{ar}), 133.3 (phenyl), 133.6

(phenyl), 135.0 (C-6), 135.6 (phenyl), 135.7 (phenyl), 158.8 (C_{ar}, *para*); HRMS (ESI): $[M+Na]^+$ berechnet für $C_{39}H_{52}O_6Si$ 667.34254, gefunden 667.34281.

(5*R*,6*R*,7E,9*R*)-9-{[*tert*-Butyl(dimethyl)silyl]oxy}-6-{[*tert*-butyl(diphenyl)silyl]oxy}-13-[(*para*-methoxybenzyl)oxy]-5-(methoxymethoxy)tridec-7-en-1-in (3-82)

OTBS OMOM 9 5 TBDPSO OPMB H

3-82

Zu einer Lösung von Alkinol **3-81** (77 mg, 0.12 mmol) in CH_2Cl_2 (31 mL) gibt man 2,6-Lutidin (47 μL, 0.36 mmol, 3 equiv). Man kühlt auf 0°C ab und tropft TBSOTf (42 μL, 0.18 mmol, 1.5 equiv) dazu. Nach einer Reaktionszeit von ca. 40 min wird das Reaktionsgemisch mit CH_2Cl_2 verdünnt und nacheinander mit H_2O, 1N HCl and gesättigter $NaHCO_3$-Lösung gewaschen, über $MgSO_4$ getrocknet und abfiltriert. Die flüchtigen Bestandteile werden am Rotationsverdampfer abgezogen und der Rückstand wird säulenchromatographisch (Petrolether/EtOAc, 10:1) aufgereinigt. Man erhält 85 mg (93%) Alkin **3-82** als farbloses Öl. R_f = 0.48 (Petrolether/EtOAc, 10:1); $[\alpha]^{20}_D$ = +7.4 (*c* 1.00, CH_2Cl_2); ^1H NMR (400 MHz, $CDCl_3$): δ [ppm] = 0.00, 0.02 (2 s, jeweils 3H, $Si(CH_3)_2$), 0.86 (s, 9H, $Si(CH_3)_2C(CH_3)_3$), 1.07 (s, 9H, $Si(Ph)_2C(CH_3)_3$), 1.14–1.67 (m, 8H, 4-H, 10-H, 11-H, 12-H), 1.88 (t, *J* = 2.5 Hz, 1H, 1-H), 2.07–2.33 (m, 2H, 3-H), 3.17 (s, 3H, CH_3OCH_2O), 3.32–3.45 (m, 3H, 5-H, 13-H), 3.79 (s, 3H, CH_3O PMB), 4.01–4.11 (m, 1H, 9-H), 4.22–4.32 (m, 2H, CH_3OCH_2O), 4.33–4.38 (m, 1H, 6-H), 4.42 (s, 2H, PMB CH_2), 5.53–5.68 (m, 2H, 7-H, 8-H), 6.86 (d, *J* = 8.7 Hz, 2H, CH_{ar}, *meta*), 7.22-7.28 (m, 2H, CH_{ar}, *ortho*), 7.29–7.46 (m, 6H, phenyl), 7.56–7.73 (m, 4H, phenyl); ^{13}C NMR (100 MHz, $CDCl_3$): δ [ppm] = –4.9 ($Si(CH_3)_2$), –4.4 ($Si(CH_3)_2$), 14.9 (C-3), 18.2 ($Si(CH_3)_2C(CH_3)_3$), 19.3 ($Si(Ph)_2C(CH_3)_3$), 21.9 (C-11), 25.9 ($Si(CH_3)_2C(CH_3)_3$), 27.1 ($Si(Ph)_2C(CH_3)_3$), 28.4 (C-12), 29.8 (C-4), 38.2 (C-10), 55.3 (CH_3O PMB), 55.5 (CH_3OCH_2O), 68.4 (C-1), 70.2 (C-13), 72.5 (C-9), 73.0 (PMP CH_2), 73.6 (C-6), 79.9 (C-5), 84.3 (C-2), 97.0 (CH_3OCH_2O), 113.7 (CH_{ar}, *meta*), 127.2 (C-7), 127.5 (phenyl), 127.6 (phenyl), 129.2 (CH_{ar}, *ortho*), 129.6 (phenyl), 129.8 (phenyl), 130.8 (C_{ar}), 133.7 (phenyl), 133.9 (phenyl), 135.6 (C-8), 135.9 (phenyl), 136.0 (phenyl), 159.1 (C_{ar}, *para*); HRMS (ESI): $[M+Na]^+$ berechnet für $C_{45}H_{66}O_6Si_2$ 781.42901, gefunden 781.43091.

Methyl (2*E*,4*R*,5*R*,7*E*,9*E*,13*R*,14*R*,15*E*,17*R*)-17-{[*tert*-butyl(dimethyl)silyl]oxy}-14-{[*tert*-butyl(diphenyl)silyl]oxy}-21-[(*para*-methoxybenzyl)oxy]-13-(methoxymethoxy)-2,4,7-trimethyl-5-[(triethylsilyl)oxy]henicosa-2,7,9,15-tetraenoat (3-84)

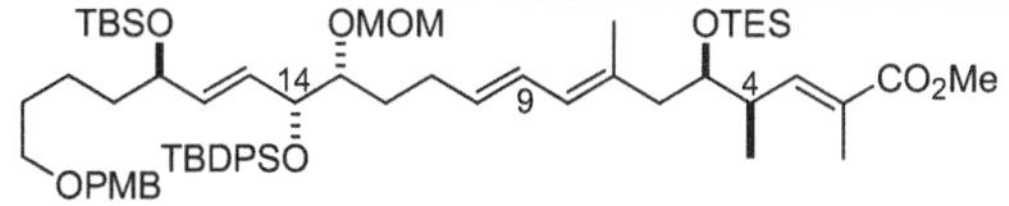

3-84

a) Via Suzuki-Kupplung: Eine Lösung aus Alkenin **3-82** (10 mg, 0.013 mmol, 1 equiv) in THF (0.15 mL) wird bei 0°C mit 9-BBN (34 μL, 0.5M in THF, 0.017 mmol, 1.3 equiv) versetzt und anschließend 36 h bei RT gerührt. Das entstandene Vinylboran **3-83** wird als Lösung ohne jegliche Aufreinigung in der Kupplungsreaktion eingesetzt.

Das Dienoat **3-53** (8 mg, 0.017 mmol, 1.3 equiv) wird in DMF (0.2 mL) gelöst und nacheinander werden bei RT $AsPh_3$ (0.3 mg, 5 mol%), $Pd(Cl_2(dppf))$ (0.8 mg, 5 mol%), Cs_2CO_3 (14 mg, 0.034 mmol, 2 equiv) und 2 Tropfen H_2O zugegeben. Zu dieser Mischung wird die zuvor dargestellte Vinylboran-Lösung zugetropft. Nach einer Reaktionszeit von 72 h bei RT wird die Reaktion durch Zugabe von gesättigter NH_4Cl-Lösung gequencht und die Phasen werden getrennt. Die wässrige Phase wird drei Mal mit EtOAc extrahiert und die vereinigten, organischen Phasen werden über $MgSO_4$ getrocknet, abfiltriert und das Lösungsmittel wird am Rotationsverdampfer abgezogen. Der Rückstand wird säulenchromatographisch (Petrolether/EtOAc, 12:1) aufgereinigt und man erhält 9 mg (67%, 2 Stufen) des Kupplungsproduktes **3-84** als farbloses Öl.

Aus HPLC-MS-Analysen lässt sich erkennen, dass das Produkt durch das 9,10-Dihydro Derivat **3-85** verunreinigt ist. Setzt man 9-BBN in größerem Überschuss (3 equiv) ein, so wird dieses Nebenprodukt **3-85** zum alleinigen Hauptprodukt der Reaktion.

(b) Via Stille-Kupplung: Zu einer Lösung aus Alkenin **3-82** (10 mg, 0.013 mmol, 1 equiv) in THF (0.15 mL) wird bei RT $PdCl_2(PPh_3)_2$ (0.17 mg, 200 μmol, 15 mol%) gegeben und ca. 15 min. gerührt. Anschließend wird *n*-Bu_3SnH (10 μL, 0.038 mmol, 3 equiv) langsam zugetropft. Nach ca. 10 min Reaktionszeit wird das Lösungsmittel am Rotationsverdampfer abgezogen und das entstandene Vinylstannan **3-86** wird ohne jegliche Aufreinigung in der Kupplungsreaktion eingesetzt. Das Dienoat **3-53** (5.5 mg, 0.012 mmol, 1.2 equiv) wird zusammen mit dem Stannan **3-86** (10 mg, 0.01 mmol, 1 equiv) in DMF (0.2 mL) gelöst. Bei RT werden $AsPh_3$ (1.3 mg, 0.4 equiv) und $Pd_2(dba)_3$ (2 mg, 0.2 equiv) zugegeben. Nach 6 h Reaktionszeit wird H_2O zugegeben und die Mischung wird drei Mal mit Et_2O extrahiert. Die vereinigten, organischen Phasen werden über $MgSO_4$ getrocknet, abfiltriert und das Lösungsmittel wird am Rotationsverdampfer abgezogen. Der Rückstand wird säulenchromatographisch (Petrolether/EtOAc, 20:1) aufgereinigt und man erhält 8 mg (78%) des Kupplungsproduktes **3-84** als hellgelbes Öl. **3-84**: R_f = 0.43 (Petrolether/EtOAc, 10:1); $[\alpha]^{20}_D$ = +41.0 (*c* 0.47, CH_2Cl_2); ^{1}H NMR (400 MHz, $CDCl_3$): δ [ppm] = –0.01, 0.01 (2 s, jeweils 3H, $Si(CH_3)_2$), 0.57 (q, *J* = 8.1 Hz, 6H, CH_3CH_2Si), 0.84 (s, 9H, $Si(CH_3)_2C(CH_3)_3$), 0.86 (t, *J* = 2.2 Hz, 9H, CH_3CH_2Si), 0.99 (d, *J* = 6.9 Hz, 3H, 4-CH_3), 1.05 (s, 9H, $Si(Ph)_2C(CH_3)_3$), 1.25–1.62 (m, 8H, 12-,18-,19-,20-H), 1.72 (s, 3H, 7-CH_3), 1.78–1.80 (m, 3H, 2-CH_3), 1.95–2.38 (m, 4H, 6-, 11-H), 2.48-2.59 (m, 1H, 4-H), 3.12–3.25 (m, 4H, 13-H, CH_3OCH_2O), 3.38 (t, *J* = 6.7 Hz, 2H, 21-H), 3.72 (s, 3H, OCH_3), 3.74–3.77 (m, 1H, 5-H), 3.79 (s, 3H, PMB OCH_3), 3.98–4.07 (m, 1H, 17-H), 4.17–4.36 (m, 3H, 14-H, CH_3OCH_2O), 4.41 (s, 2H, PMB CH_2), 5.44–5.66 (m, 3H, 10-, 15-, 16-H), 5.72–5.79 (m, 1H, 8-H), 6.16 (dd, *J* = 14.9, 10.9 Hz, 1H, 9-H), 6.71 (d, *J* = 10.2 Hz, 1H, 3-H), 6.86 (d, *J* = 8.7 Hz, 2H, CH_{ar}, *meta*), 7.24 (d, *J* = 6.4 Hz, 2H, CH_{ar}, *para*), 7.29–7.45 (m, 6H, phenyl), 7.56–7.71 (m, 4H, phenyl); ^{13}C NMR (400 MHz, $CDCl_3$): δ [ppm] = –4.8 (17-$OSi(CH_3)_2$), –4.3 (17-$OSi(CH_3)_2$), 5.1 ($SiCH_2CH_3$), 6.9 ($SiCH_2CH_3$), 12.6 (2-CH_3), 13.6 (4-CH_3), 17.0 (7-CH_3), 18.2 (17-$OSiC(CH_3)_3$), 18.6 (14-$OSiC(CH_3)_3$), 19.4 (C-11), 21.9 (C-19), 25.9 (17-$OSiC(CH_3)_3$), 27.1 (14-$OSiC(CH_3)_3$), 29.7 (C-12), 29.8 (C-20), 37.9 (C-18), 38.2 (C-4), 46.0 (C-6), 51.6 (OCH_3, Ester), 55.3 (PMB CH_3), 55.5 (MOM CH_3), 70.2 (C-21), 72.5 (PMB CH_2), 73.1 (C-17), 73.7 (C-5), 74.0 (C-14), 81.8 (C-13), 96.9 (MOM CH_2), 113.8 (PMB, *meta*), 126.3 (C-2), 126.7 (C-9), 127.5 (phenyl), 127.5 (C-15), 127.6 (phenyl), 128.0 (C-8), 129.2 (PMB, *ortho*), 129.6 (phenyl), 129.7 (phenyl), 130.9 (PMB), 131.5 (C-7), 132.9 (C-10), 133.8 (phenyl), 134.1 (phenyl), 135.5 (C-16), 135.9 (phenyl), 135.9 (phenyl), 146.1 (C-3), 159.1 (PMB, *para*), 168.8 (C-1); HRMS (ESI): $[M+Na]^+$ berechnet für $C_{63}H_{100}O_9Si_3$ 1107.65674, gefunden 1107.65705.

3-85: R_f = 0.45 (Petrolether/EtOAc, 10:1); $[\alpha]^{20}_D$ = +64.5 (*c* 1.00, CH_2Cl_2); ^{1}H NMR (400 MHz, $CDCl_3$): δ [ppm] = –0.01, 0.01 (2 s, jeweils 3H, $Si(CH_3)_2$), 0.57 (q, *J* = 8.1 Hz, 6H, CH_3CH_2Si), 0.86 (s, 9H, $Si(CH_3)_2C(CH_3)_3$), 0.89–0.96 (m, 9H, CH_3CH_2Si), 0.97 (m, 3H, 4-CH_3), 1.05 (s, 9H, $Si(Ph)_2C(CH_3)_3$), 1.15–1.71 (m, 15H, 7-CH_3, 10-,11-,12-,18-,19-,20-H), 1.80 (s, 3H, 2-CH_3), 1.88–1.99 (m, 2H, 9-H), 2.06–2.25 (m, 2H, 6-H), 2.48–2.61 (m, 1H, 4-H), 3.12–3.23 (m, 4H, 13-H, CH_3OCH_2O), 3.39 (t, *J* = 6.7 Hz, 2H, 21-H), 3.68-3.76 (m, 4H, OCH_3, 5-H), 3.79 (s, 3H, PMB OCH_3), 4.01–4.09 (m, 1H, 17-H), 4.20–4.36 (m, 3H, 14-H, CH_3OCH_2O), 4.41 (s, 2H, PMB CH_2), 5.16 (t, *J* = 6.6 Hz, 1H, H-8), 5.48–5.67 (m, 2H, 15-,16-H), 6.73 (d, *J* = 10.2 Hz, 1H, 3-H), 6.86 (d, *J* = 8.7 Hz, 2H, CH_{ar}, *meta*), 7.25 (d, *J* = 8.7 Hz, 2H, CH_{ar}, *para*), 7.29–7.45 (m, 6H, phenyl), 7.56–7.71 (m, 4H, phenyl); ^{13}C NMR (400 MHz, $CDCl_3$): δ [ppm] = –4.9 (17-$OSi(CH_3)_2$), –4.4 (17-$OSi(CH_3)_2$), 5.1 ($SiCH_2CH_3$), 6.9 ($SiCH_2CH3$), 12.5 (2-CH_3), 13.4 (4-CH_3), 16.5 (7-CH_3), 18.2 (17-$OSiC(CH_3)_3$), 19.3 (14-$OSiC(CH_3)_3$), 21.9 (C-19), 25.6 (C-11), 25.9 (17-$OSiC(CH_3)_3$), 27.0 (14-$OSiC(CH_3)_3$), 28.1 (C-9), 29.3 (C-10), 29.8 (C-12, C-20), 37.6 (C-18), 38.1 (C-4), 45.8 (C-6), 51.6 (OCH_3, Ester), 55.2 (PMB CH_3), 55.4 (MOM CH_3), 70.2 (C-21), 72.5 (PMB CH_2), 73.1 (C-17), 73.5 (C-5), 74.0 (C-14), 81.2 (C-13), 96.8 (MOM CH_2), 113.7 (PMB, *meta*), 126.0 (C-2), 127.4 (phenyl), 127.6 (phenyl), 127.6 (C-15), 128.1 (C-8), 129.2 (PMB, *ortho*), 129.6 (phenyl), 129.7 (phenyl), 130.8 (PMB), 131.4 (C-7), 133.8 (phenyl), 134.1 (phenyl), 135.2 (C-16), 135.9 (phenyl), 146.4 (C-3), 159.1 (PMB, *para*), 168.8 (C-1). HRMS: [M+Na]$^+$ berechnet für $C_{63}H_{102}O_9Si_3$ 1109.7239, gefunden 1109.7403.

Vorschriften zur revidierten Struktur 1

Mitsunobu-Inversion des C7-Stereozentrums

3-59 —a→ **3-58** —b→ **3-87** —c→ ***ent*-3-58**

(a) Das geschützte Alkin **3-59** ((*R*)-Konfiguration) (3.7 g, 10.2 mmol) wird in einer Mischung aus MeOH/H_2O 1:1 (je 50 mL) gelöst und bei RT mit CSA (katalytische Menge) versetzt. Nach einer Reaktionszeit von ca. 3 h wird die Reaktion durch Zugabe von gesättigter $NaHCO_3$-Lösung gequencht und mit EtOAc verdünnt. Die Phasen werden getrennt und die wässrige Phase wird drei Mal mit EtOAc extrahiert. Die vereinigten, organischen Phasen werden über $MgSO_4$ getrocknet, abfiltriert und das Lösungsmittel wird am Rotationsverdampfer abgezogen. Der Rückstand wird ohne weitere Aufreinigung im nächsten Reaktionsschritt eingesetzt.

(b) Der Alkohol **3-58** (Rohprodukt, max. 10.2 mmol) wird in Toluol (30 mL) gelöst und bei 0°C (Eisbad) langsam zu einer gekühlten Lösung aus PPh_3 (10.7 g, 41 mmol, 4 equiv), Benzoesäure (7.5 g, 61 mmol, 6 equiv) und DEAD (7 mL, 40%ig in Toluol, 16.1 mmol, 1.5 equiv) getropft. Die Reaktionsmischung wird über Nacht bei RT gerührt. Nach ca. 15 h wird das Lösungsmittel am Rotationsverdampfer abgezogen und der Rückstand wird durch eine kurze Filtrationssäule (Petrolether(EtOAc, 9:1) gespült und ohne weitere Aufreinigung und Analytik im nächsten Reaktionsschritt eingesetzt.

(c) Der Ester **3-87** (Rohprodukt, max. 10.2 mmol) wird in MeOH (70 mL) gelöst und mit K_2CO_3 versetzt. Nach einer Reaktionszeit von ca. 2 h bei RT wird die Reaktion durch Zugabe von gesättigter NH_4Cl-Lösung gequencht und mit Et_2O versetzt. Die Phasen werden getrennt und die wässrige Phase wird drei Mal mit Et_2O extrahiert. Die vereinigten, organischen Phasen werden über $MgSO_4$ getrocknet, abfiltriert und das Lösungsmittel wird am Rotationsverdampfer abgezogen. Der Rückstand wird säulenchromatographisch (Petrolether/EtOAc, 3:1) aufgereinigt und man erhält 1.5 g (60%, 3 Stufen) des (*S*)-Alkohols ***ent*-3-58** als farbloses Öl. R_f = 0.14 (Petrolether/EtOAc, 5:1); $[\alpha]^{20}_D$ = –2.3 (*c* 1.00, CH_2Cl_2); δ [ppm] = 1.44–1.77 (m, 6H, 4-H, 5-H, 6-H), 2.44 (d, *J* = 2.0 Hz, 1H, 1-H), 3.44 (t, *J* = 6.4 Hz, 2H, 7-H), 3.78 (s, 3H, CH_3O), 4.23–4.37 (m, 1H, 3-H), 4.42 (s, 2H, PMB CH_2), 6.86 (d, *J* = 8.9 Hz, 2H, CH_{ar}, *meta*), 7.24 (d, *J* = 8.7 Hz, 2H, CH_{ar}, *ortho*); ^{13}C NMR (100 MHz, $CDCl_3$): δ [ppm] = 21.7 (C-5), 29.2 (C-6), 37.3 (C-4), 55.2 (CH_3O), 62.0 (C-3), 69.7 (C-7), 72.5 (PMB CH_2), 72.7 (C-1), 85.0 (C-2), 113.7 (CH_{ar}, *meta*), 129.2 (CH_{ar}, *ortho*), 130.5 (C_{ar}), 159.0 (C_{ar}, *para*).

(R)-MTPA-säure-1'-ethinyl-5'-(4''-methoxybenzyloxy)-pentylester (3-90)

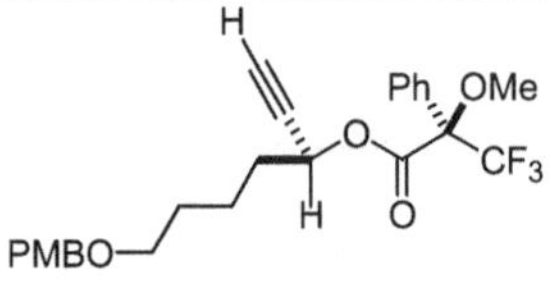

3-90

Darstellung des (*S*)-Säurechlorids **3-89** aus der (*R*)-Mosher-Säure **3-88**:

Zu einer Lösung der (*R*)-MTPA-säure **3-88** (40 mg, 0.171 mmol, 1 equiv) in Hexan (0.5 mL) werden bei RT DMF (katalytische Menge) und Oxalylchlorid (45 µL, 0.513 mmol, 3 equiv) gegeben. Nach 5 min Reaktionszeit wird der ausgefallene Feststoff von der Lösung abgetrennt und das Lösungsmittel wird am Rotationsverdampfer abgezogen. Man erhält als Rückstand ca. 36 mg (82%) des (*S*)-MTPA-säurechlorids **3-89** als farbloses Öl, das ohne weitere Aufreinigung im nächsten Reaktionsschritt eingesetzt werden kann.

Darstellung des (*S*, *R*)-Mosher-Esters **3-90**:

Zu einer Lösung des Alkohols ***ent*-3-58** (25 mg, 0.1 mmol, 1 equiv) in CH_2Cl_2 (ca. 0.5 mL) werden bei RT nacheinander DMAP (12 mg, 0.1 mmol, 1 equiv), Et_3N (67 µL, 0.16 mmol, 1.6 equiv) und (*S*)-MTPA-säurechlorid **3-89** (ca. 1.4 equiv) gegeben. Nach einer Reaktionszeit von ca. 10 min wird durch Zugaben von einigen Tropfen Et_2NH gequencht und die flüchtigen Bestandteile werden anschließend am Rotationsverdampfer abgezogen. Der Rückstand wird durch eine kurze Filtrationssäule gespült und man erhält 43 mg (92%, 2 Stufen) des (*S*, *R*)-Mosher-Esters **3-90** als farbloses Öl. ^{1}H NMR (400 MHz, $CDCl_3$): δ [ppm] = 1.41–1.61 (m, 4H, 5-H, 6-H), 1.73–1.88 (m, 2H, 4-H), 2.42 (d, *J* = 2.0 Hz, 1H, 1-H), 3.36 (t, *J* = 6.2 Hz, 2H, 7-H), 3.46 (s, 3H, MTPA CH_3O), 3.72 (s, 3H, PMB CH_3O), 4.34 (s, 2H, PMB CH_2), 5.39–5.48 (m, 1H, 3-H), 6.79 (d, *J* = 8.6 Hz, 2H, CH_{ar} PMB, *meta*), 7.17 (d, *J* = 8.6 Hz, 2H, CH_{ar} PMB, *ortho*), 7.27–7.36 (m, 3H, phenyl), 7.41–7.50 (m, 2H, phenyl).

(*S*)-MTPA-säure-1'-ethinyl-5'-(4''-methoxybenzyloxy)-pentylester (3-93)

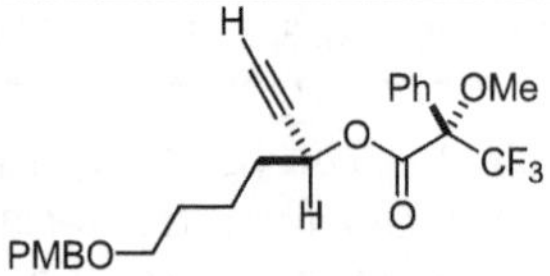

3-93

Darstellung des (*R*)-Säurechlorids **3-92** aus der (*S*)-Mosher-Säure **3-91**:

Zu einer Lösung der (*S*)-MTPA-säure **3-91** (40 mg, 0.171 mmol, 1 equiv) in Hexan (0.5 mL) werden bei RT DMF (katalytische Menge) und Oxalylchlorid (45 μL, 0.513 mmol, 3 equiv) gegeben. Nach 5 min Reaktionszeit wird der ausgefallene Feststoff von der Lösung abgetrennt und das Lösungsmittel wird am Rotationsverdampfer abgezogen. Man erhält als Rückstand ca. 36 mg (82%) des (*R*)-MTPA-säurechlorids **3-92** als farbloses Öl, das ohne weitere Aufreinigung im nächsten Reaktionsschritt eingesetzt werden kann.

Darstellung des (*S, S*)-Mosher-Esters **3-93**:

Zu einer Lösung des Alkohols ***ent*-3-58** (25 mg, 0.1 mmol, 1 equiv) in CH_2Cl_2 (ca. 0.5 mL) werden bei RT nacheinander DMAP (12 mg, 0.1 mmol, 1 equiv), Et_3N (67 μL, 0.16 mmol, 1.6 equiv) und (*R*)-MTPA-säurechlorid **3-93** (ca. 1.4 equiv) gegeben. Nach einer Reaktionszeit von ca. 10 min wird durch Zugaben von einigen Tropfen Et_2NH gequencht und die flüchtigen Bestandteile werden anschließend am Rotationsverdampfer abgezogen. Der Rückstand wird durch eine kurze Filtrationssäule gespült und man erhält 44 mg (93%, 2 Stufen) des (*S, S*)-Mosher-Esters **3-93** als farbloses Öl. ^{1}H NMR (400 MHz, $CDCl_3$): δ [ppm] = 1.29–1.56 (m, 4H, 5-H, 6-H), 1.69–1.82 (m, 2H, 4-H), 2.47 (d, *J* = 2.0 Hz, 1H, 1-H), 3.30 (t, *J* = 6.3 Hz, 2H, 7-H), 3.52 (s, 3H, MTPA CH_3O), 3.73 (s, 3H, PMB CH_3O), 4.33 (s, 2H, PMB CH_2), 5.42–5.50 (m, 1H, 3-H), 6.80 (d, *J* = 8.6 Hz, 2H, CH_{ar} PMB, *meta*), 7.16 (d, *J* = 8.8 Hz, 2H, CH_{ar} PMB, *ortho*), 7.26–7.35 (m, 3H, phenyl), 7.42–7.52 (m, 2H, phenyl).

7-[(*para*-Methoxybenzyl)oxy]-1-(trimethylsilyl)hept-1-in-3-on (3-94)

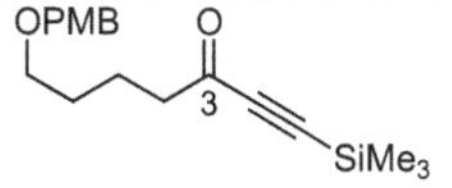

OPMB O
3
$SiMe_3$

3-94

Zu einer Lösung aus Trimethylsilylacetylen (8.0 mL, 56 mmol, 2 equiv) in THF (50 mL) wird bei –80°C langsam *n*-BuLi (22.3 mL, 2.5M in Hexan, 56 mmol, 2 equiv) zugetropft. Während diese erste Lösung 45 min bei –80°C rührt wird eine zweite Lösung aus Pentanoat **3-55** (10.0 g, 28 mmol) und $BF_3 \cdot Et_2O$ (3.4 mL) in THF (30 mL) angesetzt und bei RT mindestens 30 min stark gerührt, bevor sie tropfenweise zu der ersten Lösung zugegeben wird. Nach einer Reaktionszeit von 12 h bei –80°C wird das Reaktionsgemisch mit Et_2O verdünnt und mit gesättigter NH_4Cl-Lösung versetzt. Die Phasen werden getrennt und die wässrige Phase wird drei Mal mit Et_2O extrahiert. Die vereinigten, organischen Phasen werden mit 1M NaOH Lösung, mit H_2O und gesättigter NaCl-Lösung gewaschen, über $MgSO_4$ getrocknet, abfiltriert und am Rotationsverdampfer eingeengt. Nach säulenchromatographischer Aufreinigung

(Petrolether/EtOAc, 10:1) erhält man 7.1 g (81%) des Alkinons **3-94** als hellgelbes Öl. R_f = 0.54 (Petrolether/EtOAc, 5:1); $[\alpha]^{20}_D = -0.6$ (*c* 1.00, CH_2Cl_2); ^{1}H NMR (400 MHz, $CDCl_3$): δ [ppm] = 0.23 (s, 9H, Si($(CH_3)_3$), 1.55–1.69 (m, 2H, 6-H), 1.78–1.84 (m, 2H, 5-H), 2.58 (t, *J* = 7.4 Hz, 2H, 4-H), 3.45 (t, *J* = 6.2 Hz, 2H, 7-H), 3.80 (s, 3H, CH_3O), 4.42 (s, 2H, PMB CH_2), 6.87 (d, *J* = 8.7 Hz, 2H, CH_{ar}, *meta*), 7.25 (d, *J* = 7.6 Hz, 2H, CH_{ar}, *ortho*); ^{13}C NMR (100 MHz, $CDCl_3$): δ [ppm] = –0.8 (Si($CH_3)_3$), 20.7 (C-5), 28.9 (C-6), 44.9 (C-4), 55.3 (CH_3O), 69.5 (C-7), 72.5 (PMB CH_2), 97.7 (C-1), 102.0 (C-2), 113.8 (CH_{ar}, *meta*), 129.2 (CH_{ar}, *ortho*), 130.6 (C_{ar}), 159.1 (C_{ar}, *para*), 187.6 (C-3); HRMS (ESI): $[M+Na]^+$ berechnet für $C_{24}H_{38}O_3Si$ 341.15434, gefunden 341.15429.

(3*S*)-7-[(*para*-Methoxybenzyl)oxy]-1-(trimethylsilyl)hept-1-in-3-ol (3-96)

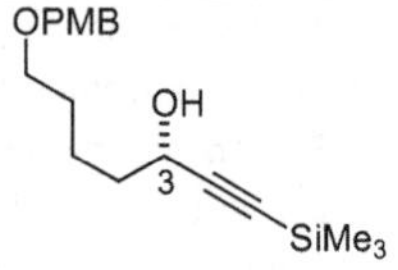

OPMB
OH
3
SiMe3
3-96

Zu einer Lösung aus Alkinon **3-94** (5.0 g, 15.5 mmol) in Propan-2-ol (170 mL) wird der Katalysatorkomplex RuCl[(*S*,S)-NTsCH(Ph)CH(Ph)NH_2(η^6-cymen) (**2-57**) (125 mg, katalytische Menge), gelöst in möglichst wenig CH_2Cl_2 (0.5 mL), gegeben. Die Reaktionsmischung wird bei RT ca. 5 h gerührt. Danach wird das Lösungsmittel am Rotationsverdampfer abgezogen und der braune Rückstand wird ohne weitere Aufreinigung im nächsten Reaktionsschritt eingesetzt.

(3*S*)-7-[(*para*-Methoxybenzyl)oxy]hept-1-in-3-ol (*ent*-3-58)

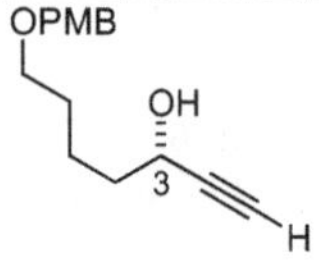

OPMB
OH
3
H
***ent*-3-58**

Zu einer Lösung aus Propargylalkohol **3-96** (Rohprodukt, max. 15.5 mmol) in MeOH (30 mL) wird bei RT K_2CO_3 (1.0 g, 7.2 mmol) gegeben. Nach einer Reaktionszeit von 30 min wird die Reaktion durch Zugabe von H_2O gequencht und mit Et_2O verdünnt. Die Phasen werden getrennt und die wässrige Phase wird drei Mal mit Et_2O extrahiert. Die vereinigten, organischen Phasen werden mit gesättigter NaCl-Lösung gewaschen, über $MgSO_4$ getrocknet, abfiltriert und das Lösungsmittel wird am Rotationsverdampfer abgezogen. Der Rückstand wird säulenchromatographisch (Petrolether/EtOAc, 5:1) aufgereinigt und man erhält 3.36 g (93%, 2 Stufen) des Alkohols ***ent*-3-58** als hellgelbes Öl. R_f = 0.13 (Petrolether/EtOAc, 5:1); $[\alpha]^{20}_D$ = –2.9 (*c* 1.00, CH_2Cl_2); ^{1}H NMR (400 MHz, $CDCl_3$): δ [ppm] = 1.44–1.77 (m, 6H, 4-H, 5-H, 6-H), 2.44 (d, *J* = 2.0 Hz, 1H, 1-H), 3.44 (t, *J* = 6.4 Hz, 2H, 7-H), 3.78 (s, 3H, CH_3O), 4.23–4.37 (m, 1H, 3-H), 4.42 (s, 2H, PMB CH_2), 6.86 (d, *J* = 8.9 Hz, 2H, CH_{ar}, *meta*), 7.24 (d, *J* = 8.7 Hz, 2H, CH_{ar}, *ortho*); ^{13}C NMR (100 MHz, $CDCl_3$): δ [ppm] = 21.7 (C-5), 29.2 (C-6), 37.3 (C-4), 55.2 (CH_3O), 62.0 (C-3), 69.7 (C-7), 72.5 (PMB CH_2), 72.7 (C-1), 85.0 (C-2), 113.7 (CH_{ar}, *meta*), 129.2 (CH_{ar}, *ortho*), 130.5 (C_{ar}), 159.0 (C_{ar}, *para*); HRMS (ESI): $[M+Na]^+$ berechnet für $C_{15}H_{20}O_3$ 271.13047, gefunden 271.13058.

(3*S*)-3-{[*tert*-Butyl(dimethyl)silyl]oxy}-7-[(*para*-methoxybenzyl)oxy]-hept-1-in (3-97)

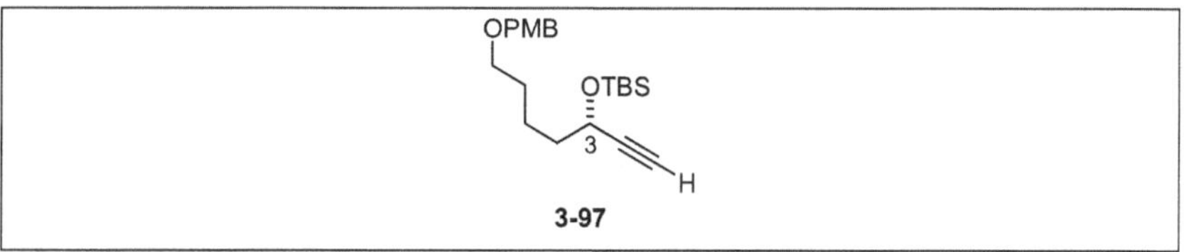

3-97

Zu einer Lösung von Hept-1-in-3-ol ***ent*-3-58** (3.4 g, 13.5 mmol) in CH_2Cl_2 (85 mL) gibt man 2,6-Lutidin (5.0 mL, 40.5 mmol, 3 equiv). Man kühlt auf 0°C ab und tropft TBSOTf (3.5 mL, 14.9 mmol, 1.1 equiv) dazu. Nach einer Reaktionszeit von ca. 20 min wird das Reaktionsgemisch mit CH_2Cl_2 verdünnt und nacheinander mit H_2O, 1N HCl and gesättigter $NaHCO_3$-Lösung gewaschen, über $MgSO_4$ getrocknet und abfiltriert. Die flüchtigen Bestandteile werden am Rotationsverdampfer abgezogen und der Rückstand wird säulenchromatographisch (Petrolether/EtOAc, 15:1) aufgereinigt. Man erhält 4.7 g (96%) des Silylethers **3-97** als farbloses Öl. R_f = 0.73 (Petrolether/EtOAc, 6:1); $[\alpha]^{20}_D$ = –28.2 (*c* 1.00, CH_2Cl_2); ^{1}H NMR (400 MHz, $CDCl_3$): δ [ppm] = 0.09 (s, 3H, $Si(CH_3)_2$), 0.11 (s, 3H, $Si(CH_3)_2$), 0.88 (s, 9H, $C(CH_3)_3$), 1.42–1.73 (m, 6H, 4-H, 5-H, 6-H), 2.35 (d, *J* = 2.0 Hz, 1H, 1-H), 3.43 (t, *J* = 6.5 Hz, 2H, 7-H), 3.78 (s, 3H, CH_3O), 4.28–4.35 (m, 1H, 3-H), 4.41 (s, 2H, PMB CH_2), 6.85 (d, *J* = 8.7 Hz, 2H, CH_{ar}, *meta*), 7.24 (d, *J* = 8.7 Hz, 2H, CH_{ar}, *ortho*); ^{13}C NMR (100 MHz, $CDCl_3$): δ [ppm] = –5.1 ($Si(CH_3)_2$), –4.6 ($Si(CH_3)_2$), 18.2 ($\mathit{C}(CH_3)_3$), 21.8 (C-5), 25.7 ($C(\mathit{C}H_3)_3$), 29.4 (C-6), 38.3 (C-4), 55.2 (CH_3O), 62.7 (C-3), 69.9 (C-7), 72.0 (C-1), 72.5 (PMB CH_2), 85.6 (C-2), 113.7 (CH_{ar}, *meta*), 129.2 (CH_{ar}, *ortho*), 130.7 (C_{ar}), 159.1 (C_{ar}, *para*); HRMS (ESI): $[M+Na]^+$ berechnet für $C_{21}H_{34}O_3Si$ 385.21694, gefunden 385.21704.

(6*S*)-6-{[*tert*-Butyl(dimethyl)silyl]oxy}-10-[(*para*-methoxybenzyl)oxy]dec-1-en-4-in-3-ol (3-98)

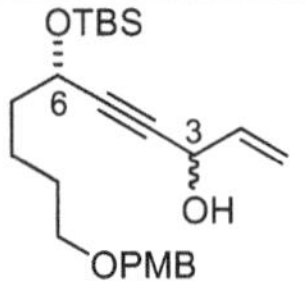

3-98

Man kühlt eine Lösung des Alkins **3-97** (5.4 g, 15 mmol) in THF (65 mL) auf –80°C ab und tropft langsam *n*-BuLi (7.2 mL, 2.5M in Hexan, 18 mmol, 1.2 equiv) dazu. Die Reaktionsmischung wird nach 30 min auf RT aufgewärmt bevor LiBr (920 mg, 11 mmol, 0.7 equiv) zugegeben wird. Es wird so lange bei RT gerührt, bis sich der Feststoff vollständig gelöst hat. Man kühlt erneut auf –80°C ab. Eine Lösung von Acrolein (1.91 mL, 27 mmol, 1.8 equiv) in THF (30 mL) wird langsam über einen Zeitraum von ca. 30 min zugetropft. Nach weiteren 2 h bei –80°C wird das Reaktionsgemisch durch Zugabe von gesättigter NH_4Cl Lösung gequencht. Die Phasen werden getrennt und die wässrige Phase wird drei Mal mit Et_2O extrahiert. Die vereinigten, organischen Phasen werden mit gesättigter NaCl-Lösung gewaschen, über $MgSO_4$ getrocknet und abfiltriert. Das Lösungsmittel wird am Rotationsverdampfer abgezogen und der Rückstand wird säulenchromatographisch (Petrolether/EtOAc, 10:1) aufgereinigt. Man erhält 7.8 g (75%) des Allylalkohols (in Form zweier Diastereomere) **3-98** als farbloses Öl. R_f = 0.30 (Petrolether/EtOAc, 6:1); $[\alpha]^{20}_D$ = –27.3 (*c* 1.00, CH_2Cl_2); ^1H NMR (400 MHz, $CDCl_3$): δ [ppm] = 0.09, 0.11 (2 s, jeweils 3H, $Si(CH_3)_2$), 0.89 (s, 9H, $C(CH_3)_3$), 1.38–1.75 (m, 6H, 7-H, 8-H, 9-H), 2.06 (bs, 1H, OH), 3.43 (t, *J* = 6.5 Hz, 2H, 10-H), 3.79 (s, 3H, CH_3O), 4.38 (td, *J* = 6.4 Hz, 1.4 Hz, 1H, 6-H), 4.42 (s, 2H, PMB CH_2), 4.82–4.90 (m, 1H, 3-H), 5.19 (dd, *J* = 10.2, 1.3 Hz, 1H, 1-H), 5.42 (dd, *J* = 17.0, 0.8 Hz, 1H, 1-H), 5.85–6.01 (m, 1H, 2-H), 6.86 (d, *J* = 8.6 Hz, 2H, CH_{ar}, *meta*), 7.24 (d, *J* = 8.7 Hz, 2H, CH_{ar}, *ortho*); ^{13}C NMR (100 MHz, $CDCl_3$): δ [ppm] = –5.0 ($Si(CH_3)_2$), –4.5 ($Si(CH_3)_2$), 18.2 (*C*$(CH_3)_3$), 21.9 (C-8), 25.8 ($C(CH_3)_3$), 29.3 (C-9), 38.2 (C-7), 55.2 (CH_3O), 62.8 (C-6), 63.1 (C-3), 69.8 (C-10), 72.5 (PMB CH_2), 82.7 (C-4), 88.1 (C-5), 113.7 (CH_{ar}, *meta*), 116.2 (C-1), 129.2 (CH_{ar}, *ortho*), 130.7 (C_{ar}), 137.0 (C-2), 159.1 (C_{ar}, *para*); HRMS (ESI): $[M+Na]^+$ berechnet für $C_{24}H_{38}O_4Si$ 441.24316, gefunden 441.24332.

Ethyl-(4*E*,8*S*)-8-{[*tert*-butyl(dimethyl)silyl]oxy}-12-[(*para*-methoxybenzyl)oxy]dodec-4-en-6-inoat (3-99)

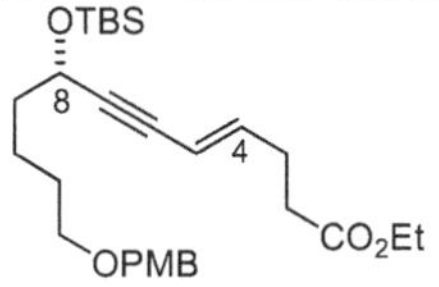

OTBS
8
4
OPMB
CO_2Et
3-99

Der Allylalkohol **3-98** (7.6 g, 18 mmol), Triethylorthoacetat (17.5 mL, 95 mmol, 5 equiv) und Propionsäure (0.1 mL, katalytische Menge) werden in Xylol (80 mL) gelöst und bei 150°C ca. 2 h am Rückfluss erhitzt. Nach Abkühlen auf RT wird das Lösungsmittel am Rotationsverdampfer bei 55°C Wasserbadtemperatur abgezogen und der Rückstand säulenchromatographisch (Petrolether/EtOAc, 15:1) aufgereinigt. Man erhält 7.5 g (85%) des 1,4-ungesättigten Esters **3-99** als farbloses Öl. R_f = 0.55 (Petrolether/EtOAc, 6:1); $[\alpha]^{20}_D$ = –20.0 (*c* 1.00, CH_2Cl_2); ^{1}H NMR (400 MHz, $CDCl_3$): δ [ppm] = 0.08, 0.10 (2 s, jeweils 3H, $Si(CH_3)_2$), 0.88 (s, 9H, $C(CH_3)_3$), 1.24 (t, *J* = 7.3 Hz, 3H, CH_3CH_2O), 1.40–1.74 (m, 6H, 9-H, 10-H, 11-H), 2.33–2.44 (m, 4H, 2-H, 3-H), 3.43 (t, *J* = 6.6 Hz, 2H, 12-H), 3.79 (s, 3H, CH_3O), 4.12 (q, *J* = 7.1 Hz, 2H, CH_3CH_2O), 4.39–4.45 (m, 3H, 8-H, PMB CH_2), 5.52 (d, *J* = 16.0 Hz, 1H, 5-H), 5.99–6.11 (m, 1H, 4-H), 6.86 (d, *J* = 8.7 Hz, 2H, CH_{ar}, *meta*), 7.24 (d, *J* = 8.7 Hz, 2H, CH_{ar}, *ortho*); ^{13}C NMR (100 MHz, $CDCl_3$): δ [ppm] = –5.0 ($Si(CH_3)_2$), –4.5 ($Si(CH_3)_2$), 14.2 (OCH_2CH_3), 18.2 ($C(CH_3)_3$), 22.0 (C-10), 25.8 ($C(CH_3)_3$), 28.2 (C-3), 29.4 (C-11), 33.3 (C-2), 38.4 (C-9), 55.2 (CH_3O), 60.4 (C-8), 63.3 (OCH_2CH_3), 70.0 (C-12), 72.5 (PMB CH_2), 82.4 (C-6), 90.2 (C-7), 110.6 (C-5), 113.7 (CH_{ar}, *meta*), 129.2 (CH_{ar}, *ortho*), 130.7 (C_{ar}), 141.7 (C-4), 159.1 (C_{ar}, *para*), 172.5 (C-1); HRMS (ESI): $[M+Na]^+$ berechnet für $C_{28}H_{44}O_5Si$ 511.28502, gefunden 511.28516.

(4*E*,8*S*)-8-{[*tert*-Butyl(dimethyl)silyl]oxy}-12-[(*para*-methoxybenzyl)oxy]dodec-4-en-6-in-1-ol (3-100)

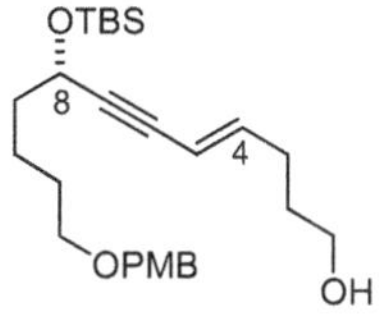

OTBS
8
4
OPMB
OH
3-100

$LiAlH_4$ (750 mg, 19.2 mmol, 1.2 equiv) wird in THF (50 mL) suspendiert und auf 0°C abgekühlt. Man gibt den Ester **3-99** (7.8 g, 16 mmol), gelöst in THF (100 mL) tropfenweise hinzu und rührt das Reaktionsgemisch im Eisbad ca. 30 min. Durch vorsichtige Zugabe von H_2O (0.75 mL), 1M NaOH (0.75 mL) und nochmals H_2O (2.25 mL) wird das Aluminiumreagenz komplexiert und fällt als farbloser Feststoff aus. Nachdem dieser durch Filtration abgetrennt wurde, wird das Lösungsmittel am Rotationsverdampfer abgezogen. Das Rohprodukt kann ohne weitere Aufreinigung im nächsten Reaktionsschritt eingesetzt werden. Um saubere Analytik von der Substanz machen zu können, wird eine analytische Menge säulenchromatographisch (Petrolether/EtOAc, 3:1) aufgereinigt. R_f = 0.13 (Petrolether/EtOAc, 6:1); $[\alpha]^{20}_D$ = –21.3 (*c* 1.00, CH_2Cl_2); ^1H NMR (400 MHz, $CDCl_3$): δ [ppm] = 0.09, 0.11 (2 s, jeweils 3H, $Si(CH_3)_2$), 0.89 (s, 9H, $C(CH_3)_3$), 1.41–1.74 (m, 8H, 2-H, 9-H, 10-H, 11-H), 2.13–2.23 (m, 2H, 3-H), 3.43 (t, *J* = 6.6 Hz, 2H, 12-H), 3.63 (t, *J* = 6.4 Hz, 2H, 1-H), 3.79 (s, 3H, CH_3O), 4.39–4.45 (m, 3H, 8-H, PMB CH_2), 5.50 (dd, *J* = 15.9, 1.5 Hz, 1H, 5-H), 6.02–6.13 (m, 1H, 4-H), 6.86 (d, *J* = 8.8 Hz, 2H, CH_{ar}, *meta*), 7.25 (d, *J* = 8.8 Hz, 2H, CH_{ar}, *ortho*); ^{13}C NMR (100 MHz, $CDCl_3$): δ [ppm] = –5.0 ($Si(CH_3)_2$), –4.5 ($Si(CH_3)_2$), 18.2 ($C(CH_3)_3$), 22.0 (C-10), 25.8 ($C(CH_3)_3$), 29.3 (C-3), 29.4 (C-11), 31.6 (C-2), 38.5 (C-9), 55.3 (CH_3O), 62.1 (C-8), 63.3 (C-1), 70.0 (C-12), 72.5 (PMB CH_2), 82.7 (C-6), 89.8 (C-7), 109.9 (C-5), 113.7 (CH_{ar}, *meta*), 129.2 (CH_{ar}, *ortho*), 130.8 (C_{ar}), 143.4 (C-4), 159.1 (C_{ar}, *para*); HRMS (ESI): $[M+Na]^+$ berechnet für $C_{26}H_{42}O_4Si$ 469.27446, gefunden 469.27448.

(4*E*,8*S*)-1,8-di-{[*tert*-Butyl(dimethyl)silyl]oxy}-12-[(*para*-methoxybenzyl)oxy]dodec-4-en-6-in (3-101)

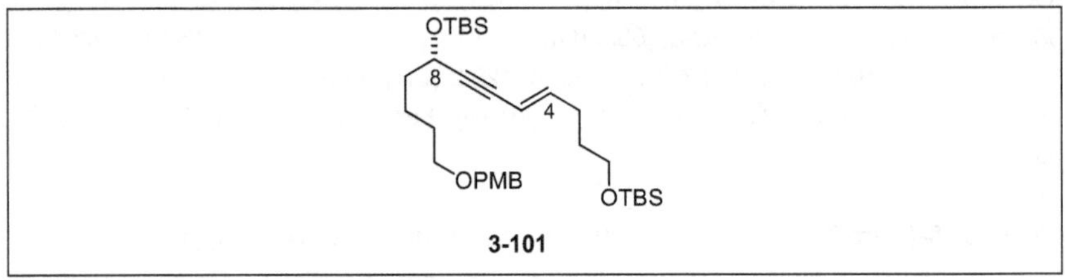

3-101

Der Alkohol **3-100** (Rohprodukt, max. 16 mmol) wird in DMF (100 mL) gelöst. Imidazol (1.6 g, 24 mmol, 1.5 equiv) und DMAP (katalytische Menge) werden zugegeben und die Lösung wird auf 0°C abgekühlt. Nach Zugabe von TBSCl (2.9 g, 19.2 mmol, 1.2 equiv) wird die Reaktionsmischung im Eisbad ca. 12 h gerührt, bevor mit Et_2O verdünnt wird. Anschließend wird H_2O zugegeben und die Phasen werden getrennt. Die organische Phase wird mit gesättigter NaCl-Lösung gewaschen, mit $MgSO_4$ getrocknet und abfiltriert. Das Lösungsmittel wird am Rotationsverdampfer abgezogen und der Rückstand wird säulenchromatographisch (Petrolether/EtOAc, 10:1) aufgereinigt. Man erhält 8.5 g (95%, 2 Stufen) des Silylethers **3-101** als hellgelbes Öl. R_f = 0.70 (Petrolether/EtOAc, 6:1); $[\alpha]^{20}_D$ = –14.1 (*c* 1.00, CH_2Cl_2); ^1H NMR

(400 MHz, $CDCl_3$): δ [ppm] = 0.03 (s, 6H, 1-OSi$(CH_3)_2$), 0.09, 0.11 (2 s, jeweils 3H, Si$(CH_3)_2$), 0.88 (s, 9H, 1-OSi$(CH_3)_2C(CH_3)_3$), 0.89 (s, 9H, 8-OSi$(CH_3)_2C(CH_3)_3$), 1.42–1.73 (m, 8H, 2-H, 9-H, 10-H, 11-H), 2.10–2.20 (m, 2H, 3-H), 3.43 (t, *J* = 6.6 Hz, 2H, 12-H), 3.59 (t, *J* = 6.2 Hz, 2H, 1-H), 3.79 (s, 3H, CH_3O), 4.40–4.45 (m, 3H, 8-H, PMB CH_2), 5.44–5.52 (m, 1H, 5-H), 6.02–6.14 (m, 1H, 4-H), 6.86 (d, *J* = 8.7 Hz, 2H, CH_{ar}, *meta*), 7.25 (d, *J* = 8.7 Hz, 2H, CH_{ar}, *ortho*); ^{13}C NMR (100 MHz, $CDCl_3$): δ [ppm] = –5.3 (1-OSi$(CH_3)_2$), –5.3 (8-OSi$(CH_3)_2$, –4.5 (8-OSi$(CH_3)_2$), 18.3 (1-OSi$(CH_3)_2C(CH_3)_3$), 18.3 (8-OSi$(CH_3)_2C(CH_3)_3$), 22.0 (C-10), 25.8 (1-OSi$(CH_3)_2C(CH_3)_3$), 25.9 (8-OSi$(CH_3)_2C(CH_3)_3$), 29.4 (C-3), 29.4 (C-11), 31.7 (C-2), 38.5 (C-9), 55.2 (CH_3O), 62.2 (C-8), 63.3 (C-1), 70.0 (C-12), 72.5 (PMB CH_2), 82.9 (C-6), 89.5 (C-7), 109.6 (C-5), 113.7 (CH_{ar}, *meta*), 129.2 (CH_{ar}, *ortho*), 130.8 (C_{ar}), 143.9 (C-4), 159.1 (C_{ar}, *para*); HRMS (ESI): $[M+Na]^+$ berechnet für $C_{32}H_{56}O_4Si_2$ 583.36093, gefunden 583.36031.

(4*S*,5*S*,8*S*)-1,8-di-{[*tert*-Butyl(dimethyl)silyl]oxy}-12-[(*para*-methoxybenzyl)oxy]dodec-6-in-4,5-diol (3-102)

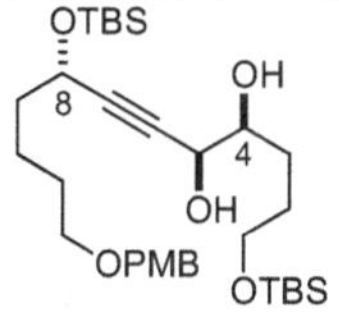

OTBS 8 OH 4 OH OPMB OTBS

3-102

$(DHQ)_2PHAL$ (83 mg, katalytische Menge), $K_3Fe(CN)_6$ (10.4 mg, 31 mmol, 3 equiv), K_2CO_3 (4.4 g, 31 mmol, 3 equiv) und $K_2OsO_2(OH)_4$ (20 mg, katalytische Menge) werden in einer 1:1 Mischung aus H_2O (56 mL) und *t*-Butylalkohol (56 mL) gelöst (gelbe Lösung). $MeSO_2NH_2$ (1.04 g, 10.3 mmol, 1 equiv) wird zugegeben und die Mischung wird unter starkem Rühren auf 0°C abgekühlt (orange Suspension). Der ungesättigte Ester **3-101** wird zugetropft (5.8 g, 10.34 mmol) und die Reaktionsmischung wird innerhalb von 4 h auf RT erwärmt. Nach weiteren 20 h bei RT wird die Reaktion durch Zugabe von festem Na_2SO_3 (13.6 g) gequencht. Die Lösung wird drei Mal mit EtOAc extrahiert und die vereinigten, organischen Phasen werden über $MgSO_4$ getrocknet und abfiltriert. Die flüchtigen Bestandteile werden am Rotationsverdampfer abgezogen und der Rückstand wird säulenchromatographisch (Petrolether/EtOAc, 6:1 – 1:1) aufgereinigt. Man erhält 5.0 g (81%) des Diols **3-102** als hellgelbes Öl. R_f = 0.25 (Petrolether/EtOAc, 6:1); $[\alpha]^{20}_D$ = –22.9 (*c* 1.00, CH_2Cl_2); ^1H NMR (400 MHz, $CDCl_3$): δ [ppm] = 0.06 (s, 6H, 1-OSi$(CH_3)_2$), 0.08, 0.10 (2 s, jeweils 3H, Si$(CH_3)_2$), 0.88 (s, 9H, 1-OSi$(CH_3)_2C(CH_3)_3$), 0.89 (s, 9H, 8-OSi$(CH_3)_2C(CH_3)_3$), 1.37–1.91 (m, 10H, 2-H, 3-H, 9-H, 10-H, 11-H), 3.42 (t, *J* = 6.5 Hz, 2H, 12-H), 3.53–3.72 (m, 3H, 4-H, 1-H), 3.79 (s, 3H, CH_3O), 4.12–4.19 (m, 1H, 5-H), 4.36 (t, *J* = 5.9 Hz, 1H, 8-H), 4.41 (s, 2H, PMB CH_2), 6.86 (d, *J* = 8.4 Hz, 2H, CH_{ar}, *meta*), 7.24 (d, *J* = 8.1 Hz, 2H, CH_{ar}, *ortho*); ^{13}C NMR (100 MHz, $CDCl_3$): δ

[ppm] = –5.4 (1-OSi(CH_3)$_2$), –5.0 (8-OSi(CH_3)$_2$), –4.5 (8-OSi(CH_3)$_2$), 18.2 (1-OSi(CH_3)$_2$*C*(CH_3)$_3$), 18.3 (8-OSi(CH_3)$_2$*C*(CH_3)$_3$), 21.9 (C-10), 25.8 (8-OSi(CH_3)$_2$C(*C*H_3)$_3$), 25.9 (1-OSi(CH_3)$_2$C(*C*H_3)$_3$), 28.9 (C-11), 29.3 (C-2), 30.2 (C-3), 38.2 (C-9), 55.2 (CH_3O), 62.8 (C-8), 63.5 (C-1), 66.3 (C-5), 69.9 (C-12), 72.5 (PMB CH_2), 74.6 (C-4), 82.3 (C-6), 87.8 (C-7), 113.7 (CH_{ar}, *meta*), 129.2 (CH_{ar}, *ortho*), 130.7 (C_{ar}), 159.1 (C_{ar}, *para*); HRMS (ESI): $[M+Na]^+$ berechnet für $C_{32}H_{58}O_6Si_2$ 617.36641, gefunden 617.36645.

(4*S*,5*S*,8*S*)-1,8-di-{[*tert*-Butyl(dimethyl)silyl]oxy}-5-{[*tert*-butyl-(diphenyl)silyl]oxy}-12-[(*para*-methoxybenzyl)oxy]dodec-6-in-4-ol (3-103)

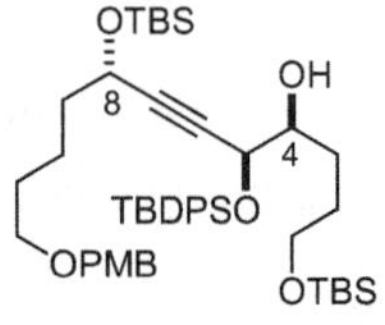

OTBS
OH
8
4
TBDPSO
OPMB
OTBS

3-103

Zu einer Lösung des Diols **3-102** (5.7 g, 9.6 mmol) in CH_2Cl_2 (45 mL) wird Imidazol (1.9 g, 29 mmol, 3 equiv) zugegeben und im Eisbad auf 0°C abgekühlt. TBDPSCl (2.6 mL, 9.6 mmol, 1 equiv) wird zugetropft und die Reaktionsmischung wird anschließend für 5 h bei RT gerührt. Durch Zugabe von gesättigter NaCl-Lösung wird die Reaktion gequencht und die Phasen werden getrennt. Die wässrige Phase wird drei Mal mit CH_2Cl_2 extrahiert und die vereinigten, organischen Phasen werden über $MgSO_4$ getrocknet, abfiltriert und das Lösungsmittel wird am Rotationsverdampfer abgezogen. Der Rückstand wird säulenchromatographisch (Petrolether/EtOAc, 15:1) aufgereinigt und man erhält 7.2 g (90%) des Alkohols **3-103** als hellgelbes Öl. R_f =0.58 (Petrolether/EtOAc, 6:1); $[\alpha]^{20}_D$ = +9.7 (*c* 1.00, CH_2Cl_2); ^{1}H NMR (400 MHz, $CDCl_3$): δ [ppm] = 0.02 (s, 6H, 1-OSi(CH_3)$_2$), 0.03 (s, 6H, 8-OSi(CH_3)$_2$), 0.84 (s, 9H, 1-OSi(CH_3)$_2$C(*C*H_3)$_3$), 0.88 (s, 9H, 8-OSi(CH_3)$_2$C(*C*H_3)$_3$), 1.06 (s, 9H, OSi(Ph)$_2$C(*C*H_3)$_3$), 1.17–1.91 (m, 10H, 2-H, 3-H, 9-H, 10-H, 11-H), 3.36 (t, *J* = 6.7 Hz, 2H, 12-H), 3.57–3.64 (m, 3H, 1-H, 4-H), 3.79 (s, 3H, CH_3O), 4.06–4.15 (t, *J* = 5.6 Hz, 1H, 8-H), 4.27 (d, *J* = 6.4 Hz, 1H, 5-H), 4.42 (s, 2H, PMB CH_2), 6.87 (d, *J* = 8.7 Hz, 2H, CH_{ar}, *meta*), 7.25 (d, *J* = 8.7 Hz, 2H, CH_{ar}, *ortho*), 7.29–7.45 (m, 6H, phenyl), 7.63–7.76 (m, 4H, phenyl); ^{13}C NMR (100 MHz, $CDCl_3$): δ [ppm] = –5.3 (1-OSi(CH_3)$_2$), –5.1 (8-OSi(CH_3)$_2$), –4.5 (8-OSi(CH_3)$_2$), 18.1 (1-OSi(CH_3)$_2$*C*(CH_3)$_3$), 18.3 (8-OSi(CH_3)$_2$*C*(CH_3)$_3$), 19.3 (OSi(Ph)$_2$*C*(CH_3)$_3$), 21.8 (C-10), 25.7 (8-OSi(CH_3)$_2$C(*C*H_3)$_3$), 26.0 (1-OSi(CH_3)$_2$C(*C*H_3)$_3$), 26.9 (OSi(Ph)$_2$C(*C*H_3)$_3$), 28.8 (C-11), 29.1 (C-2), 29.3 (C-3), 38.0 (C-9), 55.2 (CH_3O), 62.6 (C-8), 63.3 (C-1), 68.1 (C-5), 70.0 (C-12), 72.5 (PMB CH_2), 74.8 (C-4), 82.0 (C-6), 88.5 (C-7), 113.7 (CH_{ar}, *meta*), 127.4 (phenyl), 127.7 (phenyl), 129.2 (CH_{ar}, *ortho*), 129.6 (phenyl), 129.9 (phenyl), 130.7 (C_{ar}), 133.0 (phenyl), 133.3 (phenyl), 135.8 (phenyl), 136.0 (phenyl), 159.1 (C_{ar}, *para*); HRMS (ESI): $[M+Na]^+$ berechnet für $C_{48}H_{76}O_6Si_3$ 855.48419, gefunden 855.48354.

(4*S*,5*S*,8*S*)-1,8-di-{[*tert*-Butyl(dimethyl)silyl]oxy}-5-{[*tert*-butyl(diphenyl)silyl]oxy}-12-[(*para*-methoxybenzyl)oxy]-4-(methoxymethoxy)dodec-6-in (3-104)

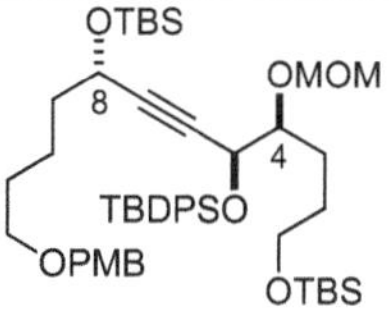

3-104

Zu der Lösung aus Alkinol **3-103** (7.3 g, 8.8 mmol) in $CH_2(OCH_3)_2$ (155 mL) wird bei RT LiBr (310 mg, 0.4 equiv) und *p*-Toluolsulfonsäure (310 mg, 0.2 equiv) gegeben und für 6 Tage gerührt. Die Reaktionsmischung wird mit NaCl-Lösung versetzt und mit Et_2O extrahiert. Die vereinigten, organischen Phasen werden über $MgSO_4$ getrocknet, abfiltriert und der Rückstand wird säulenchromatographisch (Petrolether/EtOAc, 10:1) aufgereinigt. Man erhält 4.3 g (54%) des MOM-Ethers **3-104** als farbloses Öl. R_f = 0.65 (Petrolether/EtOAc, 6:1); $[\alpha]^{20}_D$ = +3.6 (*c* 1.00, CH_2Cl_2); ^{1}H NMR (400 MHz, $CDCl_3$): δ [ppm] = 0.03 (s, 6H, 1-$OSi(CH_3)_2$), 0.04 (s, 6H, 8-$OSi(CH_3)_2$), 0.84 (s, 9H, 1-$OSi(CH_3)_2C(C\mathit{H}_3)_3$), 0.89 (s, 9 H, 8-$OSi(CH_3)_2C(C\mathit{H}_3)_3$), 1.05 (s, 9H, $OSi(Ph)_2C(C\mathit{H}_3)_3$), 1.25–2.00 (m, 10H, 2-H, 3-H, 9-H, 10-H, 11-H), 3.20 (s, 3H, $C\mathit{H}_3OCH_2O$), 3.35–3.41 (m, 3H, 4-H, 12-H), 3.54–3.66 (m, 2H, 1-H), 3.79 (s, 3H, CH_3O), 4.19 (t, *J* = 6.2 Hz, 1H, 8-H), 4.35–4.54 (m, 5H, 5-H, CH_3OCH_2O, PMB CH_2), 6.86 (d, *J* = 8.7 Hz, 2H, CH_{ar}, *meta*), 7.25 (d, *J* = 8.4 Hz, 2H, CH_{ar}, *ortho*), 7.29–7.45 (m, 6H, phenyl), 7.60–7.76 (m, 4H, phenyl); ^{13}C NMR (100 MHz, $CDCl_3$): δ [ppm] = –5.3 (1-$OSi(CH_3)_2$), –4.5 (8-$OSi(CH_3)_2$), 18.2 (1-$OSi(CH_3)_2\mathit{C}(CH_3)_3$), 18.4 (8-$OSi(CH_3)_2\mathit{C}(CH_3)_3$), 19.2 ($OSi(Ph)_2\mathit{C}(CH_3)_3$), 21.9 (C-10), 25.8 (8-$OSi(CH_3)_2C(\mathit{C}H_3)_3$), 26.0 (1-$OSi(CH_3)_2C(\mathit{C}H_3)_3$), 26.9 ($OSi(Ph)_2C(\mathit{C}H_3)_3$), 27.0 (C-11), 29.2 (C-3), 29.4 (C-2), 38.3 (C-9), 55.3 (CH_3O PMB), 55.5 ($\mathit{C}H_3OCH_2$), 62.7 (C-8), 63.4 (C-1), 66.3 (C-5), 70.1 (C-12), 72.5 (PMB CH_2), 80.9 (C-4), 82.3 (C-6), 87.6 (C-7), 97.0 ($CH_3O\mathit{C}H_2O$), 113.8 (CH_{ar}, *meta*), 127.4 (phenyl), 127.6 (phenyl), 129.2 (CH_{ar}, *ortho*), 129.6 (phenyl), 129.8 (phenyl), 130.8 (C_{ar}), 133.5 (phenyl), 133.5 (phenyl), 135.8 (phenyl), 136.0 (phenyl), 159.5 (C_{ar}, *para*); HRMS (ESI): $[M+Na]^+$ berechnet für $C_{50}H_{80}O_7Si_3$ 899.51041, gefunden 899.50940.

(4*S*,5*S*,8*S*)-5-{[*tert*-Butyl(diphenyl)silyl]oxy}-12-[(*para*-methoxybenzyl)oxy]-4-(methoxymethoxy)dodec-6-in-1,8-diol (3-105)

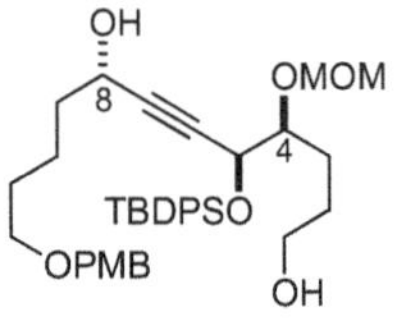

3-105

Das vollständig geschützte Dodec-6-in-Derivat **3-104** (3.6 g, 4.1 mmol) wird in einer 1:1 Mischung aus MeOH (33 mL) und CH_2Cl_2 (33 mL) gelöst und mit CSA (katalytische Menge) versetzt. Man rührt ca. 4 h bei RT und quencht anschließend die Reaktion durch Zugabe von gesättigter $NaHCO_3$-Lösung. Nach Zugabe von CH_2Cl_2 werden die Phasen getrennt und die wässrige Phase wird drei Mal mit CH_2Cl_2 extrahiert. Die vereinigten, organischen Phasen werden über $MgSO_4$ getrocknet und das Lösungsmittel wird am Rotationsverdampfer abgezogen. Der Rückstand wird säulenchromatographisch (Petrolether/EOAc, 1:2.5) aufgereinigt und man erhält 1.8 g (68%) des Diols **3-105** als farbloses Öl. R_f = 0.42 (Petrolether/EtOAc, 1:3); $[\alpha]^{20}_D$ = +19.9 (*c* 1.00, CH_2Cl_2); ^{1}H NMR (400 MHz, $CDCl_3$): δ [ppm] = 1.05 (s, 9H, $Si(Ph)_2C(CH_3)_3$), 1.32–1.97 (m, 10H, 2-H, 3-H, 9-H, 10-H, 11-H), 3.27 (s, 3H, CH_3OCH_2O), 3.39 (t, *J* = 6.6 Hz, 2H, 12-H), 3.52–3.58 (m, 1H, 4-H), 3.62 (t, *J* = 5.7 Hz, 2H, 1-H), 3.79 (s, 3H, CH_3O), 4.08–4.16 (m, 1H, 8-H), 4.41 (s, 2H, PMB CH_2), 4.49–4.54 (m, 3H, 5-H, CH_3OCH_2O), 6.86 (d, *J* = 8.7 Hz, 2H, CH_{ar}, *meta*), 7.24 (d, *J* = 7.1 Hz, 2H, CH_{ar}, *ortho*), 7.33–7.46 (m, 6H, phenyl), 7.65–7.76 (m, 4H, phenyl); ^{13}C NMR (100 MHz, $CDCl_3$): δ [ppm] = 19.2 ($OSi(Ph)_2C(CH_3)_3$), 21.8 (C-10), 26.9 ($OSi(Ph)_2C(CH_3)_3$), 27.0 (C-3), 28.7 (C-11), 29.3 (C-2), 37.1 (C-9), 55.3 (CH_3O PMB), 55.7 (CH_3OCH_2), 62.1 (C-8), 62.8 (C-1), 66.4 (C-5), 69.9 (C-12), 72.6 (PMB CH_2), 80.6 (C-4), 83.4 (C-7), 87.6 (C-6), 97.2 (CH_3OCH_2O), 113.8 (CH_{ar}, *meta*), 127.4 (phenyl), 127.7 (phenyl), 129.3 (CH_{ar}, *ortho*), 129.7 (phenyl), 129.9 (phenyl), 130.6 (C_{ar}), 133.0 (phenyl), 133.7 (phenyl), 135.8 (phenyl), 136.1 (phenyl), 159.1 (C_{ar}, *para*); HRMS (ESI): $[M+Na]^+$ berechnet für $C_{38}H_{52}O_7Si$ 671.33745, gefunden 671.33728.

(4*S*,5*S*,6*E*,8*S*)-5-{[*tert*-Butyl(diphenyl)silyl]oxy}-12-[(*para*-methoxybenzyl)oxy]-4-(methoxymethoxy)dodec-6-en-1,8-diol (3-106)

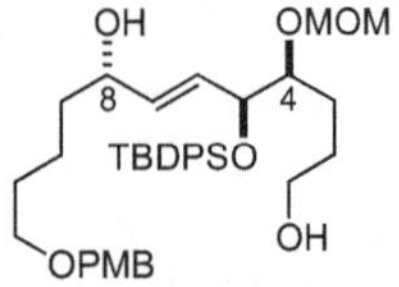

3-106

Das Alkindiol **3-105** (540 mg, 0.83 mmol) wird in THF (30 mL) gelöst und auf 0°C abgekühlt. Red-Al® (1.0 mL, 65 Gew.% in Toluol, 3.3 mmol, 4 equiv) wird zugetropft und die Reaktionsmischung wird für 12 h bei RT gerührt. Nach dem Quenchen mit 1N HCl wird mit Et_2O verdünnt und die Phasen werden getrennt. Die wässrige Phase wird drei Mal mit Et_2O extrahiert und die vereinigten, organischen Phasen werden mit gesättigter NaCl-Lösung gewaschen, über $MgSO_4$ getrocknet und abfiltriert. Der Rückstand wird säulenchromatographisch (Petrolether/EtOAc, 1:3) aufgereinigt und man erhält 342 mg (65%) des Allylalkohols **3-106** als hellgelbes Öl. R_f = 0.28 (Petrolether/EtOAc, 1:3); $[\alpha]^{20}_D$ = -6.4 (*c* 1.00, CH_2Cl_2); ^1H NMR (400 MHz, $CDCl_3$): δ [ppm] = 1.06 (s, 9H, $Si(Ph)_2C(CH_3)_3$), 1.23–1.80 (m, 10H, 2-H, 3-H, 9-H, 10-H, 11-H), 3.24 (s, 3H, CH_3OCH_2O), 3.33–3.43 (m, 3H, 4-H, 12-H), 3.56 (t, *J* = 6.2 Hz, 2H, 1-H), 3.79 (s, 3H, CH_3O), 3.89–3.98 (m, 1H, 8-H), 4.32–4.47 (m, 5H, 5-H, CH_3OCH_2O, PMB CH_2), 5.44–5.54 (m, 1H, 6-H), 5.55–5.65 (m, 1H, 7-H), 6.86 (d, *J* = 8.7 Hz, 2H, CH_{ar}, *meta*), 7.24 (d, *J* = 8.4 Hz, 2H, CH_{ar}, *ortho*), 7.29–7.46 (m, 6H, phenyl), 7.59–7.70 (m, 4H, phenyl); ^{13}C NMR (100 MHz, $CDCl_3$): δ [ppm] = 19.3 ($Si(Ph)_2C(CH_3)_3$), 22.0 (C-10), 26.2 (C-11), 27.0 ($Si(Ph)_2C(CH_3)_3$), 29.0 (C-3), 29.6 (C-2), 36.6 (C-9), 55.3 (CH_3O PMB), 55.7 (CH_3OCH_2O), 62.8 (C-1), 70.0 (C-12), 72.2 (C-8), 72.5 (PMB CH_2), 74.4 (C-5), 81.3 (C-4), 97.0 (CH_3OCH_2O), 113.8 (CH_{ar}, *meta*), 127.5 (phenyl), 127.6 (phenyl), 128.9 (CH_{ar}, *ortho*), 129.3 (C-6), 129.7 (phenyl), 129.8 (phenyl), 130.6 (C_{ar}), 134.0 (phenyl), 134.0 (phenyl), 135.3 (C-7), 135.9 (phenyl), 135.9 (phenyl), 159.1 (C_{ar}, *para*); HRMS (ESI): $[M+Na]^+$ berechnet für $C_{38}H_{54}O_7Si$ 673.35310, gefunden 673.35310.

(4*S*,5*S*,6*E*,8*S*)-5-{[*tert*-Butyl(diphenyl)silyl]oxy}-8-hydroxy-12-[(*para*-methoxybenzyl)oxy]-4-(methoxymethoxy)dodec-6-enal (3-107)

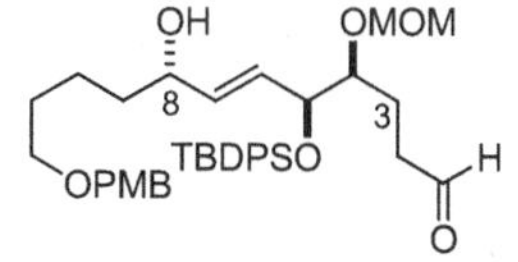

OH
OMOM
8
3
TBDPSO
H
OPMB
O

3-107

$PhI(OAc)_2$ (341 mg, 1.06 mmol, 2.2 equiv) und 4-Hydroxy-TEMPO (19 mg, 0.11 mmol, 0.22 equiv) werden mit Hilfe eines Mörsers miteinander vermischt und portionsweise zu einer Lösung aus 1,8-Diol **3-106** (310 mg, 0.48 mmol) in CH_2Cl_2 (17 mL) gegeben. Es wird ca. 6 h bei RT an Luft gerührt bevor mit 10% $Na_2S_2O_3$-Lösung gequencht wird. Die Phasen werden getrennt und die wässrige Phase wird drei Mal mit CH_2Cl_2 extrahiert. Die vereinigten, organischen Phasen werden mit gesättigter $NaHCO_3$-Lösung gewaschen, über $MgSO_4$ getrocknet und abfiltriert. Das Rohprodukt kann ohne weitere Aufreinigung im nächsten Reaktionsschritt eingesetzt werden. R_f = 0.65 (Petrolether/EtOAc, 1:3).

(5*S*,6*E*,8*S*,9*S*)-8-{[*tert*-Butyl(diphenyl)silyl]oxy}-1-[(*para*-methoxybenzyl)oxy]-9-(methoxymethoxy)tridec-6-en-12-in-5-ol (3-108)

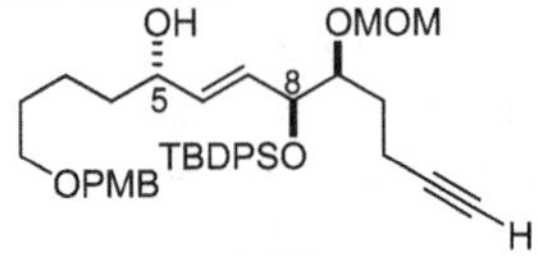

3-108

Diethyl-1-diazo-2-oxopropylphosphonat (**3-80**) (160 mg, 0.62 mmol, 1.3 equiv) wird zu einer Lösung aus Hydroxyaldehyd **3-107** (Rohprodukt, max. 0.48 mmol, 1 equiv) und K_2CO_3 (128 mg, 0.96 mmol, 2 equiv) in MeOH (7 mL) gegeben und für 12 h bei RT gerührt. Die Reaktionsmischung wird anschließend mit Et_2O verdünnt und mit $NaHCO_3$-Lösung gewaschen. Die Phasen werden getrennt und die wässrige Phase wird drei Mal mit Et_2O extrahiert. Die vereinigten, organischen Phasen werden über $MgSO_4$ getrocknet und das Lösungsmittel wird am Rotationsverdampfer abgezogen. Der Rückstand wird säulenchromatographisch (Petrolether/EtOAc, 3:1) aufgereinigt und man erhält 157 mg (50%, 2 Stufen) des Alkinols **3-108** als hellgelbes Öl. R_f = 0.59 (Petrolether/EtOAc, 1:1); $[\alpha]^{20}_D$ = -8.4 (*c* 1.00, CH_2Cl_2); ^{1}H NMR (400 MHz, $CDCl_3$): δ [ppm] = 1.07 (s, 9H, $Si(Ph)_2C(CH_3)_3$), 1.16–1.70 (m, 8H, 2-H, 3-H, 4-H, 10-H), 1.90 (s, 1H, 13-H), 2.12–2.36 (m, 2H, 11-H), 3.21 (s, 3H, CH_3OCH_2O), 3.39 (t, *J* = 6.6 Hz, 2H, 1-H), 3.49–3.56 (m, 1H, 9-H), 3.78 (s, 3H, CH_3O PMB), 3.89–4.02 (m, 1H, 5-H), 4.32–4.47 (m, 5H, 8-H, CH_3OCH_2O, PMB CH_2), 5.47–5.57 (m, 1H, 7-H), 5.58–5.67 (m, 1H, 6-H), 6.86 (d, *J* = 8.4 Hz, 2H, CH_{ar}, *meta*), 7.21–7.27 (m, 2H, CH_{ar}, *ortho*), 7.29–7.47 (m, 6H, phenyl), 7.58–7.72 (m, 4H, phenyl); ^{13}C NMR (100 MHz, $CDCl_3$): δ [ppm] = 14.9 (C-11), 19.3 (O-$Si(Ph)_2C(CH_3)_3$), 22.0 (C-3), 27.0 ($OSi(Ph)_2C(CH_3)_3$), 28.5 (C-2), 29.6 (C-10), 36.7 (C-4), 55.2 (CH_3O PMB), 55.7 (CH_3OCH_2O), 68.5 (C-13), 70.0 (C-1), 72.1 (C-5), 72.5 (PMB CH_2), 73.7 (C-8), 79.8 (C-9), 84.1 (C-12), 97.1 (CH_3OCH_2O), 113.7 (CH_{ar}, *meta*), 127.5 (phenyl), 127.6 (phenyl), 128.5 (C-7), 129.2 (CH_{ar}, *ortho*), 129.7 (phenyl), 129.8 (phenyl), 130.7 (C_{ar}), 133.6 (phenyl), 133.9 (phenyl), 135.3 (C-6), 135.9 (phenyl), 135.9 (phenyl), 159.1 (C_{ar}, *para*); HRMS (ESI): $[M+Na]^+$ berechnet für $C_{39}H_{52}O_6Si$ 667.34254, gefunden 667.34267.

(5*S*,6*S*,7E,9*S*)-9-{[*tert*-Butyl(dimethyl)silyl]oxy}-6-{[*tert*-butyl(diphenyl)silyl]oxy}-13-[(*para*-methoxybenzyl)oxy]-5-(methoxymethoxy)tridec-7-en-1-in (3-109)

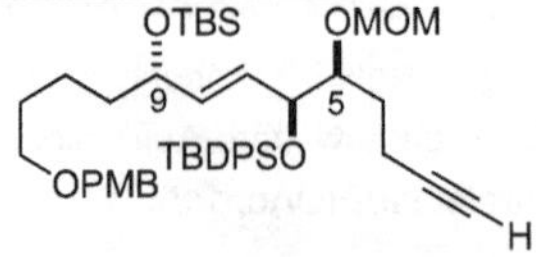

3-109

Zu einer Lösung von Alkinol **3-108** (100 mg, 0.16 mmol) in CH_2Cl_2 (3 mL) gibt man 2,6-Lutidin (60 μL, 0.48 mmol, 3 equiv). Man kühlt auf 0°C ab und tropft TBSOTf (54 μL, 0.24 mmol, 1.5 equiv) dazu. Nach einer Reaktionszeit von ca. 50 min wird das Reaktionsgemisch mit CH_2Cl_2 verdünnt und nacheinander mit H_2O, 1N HCl and gesättigter $NaHCO_3$-Lösung gewaschen, über $MgSO_4$ getrocknet und abfiltriert. Die flüchtigen Bestandteile werden am Rotationsverdampfer abgezogen und der Rückstand wird säulenchromatographisch (Petrolether/EtOAc, 10:1) aufgereinigt. Man erhält 101 mg (85%) Alkin **3-109** als farbloses Öl. R_f = 0.45 (Petrolether/EtOAc, 10:1); $[\alpha]^{20}_D$ = -7.6 (*c* 1.00, CH_2Cl_2); ^1H NMR (400 MHz, $CDCl_3$): δ [ppm] = 0.00, 0.02 (2 s, jeweils 3H, $Si(CH_3)_2$), 0.86 (s, 9H, $Si(CH_3)_2C(CH_3)_3$), 1.06 (s, 9H, $Si(Ph)_2C(CH_3)_3$), 1.19–1.53 (m, 8H, 4-H, 10-H, 11-H, 12-H), 1.85−1.89 (m, 1H, 1-H), 2.08–2.31 (m, 2H, 3-H), 3.16 (s, 3H, CH_3OCH_2O), 3.33–3.43 (m, 3H, 5-H, 13-H), 3.79 (s, 3H, CH_3O PMB), 4.01–4.09 (m, 1H, 9-H), 4.24–4.31 (m, 2H, CH_3OCH_2O), 4.32–4.38 (m, 1H, 6-H), 4.42 (s, 2H, PMB CH_2), 5.57–5.62 (m, 2H, 7-H, 8-H), 6.86 (d, *J* = 8.7 Hz, 2H, CH_{ar}, *meta*), 7.24 (d, *J* = 8.4 Hz, 2H, CH_{ar}, *ortho*), 7.29–7.45 (m, 6H, phenyl), 7.58–7.71 (m, 4H, phenyl); ^{13}C NMR (100 MHz, $CDCl_3$): δ [ppm] = –4.9 ($Si(CH_3)_2$), –4.4 ($Si(CH_3)_2$), 14.9 (C-3), 18.2 ($Si(CH_3)_2C(CH_3)_3$), 19.3 ($Si(Ph)_2C(CH_3)_3$), 21.9 (C-11), 25.9 ($Si(CH_3)_2C(CH_3)_3$), 27.1 ($Si(Ph)_2C(CH_3)_3$), 28.4 (C-12), 29.8 (C-4), 38.2 (C-10), 55.3 (CH_3O PMB), 55.5 (CH_3OCH_2O), 68.4 (C-1), 70.2 (C-13), 72.5 (C-9), 73.0 (PMP CH_2), 73.6 (C-6), 79.9 (C-5), 84.3 (C-2), 97.0 (CH_3OCH_2O), 113.7 (CH_{ar}, *meta*), 127.2 (C-7), 127.5 (phenyl), 127.6 (phenyl), 129.2 (CH_{ar}, *ortho*), 129.6 (phenyl), 129.8 (phenyl), 130.8 (C_{ar}), 133.7 (phenyl), 133.9 (phenyl), 135.6 (C-8), 135.9 (phenyl), 136.0 (phenyl), 159.1 (C_{ar}, *para*); HRMS (ESI): $[M+Na]^+$ berechnet für $C_{45}H_{66}O_6Si_2$ 781.42901, gefunden 781.42892.

Methyl (2*E*,4*R*,5*R*,7*E*,9*E*,13*S*,14*S*,15*E*,17*S*)-17-{[*tert*-butyl(dimethyl)silyl]oxy}-14-{[*tert*-butyl(diphenyl)silyl]oxy}-21-[(*para*-methoxybenzyl)oxy]-13-(methoxymethoxy)-2,4,7-trimethyl-5-[(triethylsilyl)oxy]henicosa-2,7,9,15-tetraenoat (3-111)

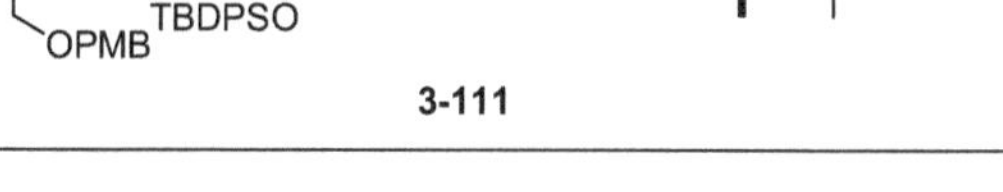

3-111

Zu einer Lösung aus Alkenin **3-109** (100 mg, 0.13 mmol, 1 equiv) in THF (1.5 mL) wird bei RT $PdCl_2(PPh_3)_2$ (1.7 mg, 0.03 mmol, 15 mol%). Anschließend wird *n*-Bu_3SnH (100 μL, 0.38 mmol, 3 equiv) langsam zugetropft. Nach ca. 50 min Reaktionszeit wird das Lösungsmittel am Rotationsverdampfer abgezogen und der Rückstand wird säulenchromatographisch (Petrolether/EtOAc, 20:1) aufgereinigt. Man erhält ca. 100 mg (73%) des Vinylstannans **3-110** als hellgelbes Öl.

Das Dienoat **3-53** (55 mg, 0.12 mmol, 1.2 equiv) wird zusammen mit dem Stannan **3-110** (100 mg, 0.1 mmol, 1 equiv) in DMF (2 mL) gelöst. Bei RT werden $AsPh_3$ (13 mg, 0.4 equiv) and $Pd_2(dba)_3$ (20 mg, 0.2 equiv) zugegeben. Nach 10 h Reaktionszeit wird H_2O zugegeben und die Mischung wird drei Mal mit Et_2O extrahiert. Die vereinigten, organischen Phasen werden über $MgSO_4$ getrocknet, abfiltriert und das Lösungsmittel wird am Rotationsverdampfer abgezogen. Der Rückstand wird säulenchromatographisch (Petrolether/EtOAc, 20:1) aufgereinigt und man erhält 70 mg (68%) des Kupplungsproduktes **3-111** als hellgelbes Öl. R_f = 0.38 (Petrolether/EtOAc, 10:1); ^{1}H NMR (400 MHz, $CDCl_3$): δ [ppm] = –0.02, 0.02 (2 s, jeweils 3H, $Si(CH_3)_2$), 0.51−0.64 (m, 6H, CH_3CH_2Si), 0.84 (s, 9H, $Si(CH_3)_2C(CH_3)_3$), 0.88−0.96 (m, 9H, CH_3CH_2Si), 0.99 (d, J = 6.9 Hz, 3H, 4-CH_3), 1.07 (s, 9H, $Si(Ph)_2C(CH_3)_3$), 1.15–1.67 (m, 8H, 12-,18-,19-,20-H), 1.71 (s, 3H, 7-CH_3), 1.80 (s, 3H, 2-CH_3), 2.04–2.33 (m, 4H, 6-, 11-H), 2.45-2.65 (m, 1H, 4-H), 3.14–3.25 (m, 4H, 13-H, CH_3OCH_2O), 3.39 (t, J = 6.7 Hz, 2H, 21-H), 3.72 (s, 3H, OCH_3), 3.75–3.75 (m, 1H, 5-H), 3.79 (s, 3H, PMB OCH_3), 4.00–4.10 (m, 1H, 17-H), 4.19–4.36 (m, 3H, 14-H, CH_3OCH_2O), 4.41 (s, 2H, PMB CH_2), 5.54–5.65 (m, 3H, 10-, 15-, 16-H), 5.71–5.80 (m, 1H, 8-H), 6.17 (dd, J = 15.0, 10.9 Hz, 1H, 9-H), 6.71 (d, J = 10.1 Hz, 1H, 3-H), 6.86 (d, J = 8.7 Hz, 2H, CH_{ar}, *meta*), 7.24 (d, J = 6.1 Hz, 2H, CH_{ar}, *para*), 7.28–7.44 (m, 6H, phenyl), 7.56–7.71 (m, 4H, phenyl); ^{13}C NMR (400 MHz, $CDCl_3$): δ [ppm] = –4.9 (17-$OSi(CH_3)_2$), –4.4 (17-$OSi(CH_3)_2$), 5.1 ($SiCH_2CH_3$), 7.0 ($SiCH_2CH_3$), 12.6 (2-CH_3), 13.6 (4-CH_3), 17.1 (7-CH_3), 18.2 (17-$OSiC(CH_3)_3$), 18.6 (14-$OSiC(CH_3)_3$), 19.3 (C-11), 21.9 (C-19), 25.9 (17-$OSiC(CH_3)_3$), 27.0 (14-$OSiC(CH_3)_3$), 29.4 (C-12), 29.8 (C-20), 38.0 (C-18), 38.2 (C-4), 45.9 (C-6), 51.6 (OCH_3, Ester), 55.2 (PMB CH_3), 55.4 (MOM CH_3), 70.2 (C-21), 72.5 (PMB CH_2), 73.0 (C-17), 73.7 (C-5), 73.9 (C-14), 80.8 (C-13), 96.8 (MOM CH_2), 113.7 (PMB, *meta*), 126.3 (C-2), 126.6 (C-9), 127.4 (phenyl), 127.6 (C-15), 127.6 (phenyl), 128.0 (C-8), 129.2 (PMB, *ortho*), 129.6 (phenyl), 129.7 (phenyl), 130.8 (PMB), 132.1 (C-7), 132.8 (C-10), 133.7 (phenyl), 134.0 (phenyl), 135.4 (C-16), 135.9 (phenyl), 135.9 (phenyl), 146.1 (C-3), 159.1 (PMB, *para*), 168.8 (C-1); HRMS (ESI): $[M+Na]^+$ berechnet für $C_{63}H_{100}O_9Si_3$ 1107.65674, gefunden 1107.65569.

Methyl (2*E*,4*R*,5*R*,7*E*,9*E*,13*S*,14*S*,15*E*,17*S*)-17-{[(tert-butyl(dimethyl)silyl]oxy)}-14-{[tert-butyl(diphenyl)silyl]oxy}-5-hydroxy-21-[(*para*-methoxybenzyl)oxy]-13-(methoxymethoxy)-2,4,7-trimethylhenicosa-2,7,9,15-tetraenoat (3-112)

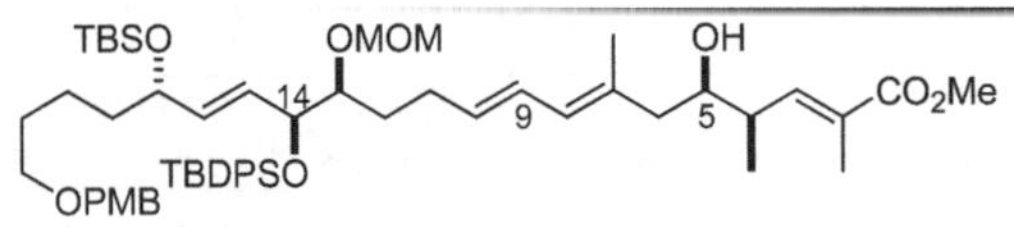

TBSO OMOM OH CO2Me 14 9 5 OPMB TBDPSO

3-112

Zu einer Lösung von **3-111** (50 mg, 0.05 mmol) in einer 4:1 Mischung aus CH_2Cl_2 und MeOH wird bei RT PPTS (katalytische Menge) zugegeben. Nach einer Reaktionszeit von ca. 14 h wird mit gesättigter $NaHCO_3$-Lösung gequencht und die Phasen werden getrennt. Die wässrige Phase wird drei Mal mit CH_2Cl_2 extrahiert und die vereinigten, organischen Phasen werden über $MgSO_4$ getrocknet, abfiltriert und das Lösungsmittel wird am Rotationsverdampfer abgezogen. Der Rückstand wird ohne weitere Aufreinigung im nächsten Reaktionsschritt eingesetzt. R_f = 0.08 (Petrolether/EtOAc, 10:1).

Methyl (2*E*,4*R*,5*R*,7*E*,9*E*,13*S*,14*S*,15*E*,17*S*)-17-{[(tert-butyl(dimethyl)silyl]oxy)}-14-{[tert-butyl(diphenyl)silyl]oxy}-5-[2-(diethoxyphosphoryl)-acetoxy]-21-[(*para*-methoxybenzyl)oxy]-13-(methoxymethoxy)-2,4,7-trimethylhenicosa-2,7,9,15-tetraenoat (3-113)

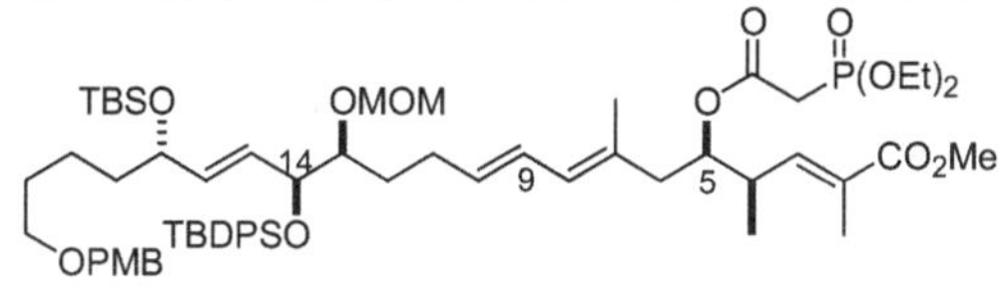

3-113

Zu einer Lösung von **3-112** (Rohprodukt, max. 0.05 mmol) in CH_2Cl_2 (2.5 mL) wird bei RT DMAP (katalytische Menge) zugegeben. Eine Lösung von $(EtO)_2POCH_2COOH$ (0.012 mL, 0.05 mmol, 1 equiv) in CH_2Cl_2 (0.1 mL) wird zugetropft und DCC (15 mg,0.075 mmol, 1.5 equiv) wird zugegeben. Nach einer Reaktionszeit von ca. 30 min werden die flüchtigen Bestandteile am Rotationsverdampfer abgezogen und der Rückstand wird säulenchromatographisch (Petrolether/EtOAc, 1:1) aufgereinigt. Man erhält 47 mg (81%, 2 Stufen) des Phosphonats **3-113**. R_f = 0.55 (Petrolether/EtOAc, 1:2); ^{1}H NMR (400 MHz, $CDCl_3$): δ [ppm] = –0.02, 0.01 (2 s, jeweils 3H, $Si(CH_3)_2$), 0.85 (s, 9H, $Si(CH_3)_2C(CH_3)_3$), 1.00−1.09 (m, 12H, $Si(Ph)_2C(CH_3)_3$, 4-CH_3), 1.33 (t, J = 7.3 Hz, 6H, $P(OCH_2CH_3)_2$), 1.25–1.75 (m, 11H, 7-CH_3,12-,18-,19-,20-H), 1.84 (s, 3H, 2-CH_3), 2.10–2.30 (m, 2H, 6-H), 1.88−2.00 (m, 1H, 11-H), 2.67–2.82 (m, 1H, 4-H), 2.84−2.98 (m, 2H, $COCH_2P$), 3.16 (s, 3H, CH_3OCH_2O), 3.38 (t, *J* = 6.7 Hz, 2H, 21-H), 3.43–3.53 (m, 1H, 13-H), 3.73 (s, 3H, OCH_3), 3.78 (s, 3H, PMB OCH_3), 4.01–4.06 (m, 1H, 17-H), 3.99-4.34 (m, 7H, $P(OCH_2CH_3)_2$, 14-H, CH_3OCH_2O), 4.41 (s, 2H, PMB CH_2), 4.94-5.05 (m, 1H, 5-H), 5.41–5.76 (m, 4H, 8-, 10-, 15-,16-H), 6.05-6.22 (m, 1H, 9-H), 6.58 (d, *J* = 10.4 Hz, 1H, 3-H), 6.86 (d, *J* = 8.7 Hz, 2H, CH_{ar}, *meta*), 7.24 (d, *J* = 6.9 Hz, 2H, CH_{ar}, *para*), 7.28–7.47 (m, 6H, phenyl), 7.62 (dd, J = 9.7 Hz, 7.4 Hz, 4H, phenyl); ^{13}C NMR (400 MHz, $CDCl_3$): δ [ppm] = –4.8 (17-$OSi(CH_3)_2$), –4.4 (17-$OSi(CH_3)_2$), 12.8 (2-CH_3), 15.4 (4-CH_3), 16.3 ($POCH_2CH_3$), 16.4 ($POCH_2CH_3$), 16.6 (7-CH_3), 18.2 (17-$OSiC(CH_3)_3$), 19.3 (14-$OSiC(CH_3)_3$), 21.9 (C-19), 24.9 (C-20), 25.6 (C-11), 25.9 (17-$OSiC(CH_3)_3$), 27.0 (14-$OSiC(CH_3)_3$), 29.8 (C-12), 33.7, 35.1 ($COCH_2P$), 38.1 (C-4), 38.2 (C-18), 42.8 (C-6), 51.8 (OCH_3, Ester), 55.3 (PMB CH_3), 55.5 (MOM CH_3), 62.6, 62.6 ($P(OCH_2CH_3)_2$), 70.2 (C-21),

72.5 (PMB CH_2), 73.0 (C-17), 73.8 (C-14), 76.0 (C-5), 81.6 (C-13), 96.8 (MOM CH_2), 113.7 (PMB, *meta*), 126.6 (C-9), 127.5 (phenyl), 127.6 (phenyl), 127.6 (C-2), 127.9 (C-15), 128.2 (C-8), 129.2 (PMB, *ortho*), 129.6 (phenyl), 129.7 (phenyl), 132.4 (C-7), 130.8 (PMB), 133.4 (C-10), 133.7 (phenyl), 134.1 (phenyl), 135.1 (C-16), 135.9 (phenyl), 142.8 (C-3), 159.1 (PMB, *para*), 165.2, 165.3 ($COCH_2P$), 168.3 (C-1).

Ursprünglich publizierte Stereochemie, Testversuche am Dihydroderivat

Methyl (2*E*,4*R*,5*R*,7*E*,9*E*,13*R*,14*R*,15*E*,17*R*)-17-{[(tert-butyl(dimethyl)silyl]oxy)}-14-{[tert-butyl(diphenyl)silyl]oxy}-5-hydroxy-21-[(*para*-methoxybenzyl)oxy]-13-(methoxymethoxy)-2,4,7-trimethylhenicosa-2,7,15-trienoat (3-114)

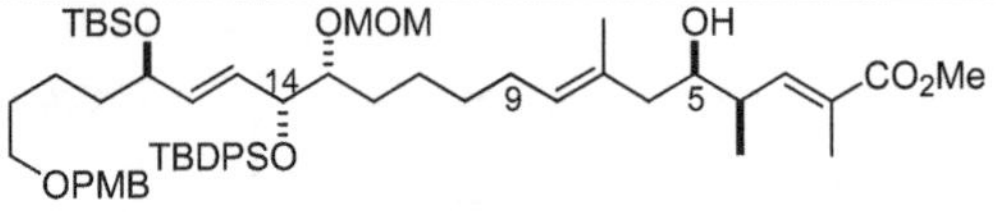

3-114

Zu einer Lösung von **3-85** (35 mg, 0.03 mmol) in einer 4:1 Mischung aus CH_2Cl_2 und MeOH wird bei RT PPTS (katalytische Menge) zugegeben. Nach einer Reaktionszeit von ca. 5 h wird mit gesättigter $NaHCO_3$-Lösung gequencht und die Phasen werden getrennt. Die wässrige Phase wird drei Mal mit CH_2Cl_2 extrahiert und die vereinigten, organischen Phasen werden über $MgSO_4$ getrocknet, abfiltriert und das Lösungsmittel wird am Rotationsverdampfer abgezogen. Der Rückstand kann ohne weitere Aufreinigung im nächsten Reaktionsschritt eingesetzt werden. An dieser Stelle wird er jedoch zur Kontrolle des Produktes (^{1}H-NMR-Spektrum) säulenchromatographisch (Petrolether/EtOAc, 5:1) aufgereinigt und man erhält 28 mg (90%) des Hydroxyesters **3-114** als hellgelbes Öl. R_f = 0.08 (Petrolether/EtOAc, 10:1); ^{1}H NMR (400 MHz, $CDCl_3$): δ [ppm] = –0.01, 0.01 (2 s, jeweils 3H, $Si(CH_3)_2$), 0.86 (s, 9H, $Si(CH_3)_2C(CH_3)_3$), 1.05 (s, 9H, $Si(Ph)_2C(CH_3)_3$), 1.09 (d, *J* = 6.9 Hz, 3H, 4-CH_3), 1.17–1.63 (m, 15H, 7-CH_3, 10-,11-,12-,18-,19-,20-H), 1.86 (s, 3H, 2-CH_3), 1.87–2.30 (m, 2H, 9-H), 2.06–2.25 (m, 2H, 6-H), 2.46–2.63 (m, 1H, 4-H), 3.13–3.20 (m, 4H, 5-H, CH_3OCH_2O), 3.38 (t, *J* = 6.7 Hz, 2H, 21-H), 3.48-3.55 (m, 1H, 13-H), 3.73 (s, 3H, OCH_3), 3.79 (s, 3H, PMB OCH_3), 3.99–4.07 (m, 1H, 17-H), 4.20–4.35 (m, 3H, 14-H, CH_3OCH_2O), 4.41 (s, 2H, PMB CH_2), 5.16–5.28 (m, 1H, 8-H), 5.43–5.67 (m, 2H, 15-,16-H), 6.64 (d, *J* = 8.9 Hz, 1H, 3-H), 6.86 (d, *J* = 8.7 Hz, 2H, CH_{ar}, *meta*), 7.24 (d, *J* = 8.7 Hz, 2H, CH_{ar}, *para*), 7.29–7.46 (m, 6H, phenyl), 7.56–7.70 (m, 4H, phenyl).

Methyl (2*E*,4*R*,5*R*,7*E*,9*E*,13*R*,14*R*,15*E*,17*R*)-17-{[(tert-butyl(dimethyl)silyl]oxy)}-14-{[tert-butyl(diphenyl)silyl]oxy}-5-[2-(diethoxyphosphoryl)-acetoxy]-21-[(*para*-methoxybenzyl)oxy]-13-(methoxymethoxy)-2,4,7-trimethylhenicosa-2,7,15-trienoat (3-115)

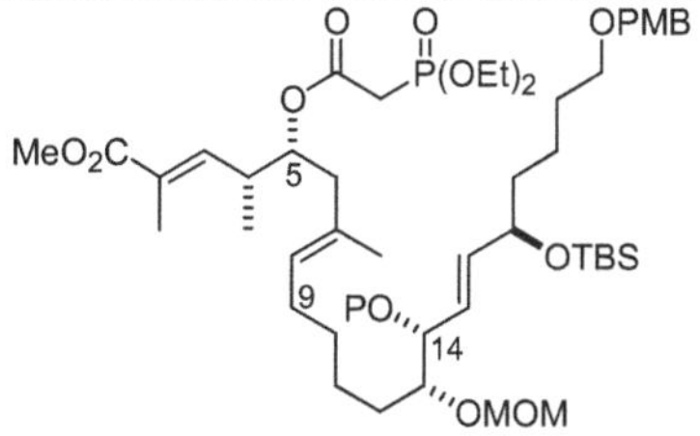

3-115 P = TBDPS

Zu einer Lösung des Alkohols **3-114** (26 mg, 0.027 mmol) in CH_2Cl_2 (1.5 mL) wird bei RT DMAP (katalytische Menge) zugegeben. Eine Lösung von $(EtO)_2POCH_2COOH$ (7 μL, 0.03 mmol, 1 equiv) in CH_2Cl_2 (0.05 mL) wird zugetropft und DCC (8.5 mg, 0.04 mmol, 1.5 equiv) wird zugegeben. Nach einer Reaktionszeit von ca. 20 min werden die flüchtigen Bestandteile am Rotationsverdampfer abgezogen und der Rückstand wird säulenchromatographisch (Petrolether/EtOAc, 1:1) aufgereinigt. Man erhält 28 mg (91%) des Phosphonats **3-115**. R_f = 0.57 (Petrolether/EtOAc, 1:2); ^{1}H NMR (400 MHz, $CDCl_3$): δ [ppm] = –0.02, 0.00 (2 s, jeweils 3H, $Si(CH_3)_2$), 0.85 (s, 9H, $Si(CH_3)_2C(C\mathit{H}_3)_3$), 0.98–1.11 (m, 12H, $Si(Ph)_2C(CH_3)_3$, 4-CH_3), 1.33 (t, J = 7.6 Hz, 6H, $P(OCH_2C\mathit{H}_3)_2$), 1.15–1.71 (m, 15H, 7-CH_3, 10-,11-,12-,18-,19-,20-H), 1.83 (s, 3H, 2-CH_3), 1.88–1.93 (m, 2H, 9-H), 2.14–2.20 (m, 2H, 6-H), 2.61–2.79 (m, 1H, 4-H), 2.82–2.99 (m, 2H, $COCH_2P$), 3.11–3.24 (m, 4H, 13-H, $C\mathit{H}_3OCH_2O$), 3.38 (t, *J* = 6.7 Hz, 2H, 21-H), 3.72 (s, 3H, OCH_3), 3.78 (s, 3H, PMB OCH_3), 3.97–4.07 (m, 1H, 17-H), 4.09–4.20 (m, 4H, $P(OC\mathit{H}_2CH_3)_2$) 4.21–4.34 (m, 3H, 14-H, $CH_3OC\mathit{H}_2O$), 4.41 (s, 2H, PMB CH_2), 4.91–5.03 (m, 1H, 5-H), 5.12 (t, *J* = 6.7 Hz, 1H, 8-H), 5.44–5.67 (m, 2H, 15-,16-H), 6.58 (d, *J* = 10.2 Hz, 1H, 3-H), 6.85 (d, *J* = 8.7 Hz, 2H, CH_{ar}, *meta*), 7.24 (d, *J* = 7.6 Hz, 2H, CH_{ar}, *para*), 7.28–7.47 (m, 6H, phenyl), 7.54–7.70 (m, 4H, phenyl); ^{13}C NMR (400 MHz, $CDCl_3$): δ [ppm] = –4.9 (17-$OSi(CH_3)_2$), –4.4 (17-$OSi(CH_3)_2$), 12.7 (2-CH_3), 15.2 (4-CH_3), 16.0 (7-CH_3), 16.3 ($POCH_2CH_3$), 16.4 ($POCH_2CH_3$), 18.2 (17-$OSi\mathit{C}(CH_3)_3$), 19.3 (14-$OSi\mathit{C}(CH_3)_3$), 21.9 (C-19), 24.9 (C-20), 25.6 (C-11), 25.9 (17-$OSiC(\mathit{C}H_3)_3$), 27.0 (14-$OSiC(\mathit{C}H_3)_3$), 28.1 (C-9), 29.2 (C-10), 29.8 (C-12), 33.6, 34.9 ($CO\mathit{C}H_2P$), 36.8 (C-4), 38.1 (C-18), 42.7 (C-6), 51.8 (OCH_3, Ester), 55.2 (PMB CH_3), 55.4 (MOM CH_3), 62.5, 62.6 ($P(O\mathit{C}H_2CH_3)_2$), 70.1 (C-21), 72.5 (PMB CH_2), 73.0 (C-17), 74.0 (C-14), 76.0 (C-5), 81.2 (C-13), 96.8 (MOM CH_2), 113.7 (PMB, *meta*), 127.4 (phenyl), 127.6 (phenyl), 127.6 (C-2), 128.0 (C-15), 128.7 (C-8), 129.1 (PMB, *ortho*), 129.5

(phenyl), 129.7 (phenyl), 130.4 (C-7), 130.8 (PMB), 133.8 (phenyl), 134.1 (phenyl), 135.3 (C-16), 135.9 (phenyl), 142.7 (C-3), 159.0 (PMB, *para*), 165.2, 165.2 ($COCH_2P$), 168.4 (C-1).

Methyl (2*E*,4*R*,5*R*,7*E*,9*E*,13*R*,14*R*,15*E*,17*R*)-17-{[(tert-butyl(dimethyl)silyl]oxy)}-14-{[tert-butyl(diphenyl)silyl]oxy}-5-[2-(diethoxyphosphoryl)-acetoxy]-21-hydroxy-13-(methoxymethoxy)-2,4,7-trimethylhenicosa-2,7,15-trienoat (3-116)

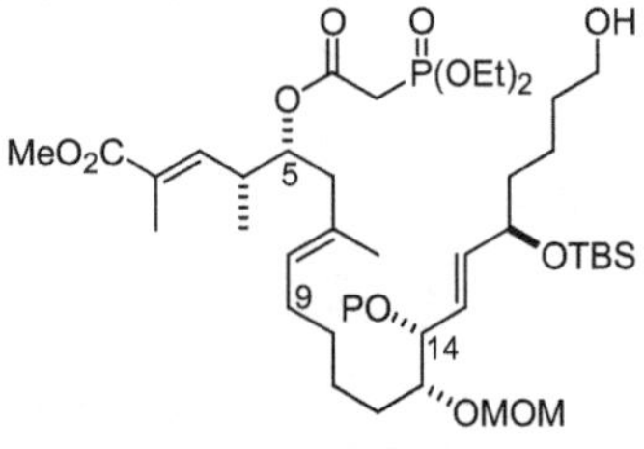

3-116 P = TBDPS

Zu einer Lösung des Phosphonats **3-115** (28 mg, 0.024 mmol) in CH_2Cl_2 (0.5 mL) wird bei RT ca. 1 Tropfen H_2O und DDQ (7 mg, 0.031 mmol, 1.3 equiv) gegeben. Nach einer Reaktionszeit von ca. 4 h verdünnt man die Reaktionsmischung mit CH_2Cl_2 und H_2O. Die Phasen werden getrennt und die wässrige Phase wird drei Mal mit CH_2Cl_2 extrahiert. Die vereinigten, organischen Phasen werden über $MgSO_4$ getrocknet, abfiltriert und das Lösungsmittel wird am Rotationsverdampfer abgezogen. Der Rückstand wird säulenchromatographisch (Petrolether/EtOAc, 1:1) aufgereinigt und man erhält 25 mg (99%) des Alkohols **3-116** als hellbraunes Öl. R_f = 0.40 (Petrolether/EtOAc, 1:2); ^1H NMR (400 MHz, $CDCl_3$): δ [ppm] = –0.01, 0.01 (2 s, jeweils 3H, $Si(CH_3)_2$), 0.86 (s, 9H, $Si(CH_3)_2C(CH_3)_3$), 0.99–1.10 (m, 12H, $Si(Ph)_2C(CH_3)_3$, 4-CH_3), 1.33 (t, J = 7.0 Hz, 6H, $P(OCH_2CH_3)_2$), 1.15–1.73 (m, 15H, 7-CH_3, 10-,11-,12-,18-,19-,20-H), 1.83 (s, 3H, 2-CH_3), 1.86–1.99 (m, 2H, 9-H), 2.06–2.26 (m, 2H, 6-H), 2.60–2.78 (m, 1H, 4-H), 2.81–3.05 (m, 2H, $COCH_2P$), 3.10–3.24 (m, 4H, 13-H, CH_3OCH_2O), 3.57 (t, *J* = 6.6 Hz, 2H, 21-H), 3.72 (s, 3H, OCH_3), 3.98–4.10 (m, 1H, 17-H), 4.09–4.20 (m, 4H, $P(OCH_2CH_3)_2$) 4.21–4.37 (m, 3H, 14-H, CH_3OCH_2O), 4.86–5.03 (m, 1H, 5-H), 5.13 (t, *J* = 6.9 Hz, 1H, 8-H), 5.43–5.73 (m, 2H, 15-,16-H), 6.58 (d, *J* = 10.2 Hz, 1H, 3-H), 7.29–7.48 (m, 6H, phenyl), 7.55–7.74 (dd, *J* = 12.5 Hz, 6.9 Hz, 4H, phenyl); ^{13}C NMR (400 MHz, $CDCl_3$): δ [ppm] = –4.9 (17-$OSi(CH_3)_2$), –4.4 (17-$OSi(CH_3)_2$), 12.7 (2-CH_3), 15.3 (4-CH_3), 16.0 (7-CH_3), 16.3 ($POCH_2CH_3$), 16.4 ($POCH_2CH_3$), 18.2 (17-$OSiC(CH_3)_3$), 19.3 (14-$OSiC(CH_3)_3$), 21.2 (C-19), 25.9 (C-11), 25.9 (17-$OSiC(CH_3)_3$), 27.0 (14-$OSiC(CH_3)_3$), 28.1 (C-9), 29.3 (C-10), 29.8 (C-12), 32.8 (C-20), 33.6, 34.9 ($COCH_2P$), 36.9 (C-4), 38.0 (C-18), 42.8 (C-6), 51.8 (OCH_3, Ester), 55.4 (MOM CH_3), 62.6, 62.6 ($P(OCH_2CH_3)_2$), 62.8 (C-21), 73.1 (C-17), 73.9 (C-14), 76.0 (C-5), 81.3 (C-13), 96.8 (MOM CH_2), 127.4 (phenyl), 127.6 (phenyl), 127.8 (C-2), 128.0 (C-

15), 128.7 (C-8), 129.6 (phenyl), 129.7 (phenyl), 130.4 (C-7), 133.8 (phenyl), 134.1 (phenyl), 135.1 (C-16), 135.9 (phenyl), 142.7 (C-3), 165.2, 165.3 ($COCH_2P$), 168.4 (C-1).

Methyl (2*E*,4*R*,5*R*,7*E*,9*E*,13*R*,14*R*,15*E*,17*R*)-17-{[(*tert*-butyl(dimethyl)silyl]oxy)}-14-{[*tert*-butyl(diphenyl)silyl]oxy}-5-[2-(diethoxyphosphoryl)-acetoxy]-13-(methoxymethoxy)-2,4,7-trimethyl-21-oxohenicosa-2,7,15-trienoat (3-117)

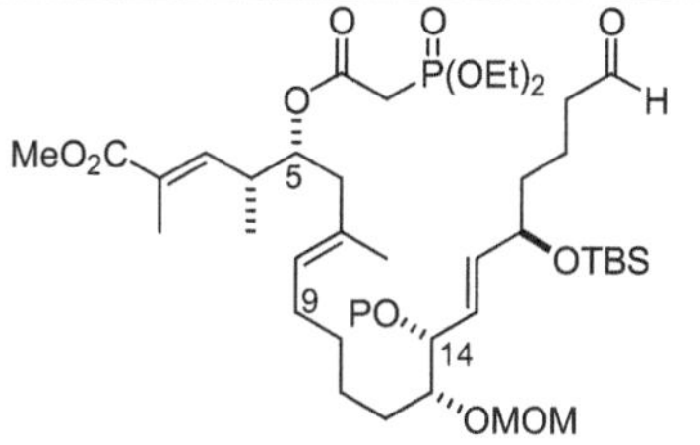

3-117 P = TBDPS

Zu einer Lösung des Alkohols **3-116** (25 mg, 0.024 mmol) und $NaHCO_3$ (8 mg, 0.097 mmol, 4 equiv) in CH_2Cl_2 (1 mL) wird bei RT portionsweise DMP (21 mg, 0.05 mmol, 2 equiv) gegeben. Nach einer Reaktionszeit von ca. 2.5 h wird H_2O zugegeben und die Phasen werden getrennt. Die wässrige Phase wird drei Mal mit CH_2Cl_2 extrahiert und die vereinigten, organischen Phasen werden über $MgSO_4$ getrocknet, abfiltriert und das Lösungsmittel wird am Rotationsverdampfer abgezogen. Der Rückstand wird säulenchromatographisch (Petrolether/EtOAc, 1:1) aufgereinigt und man erhält 21 mg (84%) des Aldehyds **3-117** als farbloses Öl. R_f = 0.56 (Petrolether/EtOAc, 1:2); ^1H NMR (400 MHz, $CDCl_3$): δ [ppm] = –0.01, 0.01 (2 s, jeweils 3H, $Si(CH_3)_2$), 0.85 (s, 9H, $Si(CH_3)_2C(CH_3)_3$), 1.01–1.08 (m, 12H, $Si(Ph)_2C(CH_3)_3$, 4-CH_3), 1.33 (t, J = 7.0 Hz, 6H, $P(OCH_2CH_3)_2$), 1.10–1.71 (m, 15H, 7-CH_3, 10-,11-,12-,18-,19-,20-H), 1.83 (s, 3H, 2-CH_3), 1.86–1.96 (m, 2H, 9-H), 2.11–2.23 (m, 2H, 6-H), 2.35 (t, *J* = 6.4 Hz, 2H, 21-H), 2.67–2.79 (m, 1H, 4-H), 2.81–3.00 (m, 2H, $COCH_2P$), 3.13–3.22 (m, 4H, 13-H, CH_3OCH_2O), 3.72 (s, 3H, OCH_3), 4.03–4.09 (m, 1H, 17-H), 4.10–4.21 (m, 4H, $P(OCH_2CH_3)_2$), 4.20–4.40 (m, 3H, 14-H, CH_3OCH_2O), 4.89–5.03 (m, 1H, 5-H), 5.13 (t, *J* = 6.9 Hz, 1H, 8-H), 5.39–5.71 (m, 2H, 15-,16-H), 6.58 (d, *J* = 10.4 Hz, 1H, 3-H), 7.28–7.49 (m, 6H, phenyl), 7.53–7.71 (dd, *J* = 12.8 Hz, 6.7 Hz, 4H, phenyl), 9.69 (s, 1H, 22-H); ^{13}C NMR (400 MHz, $CDCl_3$): δ [ppm] = –4.9 (17-$OSi(CH_3)_2$), –4.4 (17-$OSi(CH_3)_2$), 12.7 (2-CH_3), 15.2 (4-CH_3), 16.0 (7-CH_3), 16.3 ($POCH_2CH_3$), 16.4 ($POCH_2CH_3$), 17.8 (C-19), 18.2 (17-$OSiC(CH_3)_3$), 19.3 (14-$OSiC(CH_3)_3$), 25.8 (C-11), 25.8 (17-$OSiC(CH_3)_3$), 27.0 (14-$OSiC(CH_3)_3$), 28.1 (C-9), 29.3 (C-10), 29.7 (C-12), 33.6, 34.9 ($COCH_2P$), 36.8 (C-4), 37.5 (C-18), 42.7 (C-6), 43.8 (C-20), 51.8 (OCH_3, Ester), 55.4 (MOM CH_3), 62.6, 62.6 ($P(OCH_2CH_3)_2$), 72.7 (C-17), 74.0 (C-14), 76.0 (C-5), 81.2 (C-13), 96.8 (MOM CH_2), 127.5 (phenyl), 127.6 (phenyl), 128.0 (C-2), 128.1 (C-15), 128.7 (C-8), 129.6 (phenyl), 129.8 (phenyl), 130.4 (C-7), 133.8 (phenyl), 134.0 (phenyl), 134.8 (C-16), 135.9 (phenyl), 142.7 (C-3), 165.2, 165.2 ($CO$$CH_2P$), 168.4 (C-1), 202.6 (C-21).

Makrolactonbildung über eine intramolekulare HWE-Reaktion (3-118)

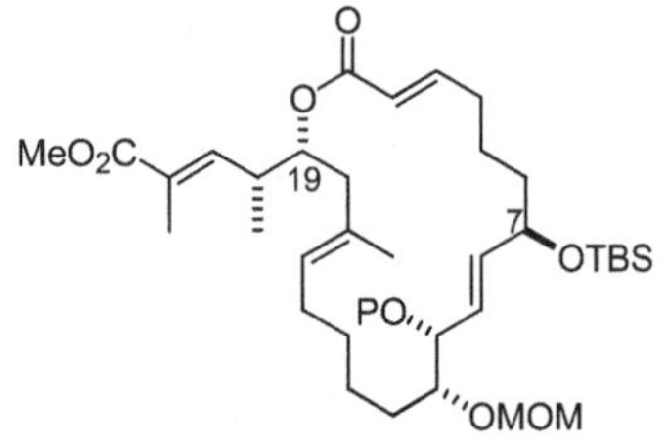

MeO₂C
19
7
OTBS
PO
OMOM

3-118 P = TBDPS

Der Aldehyd **3-117** (7 mg, 0.007 mmol) wird in MeCN (ca. 1 mL) gelöst. LiCl (3 mg, 0.07 mmol, 10 equiv) und $^{i}Pr_2NEt$ (12 μL, 0.07 mmol, 10 equiv) werden zugegeben und die Reaktionsmischung wird ca. 2 h bei RT gerührt. Anschließend werden ¾ des Lösungsmittels am Rotationsverdampfer abgezogen und der Rückstand wird säulenchromatographisch (Petrolether/EtOAc, 5:1) aufgereinigt. Man erhält 5 mg (84%) des Makrolactons **3-118** als farbloses Öl. R_f = 0.85 (Petrolether/EtOAc, 2:1); ^{1}H NMR (400 MHz, $CDCl_3$): δ [ppm] = 0.00, 0.02 (2 s, jeweils 3H, $OSi(CH_3)_2$), 0.88 (s, 9H, $OSi(CH_3)_2C(CH_3)_3$), 1.00 (d, J = 6.9 Hz, 3H, 20-CH_3), 1.07 (s, 9H, $OSi(Ph)_2C(CH_3)_3$), 1.12–1.71 (m, 15H, 4-H, 5-H, 6-H, 12-H, 13-H, 14-H, 17-CH_3), 1.83 (s, 3H, 22-CH_3), 1.93–2.07 (m, 2H, 15-H), 2.07–2.22 (m, 2H, 18-H), 2.61–2.80 (m, 1H, 20-H), 3.00–3.14 (m, 1H, 11-H), 3.17 (s, 3H, CH_2OCH_3), 3.74 (s, 3H, OCH_3), 4.02–4.15 (m, 1H, 7-H), 4.18–4.31 (m, 2H, CH_2OCH_3), 4.31–4.38 (m, 1H, 10-H), 4.93–5.22 (m, 4H, 16-, 19-H), 5.48–5.62 (m, 2H, 8-H, 9-H), 5.72 (d, J = 15.5, 1H, 2-H), 6.58 (d, J = 10.2 Hz, 1H, 21-H), 6.79–7.02 (m, 1H, 3-H), 7.29–7.49 (m, 6H, phenyl), 7.65 (dd, J = 14.8 Hz, 6.6 Hz, 4H, phenyl); ^{13}C NMR (100 MHz, $CDCl_3$): δ [ppm] = –4.8 ($OSi(CH_3)_2$), –4.6 ($OSi(CH_3)_2$), 12.8 (C-22 CH_3), 15.6 (C-20 CH_3), 16.4 (C-17 CH_3), 18.2 ($OSi(CH_3)_2C(CH_3)_3$), 19.4 ($OSi(Ph)_2C(CH_3)_3$), 23.4 (C-5), 25.7 (C-15), 25.9 ($OSi(CH_3)_2C(CH_3)_3$), 27.1 ($OSi(Ph)_2C(CH_3)_3$), 28.0 (C-13), 29.7 (C-12), 30.6 (C-4), 30.8 (C-14), 32.6 (C-20), 38.0 (C-6), 43.1 (C-18), 51.8 (OCH_3), 55.5 (OCH_2OCH_3), 72.9 (C-11), 73.4 (C-19), 74.2 (C-7), 81.3 (C-10), 97.1 (OCH_2OCH_3), 120.7 (C-2), 127.5 (phenyl), 127.6 (phenyl), 128.3 (C-22), 128.6 (C-9), 128.7 (C-16), 129.6 (C-17), 129.7 (phenyl), 129.8 (phenyl), 133.6 (C-8), 134.3 (phenyl), 134.4 (phenyl), 135.9 (phenyl), 142.7 (C-21), 149.6 (C-3), 166.3 (C-1), 168.5 (C-23).

Revidierte Struktur 1, optimierter Syntheseweg

(4*S*,5*S*,6*E*,8*S*)-1,8-di-{[*tert*-Butyl(dimethyl)silyl]oxy}-12-[(*para*-methoxybenzyl)oxy]dodec-6-en-4,5-diol (3-119)

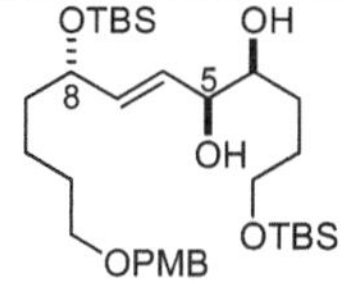

3-119

Das Alkindiol **3-102** (2.0 g, 3.36 mmol) wird in THF (100 mL) gelöst und auf –10°C abgekühlt. Red-Al® (4.0 mL, 65 Gew.% in Toluol, 10.0 mmol, 3 equiv) wird zugetropft und die Reaktionsmischung wird für 24 h bei 0°C gerührt. Nach dem Quenchen mit 1N HCl wird mit Et_2O verdünnt und die Phasen werden getrennt. Die wässrige Phase wird drei Mal mit Et_2O extrahiert und die vereinigten, organischen Phasen werden mit gesättigter NaCl-Lösung gewaschen, über $MgSO_4$ getrocknet und abfiltriert. Der Rückstand wird säulenchromatographisch (Petrolether/EtOAc, 3:1) aufgereinigt und man erhält 1.4 g (70%) des Diols **3-119** als hellgelbes Öl. R_f = 0.17 (Petrolether/EtOAc, 3:1); $[\alpha]^{20}_D$ = –9.4 (*c* 1.00, CH_2Cl_2); ^{1}H NMR (400 MHz, $CDCl_3$): δ [ppm] = 0.01, 0.03 (2 s, jeweils 3H, $Si(CH_3)_2$), 0.06 (s, 6H, 1-$OSi(CH_3)_2$), 0.87 (s, 9H, 1-$OSi(CH_3)_2C(CH_3)_3$), 0.89 (s, 9H, 8-$OSi(CH_3)_2C(CH_3)_3$), 1.28–1.74 (m, 10H, 2-H, 3-H, 9-H, 10-H, 11-H), 3.41 (t, *J* = 6.6 Hz, 3H, 4-H, 12-H), 3.61–3.71 (m, 2H, 1-H), 3.79 (s, 3H, CH_3O), 3.84–3.91 (m, 1H, 5-H), 4.06–4.14 (m, 1H, 8-H), 4.41 (s, 2H, PMB CH_2), 5.46–5.64 (m, 1H, 6-H), 5.65–5.80 (m, 1H, 7-H), 6.86 (d, *J* = 8.7 Hz, 2H, CH_{ar}, *meta*), 7.24 (d, *J* = 8.7 Hz, 2H, CH_{ar}, *ortho*); ^{13}C NMR (100 MHz, $CDCl_3$): δ [ppm] = –5.5 (1-$OSi(CH_3)_2$), –4.8 (8-$OSi(CH_3)_2$), –4.3 (8-$OSi(CH_3)_2$), 18.2 (1-$OSi(CH_3)_2C(CH_3)_3$), 18.3 (8-$OSi(CH_3)_2C(CH_3)_3$), 21.9 (C-10), 25.9 (8-$OSi(CH_3)_2C(CH_3)_3$), 25.9 (1-$OSi(CH_3)_2C(CH_3)_3$), 29.0 (C-11), 29.7 (C-2), 30.6 (C-3), 37.9 (C-9), 55.2 (CH_3O), 63.6 (C-1), 70.0 (C-12), 72.5 (C-8), 72.7 (PMB CH_2), 74.3 (C-4), 75.6 (C-5), 113.7 (CH_{ar}, *meta*), 128.6 (C-6), 129.2 (CH_{ar}, *ortho*), 130.7 (C_{ar}), 136.9 (C-7), 159.1 (C_{ar}, *para*); HRMS (ESI): $[M+Na]^+$ berechnet für $C_{32}H_{60}O_6Si_2$ 619.38206, gefunden 619.38204.

(4*S*,5*S*,6*E*,8*S*)-1,8-di-{[*tert*-Butyl(dimethyl)silyl]oxy}-5-{[*tert*-butyl(diphenyl)silyl]oxy}-12-[(*para*-methoxybenzyl)oxy]dodec-6-en-4-ol (3-120)

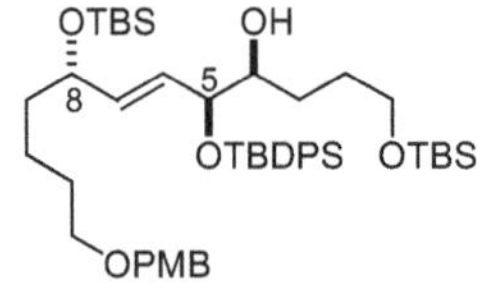

3-120

Zu einer Lösung des Diols **3-119** (1.54 g, 2.58 mmol) in CH_2Cl_2 (200 mL) wird Imidazol (530 mg, 7.74 mmol, 3 equiv) und DMAP (katalytische Menge) zugegeben und im Eisbad auf 0°C abgekühlt. TBDPSCl (0.67 mL, 2.2 mmol, 1.1 equiv) wird zugetropft und die Reaktionsmischung wird anschließend für 5 h bei RT gerührt. Durch Zugabe von gesättigter NaCl-Lösung wird die Reaktion gequencht und die Phasen werden getrennt. Die wässrige Phase wird drei Mal mit CH_2Cl_2 extrahiert und die vereinigten, organischen Phasen werden über $MgSO_4$ getrocknet, abfiltriert und das Lösungsmittel wird am Rotationsverdampfer abgezogen. Der Rückstand wird säulenchromatographisch (Petrolether/EtOAc, 15:1) aufgereinigt und man erhält 1.8 g (84%) des Alkohols **3-120** als hellgelbes Öl. R_f = 0.60 (Petrolether/EtOAc, 6:1); $[\alpha]^{20}_D$ = +6.3 (*c* 1.00, CH_2Cl_2); ^{1}H NMR (400 MHz, $CDCl_3$): δ [ppm] = –0.08, –0.04 (2 s, jeweils 3H, 8-$OSi(CH_3)_2$), 0.01 (s, 6H, 1-$OSi(CH_3)_2$), 0.82 (s, 9H, 1-$OSi(CH_3)_2C(CH_3)_3$), 0.86 (s, 9H, 8-$OSi(CH_3)_2C(CH_3)_3$), 1.03 (s, 9H, $OSi(Ph)_2C(CH_3)_3$), 1.10–1.68 (m, 10H, 2-H, 3-H, 9-H, 10-H, 11-H), 2.61 (d, *J* = 4.6 Hz, 1H, OH), 3.33 (t, *J* = 6.7 Hz, 2H, 12-H), 3.39–3.47 (m, 1H, 4-H), 3.56 (t, *J* = 5.5 Hz, 2H, 1-H), 3.77 (s, 3H, CH_3O), 3.85–3.89 (m, 1H, 8-H), 3.98–4.07 (m, 1H, 5-H), 4.40 (s, 2H, PMB CH_2), 5.22 (dd, *J* = 15.4, 6.2 Hz, 1H, 7-H), 5.52 (dd, *J* = 15.5, 7.6 Hz, 1H, 6-H), 6.85 (d, *J* = 8.7 Hz, 2H, CH_{ar}, *meta*), 7.24 (d, *J* = 8.7 Hz, 2H, CH_{ar}, *ortho*), 7.27–7.43 (m, 6H, phenyl), 7.57–7.68 (m, 4H, phenyl); ^{13}C NMR (100 MHz, $CDCl_3$): δ [ppm] = –5.3 (1-$OSi(CH_3)_2$), –4.8 (8-$OSi(CH_3)_2$), –4.3 (8-$OSi(CH_3)_2$), 18.1 (1-$OSi(CH_3)_2C(CH_3)_3$), 18.3 (8-$OSi(CH_3)_2C(CH_3)_3$), 19.4 ($OSi(Ph)_2C(CH_3)_3$), 21.7 (C-10), 25.8 (8-$OSi(CH_3)_2C(CH_3)_3$), 25.9 (1-$OSi(CH_3)_2C(CH_3)_3$), 27.0 ($OSi(Ph)_2C(CH_3)_3$), 29.1 (C-11), 29.3 (C-2), 29.7 (C-3), 37.7 (C-9), 55.2 (CH_3O), 63.4 (C-1), 70.0 (C-12), 72.6 (PMB CH_2), 72.8 (C-8), 74.8 (C-4), 77.6 (C-5), 113.7 (CH_{ar}, *meta*), 127.4 (phenyl), 127.6 (phenyl), 128.2 (C-6), 129.1 (CH_{ar}, *ortho*), 129.6 (phenyl), 129.7 (phenyl), 130.7 (C_{ar}), 133.5 (phenyl), 133.7 (phenyl), 135.8 (phenyl), 135.9 (phenyl), 137.0 (C-7), 159.1 (C_{ar}, *para*); HRMS (ESI): $[M+Na]^+$ berechnet für $C_{48}H_{78}O_6Si_3$ 857.49984, gefunden 857.49946.

Carbamatsäure (1*S*,2*S*,3*E*,5*S*)-5-{[*tert*-butyl(dimethyl)silyl]oxy}-1-{3'-[*tert*-butyl(dimethyl)silyl]oxy}-propyl]-2-{[*tert*-butyl(diphenyl)silyl]oxy}-9-[(*para*-methoxybenzyl)oxy]-non-3-enyl ester (3-121)

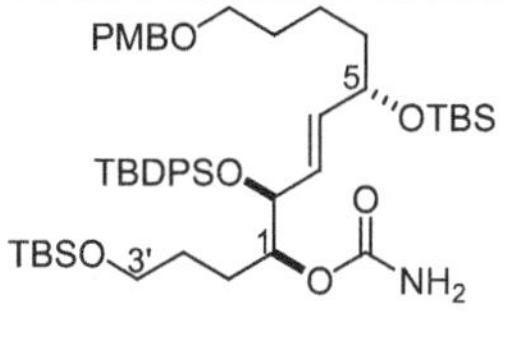

3-121

Zu einer Lösung des Alkohols **3-120** (1.5 g, 1.8 mmol) in CH_2Cl_2 (120 mL) wird bei RT Trichloroacetylisocyanat (0.45 mL, 3.8 mmol, 2.1 equiv) zugegeben. Nach ca. 30 min Rühren wird MeOH (200 mL) und K_2CO_3 (1.15 g, 8.3 mmol, 4.6 equiv) zugegeben. Nach einer Reaktionszeit von 3 h wird ein weißer Feststoff abfiltriert und das Lösungsmittel wird am Rotationsverdampfer abgezogen. Der Rückstand wird säulenchromatographisch (Petrolether/EtOAc, 5:1) aufgereinigt und man erhält 1.49 g (94%) des Carbamats **3-121** als farbloses Öl. R_f = 0.29 (Petrolether/EtOAc, 6:1); $[\alpha]^{20}_D$ = +2.2 (*c* 1.00, CH_2Cl_2); ^{1}H NMR (400 MHz, $CDCl_3$): δ [ppm] = –0.03, –0.01 (2 s, jeweils 3H, 5-OSi(CH_3)$_2$), 0.03 (s, 6H, 3'-OSi(CH_3)$_2$), 0.86 (s, 9H, 3'-OSi(CH_3)$_2$C(C*H*$_3$)$_3$), 0.88 (s, 9H, 5-OSi(CH_3)$_2$C(C*H*$_3$)$_3$), 1.04 (s, 9H, OSi(Ph)$_2$C(C*H*$_3$)$_3$), 1.13–1.92 (m, 10H, 1'-H, 2'-H, 6-H, 7-H, 8-H), 3.37 (t, *J* = 6.1 Hz, 2H, 9-H), 3.50–3.60 (m, 2H, 3'-H), 3.79 (s, 3H, CH_3O), 3.91–4.03 (m, 1H, 5-H), 4.25–4.35 (m, 1H, 2-H), 4.41 (s, 2H, PMB CH_2), 4.46 (bs, 2H, NH_2), 4.60–4.72 (m, 1H, 1-H), 5.33 (dd, *J* = 15.5, 5.6 Hz, 1H, 4-H), 5.55 (dd, *J* = 15.4, 7.3 Hz, 1H, 3-H), 6.86 (d, *J* = 8.7 Hz, 2H, CH_{ar}, *meta*), 7.24 (d, *J* = 8.4 Hz, 2H, CH_{ar}, *ortho*), 7.28–7.45 (m, 6H, phenyl), 7.58–7.71 (m, 4H, phenyl); ^{13}C NMR (100 MHz, $CDCl_3$): δ [ppm] = –5.3 (3'-OSi(CH_3)$_2$), –4.9 (5-OSi(CH_3)$_2$), –4.5 (5-OSi(CH_3)$_2$), 18.2 (3'-OSi(CH_3)$_2$*C*(CH_3)$_3$), 18.3 (5-OSi(CH_3)$_2$*C*(CH_3)$_3$), 19.3 (OSi(Ph)$_2$*C*(CH_3)$_3$), 21.4 (C-7), 25.4 (C-2'), 25.8 (5-OSi(CH_3)$_2$C(*C*H$_3$)$_3$), 26.0 (3'-OSi(CH_3)$_2$C(*C*H$_3$)$_3$), 26.9 (OSi(Ph)$_2$C(*C*H$_3$)$_3$), 28.9 (C-8), 29.8 (C-1'), 37.7 (C-6), 55.2 (CH_3O), 63.0 (C-3'), 70.1 (C-9), 72.4 (PMB CH_2), 72.5 (C-5), 74.2 (C-1), versteckt hinter $CDCl_3$ (C-2), 113.7 (CH_{ar}, *meta*), 127.1 (C-3), 127.3 (phenyl), 127.5 (phenyl), 129.2 (CH_{ar}, *ortho*), 129.5 (phenyl), 129.6 (phenyl), 130.6 (C_{ar}), 133.8 (phenyl), 134.0 (phenyl), 135.9 (phenyl), 135.9 (phenyl), 136.7 (C-4), 156.4 ($CONH_2$), 159.1 (C_{ar}, *para*); HRMS (ESI): $[M+Na]^+$ berechnet für $C_{49}H_{79}NO_7Si_3$ 900.50565, gefunden 900.50528.

Carbamatsäure (1*S*,2*S*,3*E*,5*S*)-5-{[*tert*-butyl(dimethyl)silyl]oxy}-2-{[*tert*-butyl(diphenyl)silyl]oxy}-1-(3'-hydroxypropyl)-9-[(*para*-methoxybenzyl)oxy]-non-3-enyl ester (3-122)

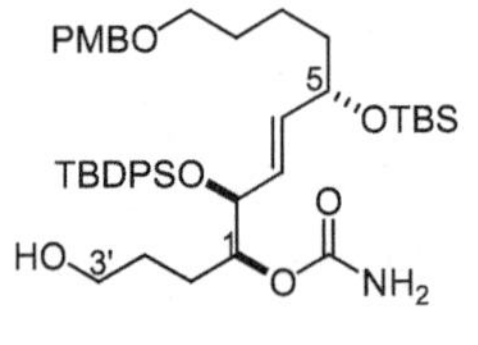

3-122

Das Carbamat **3-121** (930 mg, 1.06 mmol) wird in einer 3:1:1 Mischung aus AcOH/H_2O/THF (3:1:1, 15 mL) gelöst und ca. 12 h bei RT gerührt. Die Reaktionsmischung wird mit EtOAc verdünnt und die Phasen werden getrennt. Die wässrige Phase wird drei Mal mit EtOAc extrahiert, über $MgSO_4$ getrocknet und abfiltriert. Der Rückstand wird säulenchromatographisch (Petrolether/EtOAc, 4:1 – 1:1) aufgereinigt und man erhält 606 mg (75%) des Alkohols **3-122** als hellgelbes Öl. (160 mg des Edukts **3-121** können zurückgewonnen werden). R_f = 0.28 (Petrolether/EtOAc, 1:1); $[\alpha]^{20}_D$ = +3.1 (*c* 1.00, CH_2Cl_2); ^{1}H NMR (400 MHz, $CDCl_3$): δ [ppm] = –0.03, 0.00 (2 s, jeweils 3H, $OSi(CH_3)_2$), 0.86 (s, 9H, $OSi(CH_3)_2C(CH_3)_3$), 1.04 (s, 9H, O-$Si(Ph)_2C(CH_3)_3$), 1.17–1.85 (m, 10H, 1'-H, 2'-H, 6-H, 7-H, 8-H), 2.04 (s, 1H, OH), 3.37 (t, *J* = 6.6 Hz, 2H, 9-H), 3.53 (t, *J* = 5.7 Hz, 2H, 3'-H), 3.79 (s, 3H, CH_3O), 3.96–4.06 (m, 1H, 5-H), 4.26–4.34 (m, 1H, 2-H), 4.40 (s, 2H, PMB CH_2), 4.44 (bs, 2H, NH_2), 4.63–4.73 (m, 1H, 1-H), 5.37 (dd, *J* = 15.7, 5.6 Hz, 1H, 4-H), 5.56 (dd, *J* = 15.4, 7.3 Hz, 1H, 3-H), 6.86 (d, *J* = 8.6 Hz, 2H, CH_{ar}, *meta*), 7.24 (d, *J* = 8.6 Hz, 2H, CH_{ar}, *ortho*), 7.27–7.44 (m, 6H, phenyl), 7.58–7.71 (m, 4H, phenyl); ^{13}C NMR (100 MHz, $CDCl_3$): δ [ppm] = –4.8 ($OSi(CH_3)_2$), –4.5 ($OSi(CH_3)_2$), 18.2 ($OSi(CH_3)_2C(CH_3)_3$), 19.3 ($OSi(Ph)_2C(CH_3)_3$), 21.4 (C-7), 25.6 (C-2'), 25.8 (O-$Si(CH_3)_2C(CH_3)_3$), 26.9 ($OSi(Ph)_2C(CH_3)_3$), 28.5 (C-8), 29.8 (C-1'), 37.7 (C-6), 55.2 (CH_3O), 62.5 (C-3'), 70.1 (C-9), 72.3 (PMB CH_2), 72.5 (C-5), 74.3 (C-1), 76.5 (C-2), 113.7 (CH_{ar}, *meta*), 127.1 (C-3), 127.4 (phenyl), 127.5 (phenyl), 129.3 (CH_{ar}, *ortho*), 129.5 (phenyl), 129.7 (phenyl), 130.6 (C_{ar}), 133.9 (phenyl), 135.9 (phenyl), 135.9 (phenyl), 136.8 (C-4), 156.4 ($CONH_2$), 159.1 (C_{ar}, *para*); HRMS (ESI): $[M+Na]^+$ berechnet für $C_{43}H_{65}NO_7Si_2$ 786.41918, gefunden 786.41941.

Carbamatsäure (1*S*,2*S*,3*E*,5*S*)-5-{[*tert*-butyl(dimethyl)silyl]oxy}-2-{[*tert*-butyl(diphenyl)silyl]oxy}-9-[(*para*-methoxybenzyl)oxy]-1-(3'-oxopropyl)-non-3-enyl ester (3-123)

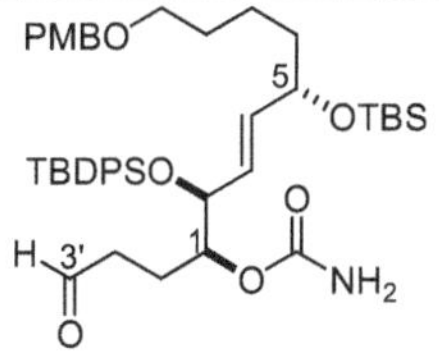

3-123

Zu einer Lösung des Alkohols **3-122** (928 mg, 1.21 mmol) und $NaHCO_3$ (400 mg, 4.84 mmol, 4 equiv) in CH_2Cl_2 (40 mL) wird bei RT portionsweise DMP (1.05 g, 2.48 mmol, 2 equiv) gegeben. Nach einer Reaktionszeit von ca. 3 h wird H_2O zugegeben und die Phasen werden getrennt. Die wässrige Phase wird drei Mal mit CH_2Cl_2 extrahiert und die vereinigten, organischen Phasen werden über $MgSO_4$ getrocknet, abfiltriert und das Lösungsmittel wird am Rotationsverdampfer abgezogen. Der Rückstand wird säulenchromatographisch (Petrolether/EtOAc, 3:1) aufgereinigt und man erhält 887 mg (96%) des Aldehyds **3-123** als farbloses Öl. R_f = 0.62 (Petrolether/EtOAc, 1:1); $[\alpha]^{20}_D$ = +0.6 (*c* 1.00, CH_2Cl_2); ^1H NMR (400 MHz, $CDCl_3$): δ [ppm] = –0.03, 0.00 (2 s, jeweils 3H, $OSi(CH_3)_2$), 0.86 (s, 9H, $OSi(CH_3)_2C(CH_3)_3$), 1.05 (s, 9H, $OSi(Ph)_2C(CH_3)_3$), 1.17–2.15 (m, 8H, 1'-H, 6-H, 7-H, 8-H), 2.40 (t, *J* = 7.1 Hz, 2H, 2'-H), 3.37 (t, *J* = 5.9 Hz, 2H, 9-H), 3.79 (s, 3H, CH_3O), 3.96–4.06 (m, 1H, 5-H), 4.29–4.36 (m, 1H, 2-H), 4.40 (s, 2H, PMB CH_2), 4.53 (bs, 2H, NH_2), 4.60–4.70 (m, 1H, 1-H), 5.38 (dd, *J* = 15.5, 5.4 Hz, 1H, 4-H), 5.57 (dd, *J* = 15.4, 7.8 Hz, 1H, 3-H), 6.86 (d, *J* = 8.6 Hz, 2H, CH_{ar}, *meta*), 7.24 (d, *J* = 8.8 Hz, 2H, CH_{ar}, *ortho*), 7.28–7.46 (m, 6H, phenyl), 7.57–7.70 (m, 4H, phenyl), 9.68 (s, 1H, 3'-H); ^{13}C NMR (100 MHz, $CDCl_3$): δ [ppm] = –4.9 ($OSi(CH_3)_2$), –4.5 ($OSi(CH_3)_2$), 18.2 ($OSi(CH_3)_2C(CH_3)_3$), 19.3 ($OSi(Ph)_2C(CH_3)_3$), 21.3 (C-7), 21.8 (C-1'), 25.8 ($OSi(CH_3)_2C(CH_3)_3$), 26.9 ($OSi(Ph)_2C(CH_3)_3$), 29.8 (C-8), 37.7 (C-6), 40.1 (C-2'), 55.2 (CH_3O), 70.1 (C-9), 72.2 (PMB CH_2), 72.5 (C-5), 74.1 (C-1), 75.9 (C-2), 113.7 (CH_{ar}, *meta*), 126.6 (C-3), 127.4 (phenyl), 127.5 (phenyl), 129.2 (CH_{ar}, *ortho*), 129.6 (phenyl), 129.7 (phenyl), 130.6 (C_{ar}), 133.6 (phenyl), 133.7 (phenyl), 135.9 (phenyl), 135.9 (phenyl), 137.2 (C-4), 156.1 ($CONH_2$), 159.1 (C_{ar}, *para*), 201.5 (C-3'); HRMS (ESI): $[M+MeOH+Na]^+$ berechnet für $C_{43}H_{63}NO_7Si_2$ 816.42974, gefunden 816.43045.

Carbamatsäure (1*S*,2*S*,3*E*,5*S*)-5-{[*tert*-butyl(dimethyl)silyl]oxy}-2-{[*tert*-butyl(diphenyl)silyl]oxy}-1-but-3'-ynyl-9-[(*para*-methoxybenzyl)oxy]-non-3-enyl ester (3-124)

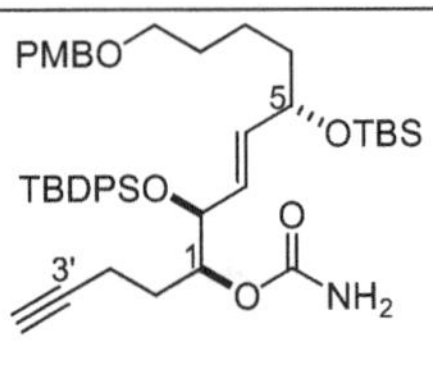

3-124

Diethyl-1-diazo-2-oxopropylphosphonat (**3-80**) (220 mg, 1.06 mmol, 1.5 equiv) wird zu einer Lösung aus Aldehyd **3-123** (535 mg, 0.7 mmol) und K_2CO_3 (118 mg, 1.19 mmol, 1.7 equiv) in MeOH (9 mL) gegeben und für 12 h bei RT gerührt. Die Reaktionsmischung wird anschließend mit Et_2O verdünnt und mit $NaHCO_3$-Lösung gewaschen. Die Phasen werden getrennt und die wässrige Phase wird drei Mal mit Et_2O extrahiert. Die vereinigten, organischen Phasen werden über $MgSO_4$ getrocknet und das Lösungsmittel wird am Rotationsverdampfer abgezogen. Der Rückstand wird säulenchromatographisch (Petrolether/EtOAc, 5:1) aufgereinigt und man erhält 485 mg (91%) des Alkins **3-124** als hellgelbes Öl. R_f = 0.50 (Petrolether/EtOAc, 2:1); $[\alpha]^{20}_D$ = –0.5 (*c* 1.00, CH_2Cl_2); ^1H NMR (400 MHz, $CDCl_3$): δ [ppm] = –0.02, 0.00 (2 s, jeweils 3H, $OSi(CH_3)_2$), 0.86 (s, 9H, $OSi(CH_3)_2C(CH_3)_3$), 1.05 (s, 9H, $OSi(Ph)_2C(CH_3)_3$), 1.19–1.67 (m, 8H, 1'-H, 6-H, 7-H, 8-H), 1.88–1.93 (m, 1H, 4'-H), 2.01–2.21 (m, 2H, 2'-H), 3.32–3.43 (m, 2H, 9-H), 3.79 (s, 3H, CH_3O PMB), 3.96–4.06 (m, 1H, 5-H), 4.30–4.38 (m, 1H, 2-H), 4.40 (s, 2H, PMB CH_2), 4.41 (s, 2H, NH_2), 4.67–4.81 (m, 1H, 1-H), 5.34 (dd, *J* = 15.4, 5.5 Hz, 1H, 4-H), 5.55 (dd, *J* = 15.5, 7.4 Hz, 1H, 3-H), 6.86 (d, *J* = 8.7 Hz, 2H, CH_{ar}, *meta*), 7.24 (d, *J* = 10.2 Hz, 2H, CH_{ar}, *ortho*), 7.29–7.47 (m, 6H, phenyl), 7.55–7.74 (m, 4H, phenyl); ^{13}C NMR (100 MHz, $CDCl_3$): δ [ppm] = –4.8 ($OSi(CH_3)_2$), –4.5 ($OSi(CH_3)_2$), 15.0 (C-2'), 18.2 ($OSi(CH_3)_2C(CH_3)_3$), 19.3 ($OSi(Ph)_2C(CH_3)_3$), 21.3 (C-7), 25.8 ($OSi(CH_3)_2C(CH_3)_3$), 27.0 ($OSi(Ph)_2C(CH_3)_3$), 28.1 (C-8), 29.8 (C-1'), 37.7 (C-6), 55.3 (CH_3O PMB), 68.5 (C-4'), 70.1 (C-9), 72.2 (C-5), 72.5 (PMP CH_2), 73.7 (C-2), 75.6 (C-1), 83.7 (C-3'), 113.7 (CH_{ar}, *meta*), 126.7 (C-3), 127.4 (phenyl), 127.5 (phenyl), 129.2 (CH_{ar}, *ortho*), 129.5 (phenyl), 129.7 (phenyl), 130.6 (C_{ar}), 133.7 (phenyl), 133.8 (phenyl), 135.9 (phenyl), 137.0 (C-4), 156.1 ($CONH_2$), 159.1 (C_{ar}, *para*); HRMS (ESI): $[M+Na]^+$ berechnet für $C_{44}H_{63}NO_6Si_2$ 780.40861, gefunden 780.40900.

Methyl (2E,4R,5R,7E)-5-hydroxy-8-iodo-2,4,7-trimethyl-2,7-octadienoat (3-125)

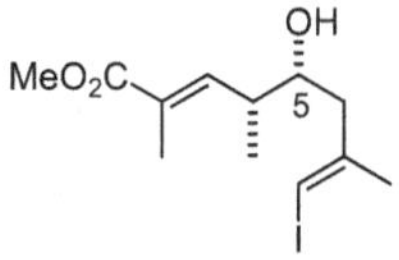

3-125

Zu einer Lösung des Silylethers **3-53** (0.5 g, 1.11 mmol) in einer 6:1 Mischung aus CH_2Cl_2 und MeOH wird bei RT PPTS (katalytische Menge) zugegeben. Nach einer Reaktionszeit von ca. 4 h wird mit gesättigter $NaHCO_3$-Lösung gequencht und die Phasen werden getrennt. Die wässrige Phase wird drei Mal mit CH_2Cl_2 extrahiert und die vereinigten, organischen Phasen werden über $MgSO_4$ getrocknet, abfiltriert und das Lösungsmittel wird am Rotationsverdampfer abgezogen. Der Rückstand wird säulenchromatographisch (Petrolether/EtOAc, 5:1) aufgereinigt und man erhält 373 mg (99%) des Hydroxyesters **3-125** als hellgelbes Öl. R_f = 0.80 (Petrolether/EtOAc, 1:1); $[\alpha]^{20}_D$ = +33.8 (*c* 1.00, CH_2Cl_2); ^1H NMR (400 MHz, $CDCl_3$): δ [ppm] = 1.08 (d, *J* = 6.6 Hz, 3H, 4-CH_3), 1.63 (d, *J* = 2.0 Hz, 1H, OH), 1.85 (m, 6H, 2-CH_3, 7-CH_3), 2.17–2.44 (m, 2H, 6-H), 2.46–2.65 (m, 1H, 4-H), 3.53–3.66 (m, 1H, 5-H), 3.73 (s, 3H, OCH_3), 6.02 (s, 1H, 8-H), 6.59 (dd, *J* = 10.3, 1.4 Hz, 1H, 3-H); ^{13}C NMR (100 MHz, $CDCl_3$): δ [ppm] = 12.8 (2-CH_3), 15.5 (4-CH_3), 24.0 (7-CH_3), 39.3 (C-4), 45.3 (C-6), 51.8 (OCH_3), 72.1 (C-5), 77.5 (C-8), 128.0 (C-2), 143.3 (C-3), 144.8 (C-7), 168.5 (C-1); HRMS (ESI): $[M+Na]^+$ berechnet für $C_{12}H_{19}IO_3$ 361.02711, gefunden 361.02705.

Methyl (2*E*,4*R*,5*R*,7*E*)-5-{2-[(diethoxy)phosphoryl]-acetoxy}-8-iodo-2,4,7-trimethyl-2,7-octadienoat (3-126)

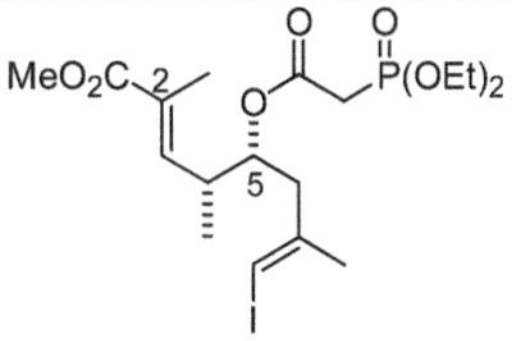

3-126

Zu einer Lösung des Hydroxyalkohols **3-125** (360 mg, 1.10 mmol) in CH_2Cl_2 (50 mL) wird bei RT DMAP (katalytische Menge) zugegeben. Eine Lösung von $(EtO)_2POCH_2COOH$ (0.18 mL, 1.11 mmol, 1 equiv) in CH_2Cl_2 (2.5 mL) wird zugetropft und DCC (334 mg,1.61 mmol, 1.5 equiv) wird zugegeben. Nach einer Reaktionszeit von ca. 40 min werden die flüchtigen Bestandteile am Rotationsverdampfer abgezogen und der Rückstand wird säulenchro-matographisch (Petrolether/EtOAc, 3:1 – 1:2) aufgereinigt. Man erhält 547 mg (99%) des Phosphonats **3-126**. R_f = 0.27 (Petrolether/EtOAc, 1:1); $[\alpha]^{20}_D$ = +25.1 (*c* 1.00, CH_2Cl_2); ^{1}H NMR (400 MHz, $CDCl_3$): δ [ppm] = 1.05 (d, *J* = 6.9 Hz, 3H, 4-CH_3), 1.33 (t, *J* = 7.1 Hz, 6H, $(CH_3CH_2O)_2$) 1.84 (m, 6H, 2-CH_3, 7-CH_3), 2.32–2.46 (m, 2H, 6-H), 2.64–2.80 (m, 1H, 4-H), 2.92 (dd, *J* = 21.6, 1.5 Hz, 2H, $COCH_2P$), 3.73 (s, 3H, OCH_3), 4.05–4.25 (m, 4H, $(CH_3CH_2O)_2$), 4.89–5.06 (m, 1H, 5-H), 5.95 (s, 1H, 8-H), 6.53 (dd, *J* = 10.3, 1.4 Hz, 1H, 3-H); ^{13}C NMR (100 MHz, $CDCl_3$): δ [ppm] = 12.8 (2-CH_3), 15.7 (4-CH_3), 16.3, 16.4 ($(OCH_2CH_3)_2$), 24.0 (7-CH_3), 33.6, 34.9 ($COCH_2P$), 37.1 (C-4), 42.3 (C-6), 51.9 (OCH_3), 62.6, 62.7 ($(OCH_2CH_3)_2$), 75.2 (C-5), 78.0 (C-8), 128.7 (C-2), 141.7 (C-3), 143.5 (C-7), 165.1, 165.2 ($COCH_2P$), 168.2 (C-1); HRMS (ESI): $[M+Na]^+$ berechnet für $C_{18}H_{30}IO_7P$ 539.06660, gefunden 539.06614.

Carbamatsäure (1S,2S,3E,5S)-5-{[tert-butyl(dimethyl)silyl]oxy}-2-{[tert-butyl(diphenyl)silyl]oxy}-1-but-3'-ynyl-9-hydroxynon-3-enyl ester (3-127)

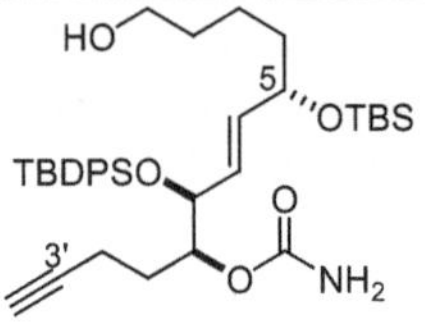

HO, 5, OTBS, TBDPSO, O, 3', O, NH_2

3-127

Zu einer Lösung des Alkins **3-124** (910 mg, 1.2 mmol) in CH_2Cl_2 (13 mL) wird bei RT H_2O (1 mL) und DDQ (300 mg, 1.32 mmol, 1.1 equiv) gegeben. Nach einer Reaktionszeit von ca. 6 h verdünnt man die Reaktionsmischung mit CH_2Cl_2 und H_2O. Die Phasen werden getrennt und die wässrige Phase wird drei Mal mit CH_2Cl_2 extrahiert. Die vereinigten, organischen Phasen werden über $MgSO_4$ getrocknet, abfiltriert und das Lösungsmittel wird am Rotationsverdampfer abgezogen. Der Rückstand wird säulenchromatographisch (Petrolether/EtOAc, 2:1) aufgereinigt und man erhält 750 mg (98%) des Alkinols **3-127** als hellbraunes Öl. R_f = 0.25 (Petrolether/EtOAc, 2:1); $[\alpha]^{20}_D$ = –1.0 (*c* 1.00, CH_2Cl_2); ^{1}H NMR (400 MHz, $CDCl_3$): δ [ppm] = –0.02, 0.00 (2 s, jeweils 3H, $OSi(CH_3)_2$), 0.86 (s, 9H, $OSi(CH_3)_2C(CH_3)_3$), 1.05 (s, 9H, $OSi(Ph)_2C(CH_3)_3$), 1.16–2.28 (m, 10H, 1'-H, 2'-H, 6-H, 7-H, 8-H), 1.88–1.94 (m, 1H, 4'-H), 3.57 (t, *J* = 6.4 Hz, 2H, 9-H), 3.99–4.08 (m, 1H, 5-H), 4.31–4.39 (m, 1H, 2-H), 4.51 (bs, 2H, NH_2), 4.70–4.80 (m, 1H, 1-H), 5.35 (dd, *J* = 15.5, 5.3 Hz, 1H, 4-H), 5.56 (dd, *J* = 15.5, 7.1 Hz, 1H, 3-H), 7.30–7.45 (m, 6H, phenyl), 7.57–7.72 (m, 4H, phenyl); ^{13}C NMR (100 MHz, $CDCl_3$): δ [ppm] = –4.8 ($OSi(CH_3)_2$), –4.5 ($OSi(CH_3)_2$), 15.0 (C-2'), 18.2 ($OSi(CH_3)_2C(CH_3)_3$), 19.4 ($OSi(Ph)_2C(CH_3)_3$), 20.7 (C-7), 25.8 ($OSi(CH_3)_2C(CH_3)_3$), 27.0 ($OSi(Ph)_2C(CH_3)_3$), 28.3 (C-8), 32.7 (C-1'), 37.5 (C-6), 62.9 (C-9), 68.5 (C-4'), 72.2 (C-5), 73.8 (C-2), 75.8 (C-1), 83.7 (C-3'), 126.9 (C-3), 127.4 (phenyl), 127.5 (phenyl), 129.5 (phenyl), 129.7 (phenyl), 133.6 (phenyl),

135.9 (phenyl), 135.9 (phenyl), 136.9 (C-4), 156.1 ($CONH_2$); HRMS (ESI): $[M+Na]^+$ berechnet für $C_{36}H_{55}NO_5Si_2$ 660.35110, gefunden 660.35065.

Carbamatsäure (1*S*,2*S*,3*E*,5*S*)-5-{[*tert*-butyl(dimethyl)silyl]oxy}-2-{[*tert*-butyl(diphenyl)silyl]oxy}-1-but-3'-ynyl-9-oxonon-3-enyl ester (3-129)

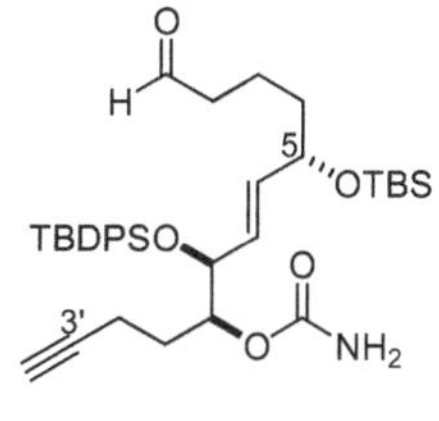

3-129

Zu einer Lösung des Alkinols **3-127** (260 mg, 0.41 mmol) und $NaHCO_3$ (135 mg, 1.61 mmol, 4 equiv) in CH_2Cl_2 (10 mL) wird bei RT portionsweise DMP (350 mg, 0.825 mmol, 2 equiv) gegeben. Nach einer Reaktionszeit von ca. 2.5 h wird H_2O zugegeben und die Phasen werden getrennt. Die wässrige Phase wird drei Mal mit CH_2Cl_2 extrahiert und die vereinigten, organischen Phasen werden über $MgSO_4$ getrocknet, abfiltriert und das Lösungsmittel wird am Rotationsverdampfer abgezogen. Der Rückstand wird säulenchromatographisch (Petrolether/EtOAc, 2:1) aufgereinigt und man erhält 221 mg (86%) des Aldehyds **3-129** als farbloses Öl. R_f = 0.45 (Petrolether/EtOAc, 2:1); $[\alpha]^{20}_D$ = –5.5 (*c* 1.00, CH_2Cl_2); ^1H NMR (400 MHz, $CDCl_3$): δ [ppm] = –0.02, 0.00 (2 s, jeweils 3H, $OSi(CH_3)_2$), 0.86 (s, 9H, $OSi(CH_3)_2C(CH_3)_3$), 1.05 (s, 9H, $OSi(Ph)_2C(CH_3)_3$), 1.16–2.42 (m, 10H, 1'-H, 2'-H, 6-H, 7-H, 8-H), 1.86–1.95 (m, 1H, 4'-H), 3.96–4.09 (m, 1H, 5-H), 4.28–4.42 (m, 1H, 2-H), 4.51 (s, 2H, NH_2), 4.70–4.84 (m, 1H, 1-H), 5.33 (dd, *J* = 15.5, 5.6 Hz, 1H, 4-H), 5.56 (dd, *J* = 15.5, 7.1 Hz, 1H, 3-H), 7.28–7.48 (m, 6H, phenyl), 7.54–7.73 (m, 4H, phenyl), 9.69 (s, 1H, 9-H); ^{13}C NMR (100 MHz, $CDCl_3$): δ [ppm] = –4.9 ($OSi(CH_3)_2$), –4.5 ($OSi(CH_3)_2$), 15.0 (C-2'), 17.2 (C-7), 18.2 ($OSi(CH_3)_2C(CH_3)_3$), 19.3 ($OSi(Ph)_2C(CH_3)_3$), 25.8 ($OSi(CH_3)_2C(CH_3)_3$), 26.9 ($OSi(Ph)_2C(CH_3)_3$), 28.2 (C-1'), 37.5 (C-6), 43.8 (C-8), 68.5 (C-4'), 71.9 (C-5), 73.7 (C-2), 75.7 (C-1), 83.6 (C-3'), 127.2 (C-3), 127.4 (phenyl), 127.6 (phenyl), 129.6 (phenyl), 129.8 (phenyl), 133.5 (phenyl), 133.9 (phenyl), 135.9 (phenyl), 135.9 (phenyl), 136.5 (C-4), 156.3 ($CONH_2$), 202.7 (C-9); HRMS (ESI): $[M+MeOH+Na]^+$ berechnet für $C_{36}H_{53}NO_5Si_2$ 690.36166, gefunden 690.36101.

Carbamatsäure (1S,2S,3E,5S)-5-{[tert-butyl(dimethyl)silyl]oxy}-2-{[tert-butyl(diphenyl)silyl]oxy}-9-oxo-1-(4'-tributylstannanyl-but-3'-enyl)-non-3-enyl ester (3-130)

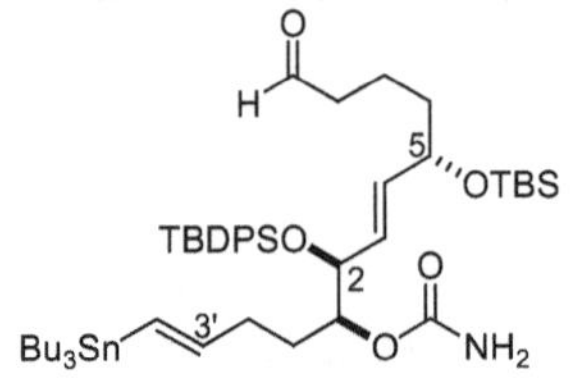

3-130

Zu einer Lösung des Aldehyds **3-129** (220 mg, 0.35 mmol) in THF (5 mL) wird bei RT $PdCl_2(PPh_3)_2$ (katalytische Menge) gegeben und ca. 15 min. gerührt. Anschließend wird *n*-Bu_3SnH (0.1 mL, 0.37 mmol, 1.06 equiv) über eine Zeitspanne von ca. 20 min langsam zugetropft. Nach weiteren 10 min tropft man nochmals *n*-Bu_3SnH (0.1 mL) dazu. Nach einer Reaktionszeit von ca. 1 h wird das Lösungsmittel am Rotationsverdampfer abgezogen, der Rückstand wird säulenchromatographisch (Petrolether/EtOAc, 20:1 – 10:1) aufgereinigt und man erhält 188 mg (58%) des Stannans **3-130** als farbloses Öl. (außerdem erhält man eine beträchtliche Menge an Nebenprodukt **3-134**). R_f = 0.68 (Petrolether/EtOAc, 2:1); ^{1}H NMR (400 MHz, $CDCl_3$): δ [ppm] = –0.04, –0.01 (2 s, jeweils 3H, $OSi(CH_3)_2$), 0.81–0.86 (m, 9H, $OSi(CH_3)_2C(CH_3)_3$), 0.85–0.96 (m, 9H, 3 CH_3 tributyl),1.04 (s, 9H, $OSi(Ph)_2C(CH_3)_3$), 1.14–2.40 (m, 28H, 1'-H, 2'-H, 6-H, 7-H, 8-H, 3 (3 CH_2) tributyl), 3.91–4.07 (m, 1H, 5-H), 4.28–4.38 (m, 1H, 2-H), 4.44 (bs, 2H, NH_2), 4.63–4.77 (m, 1H, 1-H), 5.05–5.13 (m, 1H, 3'-H), 5.29 (dd, *J* = 15.4, 5.8 Hz, 1H, 4-H), 5.56 (dd, *J* = 15.4, 7.3 Hz, 1H, 3-H), 5.60–5.67 (m, 1H, 4'-H), 7.27–7.46 (m, 6H, phenyl), 7.55–7.72 (m, 4H, phenyl), 9.67 (s, 1H, 9-H); HRMS (ESI): $[M+H]^+$(^{116}Sn) berechnet für $C_{48}H_{81}NO_5Si_2Sn$ 924.47499, gefunden 924.47471.

(2*E*,7*S*,8*E*,10*S*,11*S*,14*E*)-7-{[*tert*-Butyl(dimethyl)silyl]oxy}-10-{[*tert*-butyl(diphenyl)silyl]oxy}-11-carbamoyloxy-15-tributylstannanyl-pentadeca-2,8,14-triensäure 1'-(3"-iodo-2"-methylallyl)-4'-methoxycarbonyl-2'-methylpent-3'-enyl ester (3-131)

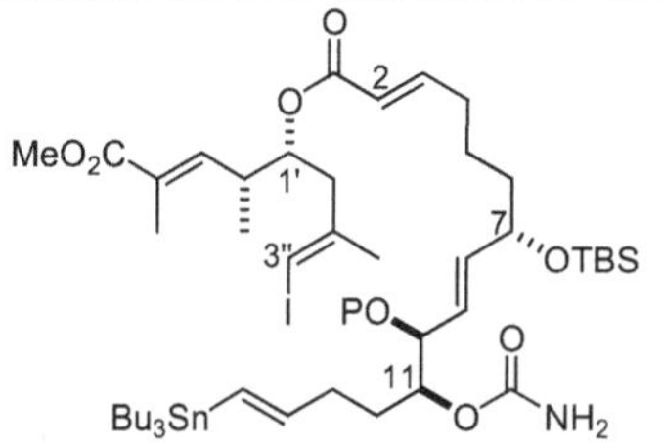

3-131 *P = TBDPS*

Aldehyd **3-130** (135 mg, 0.146 mmol) und Phosphonat **3-127** (100 mg, 0.194 mmol, 1.3 equiv) werden in MeCN (ca. 1 mL) gelöst. LiCl (74 mg, 1.745 mmol, 12 equiv) und $^{i}Pr_2NEt$ (0.3 mL, 1.764 mmol, 12 equiv) werden zugegeben und die Reaktionsmischung wird ca. 4 h bei RT gerührt. Anschließend werden ¾ des Lösungsmittels am Rotationsverdampfer abgezogen und der Rückstand wird säulenchromatographisch (Petrolether/EtOAc, 8:1) aufgereinigt. Man erhält 185 mg (98%) des Enoats **3-131** als farbloses Öl. R_f = 0.53 (Petrolether/EtOAc, 3:1); ^{1}H NMR (400 MHz, $CDCl_3$): δ [ppm] = –0.05, –0.01 (2 s, jeweils 3H, $OSi(CH_3)_2$), 0.84 (s, 9H, $OSi(CH_3)_2C(CH_3)_3$), 0.87 (t, *J* = 7.5 Hz, 9H, 3 CH_3 tributyl), 1.01 (d, *J* = 6.9 Hz, 3H, 2'-CH_3), 1.04 (s, 9H, $OSi(Ph)_2C(CH_3)_3$), 1.16–1.60 (m, 22H, 3 (3 CH_2) tributyl, 5-H, 6-H), 1.83 (s, 6H, 2"-CH_3, 5'-H), 1.96–2.30 (m, 6H, 4-H, 12-H, 13-H), 2.40 (d, *J* = 6.4 Hz, 2H, 1"-H), 2.68–2.82 (m, 1H, 2'-H), 3.73 (s, 3H, OCH_3), 3.91–4.02 (m, 1H, 7-H), 4.26–4.34 (m, 1H, 10-H), 4.35 (s, 2H, NH_2), 4.65–4.76 (m, 1H, 11-H), 4.96–5.05 (m, 1H, 1'-H), 5.08, 5.63 (2 s, 0.5H each, 15-H), 5.33 (m, 1H, 8-H), 5.53 (dd, *J* = 15.5, 7.1 Hz, 1H, 9-H), 5.70–5.79 (m, 1H, 2-H), 5.85–5.88 (m, 1H, 14-H) 5.91 (s, 1H, 3"-H), 6.56 (d, *J* = 10.4 Hz, 1H, 3'-H), 6.81–6.96 (m, 1H, 3-H), 7.29–7.46 (m, 6H, phenyl), 7.59–7.71 (m, 4H, phenyl); HRMS (ESI): $[M+H]^+$(^{116}Sn) berechnet für $C_{62}H_{100}INO_8Si_2Sn$ 1286.51304, gefunden 1286.51367.

Makrolactonbildung über die Stille-Kreuzkupplung (3-133) (14,15-*E*)

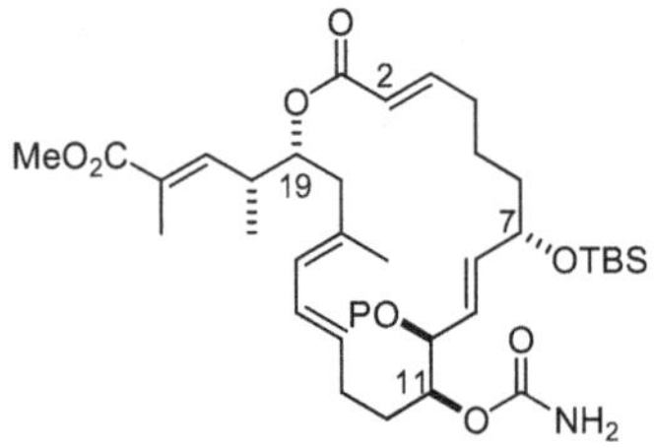

3-133 *P = TBDPS*

Zu einer Lösung des Stannans **3-131** (190 mg, 0.147 mmol) in DMF (1 mL) werden bei RT nacheinander getrocknetes LiCl (2.4 mg, 0.057 mmol, 0.4 equiv), $PdCl_2(CH_3CN)_2$ (8 mg, 0.031 mmol, 0.2 equiv), $(2\text{-Furyl})_3P$ (14.3 mg, 0.061 mmol, 0.4 equiv) und $^iPr_2NEt$ (0.1 mL, 0.588 mmol, 4 equiv) gegeben. Nach einer Reaktionszeit von 6–8 h wird mit H_2O and EtOAc gequencht und die Phasen werden getrennt. Die wässrige Phase wird drei Mal mit EtOAc extrahiert und die vereinigten, organischen Phasen werden über $MgSO_4$ getrocknet und abfiltriert. Das Lösungsmittel wird am Rotationsverdampfer abgezogen und der Rückstand wird säulenchromatographisch (Petrolether/EtOAc, 10:1 – 5:1) aufgereinigt. Man erhält 70 mg (54%) des Lactons **3-133** (*E*/*E*-Isomer) als hellbraunen Schaum und eine Mischfraktion aus *E*/*E*- und *E*/*Z*-Isomer (**3-132**). Diese Mischung wird in Hexan (2 mL) aufgenommen und in Gegenwart von I_2 (katalytische Menge, 1 kleiner Kristall) 30−45 min bei 65°C refluxiert. Anschließend wird das Lösungsmittel abgezogen und der Rückstand wird nochmals säulenchromatographisch (Petrolether/EtOAc, 10:1 – 5:1) aufgereinigt. Man erhält 30 mg (23%) des Lactons **3-133** (*E*/*E*-Isomer, Gesamtausbeute 77%). R_f = 0.27 (Petrolether/EtOAc, 3:1), *E*/*E*-Isomer, R_f = 0.28 (Petrolether/EtOAc, 3:1), *E*/*Z*-Isomer; $[\alpha]^{20}_D$ = –31.5 (*c* 1.00, CH_2Cl_2); ^1H NMR (400 MHz, $CDCl_3$): δ [ppm] = 0.01, 0.03 (2 s, jeweils 3H, $OSi(CH_3)_2$), 0.88 (s, 9H, $OSi(CH_3)_2C(CH_3)_3$), 1.01 (d, *J* = 6.9 Hz, 3H, 20-CH_3), 1.08 (s, 9H, $OSi(Ph)_2C(CH_3)_3$), 1.17–1.58 (m, 8H, 5-H, 6-H, 12-H, 13-H), 1.67 (s, 3H, 17-CH_3), 1.85 (s, 3H, 22-CH_3), 1.97–2.27 (m, 4H, 4-H, 18-H), 2.64–2.78 (m, 1H, 20-H), 3.74 (s, 3H, OCH_3), 3.96–4.09 (m, 1H, 7-H), 4.35–4.50 (m, 4H, 10-H, 11-H, NH_2), 4.92–5.04 (m, 1H, 19-H), 5.35–5.71 (m, 4H, 8-H, 9-H, 14-H, 16-H), 5.75 (d, *J* = 15.5, 1H, 2-H), 6.03 (dd, *J* = 15.0, 10.9 Hz, 1H, 15-H), 6.57 (d, *J* = 11.7 Hz, 1H, 21-H), 6.74–6.87 (m, 1H, 3-H), 7.29–7.45 (m, 6H, phenyl), 7.58–7.73 (m, 4H, phenyl); ^{13}C NMR (100 MHz, $CDCl_3$): δ [ppm] = –4.8 ($OSi(CH_3)_2$), –4.4 ($OSi(CH_3)_2$), 12.8 (C-22 CH_3), 16.3 (C-20 CH_3), 16.5 (C-17 CH_3), 18.2 ($OSi(CH_3)_2C(CH_3)_3$), 19.4 ($OSi(Ph)_2C(CH_3)_3$), 24.4 (C-5), 25.9 ($OSi(CH_3)_2C(CH_3)_3$), 27.1 ($OSi(Ph)_2C(CH_3)_3$), 29.4 (C-13), 29.5 (C-12), 33.0 (C-4), 38.0 (C-20), 38.3 (C-6), 43.7 (C-18), 51.9 (OCH_3), 72.4 (C-11), 73.6 (C-19), 73.6 (C-7), 76.3 (C-10), 121.0 (C-2), 126.5 (C-15), 127.5 (phenyl), 127.6 (phenyl), 127.9 (C-9), 128.4 (C-16), 129.6 (phenyl), 129.8 (phenyl), 131.3 (C-22), 132.5 (C-14), 133.3 (C-17), 134.1 (phenyl),

134.9 (C-8), 135.8 (phenyl), 135.9 (phenyl), 142.5 (C-21), 149.4 (C-3), 156.1 ($CONH_2$), 166.3 (C-1), 168.4 (C-23); HRMS (ESI): $[M+Na]^+$ berechnet für $C_{50}H_{73}NO_8Si_2$ 894.47669, gefunden 894.47683.

Carbamatsäure (1*S*,2*S*,3*E*,5*S*)-1-but-3'-enyl-5-{[*tert*-butyl(dimethyl)silyl]oxy}-2-{[*tert*-butyl(diphenyl)silyl]oxy}-9-[(*para*-methoxybenzyl)oxy]-non-3-enyl ester (3-134)

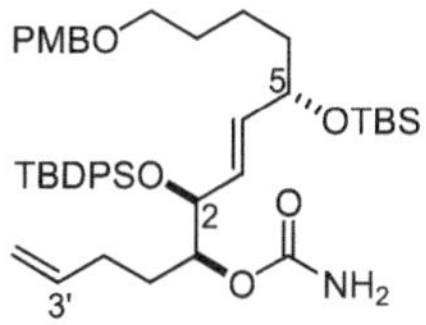

PMBO
5
OTBS
TBDPSO
2
O
3'
O
NH2

3-134

Das Alkin **3-124** (695 mg, 0.92 mmol) wird in einer 1:1 Mischung aus Aceton (60 mL) und Cyclohexen (60 mL) gelöst und bei RT mit Quinolin (1 mL, 8.48 mmol, 9 equiv) und Lindlar's Katalysator versetzt (Fluka, 340 mg, 5% Pd auf $CaCO_3$, vergiftet mit Blei, katalytische Menge). Die Reaktionsmischung wird für ca. 8 h unter einer H_2-Atmosphäre gerührt. Anschließend wird der Katalysator abfiltriert und das Lösungsmittel wird am Rotationsverdampfer abgezogen. Der Rückstand wird säulenchromatographisch (Petrolether/EtOAc, 20:1 – 4:1) aufgereinigt und man erhält 643 mg (92%) des Alkens **3-134** als hellgelbes Öl. R_f = 0.60 (Petrolether/EtOAc, 2:1); $[\alpha]^{20}_D = -0.6$ (*c* 1.00, CH_2Cl_2); ^1H NMR (400 MHz, $CDCl_3$): δ [ppm] = –0.03, –0.01 (2 s, jeweils 3H, $OSi(CH_3)_2$), 0.85 (s, 9H, $OSi(CH_3)_2C(CH_3)_3$), 1.04 (s, 9H, $OSi(Ph)_2C(CH_3)_3$), 1.16–1.89 (m, 8H, 1'-H, 6-H, 7-H, 8-H), 1.91–2.14 (m, 2H, 2'-H), 3.26–3.46 (m, 2H, 9-H), 3.79 (s, 3H, CH_3O PMB), 3.93–4.03 (m, 1H, 5-H), 4.28–4.35 (m, 1H, 2-H), 4.40 (s, 2H, PMB CH_2), 4.41 (bs, 2H, NH_2), 4.63–4.73 (m, 1H, 1-H), 4.89–5.01 (m, 2H, 4'-H), 5.34 (dd, *J* = 15.6, 5.5 Hz, 1H, 4-H), 5.55 (dd, *J* = 15.5, 7.1 Hz, 1H, 3-H), 5.66–5.81 (m, 1H, 3'-H), 6.86 (d, *J* = 8.7 Hz, 2H, CH_{ar}, *meta*), 7.24 (d, *J* = 8.7 Hz, 2H, CH_{ar}, *ortho*), 7.28–7.44 (m, 6H, phenyl), 7.51–7.75 (m, 4H, phenyl); ^{13}C NMR (100 MHz, $CDCl_3$): δ [ppm] = –4.8 ($OSi(CH_3)_2$), –4.5 ($OSi(CH_3)_2$), 18.2 ($OSi(CH_3)_2C(CH_3)_3$), 19.3 ($OSi(Ph)_2C(CH_3)_3$), 21.4 (C-7), 25.9 ($OSi(CH_3)_2C(CH_3)_3$), 26.9 ($OSi(Ph)_2C(CH_3)_3$), 28.4 (C-8), 29.6 (C-2'), 29.8 (C-1'), 37.7 (C-6), 55.3 (CH_3O PMB), 70.1 (C-9), 72.4 (C-5), 72.5 (PMP CH_2), 74.2 (C-2), 76.3 (C-1), 113.8 (CH_{ar}, *meta*), 114.8 (C-4'), 127.2 (C-3), 127.4 (phenyl), 127.5 (phenyl), 129.2 (CH_{ar}, *ortho*), 129.5 (phenyl), 129.7 (phenyl), 130.7 (C_{ar}), 133.8 (phenyl), 133.9 (phenyl), 135.9 (phenyl), 136.8 (C-4), 138.0 (C-3'), 156.3 ($CONH_2$), 159.1 (C_{ar}, *para*); HRMS (ESI): $[M+Na]^+$ berechnet für $C_{44}H_{65}NO_6Si_2$ 782.42426, gefunden 782.424306.

Carbamatsäure (1*S*,2*S*,3*E*,5*S*)-1-but-3'-enyl-5-{[*tert*-butyl(dimethyl)silyl]oxy}-2-{[*tert*-butyl(diphenyl)silyl]oxy}-9-hydroxynon-3-enyl ester (3-135)

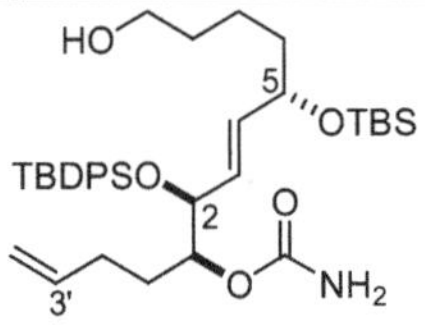

HO, 5, OTBS, TBDPSO, 2, O, 3', O, NH_2

3-135

Zu einer Lösung des Alkens **3-134** (608 mg, 0.8 mmol) in CH_2Cl_2 (13 mL) wird bei RT H_2O (1 mL) und DDQ (270 mg, 1.2 mmol, 1.5 equiv) gegeben. Nach einer Reaktionszeit von ca. 12 h verdünnt man die Reaktionsmischung mit CH_2Cl_2 und H_2O. Die Phasen werden getrennt und die wässrige Phase wird drei Mal mit CH_2Cl_2 extrahiert. Die vereinigten, organischen Phasen werden über $MgSO_4$ getrocknet, abfiltriert und das Lösungsmittel wird am Rotationsverdampfer abgezogen. Der Rückstand wird säulenchromatographisch (Petrolether/EtOAc, 1:1) aufgereinigt und man erhält 412 mg (80%) des Alkenols **3-135** als hellbraunes Öl. R_f = 0.22 (Petrolether/EtOAc, 2:1); $[\alpha]^{20}_D$ = –0.8 (*c* 1.00, CH_2Cl_2); ^{1}H NMR (400 MHz, $CDCl_3$): δ [ppm] = –0.03, 0.00 (2 s, jeweils 3H, $OSi(CH_3)_2$), 0.85 (s, 9H, $OSi(CH_3)_2C(CH_3)_3$), 1.04 (s, 9H, $OSi(Ph)_2C(CH_3)_3$), 1.17–1.88 (m, 8H, 1'-H, 6-H, 7-H, 8-H), 1.90–2.14 (m, 2H, 2'-H), 3.56 (t, *J* = 6.6 Hz, 2H, 9-H), 3.95–4.07 (m, 1H, 5-H), 4.25–4.36 (m, 1H, 2-H), 4.50 (bs, 2H, NH_2), 4.64–4.74 (m, 1H, 1-H), 4.86–5.02 (m, 2H, 4'-H), 5.34 (dd, *J* = 15.5, 5.4 Hz, 1H, 4-H), 5.56 (dd, *J* = 15.0, 6.7 Hz, 1H, 3-H), 5.65–5.81 (m, 1H, 3'-H), 7.28–7.45 (m, 6H, phenyl), 7.57–7.70 (m, 4H, phenyl); ^{13}C NMR (100 MHz, $CDCl_3$): δ [ppm] = –4.9 ($OSi(CH_3)_2$), –4.5 ($O\text{-}Si(CH_3)_2$), 18.2 ($OSi(CH_3)_2C(CH_3)_3$), 19.4 ($OSi(Ph)_2C(CH_3)_3$), 20.8 (C-7), 25.8 ($O\text{-}Si(CH_3)_2C(CH_3)_3$), 26.9 ($OSi(Ph)_2C(CH_3)_3$), 28.5 (C-8), 29.6 (C-2'), 32.7 (C-1'), 37.5 (C-6), 62.8 (C-9), 72.3 (C-5), 74.2 (C-2), 76.4 (C-1), 114.8 (C-4'), 127.4 (C-3), 127.4 (phenyl), 127.5 (phenyl), 129.5 (phenyl), 129.7 (phenyl), 133.8 (phenyl), 134.0 (phenyl), 135.9 (phenyl), 136.6 (C-4), 138.0 (C-3'), 156.4 ($CONH_2$); HRMS (ESI): $[M+Na]^+$ berechnet für $C_{36}H_{57}NO_5Si_2$ 662.36675, gefunden 662.366327.

Carbamatsäure (1*S*,2*S*,3*E*,5*S*)-1-but-3'-enyl-5-{[*tert*-butyl(dimethyl)silyl]oxy}-2-{[*tert*-butyl(diphenyl)silyl]oxy}-9-oxonon-3-enyl ester (3-136)

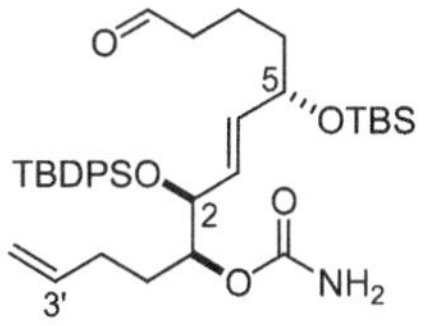

3-136

Zu einer Lösung des Alkenols **3-135** (220 mg, 0.34 mmol) und $NaHCO_3$ (115 mg, 1.37 mmol, 4 equiv) in CH_2Cl_2 (10 mL) wird bei RT portionsweise DMP (300 mg, 0.71 mmol, 2 equiv) gegeben. Nach einer Reaktionszeit von ca. 3 h wird H_2O zugegeben und die Phasen werden getrennt. Die wässrige Phase wird drei Mal mit CH_2Cl_2 extrahiert und die vereinigten, organischen Phasen werden über $MgSO_4$ getrocknet, abfiltriert und das Lösungsmittel wird am Rotationsverdampfer abgezogen. Der Rückstand wird säulenchromatographisch (Petrolether/EtOAc, 5:1) aufgereinigt und man erhält 165 mg (75%) des Aldehyds **3-136** als farbloses Öl. R_f = 0.46 (Petrolether/EtOAc, 2:1); $[\alpha]^{20}_D$ = –1.4 (*c* 1.00, CH_2Cl_2); ^{1}H NMR (400 MHz, $CDCl_3$): δ [ppm] = –0.03, 0.00 (2 s, jeweils 3H, $OSi(CH_3)_2$), 0.85 (s, 9H, $OSi(CH_3)_2C(CH_3)_3$), 1.04 (s, 9H, $OSi(Ph)_2C(CH_3)_3$), 1.15–1.88 (m, 6H, 1'-H, 6-H, 7-H), 1.92–2.14 (m, 2H, 2'-H), 2.21–2.41 (m, 2H, 8-H), 3.92–4.10 (m, 1H, 5-H), 4.22–4.37 (m, 1H, 2-H), 4.49 (bs, 2H, NH_2), 4.62–4.77 (m, 1H, 1-H), 4.85–5.06 (m, 2H, 4'-H), 5.32 (dd, *J* = 15.7, 5.6 Hz, 1H, 4-H), 5.57 (dd, *J* = 15.5, 7.2 Hz, 1H, 3-H), 5.65–5.85 (m, 1H, 3'-H), 7.28–7.48 (m, 6H, phenyl), 7.51–7.76 (m, 4H, phenyl), 9.68 (s, 1H, 9-H); ^{13}C NMR (100 MHz, $CDCl_3$): δ [ppm] = –4.9 (O-$Si(CH_3)_2$), –4.5 ($OSi(CH_3)_2$), 17.3 ($OSi(CH_3)_2C(CH_3)_3$), 18.1 ($OSi(Ph)_2C(CH_3)_3$), 19.3 (C-7), 25.8 ($OSi(CH_3)_2C(CH_3)_3$), 26.9 ($OSi(Ph)_2C(CH_3)_3$), 28.5 (C-1'), 29.6 (C-2'), 37.0 (C-6), 43.8 (C-8), 72.1 (C-5), 74.1 (C-2), 76.3 (C-1), 114.8 (C-4'), 127.4 (phenyl), 127.5 (phenyl), 127.7 (C-3), 129.5 (phenyl), 129.7 (phenyl), 134.0 (phenyl), 135.9 (phenyl), 136.2 (C-4), 138.0 (C-3'), 156.3 ($CONH_2$), 202.7 (C-9); HRMS (ESI): $[M+MeOH+Na]^+$ berechnet für $C_{36}H_{55}NO_5Si_2$ 692.37731, gefunden 692.378059.

(2*E*,7*S*,8*E*,10*S*,11*S*)-7-{[*tert*-Butyl(dimethyl)silyl]oxy}-10-{[*tert*-butyl-(diphenyl)silyl]oxy}-11-carbamoyloxypentadeca-2,8,14-triensäure 1'-(3''-iodo-2''-methylallyl)-4'-methoxycarbonyl-2'-methylpent-3'-enyl ester (3-137)

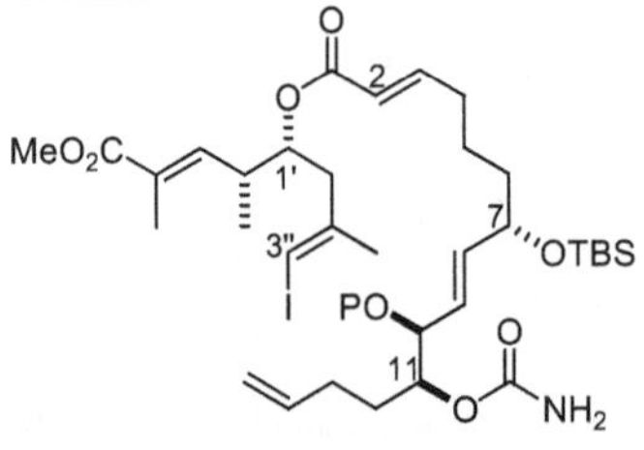

3-137 P = TBDPS

Aldehyd **3-136** (150 mg, 0.235 mmol) und Phosphonat **3-126** (143 mg, 0.277 mmol, 1.2 equiv) werden in MeCN (ca. 3 mL) gelöst. LiCl (112.5 mg, 2.653 mmol, 11 equiv) und $^{i}Pr_2NEt$ (0.45 mL, 2.65 mmol, 11 equiv) werden zugegeben und die Reaktionsmischung wird ca. 5 h bei RT gerührt. Anschließend werden ¾ des Lösungsmittels am Rotationsverdampfer abgezogen und der Rückstand wird säulenchromatographisch (Petrolether/EtOAc, 6:1) aufgereinigt. Man erhält 210 mg (92%) des Enoats **3-137** als hellgelbes Öl. R_f = 0.57 (Petrolether/EtOAc, 2:1); $[\alpha]^{20}_{D}$ = +16.9 (*c* 1.00, CH_2Cl_2); ^{1}H NMR (400 MHz, $CDCl_3$): δ [ppm] = –0.04, 0.00 (2 s, jeweils 3H, $OSi(CH_3)_2$), 0.85 (s, 9H, $OSi(CH_3)_2C(CH_3)_3$), 1.01 (d, *J* = 6.6 Hz, 3H, 2'-CH_3), 1.04 (s, 9H, $OSi(Ph)_2C(CH_3)_3$), 1.14–1.75 (m, 6H, 5-H, 6-H, 13-H), 1.83 (s, 6H, 2''-CH_3, 5'-H), 1.89–2.23 (m, 4H, 4-H, 12-H), 2.40 (d, *J* = 6.3 Hz, 2H, 1''-H), 2.65–2.84 (m, 1H, 2'-H), 3.73 (s, 3H, OCH_3), 3.91–4.05 (m, 1H, 7-H), 4.27–4.36 (m, 1H, 10-H), 4.38 (bs, 2H, NH_2), 4.61–4.77 (m, 1H, 11-H), 4.87–5.08 (m, 3H, 1'-H, 15-H), 5.36 (dd, *J* = 15.7, 5.8 Hz, 1H, 8-H), 5.54 (dd, *J* = 15.4, 6.8 Hz, 1H, 9-H), 5.66–5.80 (m, 2H, 2-H, 14-H), 5.90 (s, 1H, 3''-H), 6.56 (d, *J* = 11.6 Hz, 1H, 3'-H), 6.82–6.97 (m, 1H, 3-H), 7.28–7.46 (m, 6H, phenyl), 7.57–7.72 (m, 4H, phenyl); ^{13}C NMR (100 MHz, $CDCl_3$): δ [ppm] = –4.8 ($OSi(CH_3)_2$), –4.4 ($OSi(CH_3)_2$), 12.8 (C-5'), 15.9 (C-2'CH_3), 18.2 ($OSi(CH_3)_2C(CH_3)_3$), 19.3 ($OSi(Ph)_2C(CH_3)_3$), 23.3 (C-5), 24.1 (C-2''CH_3), 25.8 ($OSi(CH_3)_2C(CH_3)_3$), 26.9 ($OSi(Ph)_2C(CH_3)_3$), 29.6 (C-13), 29.7 (C-12), 32.2 (C-4), 37.2 (C-2'), 37.4 (C-6), 42.0 (C-1''), 51.9 (OCH_3), 72.4 (C-7), 73.7(C-1'), 74.1(C-10), 76.4 (C-11), 77.8 (C-3''), 114.8 (C-15), 120.8 (C-2), 127.4 (phenyl), 127.5 (phenyl), 127.6 (C-9), 128.6 (C-4'), 129.5 (phenyl), 129.7 (phenyl), 133.7 (phenyl), 134.0 (phenyl), 135.9 (phenyl), 136.5 (C-8), 137.9 (C-14), 142.0 (C-3'), 143.7 (C-2''), 150.0 (C-3), 156.2 ($CONH_2$), 166.0 (C-1), 168.3 (C-4'*C*OOMe); HRMS (ESI): $[M+Na]^+$ berechnet für $C_{50}H_{74}INO_8Si_2$ 1022.38899, gefunden 1022.389415.

Makrolactonbildung über die Heck-Kreuzkupplung (3-133) (14,15-*E*)

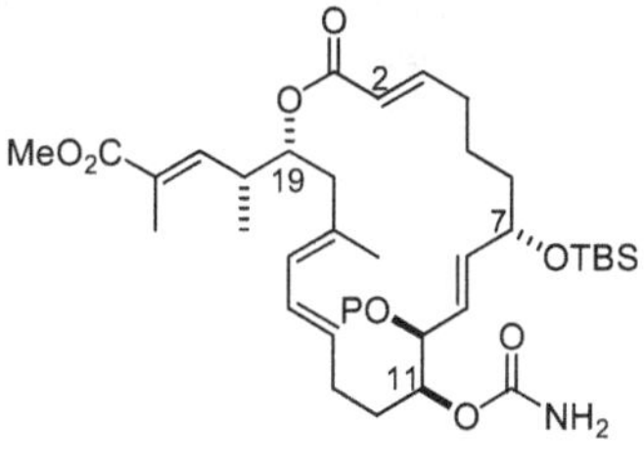

Zu einer Lösung des Vinyliodids **3-137** (10 mg, 0.01 mmol) in DMF (1 mL) werden bei RT Cs_2CO_3 (5 mg, 0.015 mmol, 1.5 equiv), $Pd(AcO)_2$ (3 mg, 0.013 mmol, 1.3 equiv) und Et_3N (1.5 µl, 0.011 mmol, 1.1 equiv) gegeben. Nach einer Reaktionszeit von 1−2 h wird durch Zugabe von H_2O und EtOAc gequencht und die Phasen werden getrennt. Die wässrige Phase wird drei Mal mit EtOAc extrahiert und die vereinigten, organischen Phasen werden über $MgSO_4$ getrocknet, abfiltriert und das Lösungsmittel wird am Rotationsverdampfer abgezogen. Der Rückstand wird säulenchromato-graphisch (Petrolether/EtOAc, 10:1 – 5:1) aufgereinigt und man erhält 6 mg (81%) des Lactons **3-133** (*E/E*-Isomer) als hellgelben Schaum.

Carbonsäure 3-138

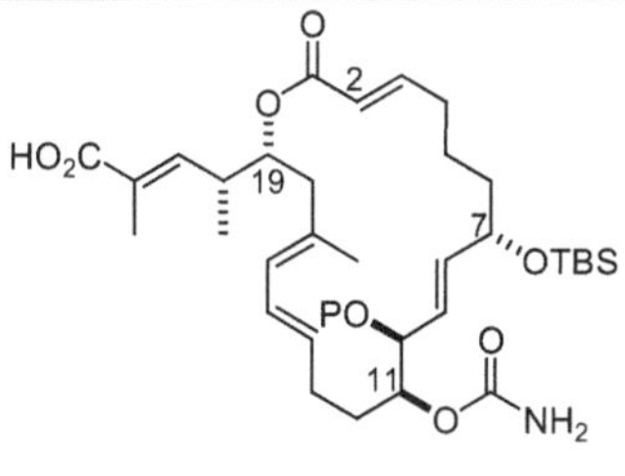

Das Lacton **3-133** (70 mg, 0.08 mmol) wird in EtOH (1 mL) gelöst und bei RT werden 3-4 Tropfen H_2O und LiOH (10 mg, 0.4 mmol, 5 equiv) zugegeben. Nach einer Reaktionszeit von 14 h wird zu der Reaktionsmischung H_2O und EtOAc gegeben und die Phasen werden getrennt. Die wässrige Phase wird drei Mal mit EtOAc extrahiert und die vereinigten, organischen Phasen werden über $MgSO_4$ getrocknet, abfiltriert und das Lösungsmittel wird am Rotationsverdampfer abgezogen. Der Rückstand wird säulenchromatographisch (Petrolether/EtOAc, 3:1) aufgereinigt und man erhält 42 mg (62%) der Säure **3-138** als farbloses, hochviskoses Öl. 20 mg (29%) des Eduktes **3-133** können zurückgewonnen werden. Wird die Reaktionszeit verlängert (> 24 h), so wird die Carbamatfunktion zum Teil von dem Produkt **3-138** als auch von dem Edukt **3-133** abgespalten. R_f = 0.48 (Petrolether/EtOAc, 1:1); $[\alpha]^{20}_{D}$ = –35.6 (*c* 0.8, CH_2Cl_2); ^{1}H NMR (400 MHz, $CDCl_3$): δ [ppm] = 0.01, 0.03 (2 s, jeweils 3H, $OSi(CH_3)_2$), 0.88 (s, 9H, $OSi(CH_3)_2C(CH_3)_3$), 1.03 (d, *J* = 6.6 Hz, 3H, 20-CH_3), 1.08 (s, 9H, $OSi(Ph)_2C(CH_3)_3$), 1.19–1.57 (m, 8H, 5-H, 6-H, 12-H, 13-H), 1.67 (s, 3H, 17-CH_3), 1.86 (s, 3H, 22-CH_3), 1.96–2.27 (m, 4H, 4-H, 18-H), 2.65–2.85 (m, 1H, 20-H), 3.97–4.09 (m, 1H, 7-H), 4.37–4.51 (m, 2H, 10-H, 11-H), 4.62 (bs, 2H, NH_2), 4.94–5.06 (m, 1H, 19-H), 5.35–5.71 (m, 4H, 8-H, 9-H, 14-H, 16-H), 5.75 (d, *J* = 15.5, 1H, 2-H), 6.04 (dd, *J* = 14.2, 11.2 Hz, 1H, 15-H), 6.70 (d, *J* = 9.7 Hz, 1H, 21-H), 6.75–6.88 (m, 1H, 3-H), 7.29–7.46 (m, 6H, phenyl), 7.58–7.72 (m, 4H, phenyl); ^{13}C NMR (100 MHz, $CDCl_3$): δ [ppm] = –4.8 ($OSi(CH_3)_2$), –4.4 ($OSi(CH_3)_2$), 12.5 (C-22 CH_3), 16.1 (C-20 CH_3), 16.5 (C-17 CH_3), 18.2 ($OSi(CH_3)_2C(CH_3)_3$), 19.4 ($OSi(Ph)_2C(CH_3)_3$), 24.4 (C-5), 25.9 ($OSi(CH_3)_2C(CH_3)_3$), 27.1 ($OSi(Ph)_2C(CH_3)_3$), 29.4 (C-13), 29.5 (C-12), 33.0 (C-4), 38.1 (C-20), 38.3 (C-6), 43.7 (C-18), 72.4 (C-11), 73.5 (C-19), 73.6 (C-7), 76.5 (C-10), 121.0 (C-2), 126.6 (C-15), 127.5 (phenyl), 127.6 (phenyl), 127.9 (C-9), 128.4 (C-16), 129.7 (phenyl), 129.8 (phenyl), 131.2 (C-22), 132.5 (C-14), 133.3 (C-17), 134.1 (phenyl), 134.9 (C-8), 135.9 (phenyl), 135.9 (phenyl), 144.6 (C-21), 149.5 (C-3), 156.5 ($CONH_2$), 166.3 (C-1), 172.1 (C-23); HRMS (ESI): $[M+Na]^+$ berechnet für $C_{49}H_{71}NO_8Si_2$ 880.46104, gefunden 880.45955.

Allylalkohol 3-139

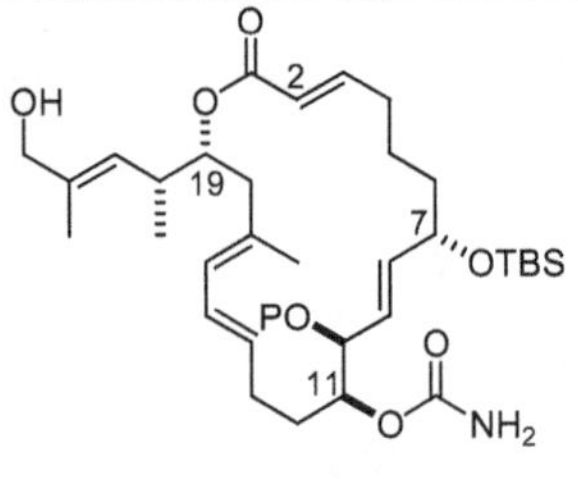

3-139 P = TBDPS

Die Säure **3-138** (30 mg, 0.035 mmol) wird in THF (4 mL) gelöst und mit Et_3N (5.3 µL, 0.039 mmol, 1.1 equiv) versetzt. Im Eisbad gibt man bei 0°C Methylchloroformiat (4 mL, 0.039 mmol, 1.1 equiv) dazu und nach 10 min wird der ausgefallene Feststoff abfiltriert. Die Lösung wird bis auf ca. 1 mL eingeengt und erneut auf 0°C abgekühlt. $NaBH_4$ (5 mg, 0.13 mmol, 3-4 equiv) wird in wenig MeOH (0.1 mL) gelöst und zugetropft. Die Reaktionsmischung wird auf RT gebracht und nach ca. 1 h Reaktionszeit durch Zugabe von H_2O and EtOAc gequencht. Die Phasen werden getrennt und die wässrige Phase wird drei Mal mit EtOAc extrahiert. Die vereinigten, organischen Phasen werden über $MgSO_4$ getrocknet, abfiltriert und das Lösungsmittel wird am Rotationsverdampfer abgezogen. Der Rückstand wird säulenchromatographisch (Petrolether/EtOAc, 3:1 – 2:1) aufgereinigt und man erhält 23 mg (80%) des Alkohols **3-139** als farblosen Schaum. R_f = 0.57 (Petrolether/EtOAc, 1:1); $[\alpha]^{20}_{D}$ = –46.3 (*c* 1.0, CH_2Cl_2); ^{1}H NMR (400 MHz, $CDCl_3$): δ [ppm] = 0.01, 0.03 (2 s, jeweils 3H, $OSi(CH_3)_2$), 0.88 (s, 9H, $OSi(CH_3)_2C(CH_3)_3$), 0.96 (d, *J* = 6.6 Hz, 3H, 20-CH_3), 1.08 (s, 9H, $OSi(Ph)_2C(CH_3)_3$), 1.17–1.60 (m, 8H, 5-H, 6-H, 12-H, 13-H), 1.67 (s, 6H, 17-CH_3, 22-CH_3), 1.78–2.26 (m, 4H, 4-H, 18-H), 2.52–2.68 (m, 1H, 20-H), 3.97–4.06 (m, 3H, 7-H, 23-H), 4.29–4.54 (m, 4H, 10-H, 11-H, NH_2), 4.84–4.96 (m, 1H, 19-H), 5.24 (d, *J* = 9.7 Hz, 1H, 21-H), 5.35–5.71 (m, 4H, 8-H, 9-H, 14-H, 16-H), 5.75 (d, *J* = 15.5 Hz, 1H, 2-H), 6.04 (dd, *J* = 14.8, 10.9 Hz, 1H, 15-H), 6.71–6.86 (m, 1H, 3-H), 7.30–7.45 (m, 6H, phenyl), 7.58–7.70 (m, 4H, phenyl); ^{13}C NMR (100 MHz, $CDCl_3$): δ [ppm] = –4.8 ($OSi(CH_3)_2$), –4.4 ($OSi(CH_3)_2$), 14.1 (C-22 CH_3), 16.5 (C-20 CH_3), 17.0 (C-17 CH_3), 18.2 ($OSi(CH_3)_2C(CH_3)_3$), 19.4 ($OSi(Ph)_2C(CH_3)_3$), 24.4 (C-5), 25.9 ($OSi(CH_3)_2C(CH_3)_3$), 27.1 ($OSi(Ph)_2C(CH_3)_3$), 29.5 (C-13), 29.5 (C-12), 33.0 (C-4), 36.9 (C-20), 38.3 (C-6), 43.8 (C-18), 68.6 (C-23), 72.4 (C-11), 73.6 (C-7), 74.4 (C-19), 76.4 (C-10), 121.2 (C-2), 126.6 (C-15), 127.3 (C-21), 127.5 (phenyl), 127.6 (phenyl), 127.9 (C-9), 128.1 (C-16), 129.7 (phenyl), 129.8 (phenyl), 131.8 (C-22), 132.2 (C-14), 133.3 (C-17), 134.1 (phenyl), 134.9 (C-8), 135.9 (phenyl), 135.9 (phenyl), 149.0 (C-3), 156.0 ($CONH_2$), 166.5 (C-1); HRMS (ESI): $[M+Na]^+$ berechnet für $C_{49}H_{73}NO_7Si_2$ 866.48178, gefunden 866.48250.

Aldehyd 3-140

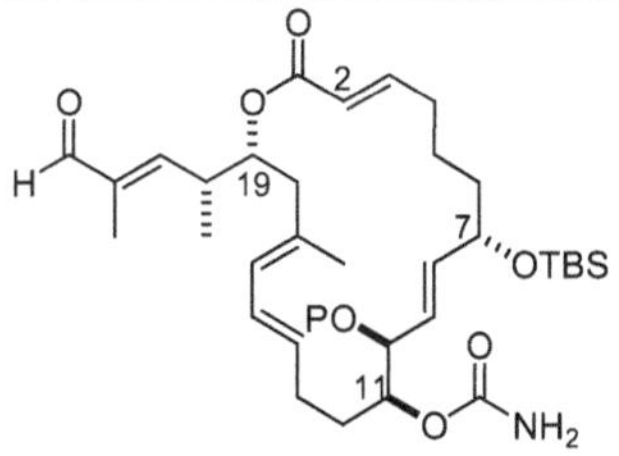

3-140 P = TBDPS

Zu einer Lösung des Alkohols **3-139** (32 mg, 0.038 mmol, 1 equiv) und $NaHCO_3$ (10 mg, 0.119 mmol, 3 equiv) in CH_2Cl_2 (2 mL) wird bei RT portionsweise DMP (33 mg, 0.078 mmol, 2 equiv) gegeben. Nach einer Reaktionszeit von ca. 1 h wird H_2O zugegeben und die Phasen werden getrennt. Die wässrige Phase wird drei Mal mit CH_2Cl_2 extrahiert und die vereinigten, organischen Phasen werden über $MgSO_4$ getrocknet, abfiltriert und das Lösungsmittel wird am Rotationsverdampfer abgezogen. Der Rückstand wird säulenchromatographisch (Petrolether/EtOAc, 6:1 – 3:1) aufgereinigt und man erhält 30 mg (96%) des Aldehyds **3-140** als farbloses Öl. R_f = 0.68 (Petrolether/EtOAc, 1:1); $[\alpha]^{20}_{D}$ = –46.2 (*c* 1.0, CH_2Cl_2); ^{1}H NMR

(400 MHz, $CDCl_3$): δ [ppm] = 0.01, 0.03 (2 s, jeweils 3H, $OSi(CH_3)_2$), 0.88 (s, 9H, O-$Si(CH_3)_2C(CH_3)_3$), 1.06 (d, J = 4.8 Hz, 3H, 20-CH_3), 1.08 (s, 9H, $OSi(Ph)_2C(CH_3)_3$), 1.18–1.64 (m, 8H, 5-H, 6-H, 12-H, 13-H), 1.68 (s, 3H, 17-CH_3), 1.76 (s, 3H, 22-CH_3), 1.83–2.54 (m, 4H, 4-H, 18-H), 2.83–3.02 (m, 1H, 20-H), 3.93–4.11 (m, 1H, 7-H), 4.35 (s, 1H, NH_2), 4.39–4.54 (m, 4H, 10-H, 11-H), 4.95–5.15 (m, 1H, 19-H), 5.33–5.71 (m, 4H, 8-H, 9-H, 14-H, 16-H), 5.76 (d, J = 15.7 Hz, 1H, 2-H), 6.04 (dd, J = 14.9, 10.9 Hz, 1H, 15-H), 6.29 (d, J = 8.8 Hz, 1H, 21-H), 6.72–6.93 (m, 1H, 3-H), 7.29–7.49 (m, 6H, phenyl), 7.56–7.75 (m, 4H, phenyl), 9.42 (s, 1H, 23-H); ^{13}C NMR (100 MHz, $CDCl_3$): δ [ppm] = –4.8 ($OSi(CH_3)_2$), –4.4 ($OSi(CH_3)_2$), 9.7 (C-22 CH_3), 15.8 (C-20 CH_3), 16.5 (C-17 CH_3), 18.2 ($OSi(CH_3)_2C(CH_3)_3$), 19.4 (O-$Si(Ph)_2C(CH_3)_3$), 24.4 (C-5), 25.9 ($OSi(CH_3)_2C(CH_3)_3$), 27.1 ($OSi(Ph)_2C(CH_3)_3$), 29.4 (C-13), 29.6 (C-12), 33.1 (C-4), 38.1 (C-20), 38.3 (C-6), 43.6 (C-18), 72.5 (C-11), 73.0 (C-19), 73.6 (C-7), 76.4 (C-10), 120.8 (C-2), 126.4 (C-15), 127.5 (phenyl), 127.6 (phenyl), 128.0 (C-9), 128.7 (C-16), 129.7 (phenyl), 129.8 (phenyl), 132.8 (C-14), 133.3 (C-17), 134.1 (phenyl), 134.9 (C-8), 135.9 (phenyl), 135.9 (phenyl), 139.7 (C-22), 149.7 (C-3), 154.1 (C-21), 156.0 ($CONH_2$), 166.2 (C-1), 195.1 (C-23); HRMS (ESI): $[M+Na]^+$ berechnet für $C_{49}H_{71}NO_7Si_2$ 864.46613, gefunden 864.46615.

Vinyliodid 3-141

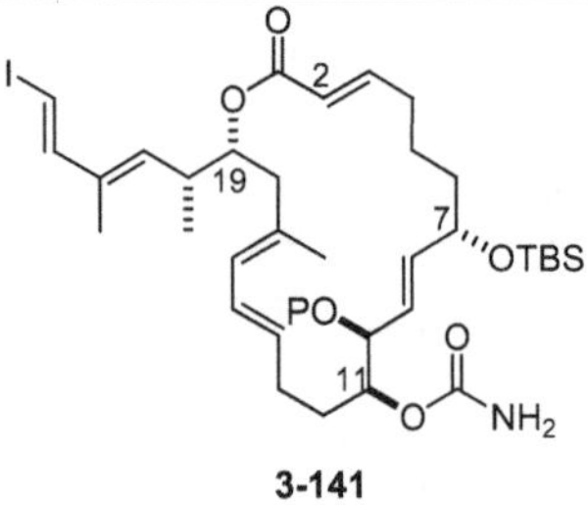

3-141 P = TBDPS

Man suspendiert $CrCl_2$ (20 mg, 0.16 mmol, 8 equiv) in THF (0.2 mL) und kühlt auf 0°C ab. Eine vorher dargestellte Lösung aus Aldehyd **3-140** (18 mg, 0.02 mmol) und CHI_3 (40 mg, 0.10 mmol, 5 equiv) in THF (0.1 mL) wird tropfenweise zugegeben. Die Reaktionsmischung wird auf RT erwärmt und ca. 2 h gerührt bevor durch Zugabe von H_2O gequencht wird. Man verdünnt den Ansatz mit EtOAc und die Phasen werden getrennt. Die wässrige Phase wird drei Mal mit EtOAc extrahiert und die vereinigten, organischen Phasen werden über $MgSO_4$ getrocknet, abfiltriert und das Lösungsmittel wird am Rotationsverdampfer abgezogen. Der Rückstand wird säulenchromatographisch (Petrolether/EtOAc, 10:1 – 7:1, + 0.05% Et_3N) aufgereinigt und man erhält 19 mg (92%) des Vinyliodids **3-141** als farbloses Öl. R_f = 0.65 (Petrolether/EtOAc, 2:1); $[\alpha]^{20}_D$ = –7.5 (c 1.0, CH_2Cl_2); ^1H NMR (400 MHz, $CDCl_3$): δ [ppm] = 0.01, 0.03 (2 s, jeweils 3H, $OSi(CH_3)_2$), 0.88 (s, 9H, $OSi(CH_3)_2C(CH_3)_3$), 0.97 (d, J = 4.8 Hz,

3H, 20-CH_3), 1.08 (s, 9H, $OSi(Ph)_2C(CH_3)_3$), 1.38–1.62 (m, 6H, 5-H, 6-H, 12-H), 1.66 (s, 3H, 17-CH_3), 1.73 (s, 3H, 22-CH_3), 1.80–2.27 (m, 6H, 4-H, 13-H, 18-H), 2.60–2.74 (m, 1H, 20-H), 3.98–4.08 (m, 1H, 7-H), 4.36 (bs, 1H, NH_2), 4.40–4.50 (m, 2H, 10-H, 11-H), 4.84–4.97 (m, 1H, 19-H), 5.28 (d, J = 10.6 Hz, 1H, 21-H), 5.34–5.71 (m, 4H, 8-H, 9-H, 14-H, 16-H), 5.74 (d, J = 15.4 Hz, 1H, 2-H), 6.03 (dd, J = 15.2, 10.9 Hz, 1H, 15-H), 6.21 (d, J = 14.7 Hz, 1H, 24-H), 6.72–6.88 (m, 1H, 3-H), 7.04 (d, J = 14.7 Hz, 1H, 23-H), 7.29–7.45 (m, 6H, phenyl), 7.58–7.71 (m, 4H, phenyl); ^{13}C NMR (100 MHz, $CDCl_3$): δ [ppm] = –4.8 ($OSi(CH_3)_2$), –4.4 ($O-Si(CH_3)_2$), 12.4 (C-22 CH_3), 16.5 (C-17 CH_3), 16.9 (C-20 CH_3), 18.2 ($OSi(CH_3)_2C(CH_3)_3$), 19.4 ($OSi(Ph)_2C(CH_3)_3$), 24.4 (C-5), 25.9 ($OSi(CH_3)_2C(CH_3)_3$), 27.1 ($OSi(Ph)_2C(CH_3)_3$), 29.4 (C-13), 29.7 (C-12), 33.0 (C-4), 37.3 (C-20), 38.3 (C-6), 43.8 (C-18), 72.4 (C-10), 73.7 (C-7), 74.0 (C-19), 74.4 (C-24), 76.4 (C-11), 121.1 (C-2), 126.6 (C-15), 127.5 (phenyl), 127.6 (phenyl), 127.9 (C-9), 128.3 (C-16), 129.7 (phenyl), 129.8 (phenyl), 131.5 (C-22), 132.4 (C-14), 133.3 (C-17), 134.9 (phenyl), 135.0 (C-8), 135.2 (C-21), 135.9 (phenyl), 135.9 (phenyl), 149.2 (C-23), 149.5 (C-3), 156.0 ($CONH_2$), 166.4 (C-1); HRMS (ESI): $[M+Na]^+$ berechnet für $C_{50}H_{72}INO_6Si_2$ 988.38351, gefunden 988.38302.

Entschütztes Vinyliodid 3-142

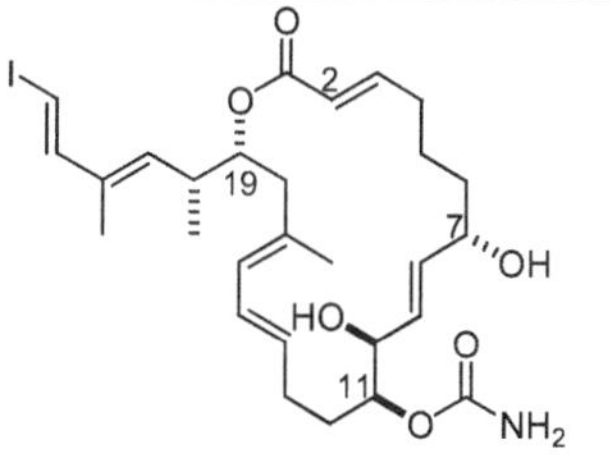

3-142

Das Vinyliodid **3-141** (8 mg, 0.008 mmol) wird in THF (1.2 mL) gelöst und auf –30°C abgekühlt. Nach Zugabe des HF·Pyr Komplexes (70% HF, 30% Pyr) (0.9 mL) wird die Reaktionsmischung auf 0°C erwärmt und zunächst für 24 h gerührt. Man gibt nochmals HF·Pyr Komplex (0.3 mL) dazu und rührt weitere 24 h bei 0°C (HF·Pyr/THF 3:4 – 1:1). Die Reaktionsmischung wird durch Zugabe von festem K_2CO_3 (Vorsicht! schäumt sehr stark) auf einen pH-Wert von 8 gebracht. Der ausfallende, farblose Feststoff wird abfiltriert und das Lösungsmittel wird am Rotationsverdampfer abgezogen. Der Rückstand wird säulenchromatographisch (EtOAc + 0.05% Et_3N) aufgereinigt und man erhält 4 mg (80%) des Diols **3-142** als farbloses Öl. R_f = 0.15 (Petrolether/EtOAc, 1:8); $[\alpha]^{20}_D$ = –8.4 (c 0.2, $CHCl_3$); ^1H NMR (400 MHz, $CDCl_3$): δ [ppm] = 0.97 (d, J = 6.6 Hz, 3H, 20-CH_3), 1.18–1.60 (m, 6H, 5-H, 6-H, 12-H), 1.68 (s, 3H, 17-CH_3), 1.73 (s, 3H, 22-CH_3), 1.95–2.32 (m, 6H, 4-H, 13-H, 18-H), 2.59–2.78 (m, 1H, 20-H), 4.04–4.17 (m, 1H, 7-H), 4.23–4.37 (m, 1H, 10-H), 4.62–4.76 (m, 3H, 11-H,

NH_2), 4.87–4.99 (m, 1H, 19-H), 5.28 (d, J = 9.4 Hz, 1H, 21-H), 5.38-5.54 (m, 1H, 14-H), 5.59–5.83 (m, 4H, 2-H, 8-H, 9-H, 16-H), 6.11 (dd, J = 14.6, 10.8 Hz, 1H, 15-H), 6.21 (d, J = 14.8 Hz, 1H, 24-H), 6.82 (ddd, J = 15.3, 9.6, 5.1 Hz, 1H, 3-H), 7.04 (d, J = 14.8 Hz, 1H, 23-H); ^{13}C NMR (100 MHz, $CDCl_3$): δ [ppm] = 12.4 (C-22 CH_3), 16.4 (C-17 CH_3), 16.9 (C-20 CH_3), 24.7 (C-5), 28.9 (C-13), 30.3 (C-12), 32.7 (C-4), 36.8 (C-20), 37.3 (C-6), 43.7 (C-18), 72.3 (C-10), 73.0 (C-7), 74.0 (C-19), 74.4 (C-24), 77.1 (C-11), 121.3 (C-2), 127.2 (C-15), 128.0 (C-9), 129.6 (C-16), 131.2 (C-22), 132.0 (C-14), 134.2 (C-17), 135.0 (C-8), 135.2 (C-21), 148.8 (C-3), 149.5 (C-23), 156.9 ($CONH_2$), 166.3 (C-1), HRMS (ESI): $[M+Na]^+$ berechnet für $C_{28}H_{40}INO_6$ 636.17925, gefunden 636.17964.

Amidanbindung 3-144

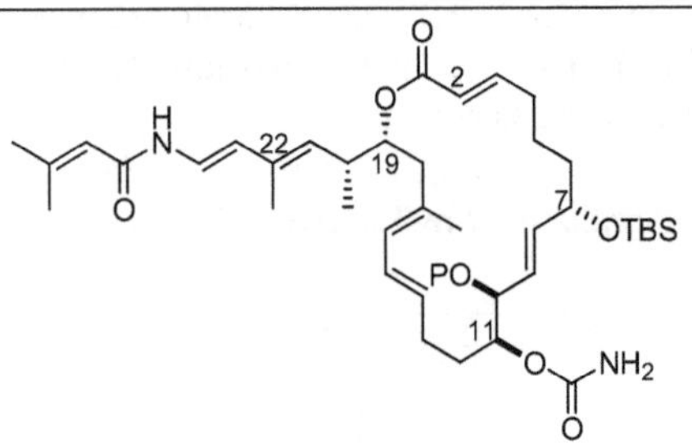

3-144 P = TBDPS

Trockenes Cs_2CO_3 (10 mg, 0.03 mmol, 1.5 equiv), CuI (0.3 mg 0.002 mmol, 10mol%) und Säureamid **2-33** (8 mg, 0.08 mmol, 4 equiv) werden in einem Schlenk eingewogen und im Eisbad auf 0°C abgekühlt. Eine Lösung aus Vinyliodid **3-141** (18 mg, 0.02 mmol) und DMED (5 Tropfen, 100 μL Spritze) in THF (ca. 1.5 mL) wird zugetropft (hellblaue Lösung). Die Reaktionsmischung wird auf RT erwärmt und ca. 5 h gerührt (Farbumschlag von blau nach braun). Anschließend wird die Reaktion durch Zugabe von H_2O abgebrochen und mit EtOAc verdünnt. Die Phasen werden getrennt und die wässrige Phase wird drei Mal mit EtOAc extrahiert. Die vereinigten, organischen Phasen werden über $MgSO_4$ getrocknet, abfiltriert und das Lösungsmittel wird am Rotationsverdampfer abgezogen. Der Rückstand wird säulenchromatographisch (Petrolether/EtOAc, 5:1 – 1:1) aufgereinigt und man erhält 15 mg (86%) des geschützten Naturstoffes **3-144** als farbloses Öl. R_f = 0.24 (Petrolether/EtOAc, 2:1); $[\alpha]^{20}_D$ = −7.6 (c 0.2, CH_2Cl_2); ^1H NMR (400 MHz, DMSO): δ [ppm] = −0.04, 0.01 (2 s, jeweils 3H, $OSi(CH_3)_2$), 0.82 (s, 9H, $OSi(CH_3)_2C(CH_3)_3$), 0.89 (d, J = 6.6 Hz, 3H, 20-CH_3), 1.03 (s, 9H, $OSi(Ph)_2C(CH_3)_3$), 1.16–1.49 (m, 6H, 5-H, 6-H, 12-H), 1.60 (s, 3H, 17-CH_3), 1.70 (s, 3H, 22-CH_3), 1.82 (s, 3H, 27-CH_3), 2.11 (s, 3H, 27-CH_3), 1.70–2.21 (m, 6H, 4-H, 13-H, 18-H), 2.61–2.76 (m, 1H, 20-H), 3.96–4.10 (m, 1H, 7-H), 4.28–4.48 (m, 2H, 10-H, 11-H), 4.68–4.89 (m, 1H, 19-H), 5.12 (d, J = 9.4 Hz, 1H, 21-H), 5.37–5.79 (m, 5H, 8-H, 9-H, 14-H, 16-H, 26-H),

5.79–5.89 (m, 2H, 2-H, 23-H), 6.02 (dd, J = 14.4, 11.6 Hz, 1H, 15-H), 6.38 (bs, 1H, NH_2), 6.62–6.75 (m, 1H, 3-H), 6.85 (dd, J = 14.5 Hz, 10.4 Hz, 1H, 24-H), 7.31–7.49 (m, 6H, phenyl), 7.59 (dd, J = 17.9 Hz, 6.7 Hz, 4H, phenyl), 9.85 (d, J = 10.2 Hz, 1H, NH); ^{13}C NMR (100 MHz, DMSO): δ [ppm] = –4.8 ($OSi(CH_3)_2$), –4.5 ($OSi(CH_3)_2$), 12.7 (C-22 CH_3), 16.2 (C-17 CH_3), 17.0 (C-20 CH_3), 17.8 ($OSi(CH_3)_2\mathit{C}(CH_3)_3$), 18.9 ($OSi(Ph)_2\mathit{C}(CH_3)_3$), 19.6 (C-27 CH_3), 24.5 (C-5), 25.6 ($OSi(CH_3)_2C(\mathit{C}H_3)_3$), 26.8 ($OSi(Ph)_2C(\mathit{C}H_3)_3$), 27.0 (C-27 CH_3), 31.2 (C-13), 32.2 (C-12), 35.1 (C-4), 36.6 (C-20), 38.3 (C-6), 43.3 (C-18), 71.6 (C-10), 73.8 (C-11), 73.9 (C-19), 74.0 (C-7), 116.4 (C-23), 118.1 (C-16), 120.8 (C-2), 122.2 (C-24), 126.6 (C-15), 127.7 (phenyl), 127.7 (phenyl), 127.9 (C-9), 129.6 (C-26), 129.8 (C-21), 129.9 (phenyl), 129.9 (phenyl), 131.6 (C-22), 131.9 (C-14), 132.5 (phenyl), 132.6 (phenyl), 133.4 (C-17), 134.0 (C-8), 135.3 (phenyl), 149.3 (C-3), 151.8 (C-27), 156.0 ($CONH_2$), 163.1 (C-25), 165.3 (C-1); HRMS (ESI): $[M+Na]^+$ berechnet für $C_{55}H_{80}N_2O_7Si_2$ 959.53963, gefunden 959.53973.

Globale Entschützung: Palmerolid A (1)

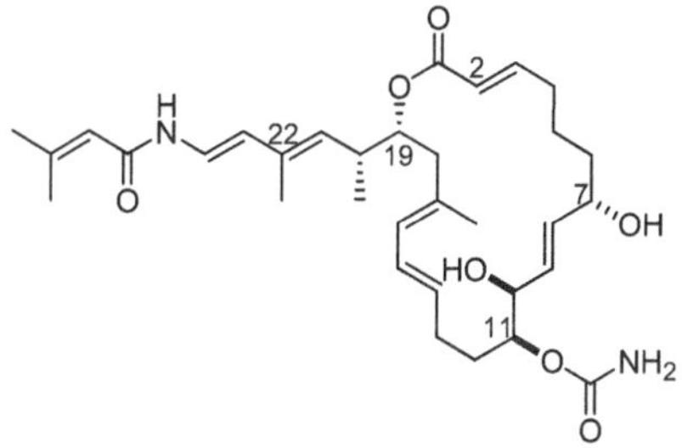

1

Der geschützte Naturstoff **3-144** (20 mg, 0.02 mmol) wird in THF (5 mL) gelöst und auf 0°C abgekühlt. Eine TBAF-Lösung (wasserfrei) (1 M in THF, 0.5 mL, 0.5 mmol, 25 equiv) wird zugetropft und die Reaktionsmischung wird für 24 h bei 0°C gerührt. Anschließend wird mit EtOAc verdünnt und mit H_2O gequencht. Die Phasen werden getrennt und die wässrige Phase wird drei Mal mit EtOAc extrahiert. Die vereinigten, organischen Phasen werden über $MgSO_4$ getrocknet, abfiltriert und das Lösungsmittel wird am Rotationsverdampfer abgezogen. Der Rückstand wird säulenchromatographisch (Petrolether/EtOAC, 0:1 oder CH_2Cl_2/MeOH, 20:1, jeweils mit 0.05% Et_3N) aufgereinigt und man erhält 10 mg (85%) des Naturstoffes Palmerolid A (**1**) als farblosen Feststoff.

Um eine analytisch reine Probe zu erhalten, wird die Substanz nochmals mit Hilfe präparativer Dünnschichtchromatographie (Fließmittel EtOAc + 0.01% Et_3N) aufgereinigt, so dass man ein sauberes ^{1}H-NMR-Spektrum zum Vergleich mit den Literaturspektren aufnehmen kann. R_f = 0.18 (Petrolether/EtOAc, 0:1); $[\alpha]^{20}_D$ = –2.7 (c 0.13, MeOH); ^{1}H NMR (400 MHz, DMSO): δ [ppm] = 0.89 (d, J = 6.6 Hz, 3H, 20-CH_3), 1.17–1.49 (m, 6H, 5-H, 6-H, 12-H),

1.60 (s, 3H, 17-CH_3), 1.70 (s, 3H, 22-CH_3), 1.82 (s, 3H, 28-CH_3), 2.11 (s, 3H, 28-CH_3), 1.80–2.15 (m, 6H, 4-H, 13-H, 18-H), 2.60–2.74 (m, 1H, 20-H), 3.76–3.87 (m, 1H, 7-H), 4.07–4.18 (m, 1H, 10-H), 4.22–4.54 (m, 1H, 11-H), 4.66 (d, *J* = 4.0 Hz, 1H, OH), 4.76–4.89 (m, 1H, 19-H), 5.12 (d, *J* = 9.4 Hz, 1H, 21-H), 5.16 (d, *J* = 5.1 Hz, 1H, OH), 5.36–5.63 (m, 4H, 8-H, 9-H, 14-H, 16-H), 5.68 (s, 1H, 26-H), 5.76 (d, *J* = 15.7 Hz, 1H, 2-H), 5.83 (d, *J* = 14.7 Hz, 1H, 23-H), 6.04 (dd, *J* = 14.9, 11.1 Hz, 1H, 15-H), 6.47 (bs, 1H, NH_2), 6.62–6.77 (m, 1H, 3-H), 6.84 (dd, *J* = 14.5 Hz, 10.5 Hz, 1H, 24-H), 9.83 (d, *J* = 10.1 Hz, 1H, NH); HRMS (ESI): $[M+Na]^+$ berechnet für $C_{33}H_{48}N_2O_7$ 607.33537, gefunden 607.33591.

Triol-Derivat: Palmerolid A ohne Carbamat 3-143

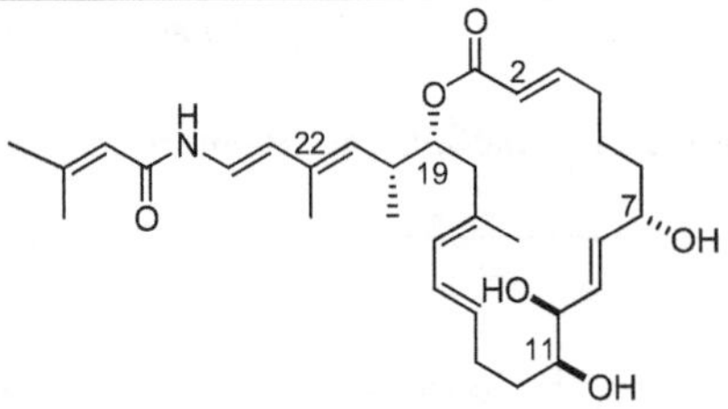

3-143

Der geschützte Naturstoff **3-144** (5 mg, 0.005 mmol) wird in THF (1 mL) gelöst. Bei RT wird TBAF (20 mg, 0.077 mmol, 15 equiv) und ein Tropfen H_2O zugegeben und die Reaktionsmischung wird für 24 h bei RT gerührt. Anschließend wird mit EtOAc verdünnt und H_2O gequencht. Die Phasen werden getrennt und die wässrige Phase wird drei Mal mit EtOAc extrahiert. Die vereinigten, organischen Phasen werden über $MgSO_4$ getrocknet, abfiltriert und das Lösungsmittel wird am Rotationsverdampfer abgezogen. Der Rückstand wird säulenchromatographisch (Petrolether/EtOAC, 0:1 oder CH_2Cl_2/MeOH, 20:1, jeweils mit 0.05% Et_3N) aufgereinigt und man erhält 2.5 mg (92%) des Norcarbamatderivats **3-143** als farblosen Feststoff. R_f = 0.19 (Petrolether/EtOAc, 0:1); $[\alpha]^{20}_D$ = –12.9 (*c* 0.13, MeOH); ^{1}H NMR (400 MHz, DMSO): δ [ppm] = 0.89 (d, *J* = 6.6 Hz, 3H, 20-CH_3), 1.17–1.51 (m, 6H, 5-H, 6-H, 12-H), 1.60 (s, 3H, 17-CH_3), 1.70 (s, 3H, 22-CH_3), 1.82 (s, 3H, 28-CH_3), 2.11 (s, 3H, 28-CH_3), 1.83–2.17 (m, 6H, 4-H, 13-H, 18-H), 2.57–2.76 (m, 1H, 20-H), 2.91–3.19 (m, 1H, 11-H), 3.72–3.87 (m, 1H, 7-H), 3.91–4.02 (m, 1H, 10-H), 4.60 (d, *J* = 4.0 Hz, 1H, OH), 4.68 (d, *J* = 5.1 Hz, 1H, OH), 4.78 (d, *J* = 4.6 Hz, 1H, OH), 4.80–4.88 (m, 1H, 19-H), 5.13 (d, *J* = 9.6 Hz, 1H, 21-H), 5.36–5.62 (m, 4H, 8-H, 9-H, 14-H, 16-H), 5.69 (s, 1H, 26-H), 5.75 (d, *J* = 15.7 Hz, 1H, 2-H), 5.84 (d, *J* = 14.7 Hz, 1H, 23-H), 6.04 (dd, *J* = 14.0, 11.2 Hz, 1H, 15-H), 6.61–6.77 (m, 1H, 3-H), 6.84 (dd, *J* = 14.4 Hz, 10.4 Hz, 1H, 24-H), 9.88 (d, *J* = 10.4 Hz, 1H, NH); ^{13}C NMR (100 MHz, DMSO): δ [ppm] = 12.7 (C-22 CH_3), 16.1 (C-17 CH_3), 17.0 (C-20 CH_3), 19.5 (C-27 CH_3), 24.7 (C-5), 26.9 (C27 CH_3), 32.3 (C-12), 29.6, 31.9, 36.6, 37.8, (C-4, C-6, C-13,

C-20), 43.3 (C-18), 72.2 (C-10), 72.8 (C-11), 73.4 (C-19), 73.7 (C-7), 116.4 (C-23), 118.1 (C-16), 120.5 (C-2), 122.1 (C-24), 126.0 (C-15), 127.8 (C-9), 129.7 (C-26), 129.8 (C-21), 131.0 (C-22), 132.5 (C-14), 132.7 (C-17), 134.2 (C-8), 149.2 (C-3), 151.7 (C-27), 163.1 (C-25), 165.3 (C-1); HRMS (ESI): $[M+Na]^+$ berechnet für $C_{32}H_{47}NO_6$ 564.32956, gefunden 564.32994.

6 Anhang

6.1 Spektren

Die hier abgebildeten ^{1}H- und ^{13}C-NMR-Spektren stellen lediglich eine Auswahl der im Rahmen dieser Arbeit synthetisierten, neuen Verbindungen dar. Im Hinblick auf die Totalsynthese des Naturstoffes Palmerolid A (**1**) werden hier nur Spektren von Verbindungen abgebildet, die während des Synthesewegs zur revidierten, tatsächlichen Struktur **1** des Naturstoffes als Zwischenstufen und Hauptfragmente von Bedeutung sind. Alle übrigen, hier nicht aufgeführten Spektren von literaturunbekannten Verbindungen, auch solche zum ursprünglichen Strukturvorschlag **1***, stehen in den beiden von uns zu diesem Thema publizierten „Full Papern“ zur Verfügung.

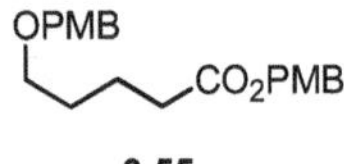
OPMB
CO_2PMB
3-55

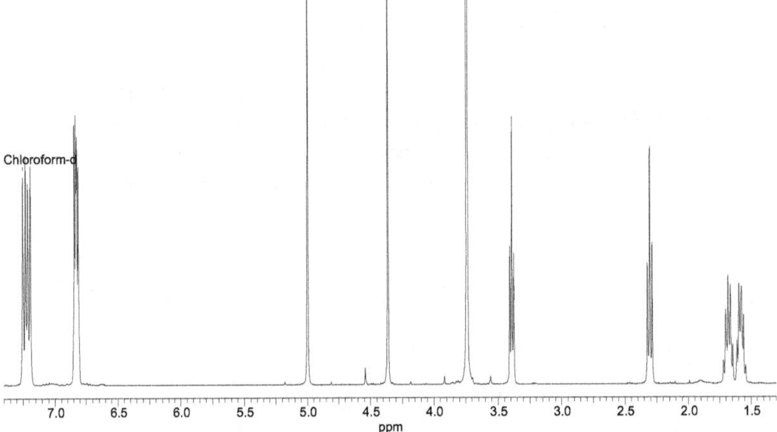
Chloroform-d
7.0
6.5
6.0
5.5
5.0
4.5
4.0
3.5
3.0
2.5
2.0
1.5
ppm

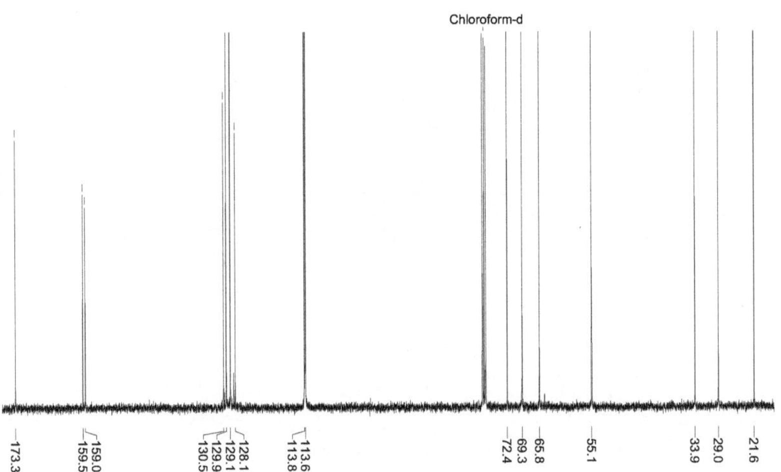
Chloroform-d
173.3
159.5
159.0
130.5
129.9
129.1
128.1
113.8
113.6
72.4
69.3
65.8
55.1
33.9
29.0
21.6

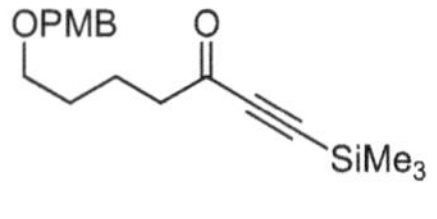
OPMB
O
SiMe3

3-94

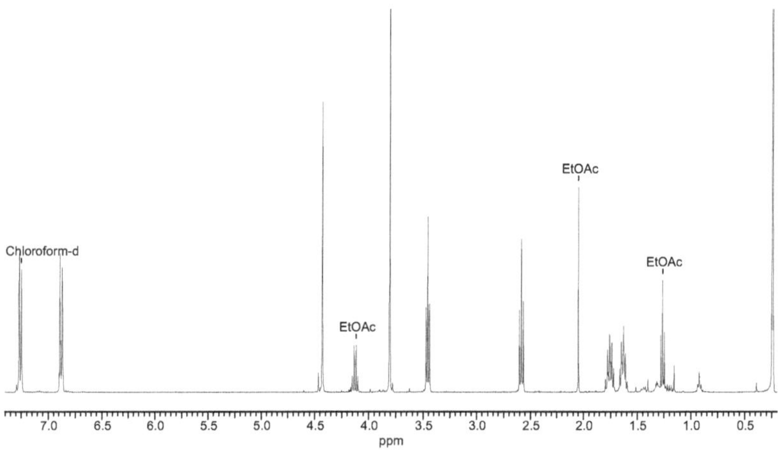
Chloroform-d
EtOAc
EtOAc
EtOAc
7.0
6.5
6.0
5.5
5.0
4.5
4.0
3.5
3.0
2.5
2.0
1.5
1.0
0.5
ppm

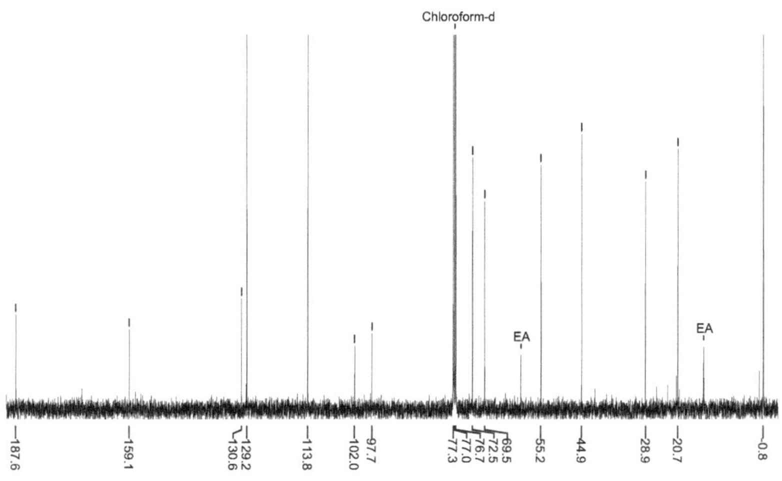
Chloroform-d
EA
EA
187.6
159.1
130.6
129.2
113.8
102.0
97.7
77.3
77.0
76.7
72.5
69.5
55.2
44.9
28.9
20.7
0.8

OPMB
OH
H

***ent*-3-58**

Chloroform-d
7.5 7.0 6.5 6.0 5.5 5.0 4.5 4.0 3.5 3.0 2.5 2.0 1.5
ppm

Chloroform-d
159.0
130.5
129.2
113.7
84.9
72.7
72.5
69.7
62.0
55.2
37.3
29.2
21.7

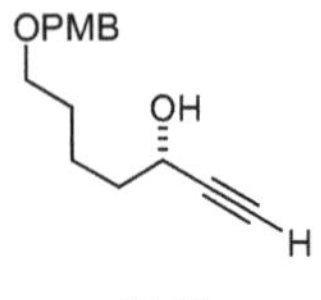

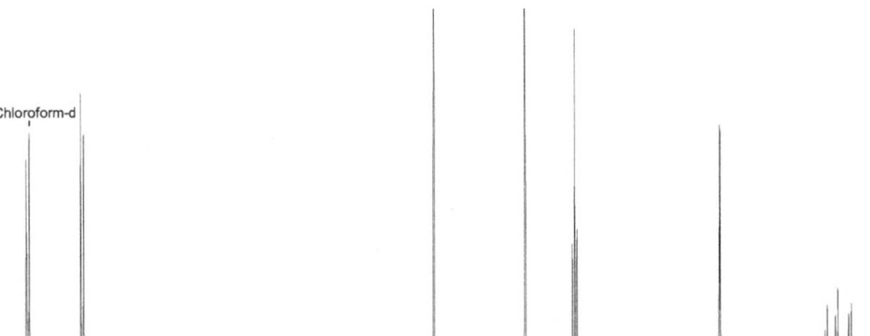

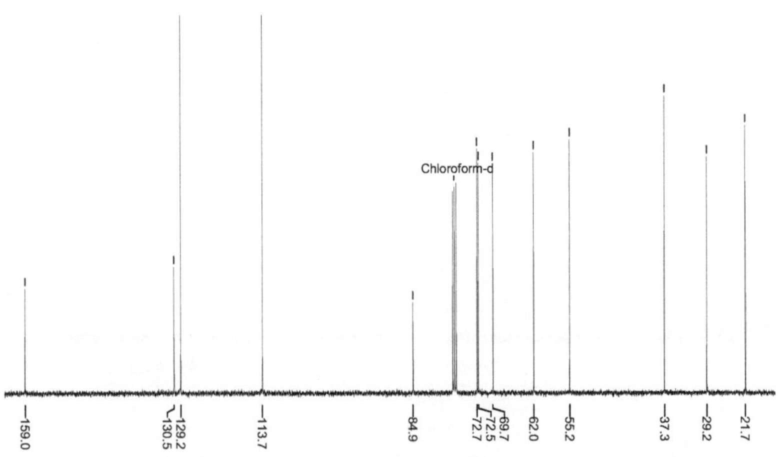

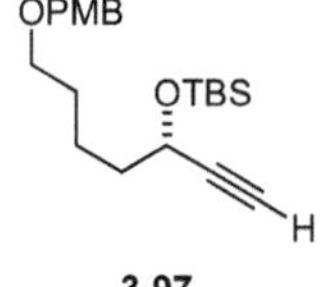
OPMB
OTBS
H
3-97

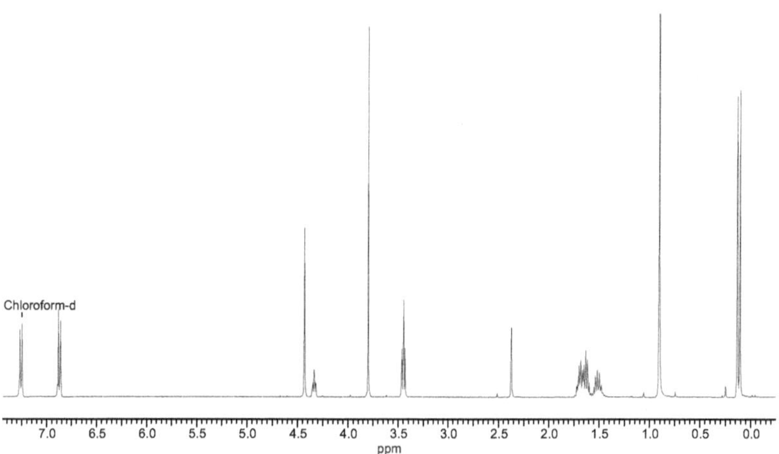
Chloroform-d
7.0
6.5
6.0
5.5
5.0
4.5
4.0
3.5
3.0
2.5
2.0
1.5
1.0
0.5
0.0
ppm

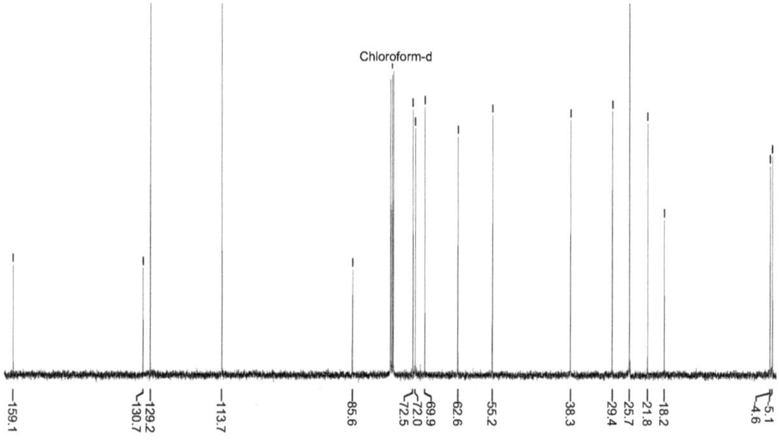
Chloroform-d
159.1
130.7
129.2
113.7
85.6
72.5
72.0
69.9
62.6
55.2
38.3
29.4
25.7
21.8
18.2
-5.1
-4.6

OTBS
OH
OPMB

3-98

Chloroform-d
7.0
6.5
6.0
5.5
5.0
4.5
4.0
3.5
3.0
2.5
2.0
1.5
1.0
0.5
0.0
ppm

Chloroform-d
159.1
137.0
130.7
129.2
116.2
113.7
88.1
82.7
82.7
72.5
69.8
63.1
62.8
55.2
38.2
29.3
25.8
21.9
18.2
4.5

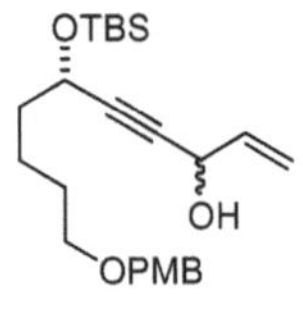

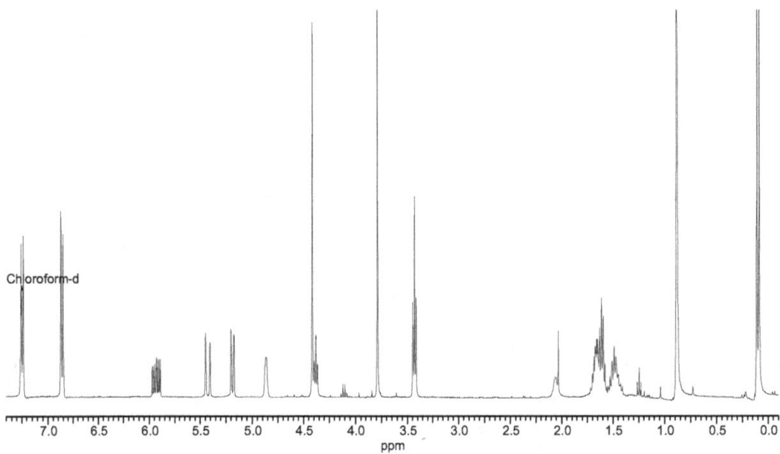

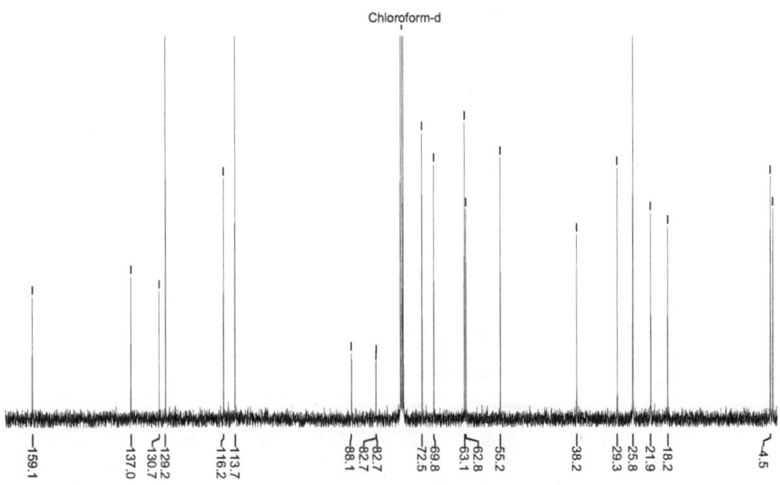

OTBS
OPMB
CO_2Et

3-99

Chloroform-d
7.0
6.5
6.0
5.5
5.0
4.5
4.0
3.5
3.0
2.5
2.0
1.5
1.0
0.5
0.0
ppm

Chloroform-d
172.5
159.1
141.6
130.7
129.2
113.7
110.6
90.2
82.4
72.5
70.0
63.3
60.4
55.2
38.4
33.3
29.4
28.2
25.8
21.9
18.2
14.2
-5.0
-4.5

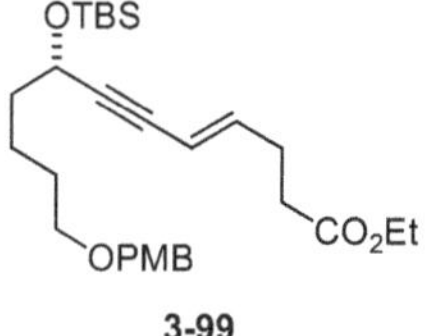

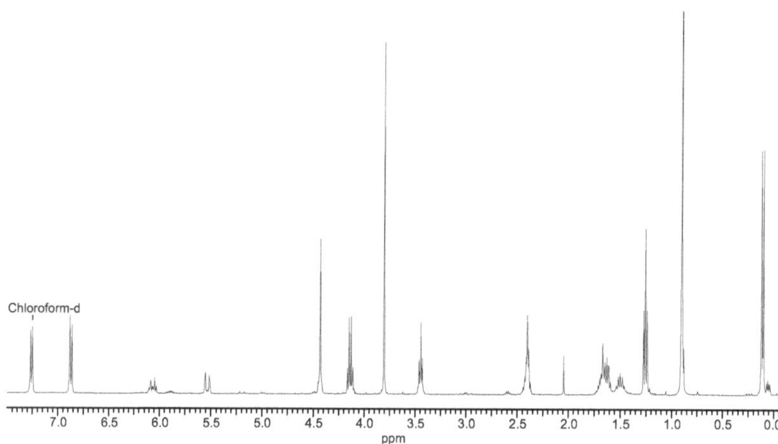

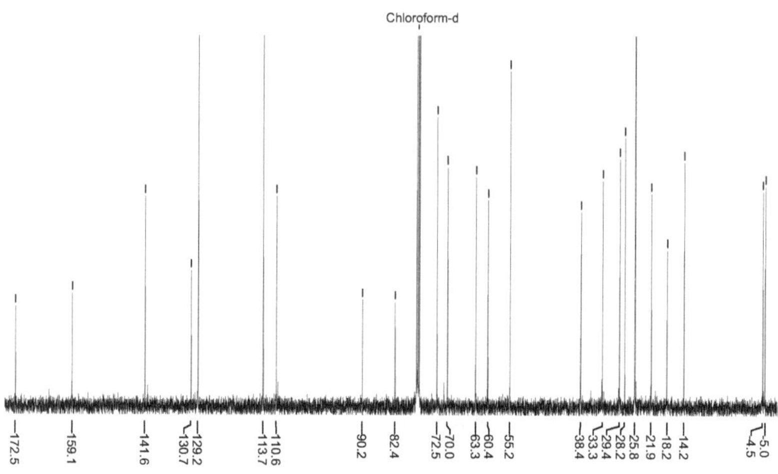

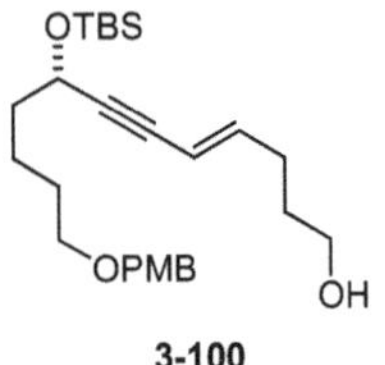
OTBS
OPMB
OH
3-100

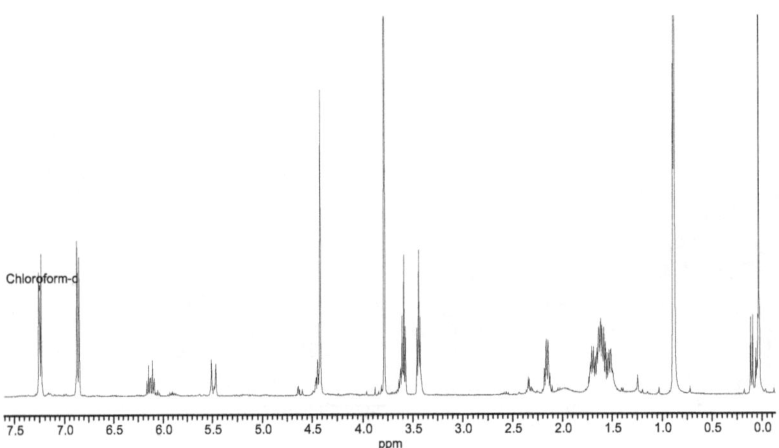
Chloroform-d
7.5 7.0 6.5 6.0 5.5 5.0 4.5 4.0 3.5 3.0 2.5 2.0 1.5 1.0 0.5 0.0
ppm

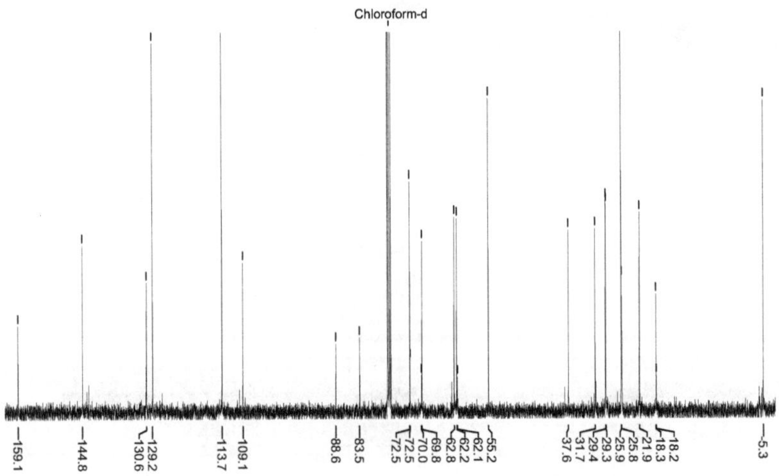
Chloroform-d
159.1
144.8
130.6
129.2
113.7
109.1
88.6
83.5
72.5
72.5
70.0
69.8
62.8
62.2
62.1
55.2
37.6
31.7
29.4
29.3
25.9
25.8
21.9
18.3
18.2
-5.3

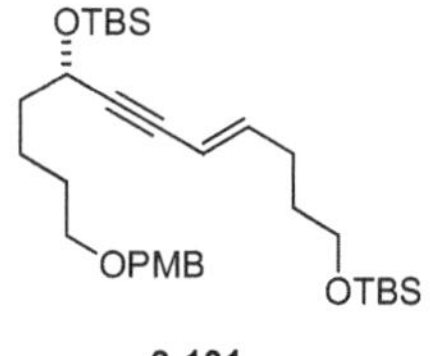
OTBS
OPMB
OTBS
3-101

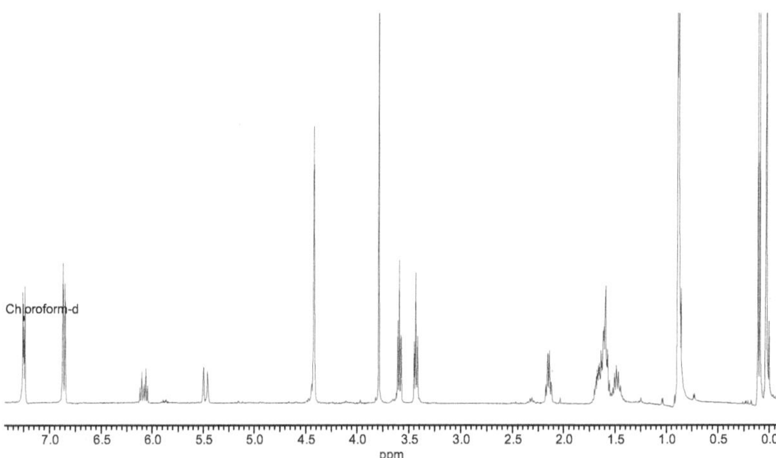
Chloroform-d
7.0 6.5 6.0 5.5 5.0 4.5 4.0 3.5 3.0 2.5 2.0 1.5 1.0 0.5 0.0
ppm

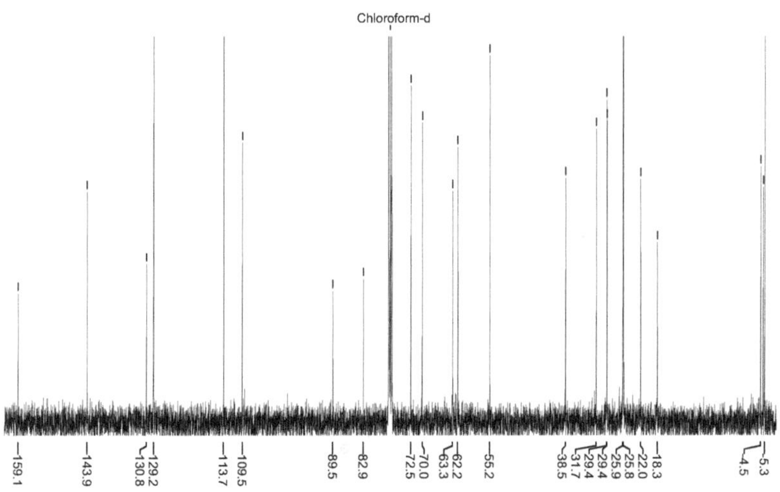
Chloroform-d
159.1
143.9
130.8
129.2
113.7
109.5
89.5
82.9
72.5
70.0
63.3
62.2
55.2
38.5
31.7
29.4
29.4
25.9
25.8
22.0
18.3
-4.5
-5.3

OTBS
OH
OH
OPMB
OTBS

3-102

Chloroform-d
7.5 7.0 6.5 6.0 5.5 5.0 4.5 4.0 3.5 3.0 2.5 2.0 1.5 1.0 0.5 0.0
ppm

Chloroform-d
159.0
130.5
129.1
113.7
87.7
82.3
74.5
72.4
69.8
66.2
63.4
62.7
55.1
38.2
30.0
29.2
28.9
25.8
25.7
21.9
18.1
5.5
4.5

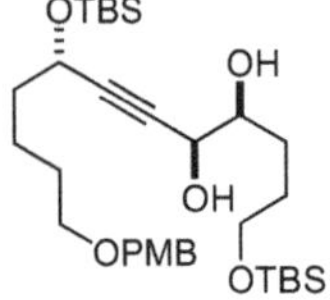

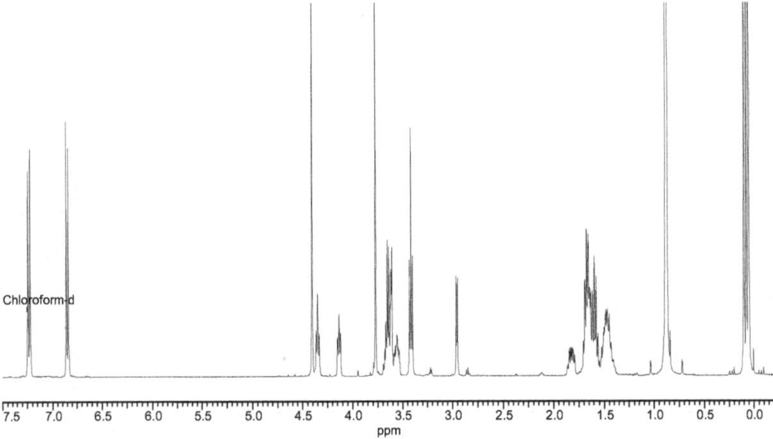

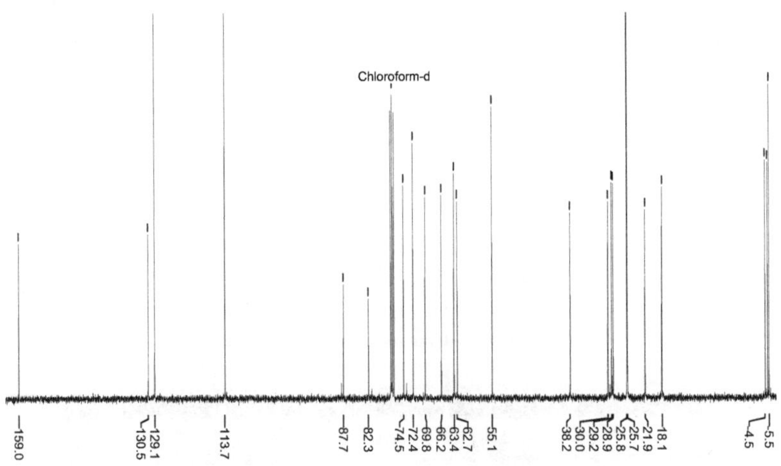

OTBS
OH
OH
OTBS
OPMB

3-119

Chloroform-d
7.5 7.0 6.5 6.0 5.5 5.0 4.5 4.0 3.5 3.0 2.5 2.0 1.5 1.0 0.5 0.0
ppm

Chloroform-d
159.1
136.8
130.7
129.2
128.6
113.7
75.6
74.3
72.7
72.5
70.0
63.6
55.2
37.9
30.6
29.7
29.0
25.9
25.8
21.9
18.3
18.2
-4.3
-4.8
-5.5

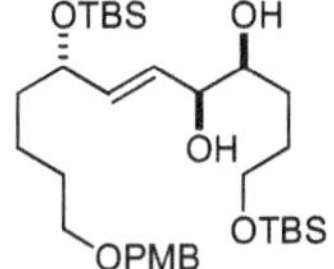

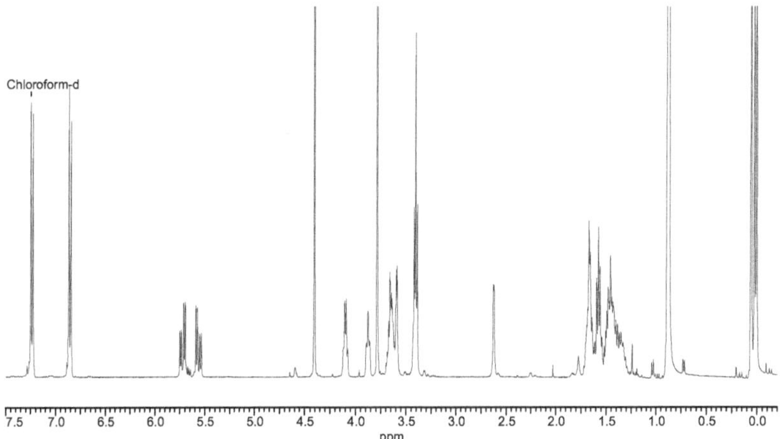

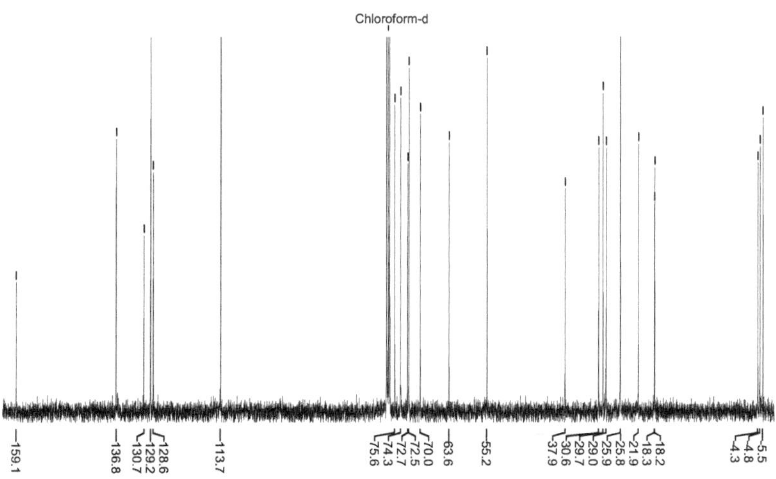

3-120

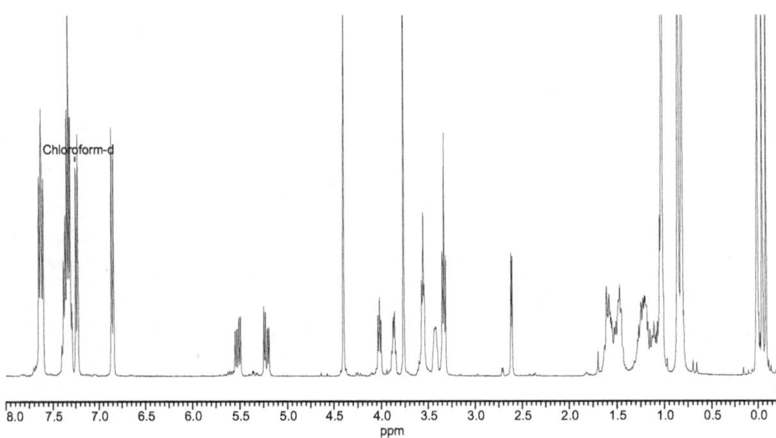

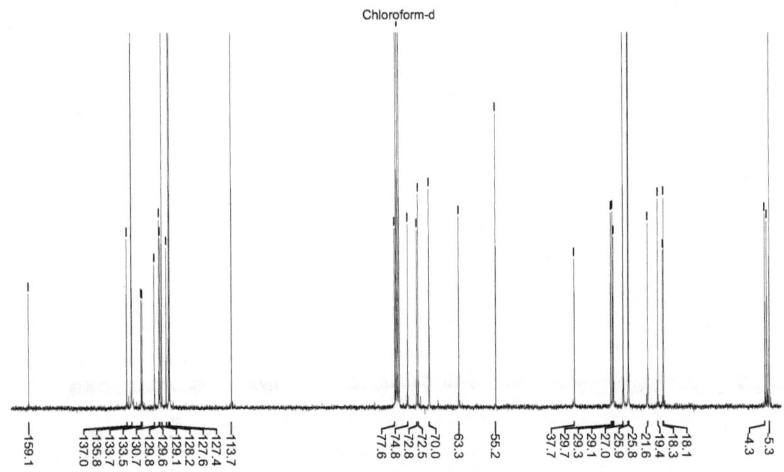

3-121

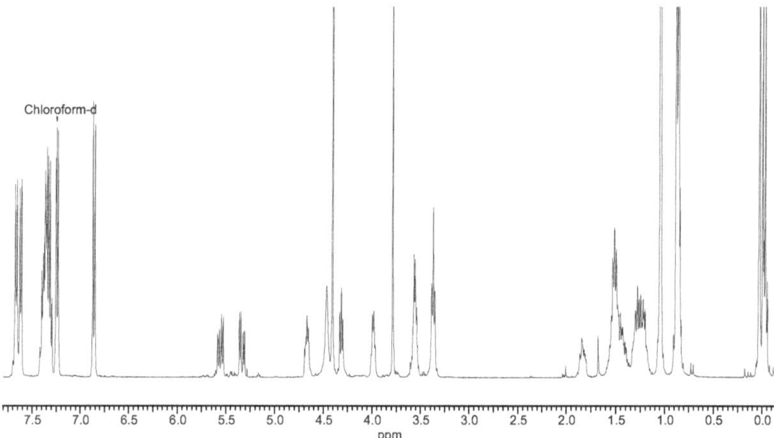

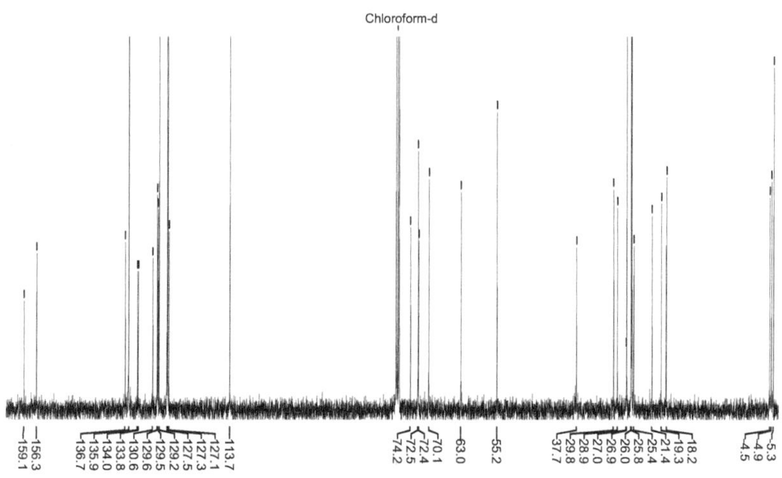

PMBO
OTBS
TBDPSO
O
HO
O
NH2

3-122

Chloroform-d
8.0 7.5 7.0 6.5 6.0 5.5 5.0 4.5 4.0 3.5 3.0 2.5 2.0 1.5 1.0 0.5 0.0
ppm

Chloroform-d
159.1
156.4
136.8
135.9
133.9
130.6
129.5
129.3
127.4
127.1
113.7
76.5
74.3
72.5
72.3
70.1
62.5
55.2
37.7
29.8
28.5
26.9
25.8
25.6
21.4
19.3
18.2
4.8
4.5

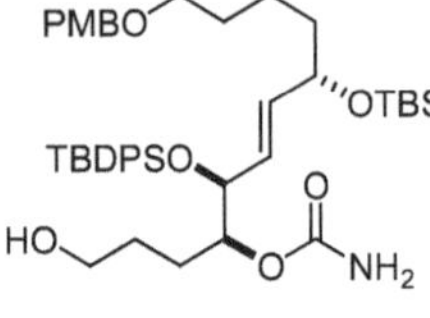

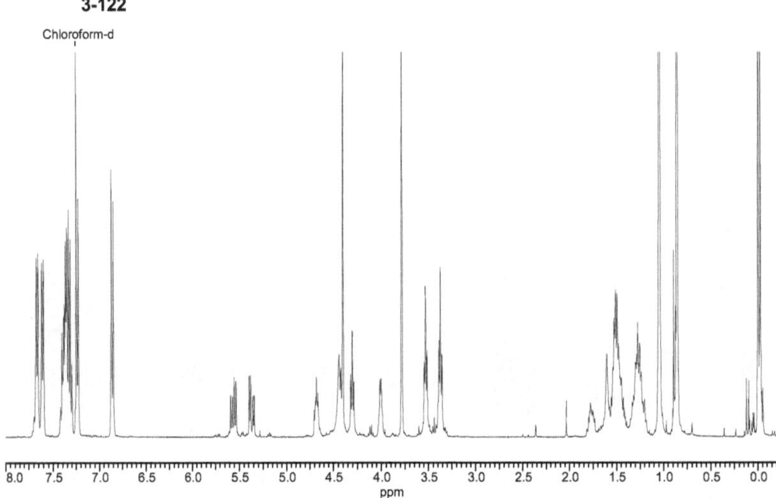

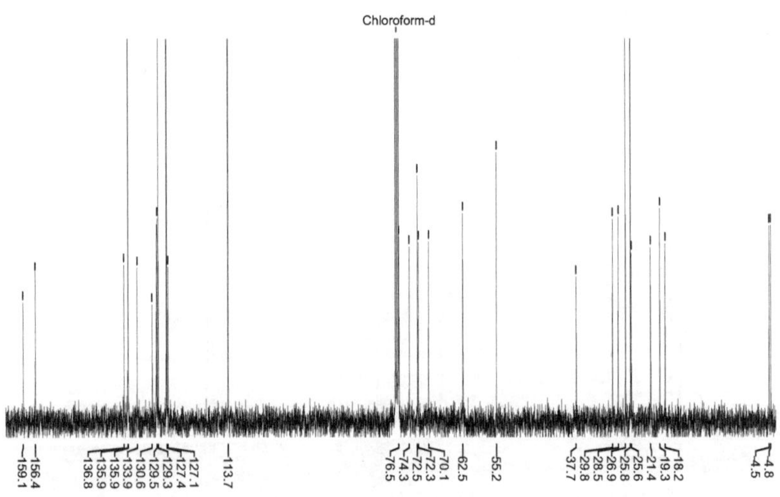

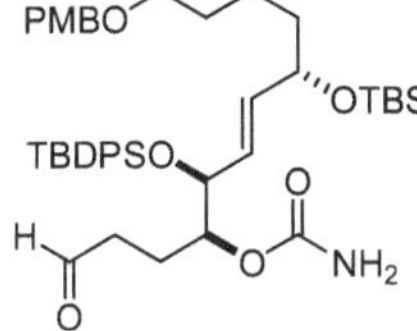
PMBO
OTBS
TBDPSO
O
H
NH2
O
O
3-123

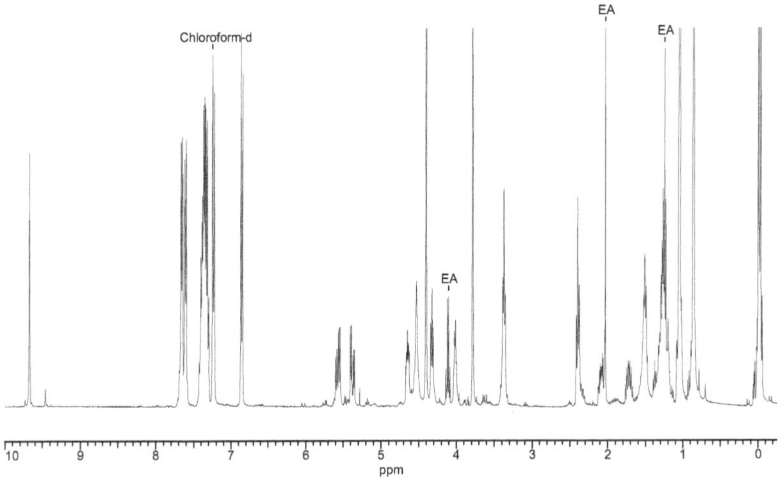
Chloroform-d
EA
EA
EA
ppm

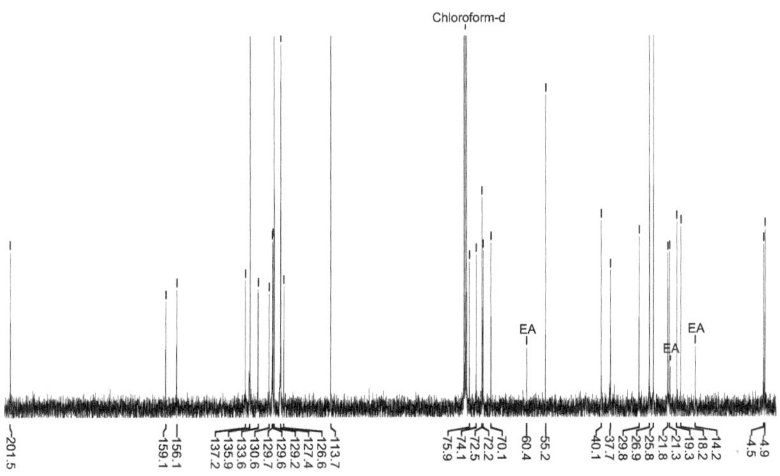
Chloroform-d
EA
EA
EA
201.5
159.1
156.1
137.2
135.9
133.6
130.6
129.7
129.6
129.2
127.4
126.6
113.7
75.9
74.1
72.5
72.2
70.1
60.4
55.2
40.1
37.7
29.8
26.9
25.8
21.8
21.3
19.3
18.2
14.2
4.5
4.9

PMBO
OTBS
TBDPSO
O
NH$_2$
O

3-124

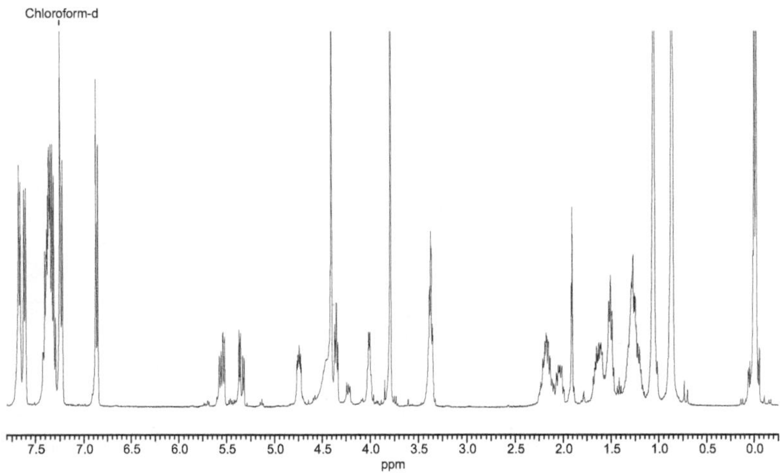

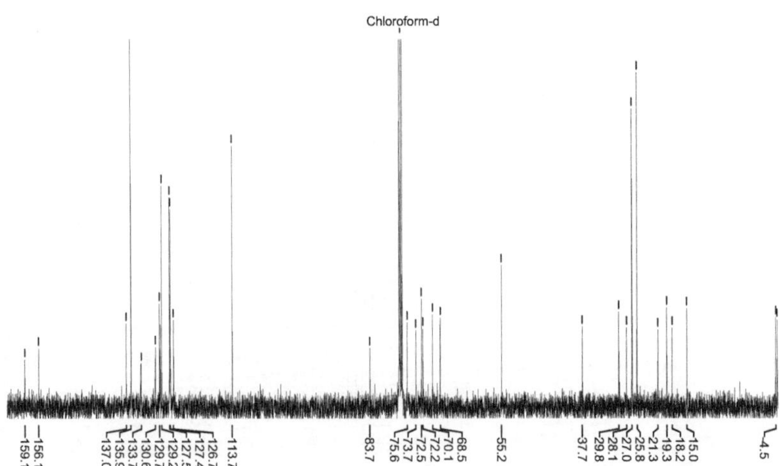

HO
OTBS
TBDPSO
O
O
NH2

3-127

Chloroform-d
8.0 7.5 7.0 6.5 6.0 5.5 5.0 4.5 4.0 3.5 3.0 2.5 2.0 1.5 1.0 0.5 0.0
ppm

Chloroform-d
156.1
136.8
135.9
133.9
133.6
129.7
127.5
127.4
126.9
83.7
75.8
73.8
72.2
68.5
62.9
37.5
32.7
28.3
27.0
25.8
20.7
19.4
18.2
15.0
4.5

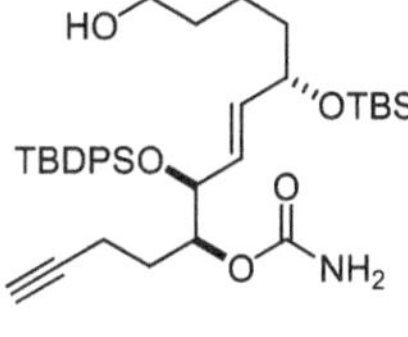

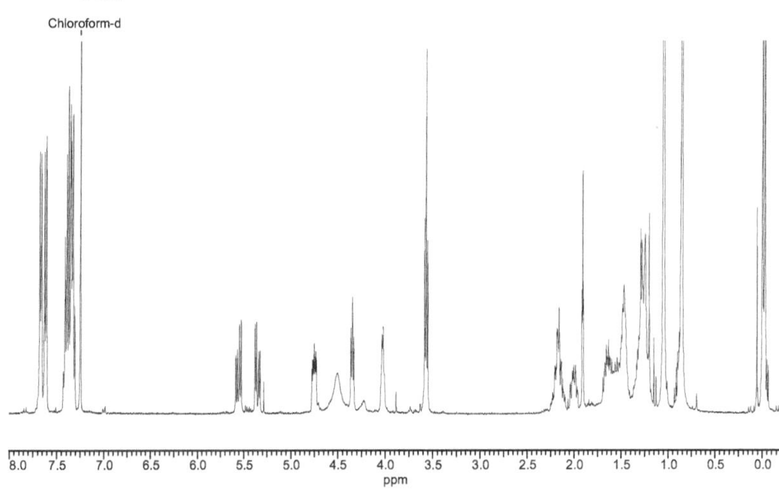

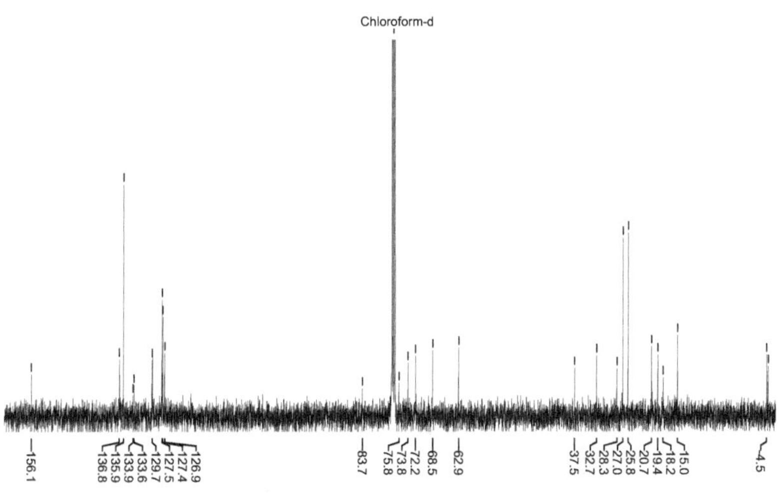

3-129

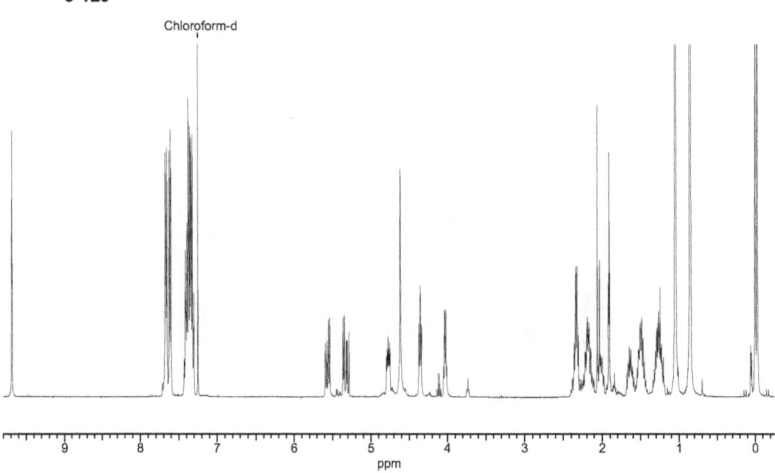

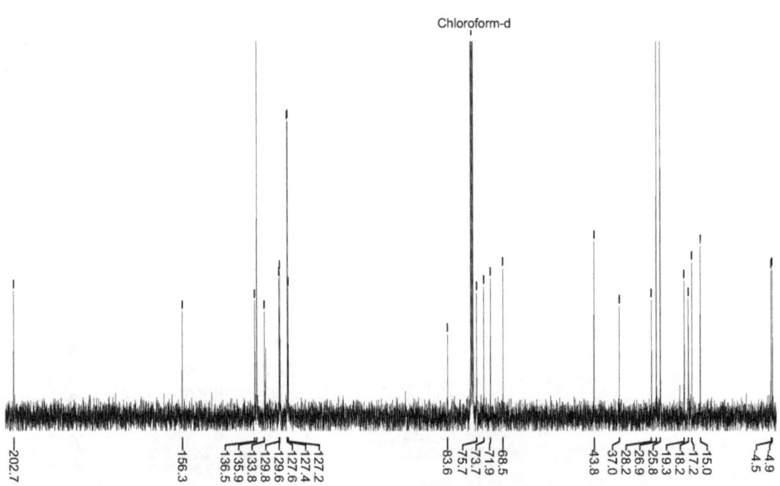

PMBO
OTBS
TBDPSO
O
O
NH2

3-134

Chloroform-d
7.5 7.0 6.5 6.0 5.5 5.0 4.5 4.0 3.5 3.0 2.5 2.0 1.5 1.0 0.5 0.0
ppm

Chloroform-d
156.3
159.1
136.8
138.0
135.9
133.9
133.8
130.6
129.6
129.2
127.4
127.2
114.8
113.7
74.2
76.3
72.5
72.4
70.1
55.2
37.7
29.8
28.4
26.9
25.8
21.4
19.3
18.2
4.8
4.5

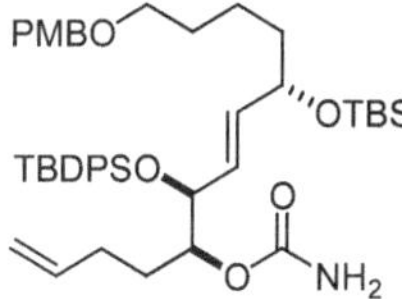

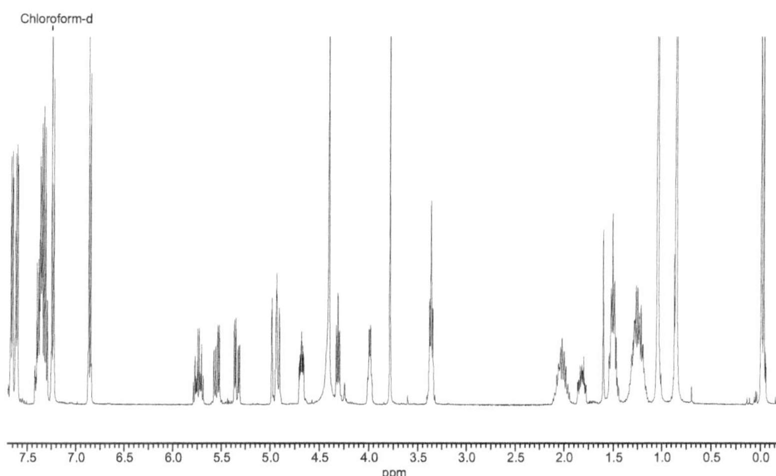

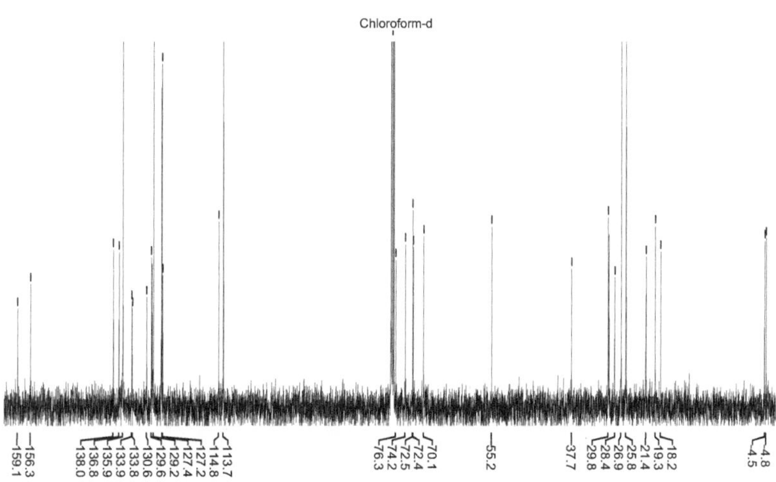

HO, OTBS, TBDPSO, O, NH_2

3-135

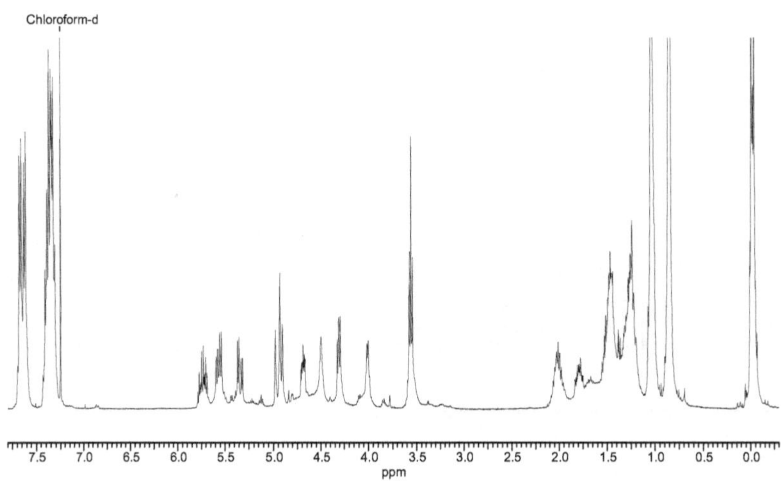

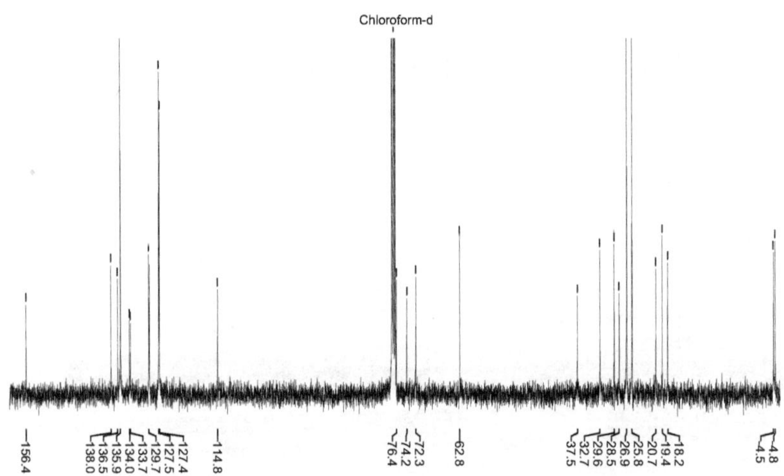

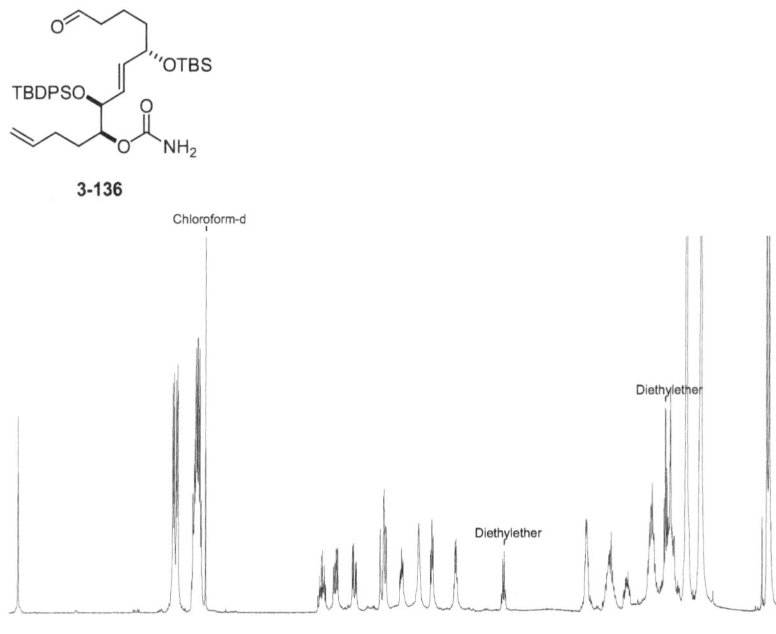

TBDPSO
OTBS
O
NH2
3-136
Chloroform-d
Diethylether
Diethylether
9
8
7
6
5
4
3
2
1
0
ppm

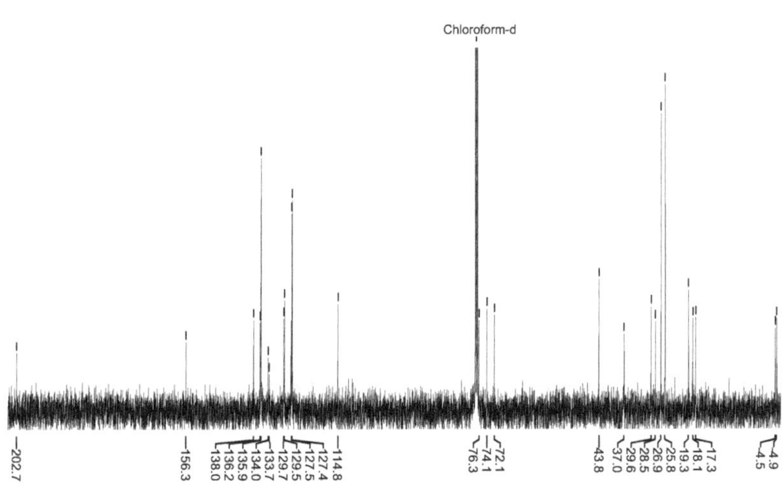

Chloroform-d
202.7
156.3
138.0
136.2
135.9
134.0
133.7
129.7
129.5
127.5
127.4
114.8
76.3
74.1
72.1
43.8
37.0
29.6
28.5
26.9
25.8
19.3
18.1
17.3
4.9
4.5

3-47

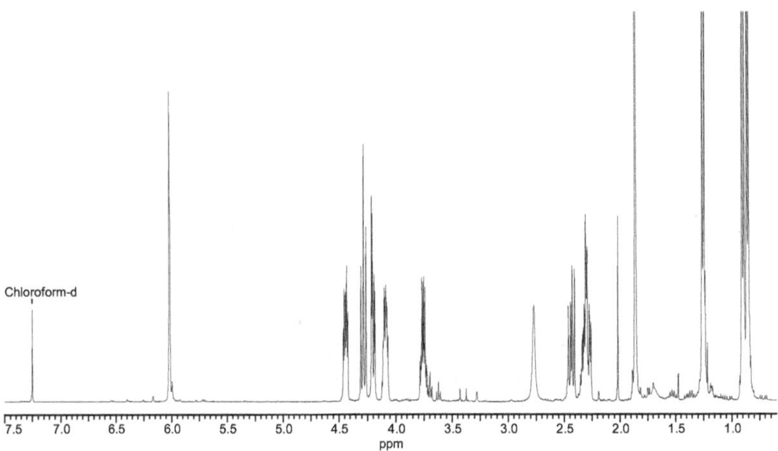

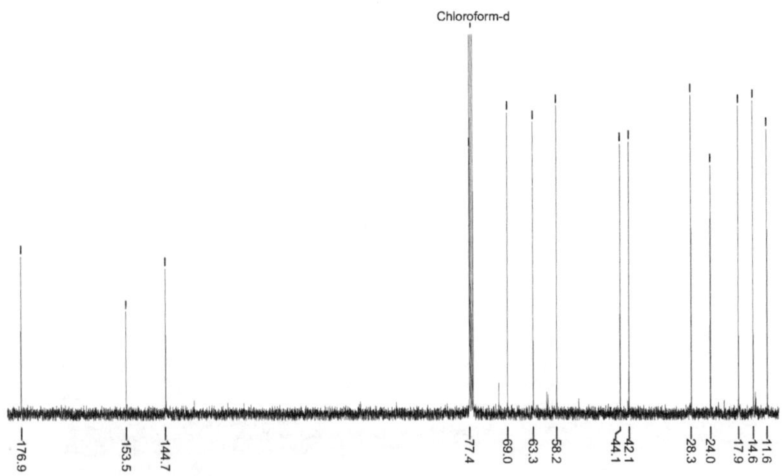

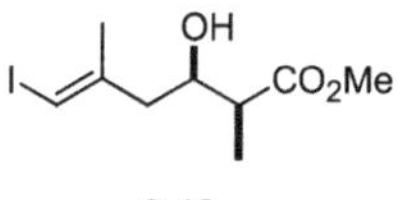
OH
I
CO2Me
3-48

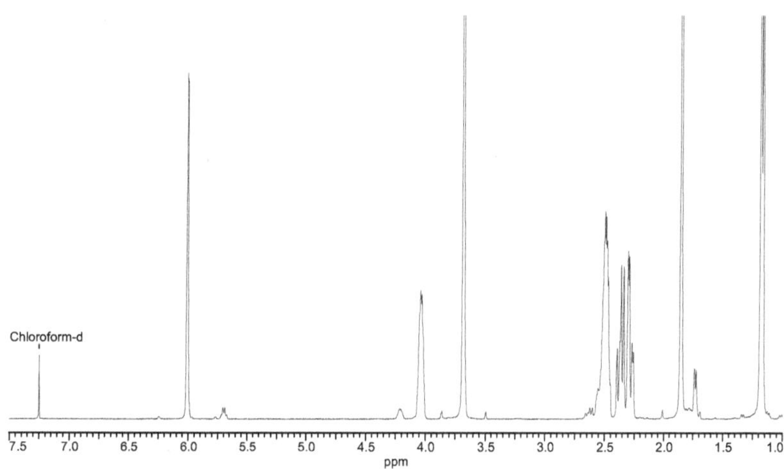
Chloroform-d
7.5
7.0
6.5
6.0
5.5
5.0
4.5
4.0
3.5
3.0
2.5
2.0
1.5
1.0
ppm

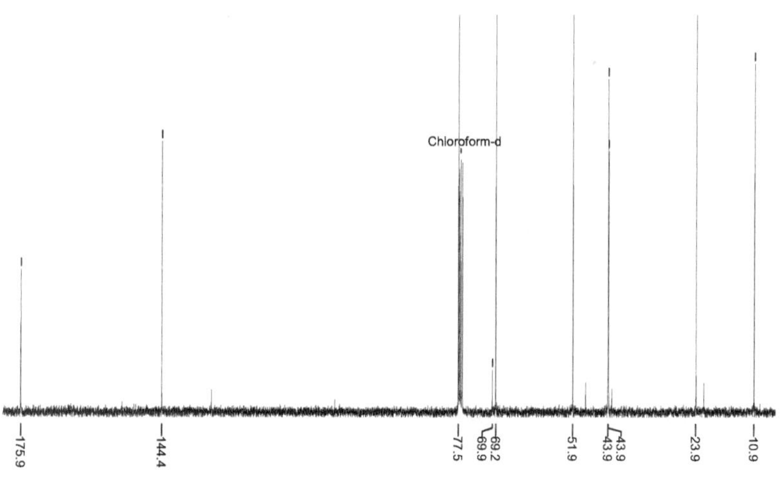
Chloroform-d
175.9
144.4
77.5
69.2
69.9
51.9
43.9
43.9
23.9
10.9

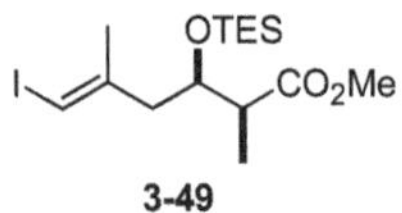
OTES
I
CO_2Me
3-49

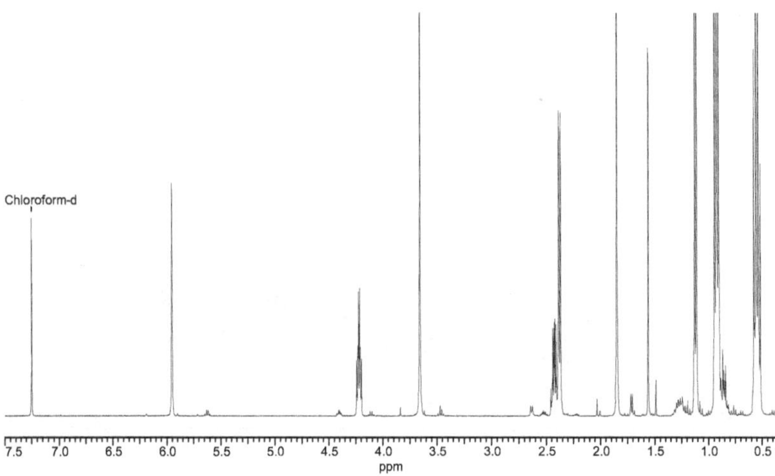
Chloroform-d
7.5 7.0 6.5 6.0 5.5 5.0 4.5 4.0 3.5 3.0 2.5 2.0 1.5 1.0 0.5
ppm

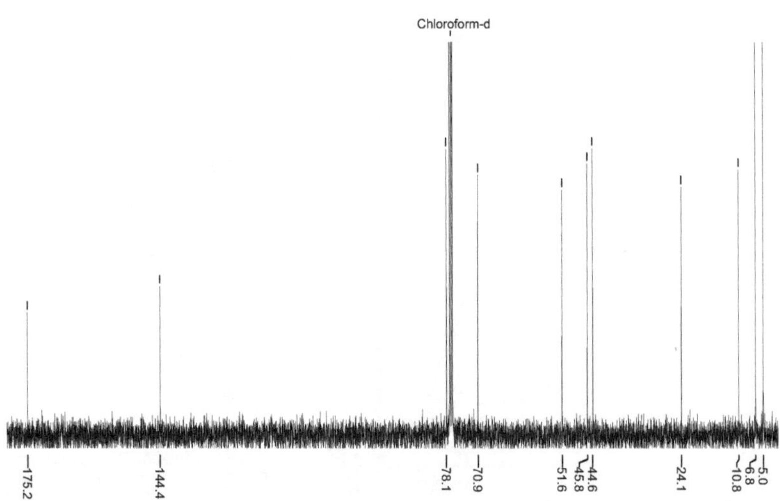
Chloroform-d
175.2
144.4
78.1
70.9
51.6
45.8
44.6
24.1
10.8
6.8
5.0

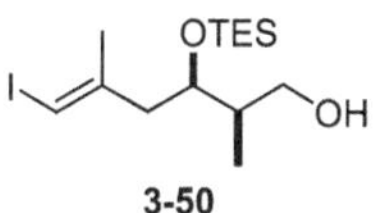
OTES
I
OH
3-50

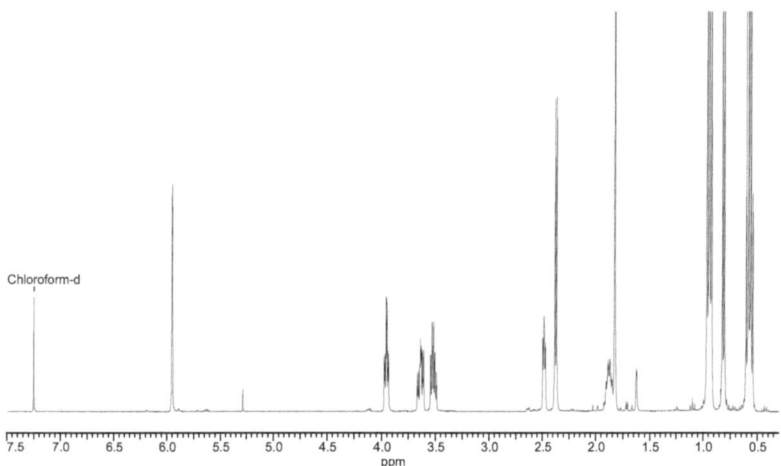
Chloroform-d
7.5
7.0
6.5
6.0
5.5
5.0
4.5
4.0
3.5
3.0
2.5
2.0
1.5
1.0
0.5
ppm

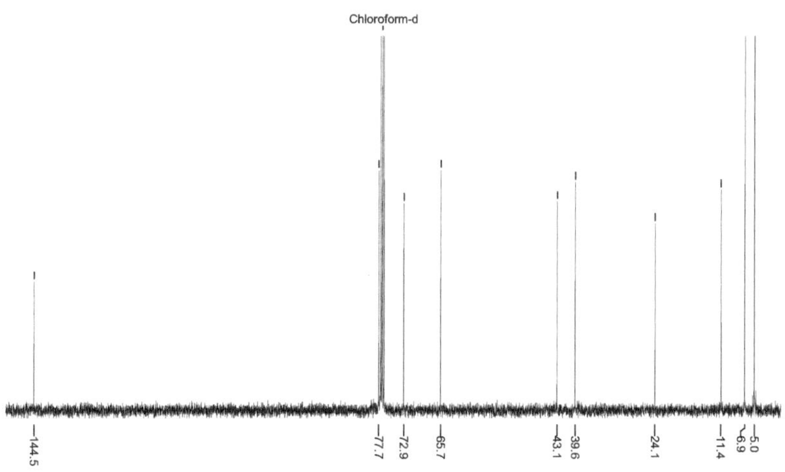
Chloroform-d
144.5
77.7
72.9
65.7
43.1
39.6
24.1
11.4
6.9
5.0

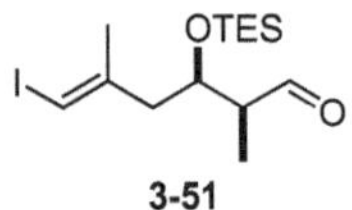

OTES
I
O
3-51

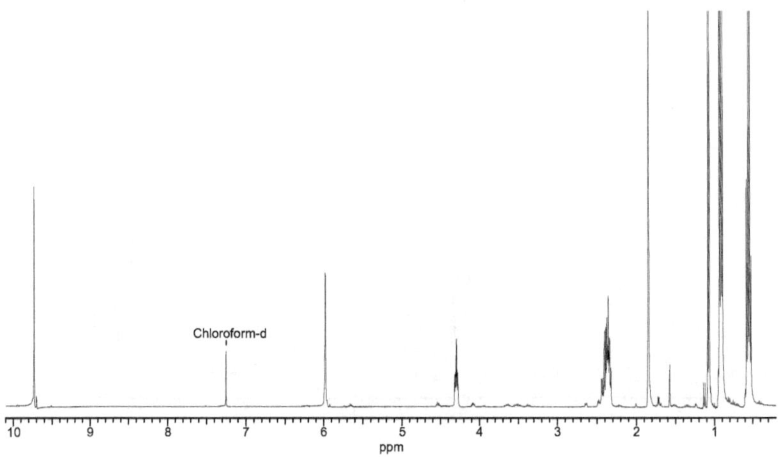

Chloroform-d
10
9
8
7
6
5
4
3
2
1
ppm

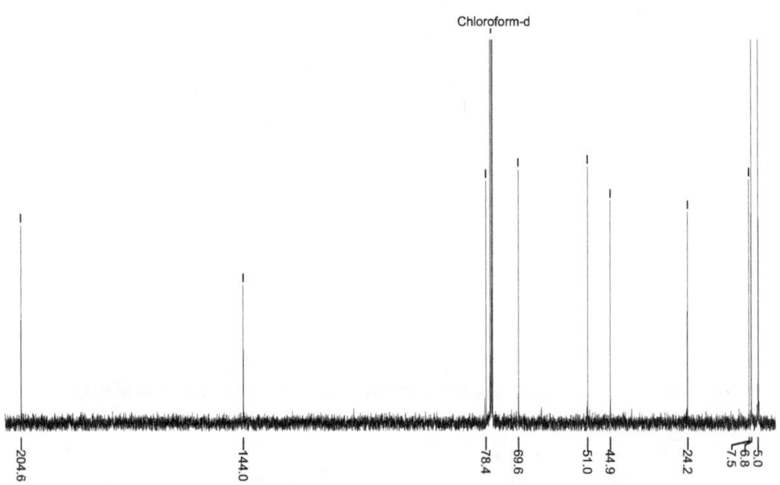

Chloroform-d
204.6
144.0
78.4
69.6
51.0
44.9
24.2
7.5
6.8
5.0

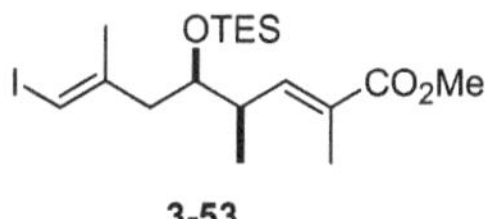
OTES
I
CO2Me
3-53

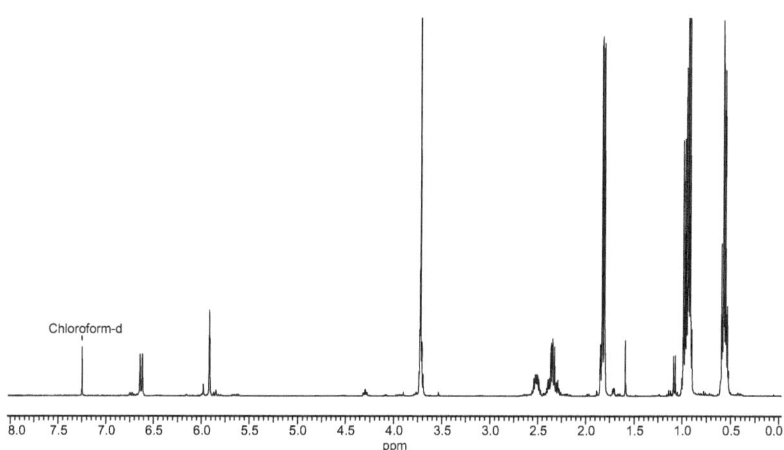
Chloroform-d
8.0 7.5 7.0 6.5 6.0 5.5 5.0 4.5 4.0 3.5 3.0 2.5 2.0 1.5 1.0 0.5 0.0
ppm

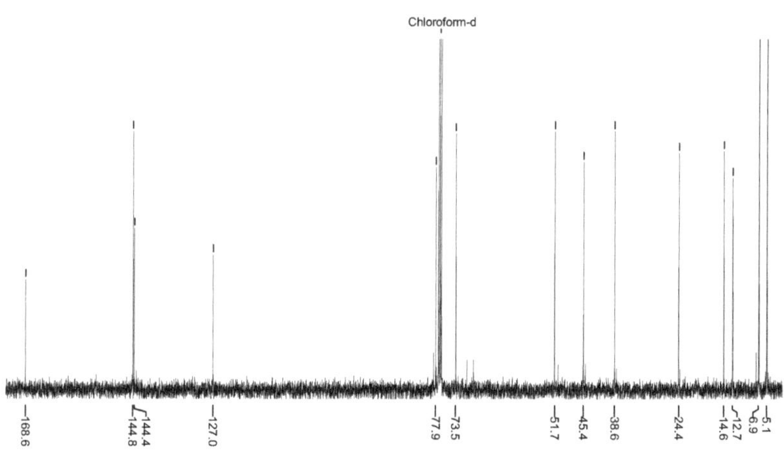
Chloroform-d
168.6
144.4
144.8
127.0
77.9
73.5
51.7
45.4
38.6
24.4
14.6
12.7
6.9
5.1

3-125

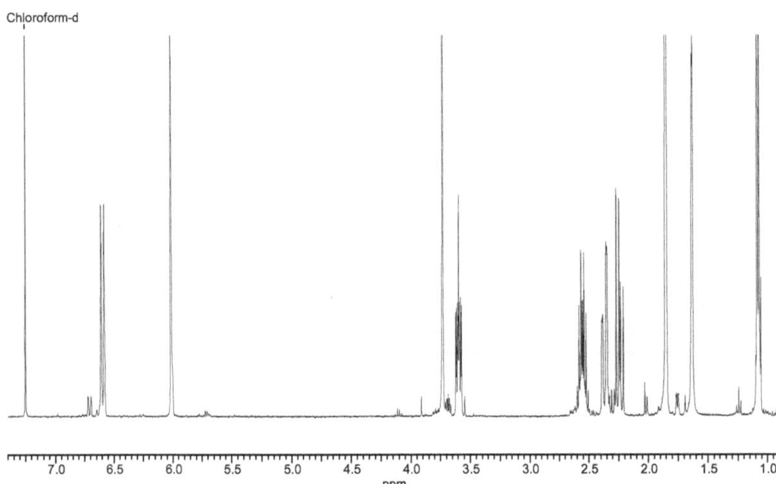

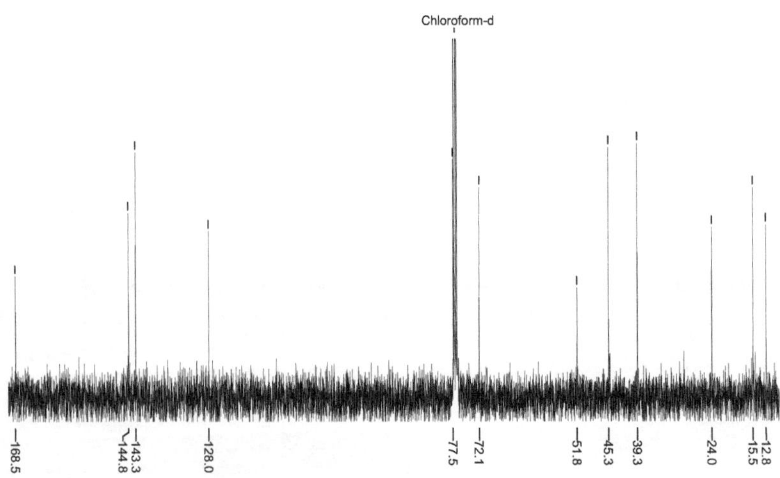

MeO$_2$C P(OEt)$_2$ I

3-126

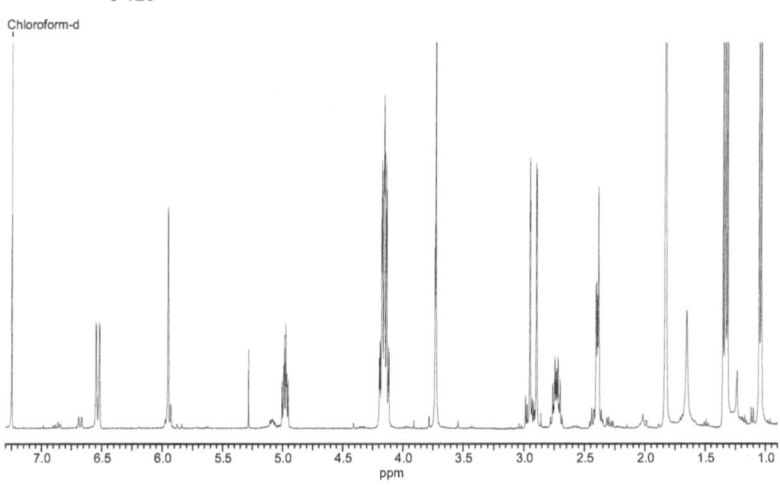

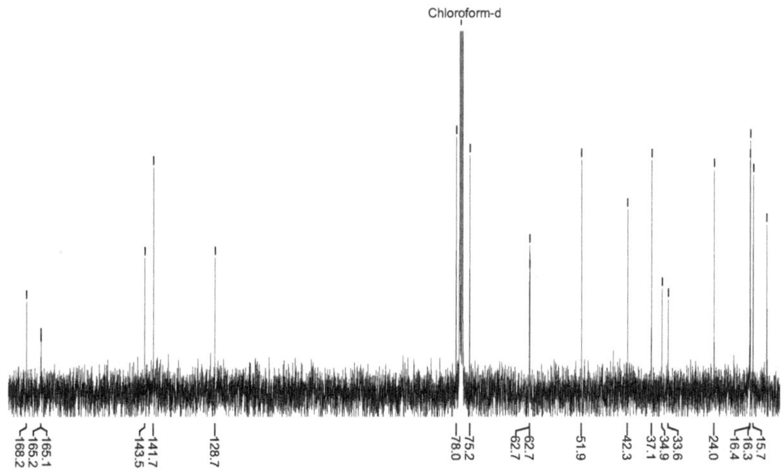

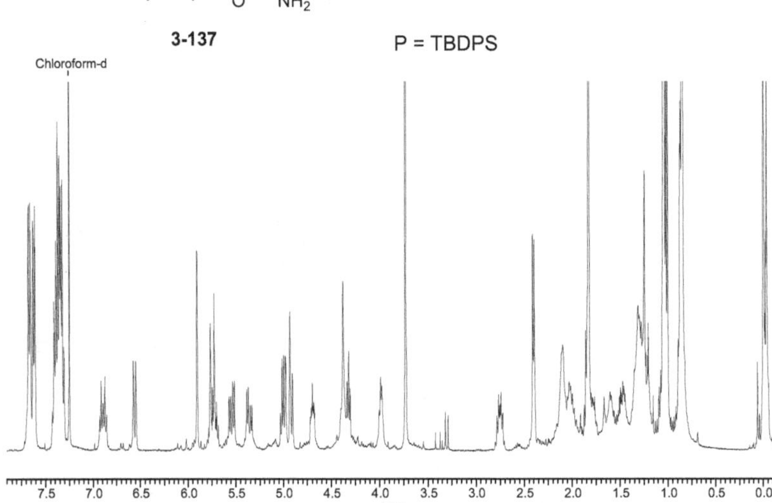
MeO2C
OTBS
PO
O
NH2
I
3-137
P = TBDPS
Chloroform-d
7.5 7.0 6.5 6.0 5.5 5.0 4.5 4.0 3.5 3.0 2.5 2.0 1.5 1.0 0.5 0.0
ppm

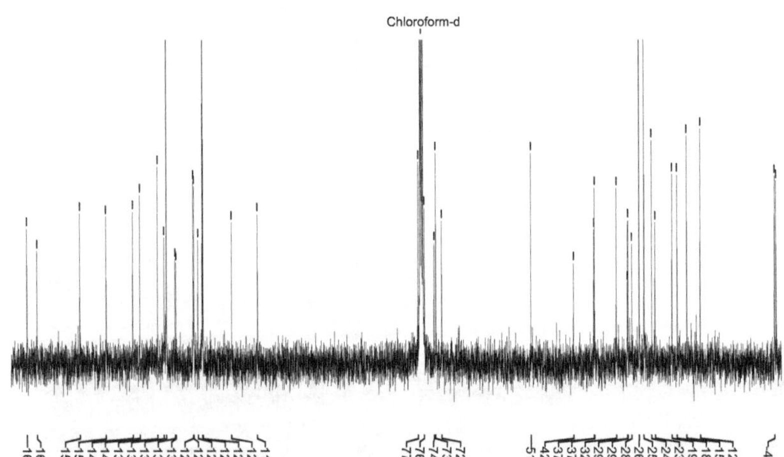
Chloroform-d
168.3 165.9 156.2 150.0 143.7 142.0 137.9 136.5 135.9 134.0 133.7 129.7 129.5 128.6 127.5 127.4 120.8 114.8
77.8 76.4 74.1 73.7 72.4
51.9 42.0 37.4 37.2 32.2 29.7 29.6 28.6 26.9 25.8 24.1 23.3 19.3 18.2 15.9 12.8
-4.4

MeO2C
OTBS
PO
O
NH2

3-133 P = TBDPS

Chloroform-d
8.0 7.5 7.0 6.5 6.0 5.5 5.0 4.5 4.0 3.5 3.0 2.5 2.0 1.5 1.0 0.5 0.0
ppm

Chloroform-d
168.4 166.3 156.1 149.4 142.5 135.9 135.8 134.1 133.3 132.4 131.3 129.6 128.4 127.6 127.5 121.0
76.3 73.6 73.6 72.4 51.9 43.7 37.9 33.0 29.5 27.1 25.9 24.4 19.4 18.2 16.5 16.3 12.8 -4.4 -4.8

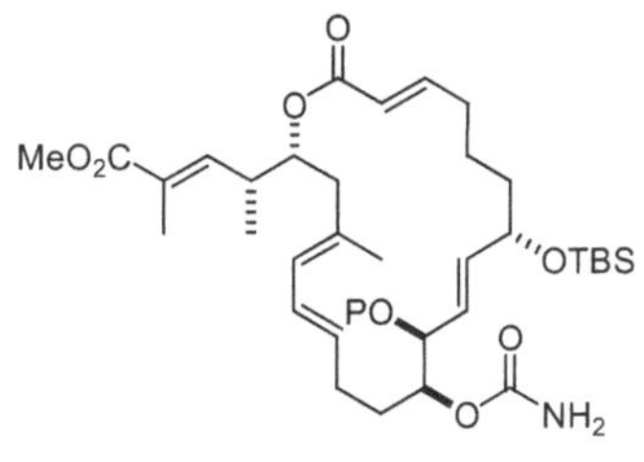

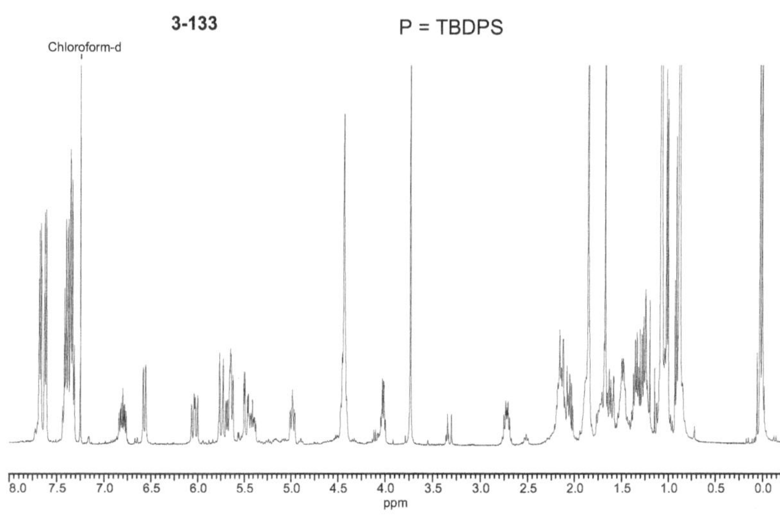

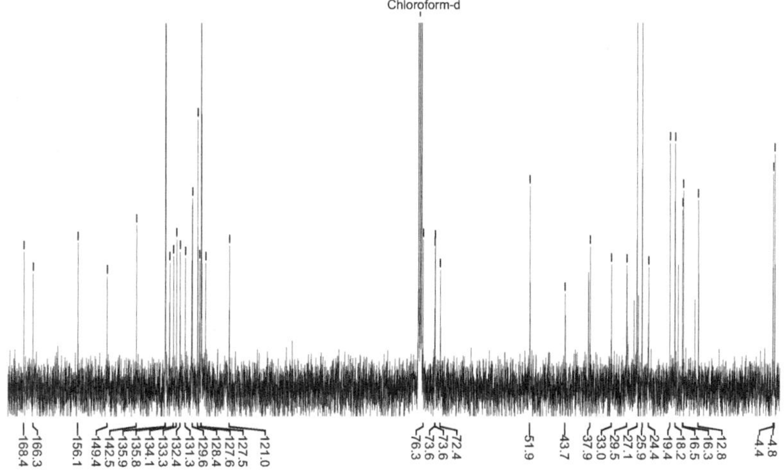

3-138

P = TBDPS

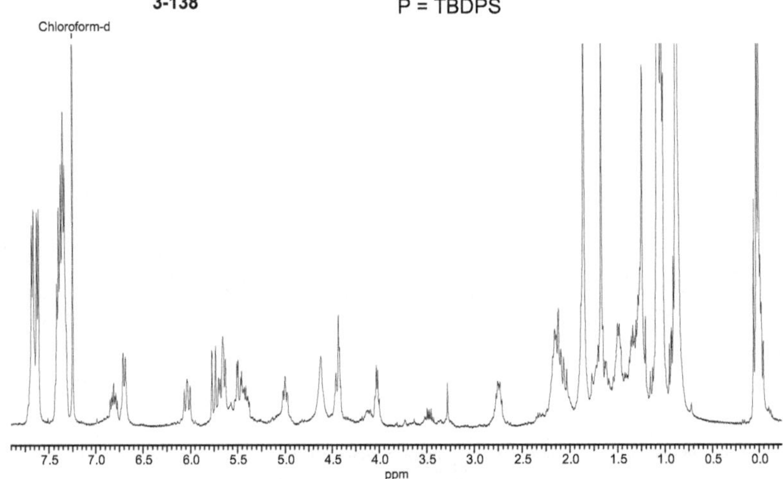

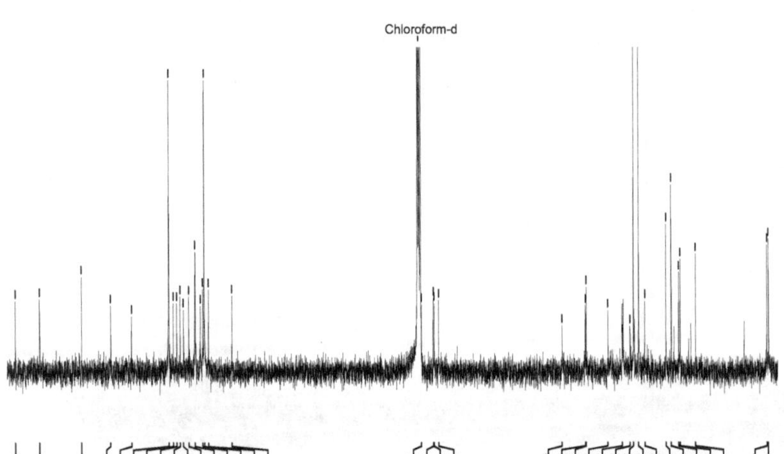

OH
O
O
OTBS
PO
O
O
NH2
3-139
P = TBDPS
Chloroform-d
7.5 7.0 6.5 6.0 5.5 5.0 4.5 4.0 3.5 3.0 2.5 2.0 1.5 1.0 0.5 0.0
ppm
Chloroform-d
166.5
156.0
149.0
135.9
132.2
131.8
129.7
129.6
128.1
127.9
127.5
127.3
126.6
121.2
76.4
74.4
73.6
72.4
68.6
60.4
43.8
38.3
36.9
33.0
29.4
27.1
25.9
24.4
21.0
19.4
18.2
17.0
16.5
14.1
4.8
4.4

3-140 P = TBDPS

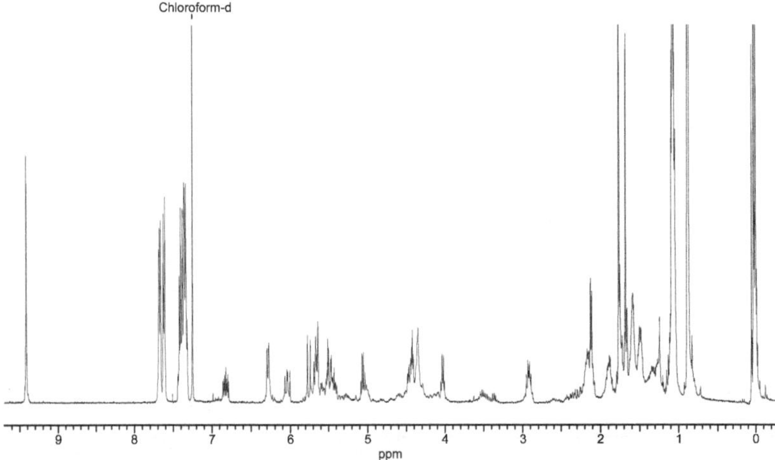

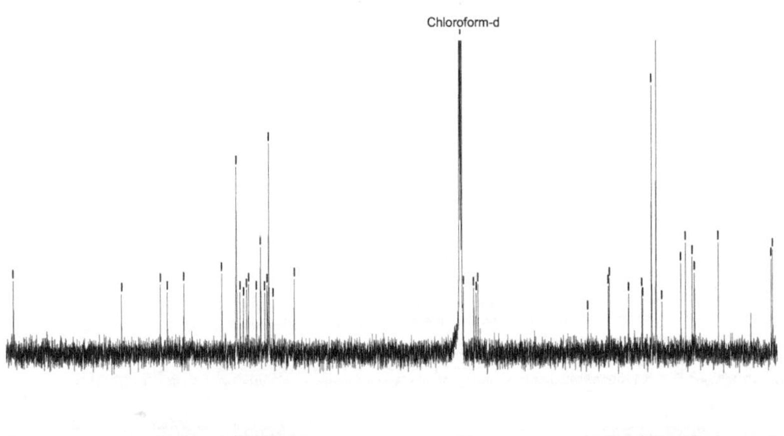

195.1

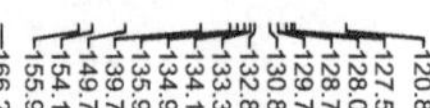

76.4
73.6
73.0
72.5

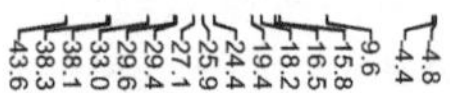

I
O
O
OTBS
PO
O
O
NH2

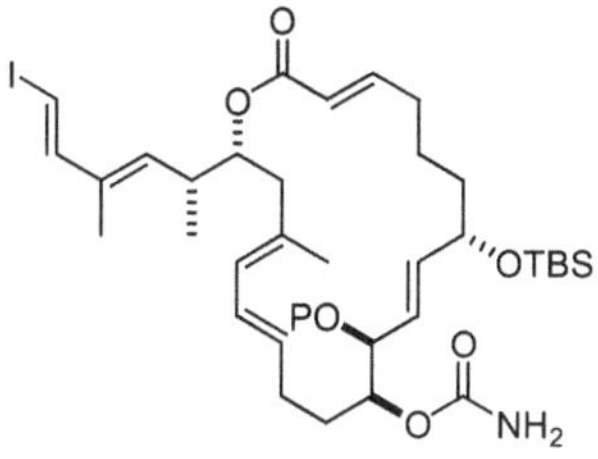

3-141

P = TBDPS

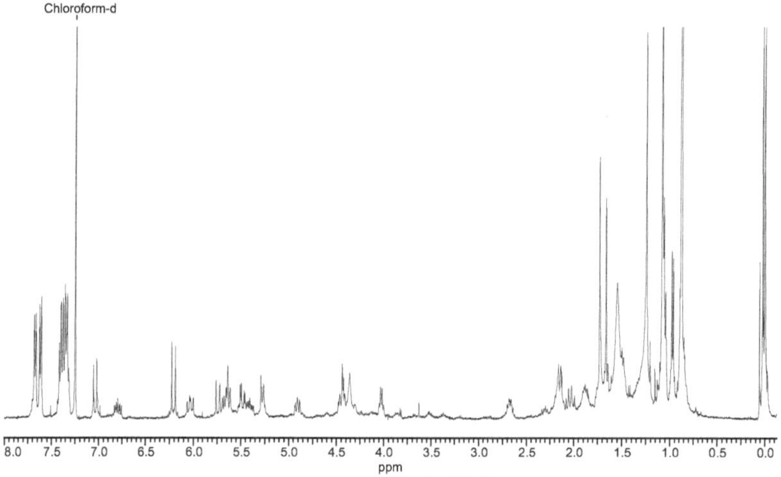

Chloroform-d
8.0 7.5 7.0 6.5 6.0 5.5 5.0 4.5 4.0 3.5 3.0 2.5 2.0 1.5 1.0 0.5 0.0
ppm

Chloroform-d
166.4
156.0
149.5
135.9
135.2
135.0
134.9
132.4
131.5
129.7
128.2
127.9
127.5
127.4
121.1
76.4
74.4
74.0
73.6
72.4
43.8
38.3
37.3
31.9
29.7
27.1
25.9
22.7
19.4
18.2
16.9
12.4

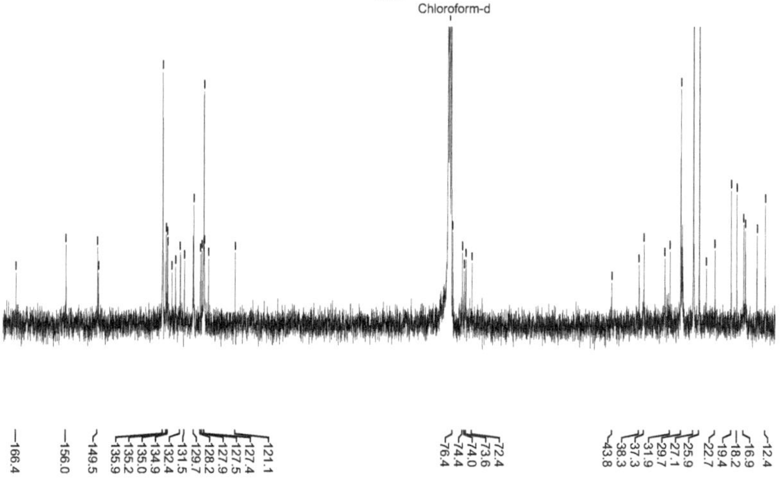

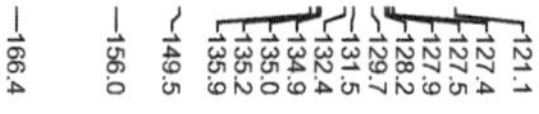

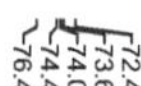

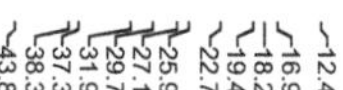

3-142

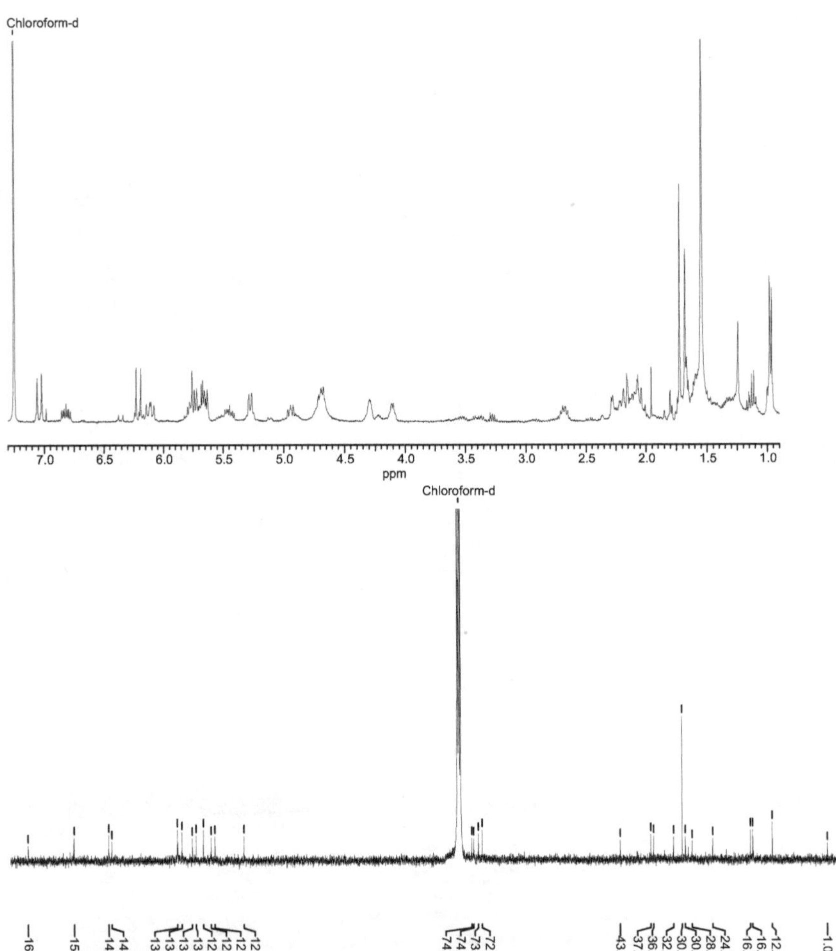

3-144

P = TBDPS

Wasser
DMSO-d6
10
9
8
7
6
5
4
3
2
1
0
ppm

174.2
165.3
163.1
156.0
151.8
149.3
135.2
133.3
132.6
132.5
131.9
129.9
129.8
129.6
127.7
127.7
122.2
118.1
116.4
74.1
73.9
73.8
71.6
43.3
38.3
36.6
35.1
32.2
31.2
27.0
26.8
25.6
24.5
19.6
18.9
17.8
17.0
16.2
12.7
4.8
4.5

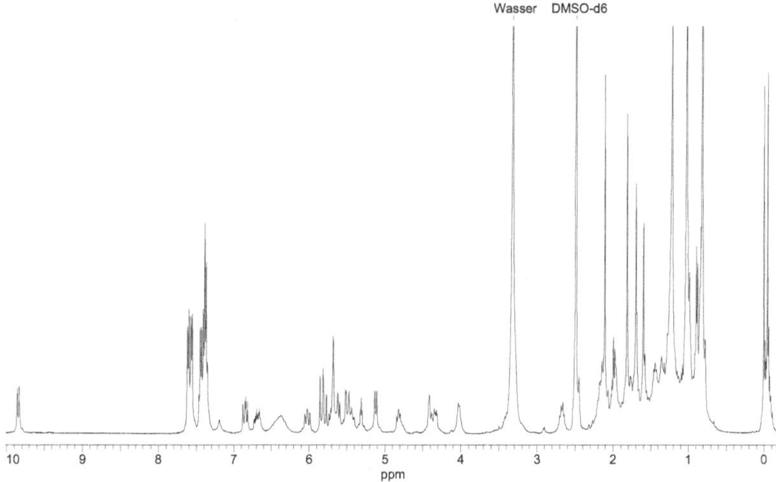

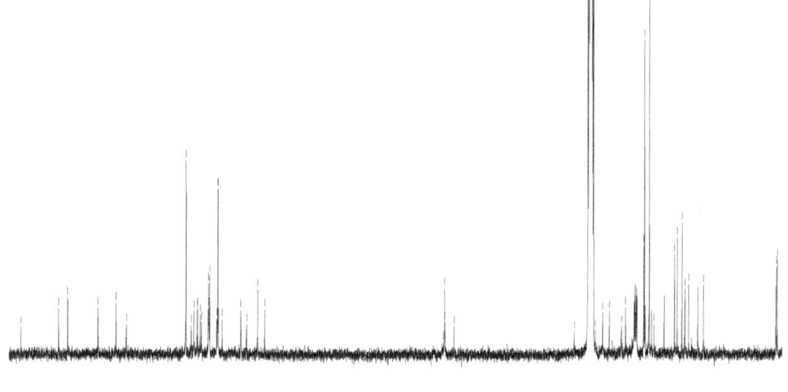

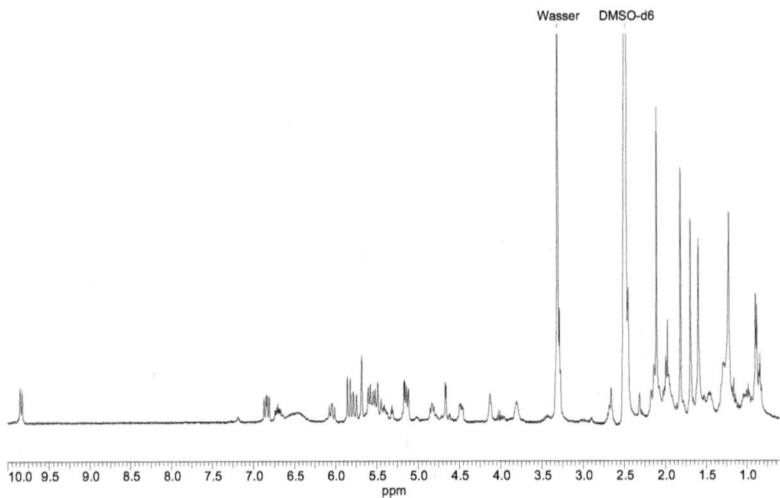
H
N
O
O
O
OH
HO
O
NH2
O
1
Wasser
DMSO-d6
10.0 9.5 9.0 8.5 8.0 7.5 7.0 6.5 6.0 5.5 5.0 4.5 4.0 3.5 3.0 2.5 2.0 1.5 1.0
ppm

O
O
H
N
O
OH
HO
OH

3-143

Wasser
Triethylamin
9.5 9.0 8.5 8.0 7.5 7.0 6.5 6.0 5.5 5.0 4.5 4.0 3.5 3.0 2.5 2.0 1.5 1.0
ppm

Triethylamin
Triethylamin
165.3
163.1
151.7
149.2
134.2
132.8
132.5
131.0
129.7
129.7
127.8
126.0
122.1
120.5
118.1
116.4
73.7
73.4
72.8
72.2
43.2
37.8
36.6
32.3
31.9
26.9
24.7
19.5
17.0
16.1
12.6

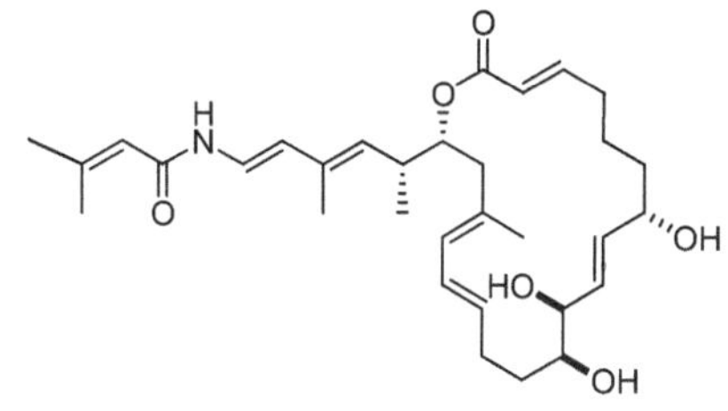

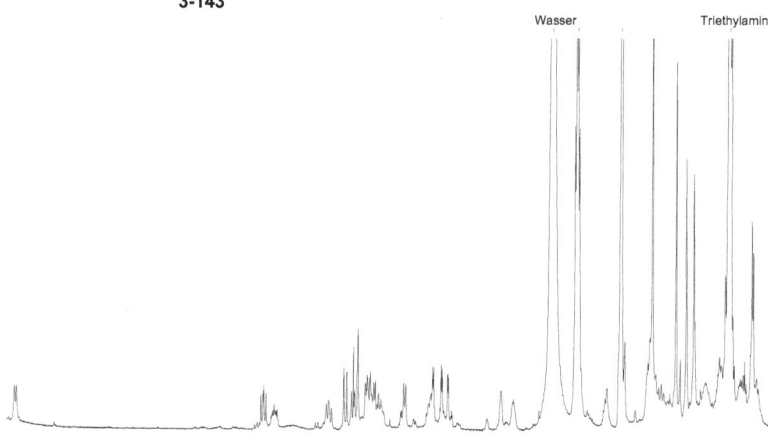

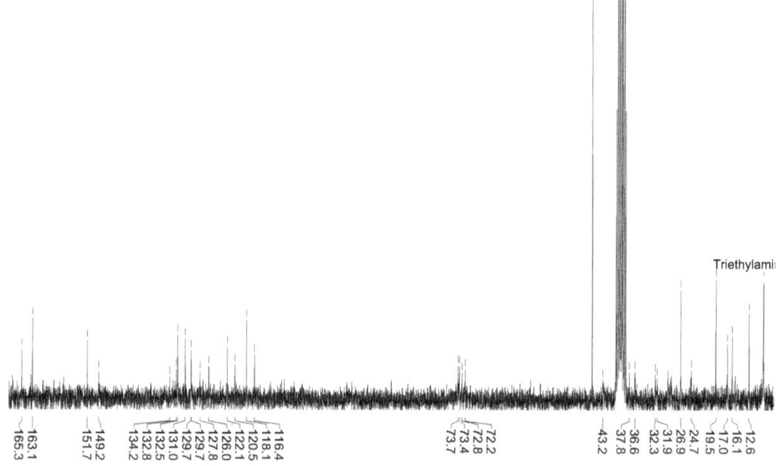

7 Literaturverzeichnis

[1] Prof. Dr. A. Zeeck, Institut für Organische Chemie, Abteilung Biomolekulare Chemie, 37077 Göttingen, www.zeeck.uni-goettingen.de

[2] www.sciencecareers.org

[3] Diyabalanage, T.; Amsler, C. D.; McClintock, J. B.; Baker, B. J. *J. Am. Chem. Soc.* **2006**, *128*, 5630–5631.

[4] Jiang, X.; Liu, B.; Lebreton, S.; De Brabander, J. K. *J. Am. Chem. Soc.* **2007**, *129*, 6386–6387.

[5] (a) Nicolaou, K. C.; Guduru, R.; Sun, Y.-P.; Banerji, B.; Chen, D. Y. K. *Angew. Chem.* **2007**, *119*, 6000–6004; *Angew. Chem. Int. Ed.* **2007**, *46*, 5896–5900. (b) Nicolaou, K. C.; Sun, Y.-P.; Guduru, R.; Banerji, B.; Chen, D. Y. K. *J. Am. Chem. Soc.* **2008**, *130*, 3633–3644.

[6] www.krebsgesellschaft.de

[7] Mutschler, E. *Arzneimittelwirkungen-Lehrbuch der Pharmakologie und Toxikologie*, 8. Auflage, Stuttgart: Wiss. Verl.-Ges., **2001**.

[8] http://medikamente.onmeda.de/Wirkstoffgruppe/Zytostatika.html (Juli **2010**)

[9] Mutschler, E. *Arzneimittelwirkungen-Lehrbuch der Pharmakologie und Toxikologie*, 8. Auflage, Stuttgart: Wiss. Verl.-Ges., **2001**.

[10] www.pathologieccm.charite.de (Juni **2010**)

[11] Fais, S.; De Milito, A.; You, H.; Qin, W. *Cancer Res.* **2007**, *67*, 10627–10630.

[12] Huß, M. *Struktur, Funktion und Regulation der Plasmamembran V-ATPase von Manduca Sexta, Dissertation,* **2001**, Universität Osnabrück.

[13] Niikura, K. *Drug News Perspect* **2006**, 19, 139–144.

[14] Jefferies, K. C.; Cipriano, D. J.; Forgac, M. *Arch. Biochem. Biophys.* **2008**, 476, 33–42.

[15] www.elib.ub.uni-osnabrueck.de/publications/diss/E-Diss165_thesis.pdf

[16] Iessi, E.; Marino, M. L.; Lozupone, F.; Fais, S.; De Milito, A. *Cancer Therapy* **2008**, *6*, 55–66.

[17] Perez-Sayans, M.; Somoza-Martin, J.; Barros-Angueira, F.; Rey, J. M. G.;Garcia-Garcia, A. Cancer Treatment Reviews **2009**.

[18] (a) Sennoune, S. R.; Luo, D.; Martinez.Zaguilan, R. *Cell Biochem. Biophys.* **2004**, *40*, 185–206. (b) Hinton, A.; Bond, S.; Forgac, M. *Pflugers Arch.* **2009**, *457*, 589–598.

[19] Huss, M.; Wieczorek, H. *J. Exp. Biol.* **2009**, *212*, 341–346.

[20] (a) Werner, G; Hagenmaier, H; Drautz, H.; Baumgartner, A; Zahner, H. *J. Antibiot.* **1984**, *37*, 110–117. (b) Bowman, E. J.; Siebers A.; Altendorf, K. *Proc. Natl. Acad. Sci. USA* **1988**, *85*, 7972–7976.

[21] (a) Kinashi, H.; Someno, K.; Sakaguchi, K. *J. Antibiot.* **1984**, *37*, 1333–1343. (b) Dröse S.; Bindseil, K., U.; Bowman, E. J.; Siebers A.; Zeeck, A.; Altendorf, K. *Biochemistry* **1993**, *32*, 3902-3906.

[22] (a) Dröse, S.; Boddien, C.; Gassel, M.; Ingenhorst, G.; Zeeck, A.; Altendorf, K. *Biochemistry* **2001**, *40*, 2816–2825. (b) Gagliardi, S.; Gatti, P. A.; Belfiore, P.; Zocchetti, A.; Clarke, G. D.; Farina, C. *J. Med. Chem.* **1998**, *41*, 1883–1893. (c) Gagliardi, S.; Rees, M.; Farina, C. *Curr. Med. Chem.* **1999**, *6*, 1197–1212.

[23] Sasse, F.; Steinmetz, H.; Höfle, G.; Reichenbach, H. *J. Antibiot.* **2003**, *56*, 520–525.

[24] Huss, M.; Sasse, F.; Kunze, B.; Jansen, R.; Steinmetz, H.; Ingenhorst, G.; Zeeck, A.; Wieczorek, H. *BMC Biochem.* **2005**, *6*, 13.

[25] Yet, L. *Chem. Rev.* **2003**, *103*, 4283–4306.

[26] (a) Gagliardi, S.; Nadler, G.; Consolandi, E.; Parini, C.; Morvan, M.; Legave, M. N.; Belfiore, P.; Zocchetti, A.; Clarke, G. D.; James, I. et *al.* *J. Med. Chem*, **1998**, *41*, 1568–1573. (b) Nadler, G.; Morvan, M.; Delimoge, I.; Belfiore, P.; Zocchetti, A.; James, I.; Zembryki, D.; Lee-Rycakzewski, E.; Parini, C.; Consolandi, E. et *al.* *Bioorg. Med. Chem. Lett.* **1998**, *8*, 3621–3626.

[27] Sun, Y.-P.; Guduru, R.; Banerji, B.; Chen, D. Y.-K.; Nicolaou, K. C. *J. Am. Chem. Soc.* **2008**, *130*, 3633–3644.

[28] http://www.palmerstation.com/index.html

[29] Xie, X. S.; Padron, D.; Liao, X.; Wang, J.; Roth, M. G.; De Brabander, J. K. *J. Biol. Chem.* **2004**, *279*, 19755–19763

[30] Nicolaou, K. C.; Leung G. Y. C.; Dethe D. H.; Guduru, R.; Sun, Y.-P.; Lim C. S.; Chen, D. Y.-K. *J. Am. Chem. Soc.* **2008**, *130*, 10019–10023.

[31] Penner, M.; Rauniyar, V.; Kaspar, L. T.; Hall, D. G. *J. Am. Chem. Soc.* **2009**, *131*, 14216–14217.

[32] (a) Prasad, K. R.; Pawar, A. B. *Synlett* **2010,** *7*, 1093–1095. (b) Jones, D. M.; Dudley, G. B *Synlett* **2010**, *2*, 223–226. (c) Lebar, M. D.; Baker, B. J. *Tetrahedron* 2010, 66, 1557-1562. (d) Cantagrel, G.; Meyer, C.; Cossy, J. *Synlett* **2007**, *19*, 2983–2986. (e) Chandrasekhar, S.; Vijeender, K.; Chandrashekar, G.; Reddy, C. R. *Tetrahedron: Asymmetry* **2007**, *18*, 2473–2478. (f) Kaliappan, K. P.; Gowrisankar, P. *Synlett* **2007**, *10*, 1537–1540.

[33] Gowrisankar, P.; Pujari, S. A.; Kaliappan, K. P. *Chem. Eur. J.* **2010**, *16*, 5858–5862.

[34] Wu, Y.; Liao, X.; Wang, R.; Xie, X.-S.; De Brabander, J. K. *J. Am. Chem. Soc.* **2002**, *124*, 3245–3253.

[35] Marshall, J. A.; Eidam, P. *Org. Lett.* **2004**, *6*, 445–448.

[36] Urbansky, M.; Davis, C. E.; Surjan, J. D.; Coates, R. M. *Org. Lett.* **2004**, *6*, 135–138.

[37] (a) Wuts, P. G. M.; Thompson, P. A. *J. Organomet. Chem.* **1982**, *234*, 137–141. (b) Takai, K.; Shinomiya, N.; Kaihara, H.; Yoshida, N.; Moriwake, T.; Utimoto, K. *Synlett* **1995**, 963–964. (c) White, J. D.; Hanselmann, R.; Jackson, R. W.; Porter, W. J.; Ohba, Y.; Tiller, T.; Wang, S. *J. Org. Chem.* **2001**, *66*, 5217–5231.

[38] Evans, D. A.; Starr, J. T. *J. Am. Chem. Soc.* **2003**, *125*, 13531–13540.

[39] (a) Evans, D. A.; Takacs, J. M.; McGee, L. R., Enis, M. D.; Mathre, D. J.; Bartroli, *J. Pure Appl. Chem.* **1981**, *53*, 1109–1127. (b) Evans, D. A.; Bartroli, J.; Shih, T. L. *J. Am. Chem. Soc.* **1981**, *103*, 2121–2129.

[40] (a) Ma, S.; Negishi, E. *J. Org. Chem.* **1997**, *62*, 784-785. (b) Roethle, P. A.; Trauner, D. *Org. Lett.* **2006**, *8*, 345–347.

[41] Makabe, H.; Higuchi, M.; Konno, H.; Murai, M.; Miyoshi, H. *Tetrahedron Lett.* **2005**, *46*, 4671–4675.

[42] Brown, H. C.; Jadhav, P. K.; Bhat, K. S. *J. Am. Chem. Soc.* **1988**, *110*, 1535–1538.

[43] Kocovsky, P. *Tetrahedron Lett.* **1986**, *27*, 5521–5524.

[44] Schaus, S. E.; Brandes, B. D.; Larrow, J. F.; Jacobsen, E. N. *J. Am. Chem. Soc.* **2002**, *124*, 1307–1315.

[45] Yin, L.; Liebscher, J. *Chem. Rev.* **2007**, *107*, 133–173.

[46] Inanaga, J.; Hirata, K.; Saeki, H.; Katsuki, T.; Yamaguchi, M. *Bull. Chem. Soc. Jpn.* **1979**, *52*, 1989–1993.

[47] Takai, K.; Nitta, K.; Utimoto, K. *J. Am. Chem. Soc.* **1986**, *108*, 7408–7410.

[48] (a) Grubbs, R. H. *Tetrahedron* **2004**, *60*, 7117–7140. (b) Gradillas, A.; Perez-Castells, J. *Angew. Chem.* **2006**, *118*, 6232–6247; *Angew. Chem. Int. Ed.* **2006**, *45*, 6086–6101.

[49] Jiang, L.; Job, G. E.; Klapars, A.; Buchwald, S. L. *Org. Lett.* **2003**, *5*, 3667–3669.

[50] Nicolaou, K. C.; Leung, G. Y. C.; Dethe, D. H.; Guduru, R.; Sun, Y.-P.; Lim, C. S.; Chen, D. Y. K. *J. Am. Chem. Soc.* **2008**, *130*, 10019–10023.

[51] Penner, M.; Rauniyar V.; Kaspar L. T.; Hall D. G. *J. Am. Chem. Soc.* **2009**, *131*, 14216–14217.

[52] Rauniyar, V.; Hall, D.G. *Angew. Chem.* **2006**, *118*, 2486–2488; *Angew. Chem. Int. Ed.* **2006**, *45*, 2426–2428.

[53] Gao, X.; Hall, D. G. *J. Am. Chem. Soc.* **2003**, *125*, 9308–9309.

[54] Burke, S. D.; Fobare, W. F.; Pacofsky, G. J. *J. Org. Chem.* **1983**, *48*, 5221–5228.

[55] Noyori, R.; Tomino, I.; Yamada, M.; Nishizawa, M. *J. Am. Chem. Soc.* **1984**, *106*, 6717–6725.

[56] Mukaiyama, T.; Suzuki, K.; Soai, K.; Sato, T. *Chem. Lett.* **1979**, 447–448.

[57] Ishihara, K.; Mori, A.; Arai, I.; Yamamoto, H. *Tetrahedron Lett.* **1986**, *26*, 983–986.

[58] (a) Corey, E. J.; Helal, C. J. *Tetrahedron Lett.* **1995**, *36*, 9153–9156. (b) Parker, K. A.; Ledeboer, M. W. *J. Org. Chem.* **1996**, *61*, 3214–3217.

[59] Ohkuma, T.; Ooka, H.; Ikariya, T.; Noyori, R. *J. Am. Chem. Soc.* **1995**, *117*, 10417–10418.

[60] Matsumura, K.; Hashiguchi, S.; Ikariya, T.; Noyori, R. *J. Am. Chem. Soc.* **1997**, *119*, 8738–8739.

[61] Noyori, R.; Yamakawa, M.; Hashiguchi S. *J. Org. Chem.* **2001**, *66*, 7931–7944.

[62] Hashiguchi S.; Fujii A.; Haack K.-J.; Matsumura K.; Ikariya T.; Noyori, R. *Agew. Chem.* **1997**, *109*, 300–303; *Angew. Chem Int. Ed. Engl.* **1997**, *36*, 288–290.

[63] Kolb, H. C.; VanNieuwenhze, M. S.; Sharpless, K. B. *Chem. Rev.* **1994**, *94*, 2483–2547.

[64] Hentges, S. G.; Sharpless, K. B. *J. Am. Chem. Soc.* **1980**, *102*, 4263–4265.

[65] Berrisford, D. J.; Bolm, C.; Sharpless, K. B. *Angew. Chem.* **1995**, *107*, 1159–1171; *Angew. Chem. Int. Ed.* **1995**, *34*, 1059–1070.

[66] Brinksman, J.; De Boer, J. W.; Hage, R.; Feringa, B. L. *Modern Oxidation Methods*, Bäckvall, J.-E.; Wiley-VCN: Weinheim, **2004**, 295.

[67] (a) Shing, T. K. M.; Tai, V. W.-F.; Tam, E. K. W. *Angew. Chem.* **1994**, *106*, 2408–2409; *Angew. Chem. Int. Ed.* **1994**, *33*, 2312–2313. (b) Plietker, B. *Synthesis* **2005**, 2453–2472.

[68] Oldenburg, P. D.; Shteinman, A. A.; Que, L. Jr. *J. Am. Chem. Soc.* **2005**, *127*, 15672–15673.

[69] Fristrup, P.; Tanner, D.; Norrby, P.-O. *Chirality* **2003**, *15*, 360–368.

[70] (a) Schneider, W. P.; McIntosh, A. V. Jr. *Chem. Abstr.* **1957**, *51*, 8822e. (b) VanRheenen, V.; Kelly, R. C.; Cha, D. Y. *Tetrahedron Lett.* **1976**, 1973–1976.

[71] Wai, J. S. M.; Marko, I.; Svendsen, J. S.; Finn, M. G.; Jacobsen, E. N.; Sharpless, K. B. *J. Am. Chem. Soc.* **1989**, *111*, 1123–1125.

[72] Minato, M.; Yamamoto, K.; Tsuji, J. *J. Org. Chem.* **1990**, *55*, 766–768.

[73] Kwong, H. L.; Sorato, C.; Ogino, Y.; Chen, H.; Sharpless, K. B. *Tetrahedron Lett.* **1990**, *31*, 2999–3002.

[74] Zaitsev, A. B.; Adolfsson, H. *Synthesis* **2006**, *11*, 1725–1756.

[75] (a) Evans, D. A.; Kim, A. S.; Metternich, R.; Novack, V. J. *J. Am. Chem. Soc.* **1998**, *120*, 5921–5942. (b) Evans, D. A.; Gage, J. R.; Leighton, J. L. *J. Am. Chem. Soc.* **1992**, *114*, 9434–9453.

[76] Zimmermann, H. E.; Traxler, M. D. *J. Am. Chem. Soc.* **1957**, *79*, 1920–1923.

[77] Evans, D. A.; Bartroli, J.; Shih, T. L. *J. Am. Chem. Soc.* **1981**, *103*, 2127–09.

[78] (a) Crimmins, M. T.; King, B. W.; Tabet, E. A.; Chaudhary, K. *J. Org. Chem.* **2001**, *66*, 894–902. (b) Crimmins, M. T.; King, B. W.; Tabet, E. A. *J. Am. Chem. Soc.* **1997**, *119*, 7883–7884.

[79] (a) Evans, D. A.; Clark, J. S.; Metternich, R.; Novack, V. R.; Sheppard, G. S. *J. Am. Chem. Soc.* **1990**, *112*, 866–868. (b) Evans, D. A.; Ng, H. P.; Clark, J. S.; Rieger, D. L. *Tetrahedron* **1992**, *48*, 2127–2142.

[80] (a) Miyaura, N.; Yamada, K.; Suzuki, A. *Tetrahedron Lett.* **1979**, *20*, 3437–3440. (b) Miyaura, N.; Suzuki, A. *J. Chem. Soc., Chem. Commun.* **1979**, 866–867. (c) Miyaura, N.; Suzuki, A. *Chem. Rev.* **1995**, *95*, 2457–2483.

[81] Milstein, D.; Stille, J. K. J. *Am. Chem. Soc.* **1978**, *100*, 3636–3638. (b) Milstein, D.; Stille, J. K. J. *Am. Chem. Soc.* **1979**, *101*, 4992–4998.

[82] (a) Mizoroki, T.; Mori, K.; Ozaki, A. *Bull. Chem. Soc. Jpn.* **1971**, *44*, 581. (b) Heck, R. F.; Nolley, J. P. *J. Org. Chem.* **1972**, *37*, 2320–2322.

[83] (a) Negishi, E.; Baba, S. *J. Chem. Soc., Chem. Commun.* **1976**, 596–597. (b) Baba, S.; Negishi, E. *J. Am. Chem. Soc.* **1976**, *98*, 6729–6731

[84] (a) Sonogashira, K.; Thoda, Y.; Hagihara, N. *Tetrahedron Lett.* **1975**, *16*, 4467–4470. (b) Sonogashira, K. *J. Organomet. Chem.* **2002**, *653*, 46–49.

[85] Hayashi, T.; Konishi, M.; Kumada, M. *Tetrahedron Lett.* **1979**, *20*, 1871–1874.

[86] (a) Heck, R. F. *Acc. Chem. Res.* **1979**, *12*, 146–-151. (b) Farina, V. *Pure Appl. Chem.* **1996**, *68*, 73–78.

[87] Dieck, H. A.; Heck, R. F. *J. Am. Chem. Soc.* **1974**, *96*, 1133–1136.

[88] (a) Amatore, C.; Jutand, A.; M'Barki, M. A. *Organometallics* **1992**, *11*, 3009-3013. (b) Ozawa, F.; Kubo, A.; Hayashi, T. *Chem. Lett.* **1992**, 2177–2180.

[89] (a) siehe Ref. [80]. (b) Duncton, M. A. J.; Pattenden, G. *J. Chem. Soc., Perkin Trans. 1*, **1999**, 1235–1246.

[90] Takai, K.; Nitta, K.; Utimoto, K. *J. Am. Chem. Soc.* **1986**, *108*, 7408–7410.

[91] Mohre, H.; Kilian, R. *Tetrahedron* **1969**, *25*, 5745–5753.

[92] Boeckmann, R. K.; Goldstein, S. W.; Walters, M. A. *J. Am. Chem. Soc.* **1988**, *110*, 8250–8252.

[93] Klapars, A.; Huang, X.; Buchwald, S. L. *J. Am. Chem. Soc.* **2002**, *124*, 7421–7428.

[94] Wu, Y.; Liao, X.; Wang, R.; Xie, X.-S.; De Brabander, J. K. *J. Am. Chem. Soc.* **2002**, *124*, 3245–3253.

[95] Shen, R.; Porco, J. A. *Org. Lett.* **2000**, *2*, 1333–1336.

[96] Jiang, L.; Job, G. E.; Klapars, A.; Buchwald, S. L. *Org. Lett.* **2003**, *5*, 3667–3669.

[97] Stork, G.; Nakamura, E. *J. Org. Chem.* **1979**, *44*, 4010–11.

[98] Gradillas, A.; Perez-Castells, J. *Angew. Chem.* **2006**, *118*, 6232–6247; *Angew. Chem. Int. Ed.* **2006**, *45*, 6086–6101.

[99] Inanaga, J.; Hirata, K.; Saeki, H.; Katsuki, T.; Yamaguchi, M. *Bull. Chem. Soc. Jpn.* **1979**, *52*, 1989–1993.

[100] Castro, A. M. M. *Chem. Rev.* **2004**, *104*, 2939–3002.

[101] (a) Onoda, T.; Shirai, R.; Iwasaki, S. *Tetrahedron Lett.* **1997**, *38*, 1443–1446. (b) Fürstner, A.; Bouchez, L. C.; Funel, J.-A.; Liepins, V.; Poree F.-H.; Gilmour, R.; Beaufils, F.; Laurich, D.; Tamiya, M. *Angew. Chem.* **2007**, *119*, 9425–9430; *Angew. Chem. Int. Ed.* **2007**, *46*, 9265–9270. (c) Greene, T. W.; Wuts, P. G. M.; Protective Groups in Organic Synthesis, 3rd ed., Wiley, New York, **1999**.

[102] Jeong, K. S.; Sjo, P.; Sharpless, K. B. *Tetrahedron Lett.* **1992**, *33*, 3833–3836.

[103] (a) Marshall, J. A.; Chobanian, H. R.; Yanik, M. M. *Org. Lett.* **2001**, *3*, 3369–3372. (b) Marshall, J. A.; Yanik, M. M.; Adams, N. D.; Ellis, K. C.; Chobanian, H. R. *Org. Synth.* **2005**, 81, 157–170.

[104] (a) Ohira, S. *Synth. Commun.* **1989**, *19*, 561–564. (b) Müller, S.; Liepold, B.; Roth, G. J.; Bestmann, H. J. *Synlett*, **1996**, 521–522. (c) Roth, G. J.; Liepold, B.; Müller, S, Bestmann, H. J. *Synthesis* **2004**, 59–62.

[105] Mulzer, J.; Berger, M. *J. Org. Chem.* **2004**, *69*, 891–898.

[106] Chinchilla, R.; Najera, C. *Chem. Rev.* **2007**, *107*, 874–922.

[107] (a) Corey, E. J.; Raju, N. *Tetrahedron Lett.* **1983**, *24*, 5571–5574. (b) Atkins, M. P.; Golding, B. T.; Howes, D. A.; Sellars, P. J. *J. Chem. Soc., Chem. Comm.* **1980**, *5*, 207–208. (c) DeWolfe, R. H. *Synthesis* **1974**, *3*, 153–172.

[108] (a) De Vries, E. F. J.; Brussee, J.; Van Der Gen, A. *J. Org. Chem.* **1994**, *59*, 7133–7137. (b) Wender, P. A.; Bi, F. C.; Brodney, M. A.; Gosselin, F. *Org. Lett.* **2001**, *3*, 2105–2108.

[109] (a) Subba Rao, G. S. R. *Pure Appl. Chem.* **2003**, *75*, 1443–1451. (b) Birch, A. J. *Pure Appl. Chem.* **1996**, *68*, 553–556.

[110] Kataoka, Y.; Miyai, J.; Tezuka, M.; Takai, K.; Utimoto, K. *J. Org. Chem.* **1992**, *57*, 6796–6802.

[111] Meta C. T.; Koide, K. *Org. Lett.* **2004**, *6*, 1785–1787.

[112] Marshall, J. A.; Eidam, P. *Org. Lett.* **2004**, *6*, 445–448.

[113] (a) Gage, J. R.; Evans, D. *A. Org. Synth.* **1989**, *68*, 77–82. (b) Nerz-Stormes, M.; Thornton, E. R. *J. Org. Chem.* **1991**, *56*, 2489-2498. (c) Palaty, J.; Abbott, F. S. *J. Med. Chem.* **1995**, *38*, 3398-3406. (d) Guerlavais, V.; Carroll, P. J.; Joullie, M. M. *Tetrahedron: Asymmetry* **2002**, *13*, 675–680.

[114] Baker, R.; Castro, J. L. *J. Chem. Soc., Chem. Commun.* **1989**, 378–381.

[115] Boeckmann, R. K. Jr.; Shao, P.; Mullins, J. J. *Org. Synth.* **2000**, *77*, 141–152.

[116] (a) Werkhoven, T. M.; Van Nispen, R.; Lugtenburg, J. *Eur. J. Org. Chem.* **1999**, 2909–2914. (b) Xie, L.; Takeuchi, Y.; Cosentino, L. M.; Lee, K.-H. *J. Med. Chem.* **1999**, *42*, 2662–2672.

[117] Grant, S. W.; Zhu, K.; Zhang, Y.; Castle, S. L. *Org Lett.* **2006**, *8*, 1867–1870.

[118] Thornton, P. D.; Burnell, D. J. *Org. Lett.* **2006**, *8*, 3195–3198.

[119] (a) siehe Ref [100]: (b) Martin Castro, A. M. *Chem. Rev.* **2004**, *104*, 2939–3002. (c) Mulzer, J.; Berger, M. *J. Org. Chem.* **2004**, *69*, 891–898.

[120] Gras, J.-L.; Chang Kong Win, Y.-Y.; Guerin, A. *Synthesis* **1985**, 74–75.

[121] (a) Baum, J. S.; Shook, D. A.; Davies, H. M. L.; Smith, H. D. *Synth. Commun.* **1987**, *17*, 1709–1716. (b) Roth, G. J.; Liepold, B.; Müller, S. G.; Bestmann, H. J. *Synthesis* **2004**, 59–62. (c) Pietruszka, J.; Witt, A. *Synthesis* **2006**, 4266–4268.

[122] (a) Fritsch, P. *Liebigs Ann. Chem.* **1894**, *279*, 319–323. (b) Buttenberg, W. P. *Liebigs Ann. Chem.* **1894**, *279*, 324–337. (c) Wiechell, H. *Liebigs Ann. Chem.* **1894**, *279*, 337–344. (d) Jahnke, E.; Tykwinski, R. R. *Chem. Commun.* **2010**, *46*, 3235–3249.

[123] Corey, E. J.; Fuchs, P. L. *Tetrahedron Lett.* **1972**, *36*, 3769–3772.

[124] (a) Müller S.; Liepold B.; Roth G.; Bestmann H-J. *Synlett* **1996,** 521–522. (b) Patil, U. D. *Synlett* **2009**, 2880–2881.

[125] (a) Seyferth, D.; Marmor R. S.; Hilbert P. *J. Org. Chem.* **1971**, *36,* 1379–1386. (b) J. C. Gilbert J. C.; Weerasooriya, U. *J. Org. Chem.* **1982**, *47*, 1837–1845.

[126] (a) Bhatt, U.; Christmann, M.; Quitschalle, M.; Cluas, E.; Kalesse, M. *J. Org. Chem.* **2001**, *66*, 1885–1893. (b) Knowles, J. P.; Whiting, A. *Org. Biomol. Chem.* **2007**, *5*, 31–44.

[127] (a) siehe Ref. [89]. (b) Miyaura, N.; Suzuki, A. *Chem. Rev.* **1995**, *95*, 2457–2483. (c) Chemler, S. R.; Trauner, D.; Danishefsky, S. J. *Angew. Chem.* **2001**, *113*, 4676–4701; *Angew. Chem. Int. Ed.* **2001**, *40*, 4544–4568. (d) Bellina, F.; Carpita, A.; Rossi, R. *Synthesis* **2004**, 2419–2440. (e) Suzuki, A. *Chem. Commun.* **2005**, 4759–4763.

[128] (a) siehe Ref. [89]: (b) Duncton, M. A. J.; Pattenden, G. *J. Chem. Soc., Perkin Trans. 1*, **1999**, 1235–1246. (c) Farina, V.; Krishnamurthy, V.; Scott, W. J. *Org. React.* **1997**, *50*, 1–652. (d) Vaz, B.; Alvarez, R.; Brückner, R.; de Lera, A. R. *Org. Lett.* **2005**, *7*, 545–548. (e) Smith, N. D.; Mancuso, J.; Lautens, M. *Chem. Rev.* **2000**, *100*, 3257–3282. (f) Nicolaou, K. C.; Bulger, P. G.; Sarlah, D. *Angew. Chem.* **2005**, *117*, 4516–4563; *Angew. Chem. Int. Ed.* **2005**, *44*, 4442–4489.

[129] Jaegel, J.; Schmauder, A.; Binanzer, M.; Maier, M. E *Tetrahedron* **2007**, *63*, 13006–13017.

[130] Dodge, J. A.; Nissan, J. S.; Presnell, M. *Org. Synth.* **1996**, *73,* 110–115.

[131] (a) Ohtani, I.; Kusumi, T.; Kashman, Y.; Kakisawa, H. *J. Am. Chem. Soc.* **1991**, *113*, 4092–4096. (b) Hoye, T. R.; Jeffrey, C. S.; Shao, F. *Nature Protocols* **2007**, *2*, 2451–2458.

[132] (a) Goff, D. A.; Harris, R. N., III; Bottaro, J. C.; Bedford, C. D. *J. Org. Chem.* **1986**, *51*, 4711–4714. (b) Boeckman, R. K., Jr.; Potenza, J. C. *Tetrahedron Lett.* **1985**, *26*, 1411–1414. (c) Hanessian, S.; Delorme, D.; Dufresne, Y. *Tetrahedron Lett.* **1984**, *25*, 2515–2518.

[133] Kocovsky, P. *Tetrahedron Lett.* **1986**, *27*, 5521–5524.

[134] Lindlar, H.; Dubuis, R. *Org. Synth.* **1966**, *46*. (b) Gutmann, H.; Lindlar, H. *Chem. Acetylenes* **1969**, 355–364. (c) Arefolov, A.; Panek, J. S *Org. Lett.* **2002**, *4*, 2397–2400.

[135] Perron, Y. G.; Crast, L. B.; Essery, J. M.; Fraser, R. R.; Godfrey, J. C.; Holdrege, C. T.; Minor, W. F.; Neubert, M. E.; Partyka, R. A.; Cheney, L. C. *J. Med. Chem.* **1964**, *7*, 483–487.

[136] Mata, E. G.; Mascaretti, O. A. *Tetrahedron Lett.* **1988**, *29*, 6893–6896.

[137] Nicolaou, K. C.; Estrada, A. A.; Zak, M.; Lee, S. H.; Safina, B. S. *Angew. Chem.* **2005**, *117*, 1402–1406; *Angew. Chem. Int. Ed.* **2005**, *44*, 1378–1382.

[138] Jägel, J.; Maier, M. E., *Synthesis* **2009**, *17*, 2881–2892.

[139] Procter, G.; Russell, A. T.; Murphy, P. J.; Tan, T. S.; Mather, A. N. *Tetrahedron* **1988**, *44*, 3953–3973.

[140] Marshall, J. A.; Chobanian, H. *Org. Synth.* **2005**, *82*, 43–54.

Zeitfracht Medien GmbH
Ferdinand-Jühlke-Straße 7
99095 Erfurt, Deutschland
produktsicherheit@kolibri360.de